Einblicke in die euklidische und nichteuklidische Geometrie

Jürgen Wagner

Einblicke in die euklidische und nichteuklidische Geometrie

Verständlich erklärt
vom Abiturniveau aus

Jürgen Wagner
Dresden, Deutschland

ISBN 978-3-662-54071-8   ISBN 978-3-662-54072-5   (eBook)
DOI 10.1007/978-3-662-54072-5

Die Deutsche Nationalbibliothek verzeichnet diese Publikation in der Deutschen Nationalbibliografie;
detaillierte bibliografische Daten sind im Internet über http://dnb.d-nb.de abrufbar.

Springer Spektrum

Gedruckt auf säurefreiem und chlorfrei gebleichtem Papier

Springer Spektrum ist Teil von Springer Nature
Die eingetragene Gesellschaft ist Springer-Verlag GmbH Deutschland
Die Anschrift der Gesellschaft ist: Heidelberger Platz 3, 14197 Berlin, Germany

Vorwort

Was ist besonders an diesem Buch über Geometrie?

Dieses Buch vermittelt einen Einblick in unterschiedliche Geometrien, um den
Blick dafür zu schärfen, was unter „Geometrie" eigentlich zu verstehen ist. Dabei
geht es um das Hervorheben zentraler Inhalte und Ideen, ohne einen vollständigen Aufbau anzustreben. Beweise werden auf den Nachweis wichtiger Sätze
beschränkt und insbesondere dann geführt, wenn typische Gedankengänge hervorgehoben werden können. Viele andere Inhalte werden durch grafische Darstellungen erläutert. Zum Beispiel werden Eigenschaften geometrischer Abbildungen
thematisiert, indem sowohl Skizzen von Abbildungen angegeben werden, bei
denen die Eigenschaft erfüllt ist, als auch solche, bei denen die Eigenschaft nicht
erfüllt ist.

Welche Ziele verfolgt das Buch und an wen wendet es sich?

Das Buch soll Studierenden der Mathematik, der Natur- und Technikwissenschaf-
ten sowie der Informatik

- eine Hilfe sein, die Lehrveranstaltungen besser zu verstehen,
- Anregung bieten, einen „Blick über den Tellerrand" zu wagen und dabei tiefe
  Einsichten zu gewinnen.

Außerdem wendet sich das Buch an alle Menschen, für die das Denken ein ästheti-
scher Genuss ist und eine Quelle der Freude und Entspannung darstellt.

Wie sollen die Ziele des Buches realisiert werden?

Die didaktisch aufbereiteten Beispiele und die vielen Abbildungen sollen insbesondere abstrakte algebraische Darstellungen geometrischer Sachverhalte „mit
Leben erfüllen". Dabei werden folgende Schwerpunkte gesetzt:

- Betonen wesentlicher Sachverhalte,
- Entwickeln des Vorstellungsvermögens,

- Hervorheben der Ästhetik geometrischer Abbildungen,
- Fördern des entdeckenden Lernens,
- Nachvollziehen bedeutender geistiger Entwicklungen und Entdeckungen,
- Ermöglichen von Verständnis für das geometrische Denken.

Besonders der letztgenannte Punkt ist von großer Bedeutung, denn die Art und Weise, Wissenschaft zu betreiben, wurde zumindest in Europa maßgeblich durch die in der Geometrie praktizierte Denkweise und Methodologie beeinflusst.

Wie ist das Buch aufgebaut und welche Inhalte werden angesprochen?

Das Buch ist so konzipiert, dass es parallel zu einer systematisch aufgebauten Lehrveranstaltung an der Hochschule genutzt werden kann. Es gliedert sich in fünf Kapitel unterschiedlichen Umfangs, die sich jeweils mit ausgewählten zentralen Inhalten einer Geometrie beschäftigen. Übergreifend werden in unterschiedlichen Abschnitten analytische, differenzialgeometrische und topologische Betrachtungen durchgeführt, wenn dies erforderlich ist. Eine detaillierte Einführung in den Gegenstandsbereich der jeweiligen mathematischen Teildisziplin erfolgt dabei nicht. Inhalte der darstellenden Geometrie werden anlassbezogen thematisiert. Zur schnellen Orientierung enthalten die Kapitel Zusammenfassungen. Technisch anspruchsvollere Inhalte und Ergänzungen sind in den Anhängen zu finden.

Kap. 1 beschäftigt sich mit der euklidischen Geometrie, um an Vorkenntnisse aus dem Mathematikunterricht der Schule anknüpfen zu können. Die dort erworbenen Kenntnisse werden erheblich erweitert, um die typische Denkweise der euklidischen Geometrie zu erschließen sowie zentrale Begriffe und Sätze zu ergänzen, auf die in den folgenden Kapiteln zurückgegriffen wird. Insbesondere die Definitionen des Teil- und Doppelverhältnisses für orientierte Strecken und orientierte Winkel erlangen eine übergreifende Bedeutung. Beim Beweisen von Sätzen werden unterschiedliche Herangehensweisen gewählt, ohne eine starre Typisierung vorzunehmen. In der Tradition Euklids werden einige Konstruktionsaufgaben gelöst, die über das in der Schule übliche Niveau deutlich hinausgehen. Ein Überblick über Abbildungen rundet das Kapitel ab, dabei erfolgt eine Konzentration auf Parallelprojektionen, Axonometrien sowie affine und projektive Abbildungen. Die Zentralprojektion wird erst in Kap. 3 thematisiert, da sie aus dem Gegenstandsbereich der euklidischen Geometrie hinausführt.

Kap. 2 widmet sich der Taxi-Geometrie. Die gleichberechtigte Positionierung der Taxi-Geometrie neben den „großen" Geometrien ist als ambitioniert oder kühn zu bezeichnen. Der Autor hat den dafür erforderlichen Mut aufgebracht, da die Taxi-Geometrie die einfachste nichteuklidische Geometrie darstellt, in der mit sehr geringem Aufwand verblüffende Entdeckungen möglich sind. Er ist der Auffassung, dass ausgewählte Inhalte der Taxi-Geometrie auch in der Schule behandelt werden sollten, um durch kontrastierende Beispiele zur euklidischen Geometrie die Flexibilität des Denkens und das Begriffsverständnis zu fördern. Beispielsweise können Betrachtungen zu parallelen Geraden, Mittelsenkrechten und Kreisen im Rahmen der Taxi-Geometrie zum besseren Begreifen der entsprechenden Inhalte in der euklidischen Geometrie führen.

Kap. 3 beschäftigt sich mit Inhalten der projektiven Geometrie. Mit Betrachtungen zur endlichen Geometrie und zur Zentralprojektion werden unterschiedliche Zugänge zur projektiven Geometrie dargestellt, die zu einer Vertiefung des Wissens über Axiomensysteme und Abbildungen beitragen. Die Erarbeitung der Eigenschaften der Zentralprojektion erfolgt ausführlich, da

- diese Thematik in vielen modernen Quellen ausgeklammert oder nur sehr abstrakt behandelt wird,
- Bezüge zur bildenden Kunst und Architektur nicht nur interessant, sondern auch allgemeinbildend sind.

Es werden mehrere Modelle der projektiven Geometrie thematisiert und Maße für Längen und die Größe von Winkeln ermittelt. Dabei werden komplexe Koordinaten eingeführt und geometrische Sachverhalte mithilfe von Determinanten beschrieben. Mit diesen Betrachtungen sollen Inhalte der Hochschulausbildung vorbereitet werden.

Kap. 4 zur sphärischen Geometrie thematisiert Inhalte, die teilweise seit einigen Jahrhunderten bekannt waren, aber nicht als nichteuklidisch interpretiert wurden. Wichtige Formeln der sphärischen Trigonometrie werden auf unterschiedlichen Wegen hergeleitet. Es wird erarbeitet, dass die Berechnung eines kleinen sphärischen Dreiecks näherungsweise durch die eines ebenen Dreiecks möglich ist. Diese lokale Approximation einer nichteuklidischen Geometrie durch die euklidische Geometrie wird in unterschiedlichen Kontexten der Hochschulmathematik aufgegriffen. Die Anwendungen der Formeln der sphärischen Trigonometrie führen zu ausgewählten Inhalten der Astronomie, Nautik und Kartografie. Dabei ergeben sich Anforderungen zur Transformation von Koordinaten auf natürliche Weise.

Kap. 5 behandelt mit der hyperbolischen Geometrie diejenige Geometrie, die als erste nichteuklidische Geometrie erkannt wurde. Es werden die interessante Entstehungsgeschichte der hyperbolischen Geometrie und mehrere ihrer Modelle vorgestellt. Das Halbebenenmodell von Poincaré wird ausführlicher betrachtet, da es das Modell ist, welches bei Konstruktionen und Berechnungen ohne Hilfsmittel mit vertretbarem technischem Aufwand angewendet werden kann. Im Anhang zu diesem Kapitel werden Hyperbeln und Hyperbelfunktionen in Analogie zu Kreisen bzw. trigonometrischen Funktionen thematisiert. Mit dieser Ergänzung soll der Einstieg in die Hochschulmathematik erleichtert werden.

Welche Besonderheit ist zu beachten?

Zur Kennzeichnung der betrachteten Mengen von Punkten und Geraden, für die gewisse Axiome gelten, wird der Begriff **Raum** verwendet. Da dieser Terminus in verschiedenen Teildisziplinen der Mathematik unterschiedlich definiert wird, skizzieren wir die im vorliegenden Buch genutzte Bedeutung telegrammstilartig:

- **affiner Raum:** Menge von Punkten und Geraden, Existenz einer Inzidenzrelation zwischen einem Punkt und einer Geraden im Sinne von „der Punkt liegt auf der Geraden" oder „die Gerade enthält den Punkt", Existenz einer Parallelitätsrelation zwischen zwei Geraden, Existenz eines Verbindungsvektors zwischen zwei Punkten, Punkte und Geraden erfüllen spezielle Axiome, nicht gefordert ist die Definition einer Metrik (deshalb werden der Abstand zweier Punkte und die Größe eines Winkels nicht betrachtet),
- **euklidischer Raum:** analog zum affinen Raum mit der Änderung, dass eine Metrik definiert ist (meist mithilfe des Skalarproduktes von Verbindungsvektoren) und deshalb Längen und Winkelgrößen bestimmt werden können, der dreidimensionale euklidische Raum wird auch als **Anschauungsraum** bezeichnet,
- **projektiver Raum:** analog zum affinen Raum mit der Änderung, dass keine echte Parallelität existiert, da sich zwei unterschiedliche Geraden stets in einem Punkt schneiden (bei diesem Schnittpunkt kann es sich um einen eigentlichen Punkt oder um einen uneigentlichen Fernpunkt handeln), in projektiven Räumen kann eine Metrik definiert werden.

Dresden, Deutschland   Jürgen Wagner
Oktober 2016

Inhaltsverzeichnis

Abbildungsverzeichnis

1.1   Ursprung der euklidischen Geometrie

Mit dem Begriff euklidische Geometrie wird eine Geometrie charakterisiert, die **Euklid** von Alexandria in seinem ca. 325 v. Chr. veröffentlichten Werk *Elemente* darlegte. Die *Elemente* gliedern sich in 13 Bücher (nach heutiger Bezeichnungsweise handelt es sich bei den Büchern um Kapitel) mit folgenden Inhalten:

- Bücher 1 bis 6: Planimetrie (Geometrie ebener Figuren),
- Bücher 7 bis 9: Arithmetik (Rechnen mit Zahlen),
- Buch 10: Geometrie inkommensurabler Größen (Größen, deren Verhältnis keine rationale Zahl ergibt),
- Bücher 11 bis 13: Stereometrie (Geometrie räumlicher Figuren, d. h. Geometrie der Körper).

Die Zeitlosigkeit der *Elemente* des Euklid ergibt sich insbesondere aus folgenden Besonderheiten:

- Es ist Euklids Verdienst, das mathematische Wissen seiner Zeit zur Planimetrie synthetisch aufgebaut zu haben, indem er von einigen Setzungen ausgeht und 172 Sätze in eine solche Reihenfolge bringt, dass er zu deren Beweis ausschließlich diese Setzungen und bereits bewiesene Sätze verwendet. Euklid unterscheidet bei den Setzungen zwischen Definitionen, Axiomen und Postulaten. In den Definitionen führt er grundlegende Begriffe ein. Axiome gelten bei Euklid als nicht anzweifelbare Setzungen, während die Postulate höchst plausible Setzungen darstellen.
- Euklid verzichtet auf Einleitungen, Zielsetzungen, Überleitungen und Erläuterungen und grenzt damit die Mathematik deutlich von den „wortreichen Wissenschaften" ab. Die Anschauung besitzt bei ihm keine Beweiskraft, sondern lediglich eine didaktische Funktion, insbesondere als nützliche Hilfe bei der

© Springer-Verlag GmbH Deutschland 2017

J. Wagner, *Einblicke in die euklidische und nichteuklidische Geometrie,*
DOI 10.1007/978-3-662-54072-5_1

Vorstellung eines Sachverhaltes oder zur knappen Darstellung eines Gedankenganges. Euklids konziser und stringenter Stil setzte sich bei der Formulierung mathematischer Texte durch und strahlte später auch auf die Naturwissenschaften aus.

Um den Lesern[1] dieses Buches zumindest einen Eindruck vom Inhalt der *Elemente* zu vermitteln, geben wir in diesem Abschnitt einige Passagen aus diesem Werk an, die wir in Anführungszeichen einschließen. Die Auswahl der Quelle gestaltete sich als schwierig, da

- kein Originalwerk der *Elemente* mehr existiert,
- verfügbare Abschriften, Übersetzungen und Druckauflagen sich deutlich unterscheiden.

Wir haben uns für eine Darstellung in zeitgemäßer Notation entschieden.[2]

Die *Elemente* beginnen kurz und knapp sowie etwas unvermittelt:

„Definitionen
1. Ein Punkt ist, was keine Teile hat.
(…)
23. Parallel sind gerade Linien, die in derselben Ebene liegen und dabei, wenn man sie nach beiden Seiten unbeschränkt verlängert, auf keiner einander treffen."

▶ **Bemerkung** Euklid verwendet als begriffsbestimmendes Merkmal für den Begriff „parallele Geraden" deren Eigenschaft, dass sie keinen gemeinsamen Punkt besitzen. Da er eine Formulierung der Art: „Jeder Punkt der einen Geraden besitzt den gleichen Abstand von der anderen Geraden." vermeidet, gilt seine Definition auch für Punktmengen, in denen keine Metrik und damit kein Abstand definiert ist. Das dürfte der Grund dafür sein, dass Euklids Herangehensweise auch heute noch verwendet wird, wie die folgende moderne Definition zeigt. In den Abschnitten zu nichteuklidischen Geometrien lernen wir zueinander parallele Geraden kennen,

- die entsprechend der Definition keinen gemeinsamen Punkt besitzen,
- bei denen die Abstände zwischen den Punkten der einen Geraden von der anderen Geraden nicht konstant oder gar nicht definiert sind.

---

[1]Aus Gründen der besseren Lesbarkeit verwenden wir in diesem Buch das generische Maskulinum. Dies impliziert immer beide Formen, schließt also die weibliche Form mit ein.

[2]Fritzsche, K.: Grundlagen der Geometrie. http://www2.math.uni-wuppertal.de/~fritzsch/lectures/geo/ge_k1.pdf (2011). Zugegriffen: 04.08.2016.

Der von uns verwendete Begriff für zueinander parallele Geraden knüpft unmittelbar an Euklid an.

> **Definition 1.1** Zueinander parallele Geraden
> Zwei Geraden sind genau dann **parallel** zueinander, wenn sie identisch sind oder wenn sie keinen gemeinsamen Punkt besitzen. Der Fall nichtidentischer paralleler Geraden wird als **echte Parallelität** bezeichnet.

Euklid formuliert folgende Axiome und Postulate:

„Axiome
1. Was demselben gleich ist, ist auch einander gleich.
(…)
6. Zwei Strecken umfassen keine Fläche."

„Postulate
Gefordert soll sein:
I. Dass man von jedem Punkt nach jedem Punkt die Strecke ziehen kann;
(…)
V. Und dass, wenn eine gerade Linie beim Schnitt mit zwei geraden Linien bewirkt, dass innen auf derselben Seite entstehende Winkel zusammen kleiner als zwei Rechte werden, sich dann die zwei geraden Linien bei beliebiger Verlängerung auf der Seite treffen, auf der die Winkel liegen, die zusammen kleiner als zwei Rechte sind."

Die heute nicht mehr vorgenommene begriffliche Differenzierung zwischen Axiomen und Postulaten erklärt, dass das für die Entwicklung der Mathematik überaus bedeutsame **Parallelenaxiom bei Euklid als V. Postulat** bezeichnet wird. Wegen der Komplexität des V. Postulats verdeutlichen wir seinen Inhalt mithilfe von Abb. 1.1.

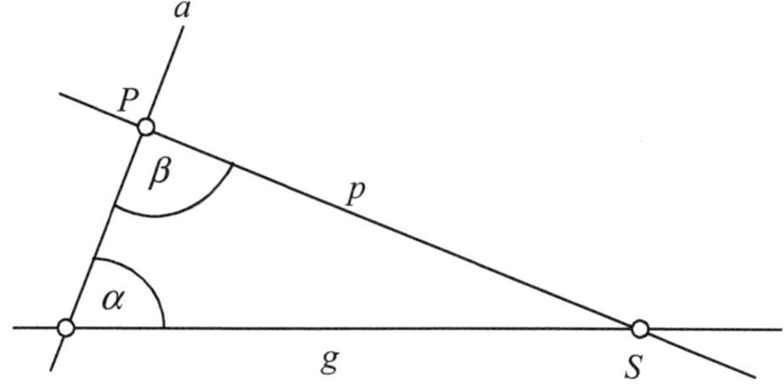

Abb. 1.1 Euklids V. Postulat

Wenn $\alpha + \beta < 180°$ gilt, dann existiert der Schnittpunkt $S = g \cap p$, d. h., es gilt $g \nparallel p$.

Unter einem Satz versteht Euklid eine Proposition bzw. ein Theorem (Lehrsatz, den er beweist) oder ein Problem (Konstruktionsaufgabe, deren Lösung er angibt), z. B. finden wir im ersten Buch folgende Sätze:

„Proposition 1. Über einer gegebenen Strecke kann ein gleichseitiges Dreieck errichtet werden.

(…)

Proposition 5. In einem gleichschenkligen Dreieck sind die Winkel an der Grundlinie einander gleich.

(…)

Proposition 17: In jedem Dreieck sind zwei Winkel, beliebig zusammengenommen, kleiner als zwei Rechte."

Wir erkennen, dass es sich bei den angegebenen Propositionen um folgende Konstruktion bzw. Sätze handelt:

- Proposition 1: Konstruktion eines speziellen Dreiecks nach dem Kongruenzsatz SSS,
- Proposition 5: Basiswinkelsatz,
- Proposition 17: Umkehrung des V. Postulats.

Für den Nachweis der Wahrheit seiner Sätze verwendete Euklid die von antiken griechischen Gelehrten entwickelte Aussagenlogik. Der mehr als 2000-jährige Siegeszug der euklidischen Geometrie beruht neben der tiefgründigen theoretischen Fundierung insbesondere darauf, dass diese Geometrie ein „natürliches Modell" des uns umgebenden dreidimensionalen Anschauungsraums darstellt und die Lösung vieler naturwissenschaftlicher und technischer Probleme ermöglicht. Beispielsweise beschrieb Isaac **Newton** 1687 in seinem grundlegenden Werk *Philosophiae Naturalis Principia Mathematica* die physikalischen Vorgänge als Ereignisse in der Zeit und im dreidimensionalen Anschauungsraum mithilfe der euklidischen Geometrie.

Vor dem geschichtlichen Hintergrund ist es verständlich, dass die euklidische Geometrie bis heute eine zentrale Rolle bei der mathematischen Bildung in der Schule und Hochschule spielt. Im Laufe der Zeit wurde der Geometrieunterricht auf ausgewählte Sätze der euklidischen Geometrie konzentriert und durch einige Inhalte der darstellenden und analytischen Geometrie ergänzt, sodass die „Schulgeometrie" heute im Wesentlichen ein Konglomerat aus diesen drei Geometrien darstellt. Allerdings zeichnet sich die „Schulgeometrie" weder durch einen axiomatischen Aufbau noch durch Euklids strengen Stil aus.

Die Mathematiker prüften immer wieder das Fundament der euklidischen Geometrie, indem sie kritisch hinterfragten, ob

- die Axiome unabhängig voneinander sind,
- das Axiomensystem vollständig und widerspruchsfrei ist,
- die Beweise korrekt sind.

Euklids Leistung wird nicht dadurch geschmälert, dass in der über 2000-jährigen Rezeptionsgeschichte der *Elemente* einige Mängel entdeckt wurden, insbesondere einige unvollständige Beweise, fehlende Axiome (dies dürfte die Ursache dafür sein, dass Euklid die Bücher zur Stereometrie nicht streng axiomatisch aufgebaut hat) und fehlende Sätze. Bemerkenswert ist, dass diese Mängel mithilfe der in den *Elementen* begründeten Auffassung einer strengen axiomatischen Mathematik aufgefunden wurden.

Über Jahrhunderte hinweg haben sich die Mathematiker bemüht, das Parallelenpostulat Euklids zu beweisen. Dafür gab es folgende Motive:

- Die Formulierung des V. Postulats bei Euklid wirkt viel komplizierter und „sperriger" als die der anderen Postulate und Axiome. Deshalb wurde vermutet, dass es sich um einen Satz handeln könnte, den Euklid lediglich noch nicht beweisen konnte.
- Die Umkehrung des V. Postulats in der Formulierung Euklids ist ein Satz, den er selbst als Proposition 17 beweist. Auch dies legt die Vermutung nahe, dass es sich beim V. Postulat um einen Satz handeln könnte.
- Euklid verwendet das V. Postulat erst beim Beweis des Satzes 29, obwohl es beim Beweis vorheriger Sätze bereits sinnvoll nutzbar gewesen wäre. Daraus wurde geschlussfolgert, dass sich Euklid evtl. selbst nicht ganz sicher war, ob es sich um ein Postulat oder einen Satz handelt.

Erst im 19. Jahrhundert reifte die Überzeugung, dass es sich beim V. Postulat um ein Axiom handeln müsste, da bei Abänderung seiner Aussage merkwürdigerweise kein Widerspruch nachgewiesen werden konnte. Vielmehr schufen 1823 Johann Bolyai und unabhängig davon 1826 Nikolai Iwanowitsch Lobatschewski die Grundzüge der nichteuklidischen hyperbolischen Geometrie, deren Widerspruchsfreiheit 1868 durch Eugenio Beltrami nachgewiesen wurde. Eine Recherche zur Thematik **Parallelenproblem** ist sehr zu empfehlen, u. a. ist die Rolle von Carl Friedrich Gauß interessant, der behauptete, schon vor Johann Bolyai ähnliche Entdeckungen gemacht zu haben, ohne diese zu veröffentlichen, da er annahm, dass ihn seine Zeitgenossen nicht verstehen würden.

Es gehört zu den **Besonderheiten der Mathematikgeschichte,** dass auf der Grundlage gescheiterter Beweisversuche für ein Postulat eine Theorie entwickelt wurde, nach der niemand gesucht hatte, da es unvorstellbar erschien, dass es neben der überaus erfolgreichen und „natürlichen" euklidischen Geometrie noch andere Geometrien geben könnte. Seit der Antike war zwar bekannt, dass zur Lösung von Navigationsproblemen und astronomischen Positionsbestimmungen mithilfe trigonometrischer Berechnungen auf der Kugeloberfläche kompliziertere Beziehungen zu verwenden sind als in der Ebene, doch diese sphärische Trigonometrie war nicht axiomatisch begründet, und deshalb fiel nicht auf, dass in der sphärischen Geometrie das Parallelenaxiom der euklidischen Geometrie nicht gilt.

Als Ausgangspunkt zum axiomatischen Aufbau der euklidischen, hyperbolischen und sphärischen bzw. elliptischen Geometrie eignet sich von den in der Literatur existierenden unterschiedlichen Formulierungen des Parallelenaxioms eine

Fassung besonders gut, die sich an eine 1795 erfolgte Veröffentlichung von John Playfair (1748–1819) anlehnt:

Parallelenaxiom
Zu jeder Geraden g und jedem Punkt P, der nicht auf g liegt, gibt es in der durch g und P bestimmten Ebene α genau eine Gerade durch P, die mit g keinen gemeinsamen Punkt hat.

▶   **Bemerkung** Nach Definition 1.1 handelt es sich bei der Formulierung des Parallelenaxioms nach Playfair um **echte Parallelität.**

Der Bezug zu der durch g und P bestimmten Ebene α ist notwendig, um den Fall **windschiefer Geraden auszuschließen** (eine zur Geraden g windschief verlaufende Gerade durch P besitzt ebenfalls keinen gemeinsamen Punkt mit g).

Die „Schulgeometrie" verwendet ähnliche Formulierungen für das Parallelenaxiom wie die von uns angegebene.

Es dauerte bis 1899, als David **Hilbert** (1862–1943) in seinem Werk *Grundlagen der Geometrie* die erste streng axiomatische Theorie der euklidischen Geometrie nach moderner Auffassung veröffentlichte. Dabei definierte er die Grundbegriffe „Punkt", „Gerade" und „Ebene" sowie die grundlegenden Beziehungen „liegen", „zwischen" und „kongruent" lediglich implizit, indem er forderte, dass sie die Axiome erfüllen. Hinter dieser Vorgehensweise steckt die Erkenntnis, dass bei der Erklärung von Begriffen per Definition ein Anfangszustand existiert, in dem einige Begriffe nicht definiert werden können. Wir bezeichnen heute derartige Begriffe als **primitive Terme**. Für die primitiven Terme lassen sich mithilfe von Axiomen Eigenschaften und Beziehungen festlegen, wie dies Hilbert getan hat. Es wäre unfair, Euklid zu kritisieren, weil seine Definitionen zum Teil den heutigen Maßstäben nicht entsprechen. Bis zu Hilberts Einsicht waren Jahrhunderte der Erkenntnisgewinnung in der Mathematik, den Naturwissenschaften und den Sprachwissenschaften notwendig. Eventuell kann mit einem Augenzwinkern auf das Problem mit den undefinierbaren Begriffen durch parodierende „Alternativdefinitionen" der Art „Ein Punkt ist ein Winkel, der seine Schenkel verloren hat." hingewiesen werden. Hilbert benötigte zwanzig Axiome anstelle der fünf Postulate und sechs Axiome Euklids (das von Hilbert formulierte Parallelenaxiom lehnte sich an die Fassung von Playfair an). Er ergänzte nicht nur Axiome, sondern nahm auch Streichungen vor, z. B. fehlte bei ihm das 1. Axiom Euklids (da es nicht zur Geometrie, sondern zur Logik gehört).

Hilbert forderte folgende **Eigenschaften für ein Axiomensystem:**
Widerspruchsfreiheit, Unabhängigkeit, Einfachheit und Vollständigkeit.

In Kap. 2 folgen wir einer Idee von Hermann Minkowski (1864–1909), indem wir im Rahmen der Taxi-Geometrie ein von der euklidischen Geometrie abweichendes Modell für die primitiven Terme Punkt und Gerade einführen und auch einen anderen Abstandsbegriff verwenden. Wir werden dabei das Tor zu einer interessanten nichteuklidischen Welt aufstoßen, in der viele Überraschungen auf uns warten.

Zuvor wenden wir uns einigen zentralen Inhalten der euklidischen Geometrie zu. In den Beweisen für Sätze verwenden wir sowohl „rein geometrische" Argumentationen einer voraussetzungsarmen **affinen Geometrie,** die ohne die Einführung von Koordinaten auskommt, als auch Methoden der **analytischen Geometrie,** bei der Koordinaten sowie Maße für Abstände und Winkel verwendet werden. Auf einige dieser Sätze werden wir bei der Behandlung nichteuklidischer Geometrien zurückkommen.

1.2   Streckenverhältnisse

Bereits die griechischen Gelehrten der Antike hatten Gesetzmäßigkeiten entdeckt und bewiesen, die für Verhältnisse von Strecken gelten. Sie wussten, dass sich z. B. das Verhältnis aus den Längen der Diagonalenabschnitte im regelmäßigen Fünfeck und das Verhältnis der Diagonalenlänge zur Länge der Seite eines Quadrates nicht durch eine gebrochene Zahl ausdrücken lässt (die letztgenannte Aussage beweist Euklid im 10. Buch der *Elemente*). Der Schritt zur Definition irrationaler Zahlen wurde in der Antike noch nicht vollzogen.

In der Schule werden Streckenverhältnisse beim Hauptähnlichkeitssatz für Dreiecke und bei den Strahlensätzen thematisiert.

Zentrale Sätze der euklidischen und projektiven Geometrie werden in moderner Notation häufig mithilfe von Teil- und Doppelverhältnissen formuliert, die auf das Konzept orientierter Strecken und Winkel zurückgehen. Deshalb führen wir diese Begriffe hier ein. In Abb. 1.2 verdeutlichen wir die Bedeutung der Begriffe **orientierte Strecke** und **orientierter Winkel.**

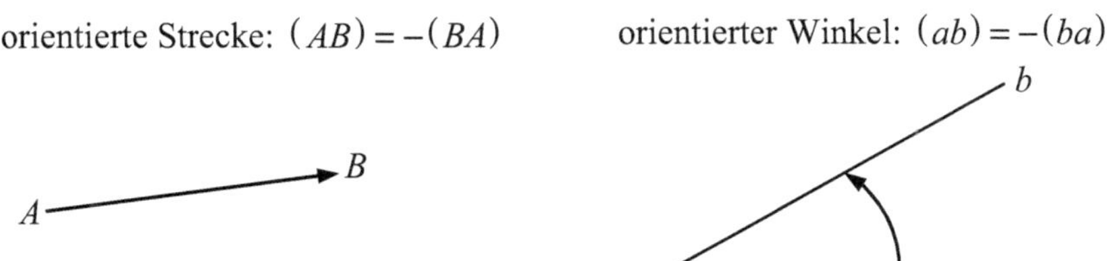

Abb. 1.2 Orientierte Strecke und orientierter Winkel

▶ **Bemerkung** In Analogie zu einer nichtorientierten Strecke werden wir auch bei einer orientierten Strecke symbolisch nicht zwischen dem jeweiligen geometrischen Objekt und seiner Länge unterscheiden, da die konkrete Bedeutung des verwendeten Terms stets aus dem Kontext hervorgeht. Dieses Vorgehen ist in der Literatur allgemein üblich.

Eine orientierte Strecke besitzt Ähnlichkeit mit dem Begriff Verbindungsvektor zweier Punkte. Der wesentliche Unterschied zwischen diesen Begriffen besteht darin, dass durch die Länge einer orientierten Strecke dividiert werden darf, aber durch einen Vektor nicht.

Definition 1.2 Teilverhältnis

Das **Teilverhältnis** $\lambda = \mathrm{TV}(ABC) = (ABC)$ **der orientierten Strecke** (AB) durch den Punkt C auf der Geraden AB ist das Verhältnis folgender orientierter Längen: $\lambda = \mathrm{TV}(ABC) = (ABC) = \frac{(AC)}{(CB)}$.

In der Schreibweise mit Vektoren gilt: $\overrightarrow{AC} = \lambda \cdot \overrightarrow{CB}$.

Das **Teilverhältnis** $\mathrm{TV}(abc) = (abc)$ **des orientierten Winkels** (ab) durch den Strahl c, dessen Anfangspunkt im Scheitelpunkt des Winkels (ab) liegt, ist als Verhältnis mit orientierten Winkeln definiert: $\mathrm{TV}(abc) = (abc) = \frac{\sin(ac)}{\sin(cb)}$.

▶ **Bemerkung** Die **Zweckmäßigkeit der Definition des Teilverhältnisses für orientierte Winkel** begründen wir nach der Definition des Doppelverhältnisses, die mithilfe zweier Teilverhältnisse erfolgt.

Wir gehen in Abschn. 1.5.4 näher darauf ein, dass das **Teilverhältnis nicht mit dem Längenverhältnis zweier Strecken verwechselt** werden darf.

Mit dem Teilverhältnis $\lambda = \mathrm{TV}(ABC) = (ABC) = \frac{(AC)}{(CB)}$ kann unterschieden werden, ob der Teilpunkt C die Strecke $\overline{AB}$ innen oder außen teilt, dies veranschaulicht Abb. 1.3.

Das durch den Teilpunkt C bedingte Teilverhältnis der Strecke $\overline{AB}$ ist nur dann nichtnegativ, wenn C innerhalb dieser Strecke liegt.

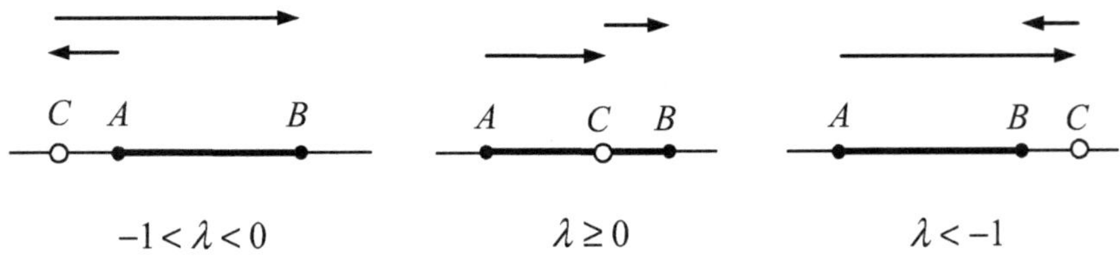

Abb. 1.3 Innere und äußere Teilung der Strecke $\overline{AB}$ durch den Teilpunkt C

In Abb. 1.4 haben wir eine in der Zeichenebene erfolgende Parallelprojektion der Geraden q auf die Gerade h dargestellt. Die Projektionsrichtung ist r. Wir erkennen, dass

- der Punkt Q ein Fixpunkt der Abbildung ist, da $Q = Q'$,
- für die Projektion Projektionsgeraden erforderlich sind, da Projektionsstrahlen nur eine Halbgerade abbilden könnten,
- die **Parallelprojektion wegen des ersten Strahlensatzes teilverhältnistreu** ist (der Sonderfall, in dem die Strahlensatzfigur wegen $q \parallel h$ nicht entsteht, ist trivial, da dann die Original- und Bildpunkte Parallelogramme bilden und deshalb das Teilverhältnis dreier Punkte auf der Geraden q mit dem entsprechenden auf der Geraden h ebenfalls übereinstimmt).

▶ **Bemerkung** Beim ersten Strahlensatz muss keiner der Strahlenabschnitte vom Träger Q des Strahlenbüschels ausgehen, das ist ein wesentlicher Unterschied zum zweiten Strahlensatz. Da in den Abbildungen zu den Strahlensätzen in der Literatur das Strahlenbüschel meist nur von zwei Parallelen geschnitten wird, kann dieser Sachverhalt beim ersten Strahlensatz nicht verdeutlicht werden. Wir überzeugen uns von der freien Wahl der einander entsprechenden Strahlenabschnitte, indem wir unter Verwendung von Abb. 1.4 nachweisen, dass sich aus Ansätzen mit Strecken, die alle von Q ausgehen, solche Streckenverhältnisse herleiten lassen, bei denen kein Strahlenabschnitt den Träger Q enthält.

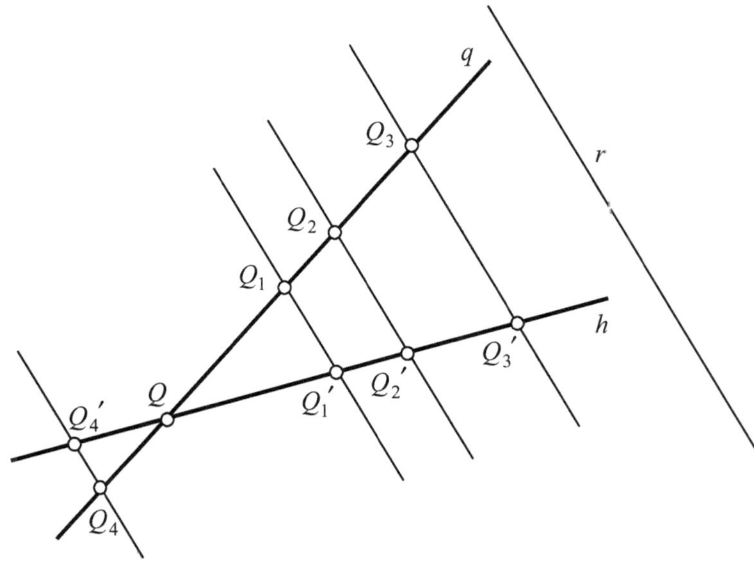

Abb. 1.4 Teilverhältnistreue der Parallelprojektion

Streckenverhältnis, bei dem alle Strahlenabschnitte von Q ausgehen (wie beim zweiten Strahlensatz): $\frac{\overline{QQ_2}}{QQ_2'} = \frac{\overline{QQ_3}}{QQ_3'}$. Durch Erweitern des Bruches auf der rechten Seite mit $\left(\overline{QQ_3} - \overline{QQ_2}\right)$ erhalten wir

$\frac{\overline{QQ_2}}{QQ_2'} = \frac{\overline{QQ_3} \cdot (\overline{QQ_3} - \overline{QQ_2})}{\overline{QQ_3'} \cdot (\overline{QQ_3} - \overline{QQ_2})} = \frac{\overline{QQ_3} \cdot (\overline{QQ_3} - \overline{QQ_2})}{\overline{QQ_3'} \cdot \overline{QQ_3} - \overline{QQ_3'} \cdot \overline{QQ_2}}$. Wir verwenden im Nenner

die Beziehung $\overline{QQ_3'} \cdot \overline{QQ_2} = \overline{QQ_2'} \cdot \overline{QQ_3}$, die sich aus dem Ansatz ergibt:

$\frac{\overline{QQ_2}}{QQ_2'} = \frac{\overline{QQ_3} \cdot (\overline{QQ_3} - \overline{QQ_2})}{\overline{QQ_3'} \cdot \overline{QQ_3} - \overline{QQ_2'} \cdot \overline{QQ_3}} = \frac{\overline{QQ_3} \cdot (\overline{QQ_3} - \overline{QQ_2})}{\overline{QQ_3} \cdot \left(\overline{QQ_3'} - \overline{QQ_2'}\right)}$. Nach dem Kürzen

und der Subtraktion von Strecken, die auf demselben Strahl liegen, erhalten wir eine Gleichung, in der nur noch zwei Strahlenabschnitte den Träger Q enthalten:

$$\frac{\overline{QQ_2}}{\overline{QQ_2'}} = \frac{\overline{Q_2Q_3}}{\overline{Q_2'Q_3'}}.$$

Analog ergibt sich aus $\frac{\overline{QQ_2}}{QQ_2'} = \frac{\overline{QQ_1}}{QQ_1'}$ durch Erweitern mit $\left(\overline{QQ_2} - \overline{QQ_1}\right)$ auf der rechten Seite der Gleichung die Beziehung $\frac{\overline{QQ_2}}{QQ_2'} = \frac{\overline{Q_1Q_2}}{Q_1'Q_2'}$.

Durch Gleichsetzen der beiden hergeleiteten Gleichungen erhalten wir schließlich eine Beziehung, in der kein Strahlenabschnitt den Träger Q des Strahlenbüschels mehr enthält: $\frac{\overline{Q_2Q_3}}{Q_2'Q_3'} = \frac{\overline{Q_1Q_2}}{Q_1'Q_2'}$.

Für Berechnungen mit dem Teilverhältnis ermitteln wir einige Beziehungen.

Beim **Vertauschen der Punkte der Ausgangsstrecke** $\overline{AB}$ ergibt sich:

$$\lambda = \mathrm{TV}(ABC) = (ABC) = \frac{(AC)}{(CB)} \Rightarrow \mathrm{TV}(BAC) = (BAC) = \frac{(BC)}{(CA)} = \frac{-(CB)}{-(AC)} = \frac{1}{\lambda}$$

Damit erhalten wir

$$(ABC) \cdot (BAC) = 1. \tag{1.1}$$

Erfolgt die Verhältnisbildung unter **Bezug auf die Ausgangsstrecke** $\overline{AB}$, dann ergibt sich:

$$\lambda = \mathrm{TV}(ABC) = (ABC) = \frac{(AC)}{(CB)}$$

$$\lambda \cdot (CB) = (AC) \qquad \text{mit} \quad (AB) = (AC) + (CB)$$

$$\lambda \cdot ((AB) - (AC)) = (AC) \text{ bzw. } \lambda \cdot (CB) = (AB) - (CB).$$

Durch Auflösen erhalten wir

$$(AC) = \frac{\lambda}{1 + \lambda} \cdot (AB) \text{ bzw. } (CB) = \frac{1}{1 + \lambda} \cdot (AB). \tag{1.2}$$

Bedeutsam ist der Fall für das Teilverhältnis, bei dem der Punkt C gegen **unendlich** verschoben wird:

$$\lambda = \mathrm{TV}(ABC_\infty) = (ABC_\infty) = \lim_{C \to C_\infty} \frac{(AC)}{(CB)} = \lim_{C \to C_\infty} \frac{(AB)+(BC)}{(CB)}$$

$$\lambda = \lim_{C \to C_\infty} -\frac{(AB)+(BC)}{(BC)} = \lim_{C \to C_\infty} \left(-\frac{(AB)}{(BC)} - 1\right)$$

$$\lambda = \mathrm{TV}(ABC_\infty) = (ABC_\infty) = -1. \tag{1.3}$$

Wir haben das Teilverhältnis in allgemeiner Form als Verhältnis orientierter Strecken definiert, ohne zuvor Koordinaten für die Punkte einzuführen.

Wenn wir Koordinaten einführen, eine Einheitsstrecke durch die Punkte $A(0|0)$ und $B(1|0)$ festlegen und den Teilpunkt $C(x|0)$ auf der x-Achse variieren, dann können wir das **Teilverhältnis als Funktion** von x auffassen. Dieses „Schmäckerchen" ist so interessant, dass wir es uns nicht entgehen lassen. Deshalb verlassen wir kurzzeitig den Pfad der „reinen Geometrie" und führen eine analytische Betrachtung durch:

$$\lambda = \frac{(AC)}{(CB)} = \frac{(AC)}{(CA)+(AB)}$$

$$\lambda = \frac{(AC)}{-(AC)+(AB)}.$$

Mit $(AC) = x$ und $(AB) = 1$ ergibt sich $\lambda(x) = \frac{x}{1-x}$.

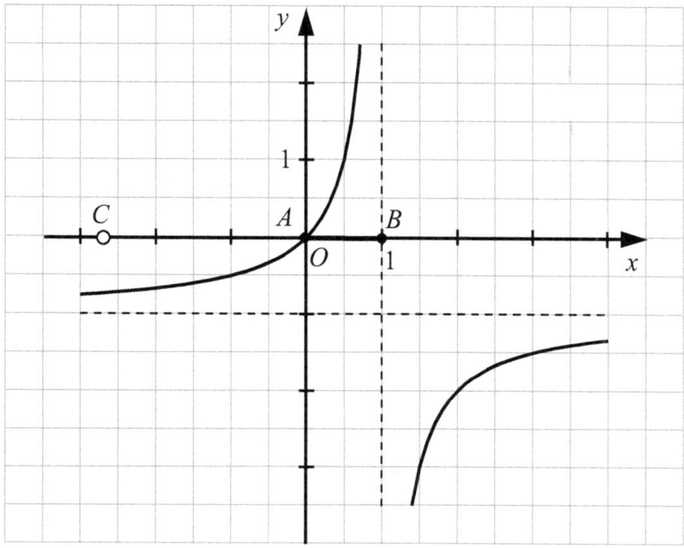

Abb. 1.5 Teilverhältnis als Funktion

Abb. 1.5 verdeutlicht den für das Teilverhältnis existierenden funktionalen Zusammenhang.

Dass es sich bei der Funktion λ um eine verschobene und an der x-Achse gespiegelte „Normalhyperbel" handelt, erkennen wir nach folgender Umformung:

$$\lambda(x) = \frac{x}{1-x} = -\frac{x}{x-1} = -\left(\frac{x-1+1}{x-1}\right) = -\left(\frac{1}{x-1}+1\right).$$

Es existieren Abbildungen, bei denen sich das Teilverhältnis ändert, aber der Quotient zweier Teilverhältnisse invariant (unverändert) ist. Deshalb ist folgende Definition sinnvoll.

Definition 1.3 Doppelverhältnis

Das **Doppelverhältnis** $\mu = \mathrm{DV}(ABCD) = (ABCD)$ **der orientierten Strecke** (AB) durch die Punkte C und D auf der Geraden AB ist das Verhältnis folgender Teilverhältnisse:

$$\mu = \mathrm{DV}(ABCD) = (ABCD) = \frac{\mathrm{TV}(ABC)}{\mathrm{TV}(ABD)} = \frac{(ABC)}{(ABD)} = \frac{\frac{(AC)}{(CB)}}{\frac{(AD)}{(DB)}} = \frac{(AC)}{(CB)} \cdot \frac{(DB)}{(AD)}.$$

Das **Doppelverhältnis** $\mathrm{DV}(abcd) = (abcd)$ **des orientierten Winkels** (ab) durch die Strahlen c und d, deren Anfangspunkte im Scheitelpunkt des Winkels (ab) liegen, ist als Verhältnis mit orientierten Winkeln definiert:

$$\mathrm{DV}(abcd) = (abcd) = \frac{\mathrm{TV}(abc)}{\mathrm{TV}(abd)} = \frac{(abc)}{(abd)} = \frac{\frac{\sin(ac)}{\sin(cb)}}{\frac{\sin(ad)}{\sin(db)}}.$$

Wie nach Definition 1.2 angekündigt, kommen wir auf die Zweckmäßigkeit der Definition des Teilverhältnisses für orientierte Winkel zurück. Dazu betrachten wir die in Abb. 1.6 dargestellte Konstellation, bei der ein Geradenbüschel von einer Geraden g geschnitten wird.

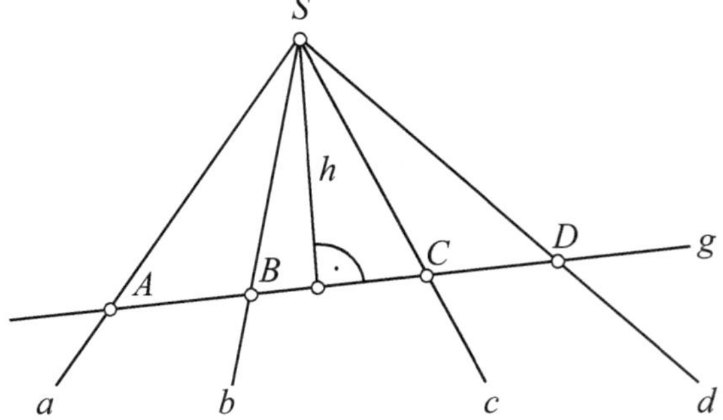

Abb. 1.6 Doppelverhältnis für die orientierte Strecke *(AB)* und den orientierten Winkel *(ab)*

Alle in Abb. 1.6 befindlichen Dreiecke haben die gleiche Höhe h über der auf der Geraden g liegenden Grundseite. Deshalb können die in den Doppelverhältnissen vorkommenden Quotienten mithilfe formaler Erweiterungen der Brüche in Verhältnisse von Dreiecksflächen umgewandelt werden:

$$(ABCD) = \frac{\frac{(AC)}{(CB)}}{\frac{(AD)}{(DB)}} = \frac{\frac{(AC)}{-(CB)}}{\frac{(AD)}{-(DB)}} = \frac{\frac{(AC)}{(BC)}}{\frac{(AD)}{(BD)}} = \frac{\frac{\frac{1}{2}\cdot(AC)\cdot h}{\frac{1}{2}\cdot(BC)\cdot h}}{\frac{\frac{1}{2}\cdot(AD)\cdot h}{\frac{1}{2}\cdot(BD)\cdot h}} = \frac{\frac{A_{\triangle ACS}}{A_{\triangle BCS}}}{\frac{A_{\triangle ADS}}{A_{\triangle BDS}}}$$

$$(abcd) = \frac{\frac{\sin(ac)}{\sin(cb)}}{\frac{\sin(ad)}{\sin(db)}} = \frac{\frac{\sin(ac)}{-\sin(cb)}}{\frac{\sin(ad)}{-\sin(db)}} = \frac{\frac{\sin(ac)}{\sin(bc)}}{\frac{\sin(ad)}{\sin(bd)}} = \frac{\frac{\frac{1}{2}\cdot\overline{SA}\cdot\overline{SC}\cdot\sin(ac)}{\frac{1}{2}\cdot\overline{SB}\cdot\overline{SC}\cdot\sin(bc)}}{\frac{\frac{1}{2}\cdot\overline{SA}\cdot\overline{SD}\cdot\sin(ad)}{\frac{1}{2}\cdot\overline{SB}\cdot\overline{SD}\cdot\sin(bd)}} = \frac{\frac{A_{\triangle ACS}}{A_{\triangle BCS}}}{\frac{A_{\triangle ADS}}{A_{\triangle BDS}}}.$$

Wir erkennen, dass die Doppelverhältnisse für die orientierte Strecke (AB) und den orientierten Winkel (ab) übereinstimmen:

$$(ABCD) = (abcd). \tag{1.4}$$

Um diese Übereinstimmung zu erreichen, wurde in Definition 1.2 das Teilverhältnis für den orientierten Winkel (ab) mit dem Sinus orientierter Winkel gebildet.

Aus (1.4) ergeben sich Beziehungen, die für Zentralprojektionen sehr bedeutsam sind. In der Konstellation der Abb. 1.7 schließen wir aus $(ABCD) = (abcd)$ und $(abcd) = \left(A'B'C'D'\right)$ auf die Gleichheit $(ABCD) = \left(A'B'C'D'\right)$ und damit auf die **Doppelverhältnistreue der Zentralprojektion**. Aus Abb. 1.8 schließen wir aus $(abcd) = (ABCD)$ und $(ABCD) = (efgh)$ auf die Gleichheit $(abcd) = (efgh)$ und damit auf die **Unabhängigkeit des Doppelverhältnisses von der Lage des Zentrums der Zentralprojektion.**

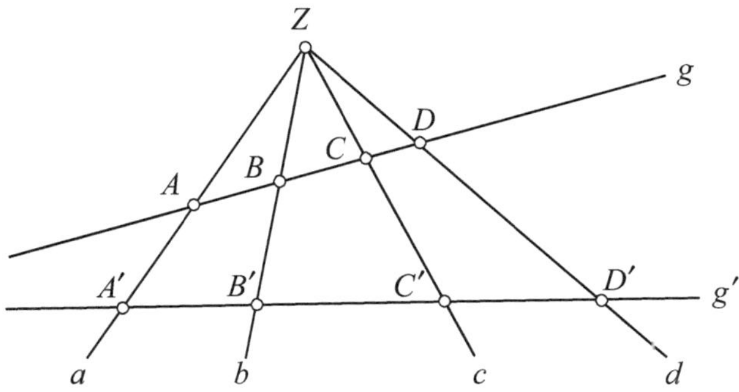

Abb. 1.7 Doppelverhältnistreue der Zentralprojektion

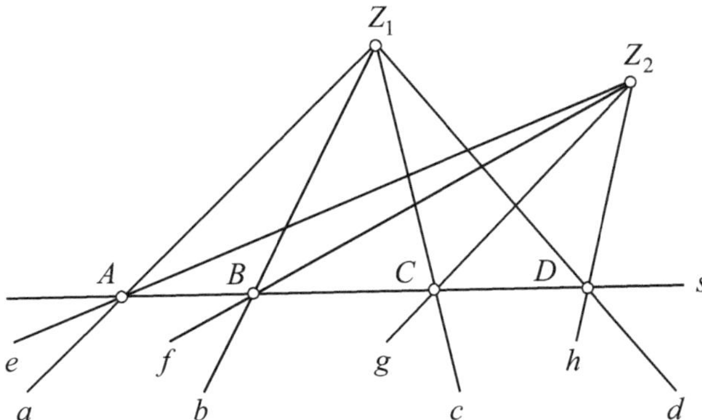

Abb. 1.8 Unabhängigkeit des Doppelverhältnisses von der Lage des Zentrums der Zentralprojektion

> **Bemerkung** Aus dem dritten Strahlensatz ergibt sich für Abb. 1.7 sogar die Invarianz des Teilverhältnisses, wenn die Nebenbedingung $g \parallel g'$ erfüllt ist. Deshalb gibt es spezielle Zentralprojektionen, die teilverhältnistreu sind. Wir überzeugen uns anhand von Abb. 1.9, dass eine **Zentralprojektion i. Allg. nicht teilverhältnistreu** ist. In dieser Abbildung ergibt sich auf der Geraden g das Teilverhältnis $\lambda_g = \frac{(AC)}{(CB)} = 1$, dagegen ist auf der Geraden g' für das Teilverhältnis $\lambda_{g'} = \frac{(A'C')}{(C'B')}$ „nach Augenschein" die Beziehung $0 < \lambda_{g'} < 1$ erfüllt. Für die Leser, die Plausibilitätserklärungen nicht mögen: Wenn wir in Abb. 1.9 die Gerade g' um den Punkt A im Uhrzeigersinn drehen, dann geht das Teilverhältnis $\lambda_{g'}$ gegen null, wenn sich die Gerade g' der Lage $g' \parallel ZB$ nähert, d. h. $\lambda_g \neq \lambda_{g'}$.

In der Literatur ist es üblich, das Doppelverhältnis im Rahmen der projektiven Geometrie zu thematisieren, weil es bei Zentralprojektionen invariant ist. Wir sind dieser Vorgehensweise nicht gefolgt, da die Behandlung des Doppelverhältnisses auch gut zu derjenigen des Teilverhältnisses passt, welches Gegenstand der euklidischen Geometrie ist. In Abschn. 1.5 und in Kap. 3 kommen wir auf die hier gewonnenen Ergebnisse zurück.

Abb. 1.9 Verletzung der Teilverhältnistreue bei der allgemeinen Zentralprojektion

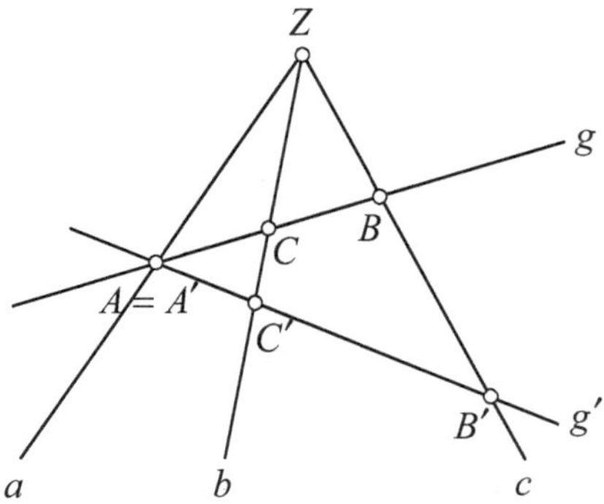

Beim Doppelverhältnis gibt es mehr Möglichkeiten zum **Vertauschen der Punkte** als beim Teilverhältnis. Zunächst zeigen wir, dass das Doppelverhältnis invariant ist gegenüber dem Tausch der Punktepaare und dem Tausch innerhalb beider Paare:

$$\mu = \mathrm{DV}(ABCD) = (ABCD) = \frac{\mathrm{TV}(ABC)}{\mathrm{TV}(ABD)} = \frac{(ABC)}{(ABD)} = \frac{(AC)}{(CB)} : \frac{(AD)}{(DB)} = \frac{(AC)}{(CB)} \cdot \frac{(DB)}{(AD)},$$

$$(CDAB) = \frac{(CA)}{(AD)} \cdot \frac{(BD)}{(CB)} = \frac{-(AC)}{(CB)} \cdot \frac{-(DB)}{(AD)} = \mu,$$

$$(BADC) = \frac{(BD)}{(DA)} \cdot \frac{(CA)}{(BC)} = \frac{-(AC)}{-(CB)} \cdot \frac{-(DB)}{-(AD)} = \mu,$$

$$(DCBA) = \frac{(DB)}{(BC)} \cdot \frac{(AC)}{(DA)} = \frac{(AC)}{-(CB)} \cdot \frac{(DB)}{-(AD)} = \mu.$$

Es werden zwei weitere Fälle näher betrachtet, bei denen sich das Doppelverhältnis $\mu = \mathrm{DV}(ABCD) = (ABCD) = \frac{\mathrm{TV}(ABC)}{\mathrm{TV}(ABD)} = \frac{(ABC)}{(ABD)} = \frac{(AC)}{(CB)} : \frac{(AD)}{(DB)} = \frac{(AC)}{(CB)} \cdot \frac{(DB)}{(AD)}$ verändert.

Fall 1:

$$(BACD) = \frac{(BAC)}{(BAD)} = \frac{(BC)}{(CA)} \cdot \frac{(DA)}{(BD)} = \frac{-(CB)}{-(AC)} \cdot \frac{-(AD)}{-(DB)} = \frac{1}{\mu}$$

Ergebnis Fall 1: $(BACD) = (CDBA) = (ABDC) = (DCAB) = \frac{1}{\mu}$.

Fall 2:

$$(ACBD) = \frac{(AB)}{(BC)} \cdot \frac{(DC)}{(AD)} \qquad | \text{ mit } (AB) + (BC) = (AC) \text{ und } (DC) + (CB) = (DB)$$

$$= \frac{(AC) - (BC)}{(BC)} \cdot \frac{(DB) - (CB)}{(AD)} = \left(\frac{(AC)}{(BC)} - 1 \right) \cdot \left(\frac{(DB)}{(AD)} - \frac{(CB)}{(AD)} \right)$$

$$= \frac{(AC)}{(BC)} \cdot \frac{(DB)}{(AD)} - \frac{(AC)}{(BC)} \cdot \frac{(CB)}{(AD)} - \frac{(DB)}{(AD)} + \frac{(CB)}{(AD)}$$

$$= \frac{(AC)}{-(CB)} \cdot \frac{(DB)}{(AD)} - \frac{(AC)}{(BC)} \cdot \frac{-(BC)}{(AD)} - \frac{(DB)}{(AD)} + \frac{(CB)}{(AD)} = -\mu + \frac{(AC) - (DB) + (CB)}{(AD)}$$

$$= -\mu + \frac{(AC) + (BD) + (CB)}{(AD)} \qquad | \text{ mit } (AC) + (CB) + (BD) = (AD)$$

$$(ACBD) = 1 - \mu$$

Ergebnis Fall 2: $(ACBD) = (BDAC) = (CADB) = (DBCA) = 1 - \mu$.

Doppelverhältnis für einen im **Unendlichen liegenden Teilpunkt:**

Fall 1: $\mu = \mathrm{DV}(ABCD_\infty) = (ABCD_\infty) = \frac{\mathrm{TV}(ABC)}{\mathrm{TV}(ABD_\infty)} = \frac{(ABC)}{(ABD_\infty)}$.

Mit (1.3) gilt $(ABD_\infty) = \lim_{D \to D_\infty} \frac{(AD)}{(DB)} = -1$. Einsetzen ergibt:

$$\mu = \mathrm{DV}(ABCD_\infty) = (ABCD_\infty) = -(ABC). \tag{1.5}$$

Fall 2: $\mu = \mathrm{DV}(ABC_\infty D) = (ABC_\infty D) = \frac{\mathrm{TV}(ABC_\infty)}{\mathrm{TV}(ABD)} = \frac{(ABC_\infty)}{(ABD)}$.

Mit (1.3) gilt $(ABC_\infty) = \lim\limits_{C \to C_\infty} \frac{(AC)}{(CB)} = -1$. Einsetzen ergibt:

$$\mu = \mathrm{DV}(ABC_\infty D) = (ABC_\infty D) = -\frac{1}{(ABD)}. \tag{1.6}$$

Wenn ein Teilpunkt im Unendlichen liegt, dann hängt das Doppelverhältnis der orientierten Strecke (AB) nur vom Teilverhältnis durch den anderen Teilpunkt ab.

Definition 1.4 Harmonische Teilung

Eine Strecke $\overline{AB}$ wird durch die Punkte C und D harmonisch geteilt, wenn diese Punkte die Strecke $\overline{AB}$ innen und außen im gleichen Verhältnis teilen.

Aus den Definitionen für das Teil- und das Doppelverhältnis erkennen wir, dass bei harmonischer Teilung der Strecke das Doppelverhältnis -1 beträgt.

Wegen seines ästhetischen Reizes und seines Beziehungsreichtums betrachten wir in Anhang 1.1 das Längenverhältnis des **Goldenen Schnitts** etwas genauer.

Längenverhältnisse besitzen auch eine **praktische Bedeutung,** z. B. sind Papier- und Bildformate genormt, und es gibt Industriestandards zur Bildwiedergabe auf Displays und Bildschirmen bezüglich der Anzahl der Bildpunkte in der Länge und Breite.

1.3   Beispiele für Sätze

In diesem Abschnitt gehen wir von dem aus der Schule bekannten Basiswinkelsatz aus, der interessante Bezüge zu den Axiomen besitzt. Anschließend betrachten wir mit den Sätzen von Menelaos und Ceva grundlegende Sätze der euklidischen und projektiven Geometrie, die wir in den Abschn. 1.3.4, 3.4.1 und 3.4.2 anwenden werden. Da Formulierungen dieser Sätze den Begriff „Transversalen im Dreieck" nutzen, stellen wir diesem Abschnitt folgende Definition voraus.

Definition 1.5 Transversale und Ecktransversale im Dreieck

Eine Gerade, die jede Trägergerade der Seiten eines Dreiecks in genau einem Punkt schneidet, wird als **Transversale** bezeichnet. Verläuft eine Transversale durch einen Eckpunkt des Dreiecks, dann wird sie **Ecktransversale** genannt.

> **Bemerkung** Zuweilen werden in der Literatur Transversalen als Strecken betrachtet, in diesem Fall müssen die Trägergeraden der Transversalen betrachtet werden, um zu den interessierenden Schnittpunkten zu kommen.

1.3.1 Basiswinkelsatz

Satz Die Basiswinkel in einem gleichschenkligen Dreieck sind gleich groß.

Wir bringen den Satz in eine Wenn-dann-Form, damit der Unterschied zwischen Voraussetzung und Behauptung deutlich sichtbar wird:

Satz in Wenn-dann-Form Wenn ein Dreieck gleichschenklig ist, dann sind die Basiswinkel gleich groß.

Ohne Beschränkung der Allgemeinheit wählen wir die Seiten a und b eines Dreiecks ABC als Schenkel und die Seite $c = \overline{AB}$ als Basis, s. Abb. 1.10.

Voraussetzung $a = b$

Behauptung $\alpha = \beta$

Beweis

1.	$\overline{CD} = w_\gamma$	Winkelhalbierende des Gegenwinkels γ der Basis	
2.	$\triangle ADC \cong \triangle DBC$	Nach Kongruenzsatz SWS, da	
	$a = b$	Nach Voraussetzung	
	$\gamma_1 = \gamma_2$	Wegen (1)	
	$\overline{CD}$	Gemeinsam wegen (1)	
3.	$\alpha = \beta$	Wegen (2)	q. e. d.

Es ist interessant, dass der beim Beweis verwendete Kongruenzsatz SWS bei Euklid ein Satz und bei Hilbert ein Axiom ist. Mit dem Basiswinkelsatz lassen sich weitere Sätze beweisen, z. B. der Satz des Thales und der Peripheriewinkelsatz.

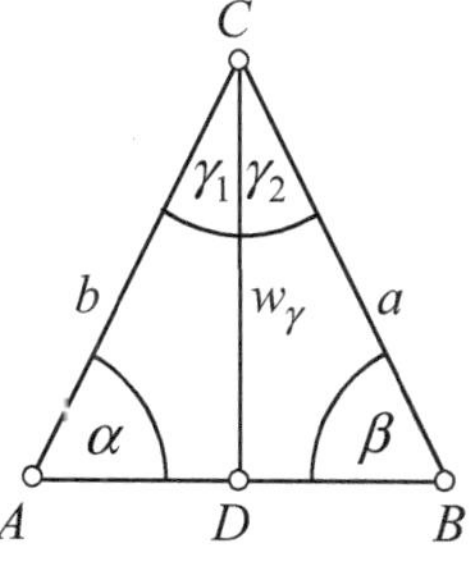

Abb. 1.10 Beweis Basiswinkelsatz

1.3.2 Satz von Menelaos

Menelaos veröffentlichte etwa 100 n. Chr. den nach ihm benannten Satz.

Satz von Menelaos Die Schnittpunkte X, Y bzw. Z einer Transversalen g mit den Trägergeraden BC, CA und AB der Seiten eines Dreiecks ABC teilen die Seiten dieses Dreiecks so, dass gilt

$$\mathrm{TV}(BCX) \cdot \mathrm{TV}(CAY) \cdot \mathrm{TV}(ABZ) = \frac{(BX)}{(XC)} \cdot \frac{(CY)}{(YA)} \cdot \frac{(AZ)}{(ZB)} = -1. \qquad (1.7)$$

Eine Transversale eines Dreiecks schneidet jede Trägergerade und damit entweder genau zwei Dreieckseiten oder keine Dreieckseite. Deshalb haben wir zwei Fälle zu betrachten, die wir in Abb. 1.11 verdeutlichen.

Satz des Menelaos in Wenn-dann-Form Wenn die Punkte X, Y bzw. Z auf den Trägergeraden BC, CA und AB der Seiten eines Dreiecks ABC kollinear sind, dann gilt

$$\mathrm{TV}(BCX) \cdot \mathrm{TV}(CAY) \cdot \mathrm{TV}(ABZ) = \frac{(BX)}{(XC)} \cdot \frac{(CY)}{(YA)} \cdot \frac{(AZ)}{(ZB)} = -1.$$

Voraussetzung Die Punkte X, Y bzw. Z auf den Trägergeraden BC, CA und AB der Seiten eines Dreiecks ABC sind kollinear.

Behauptung $\mathrm{TV}(BCX) \cdot \mathrm{TV}(CAY) \cdot \mathrm{TV}(ABZ) = \frac{(BX)}{(XC)} \cdot \frac{(CY)}{(YA)} \cdot \frac{(AZ)}{(ZB)} = -1$

Beweis des Satzes von Menelaos
Wir weisen zuerst die Korrektheit der Behauptung bezüglich des Vorzeichens nach.

Im Fall 1 teilen z. B. die Punkte X und Y jeweils eine Dreieckseite innen, deshalb sind $\mathrm{TV}(BCX)$ und $\mathrm{TV}(CAY)$ positiv, der Punkt Z teilt die Dreieckseite $\overline{AB}$ außen, deshalb ist $\mathrm{TV}(ABZ)$ negativ. Damit ist das Produkt der drei Teilverhältnisse negativ.

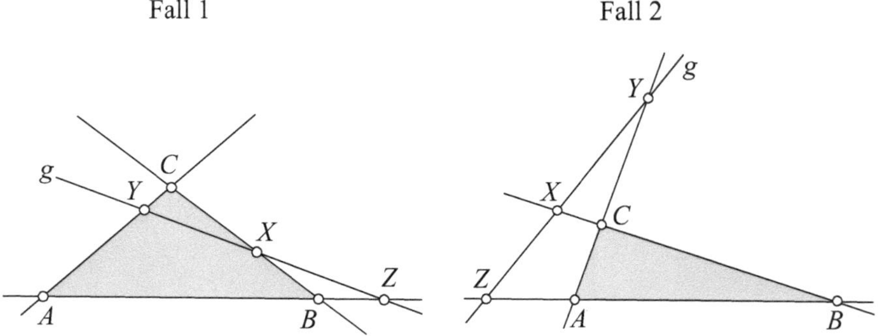

Abb. 1.11 Satz von Menelaos – Konstellationen

Im Fall 2 sind alle drei Teilverhältnisse negativ, deshalb ist auch in diesem Fall das Produkt der drei Teilverhältnisse negativ.

Nun weisen wir nach, dass der Betrag des Produkts der drei Teilverhältnisse den Wert 1 besitzt. Dazu berechnen wir das Produkt der Verhältnisse nichtorientierter Strecken. Wir fällen die Lote p, q und r von den Eckpunkten des Dreiecks ABC auf die Gerade g. Da die Lote auf dieselbe Gerade g parallel zueinander verlaufen, können wir die Strahlensätze anwenden, s. Abb. 1.12.

Sowohl für Fall 1 als auch für Fall 2 erhalten wir:

- 2. Strahlensatz mit Zentrum X: $\dfrac{\overline{BX}}{\overline{XC}} = \dfrac{q}{r}$,
- 2. Strahlensatz mit Zentrum Y: $\dfrac{\overline{CY}}{\overline{YA}} = \dfrac{r}{p}$,
- 2. Strahlensatz mit Zentrum Z: $\dfrac{\overline{AZ}}{\overline{ZB}} = \dfrac{p}{q}$.

Durch Multiplikation dieser drei Gleichungen erhalten wir den behaupteten Wert:

$$\frac{\overline{BX}}{\overline{XC}} \cdot \frac{\overline{CY}}{\overline{YA}} \cdot \frac{\overline{AZ}}{\overline{ZB}} = \frac{q}{r} \cdot \frac{r}{p} \cdot \frac{p}{q} = 1. \qquad \text{q. e. d.}$$

Umkehrung des Satzes von Menelaos

Wenn die Gleichung

$$\frac{(BX)}{(XC)} \cdot \frac{(CY)}{(YA)} \cdot \frac{(AZ)}{(ZB)} = \mathrm{TV}(BCX) \cdot \mathrm{TV}(CAY) \cdot \mathrm{TV}(ABZ) = -1$$

für die Punkte X, Y bzw. Z auf den Trägergeraden BC, CA und AB der Seiten eines Dreiecks ABC gilt, dann sind die Punkte X, Y und Z kollinear (sie liegen auf einer Geraden).

Beweis der Umkehrung des Satzes von Menelaos

Laut Voraussetzung gilt $\frac{(BX)}{(XC)} \cdot \frac{(CY)}{(YA)} \cdot \frac{(AZ)}{(ZB)} = \mathrm{TV}(BCX) \cdot \mathrm{TV}(CAY) \cdot \mathrm{TV}(ABZ) = -1$. Die Punkte X und Y legen eine Gerade g fest. Schneidet g die Trägergerade der

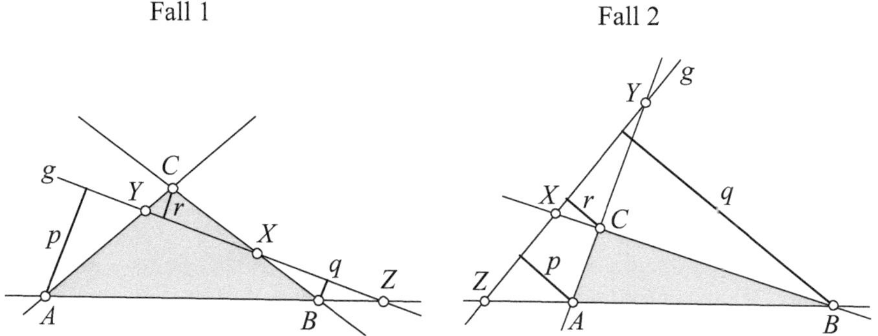

Abb. 1.12 Satz von Menelaos – Beweis

Seite AB in einem Punkt Z', dann gilt für X, Y und Z' der Satz des Menelaos, d. h., es gilt $\frac{(BX)}{(XC)} \cdot \frac{(CY)}{(YA)} \cdot \frac{(AZ')}{(Z'B)} = \mathrm{TV}(BCX) \cdot \mathrm{TV}(CAY) \cdot \mathrm{TV}(ABZ') = -1$. Aus dieser Beziehung und der Voraussetzung ergibt sich:

$$\frac{(AZ)}{(ZB)} = \frac{(AZ')}{(Z'B)} \qquad\qquad |+1$$

$$\frac{(AZ)}{(ZB)} + 1 = \frac{(AZ')}{(Z'B)} + 1$$

$$\frac{(AZ) + (ZB)}{(ZB)} = \frac{(AZ') + (Z'B)}{(Z'B)}$$

$$\frac{(AB)}{(ZB)} = \frac{(AB)}{(Z'B)}$$

$$(ZB) = (Z'B) \qquad\qquad |Z \text{ und } Z' \text{ liegen auf } AB$$

$$Z = Z'.$$

Aus der Kollinearität der Punkte X, Y und Z' ergibt sich wegen $Z = Z'$ die Kollinearität der Punkte X, Y und Z, d. h., die Umkehrung des Satzes von Menelaos gilt. q. e. d.

> **Bemerkung** In der Literatur werden zuweilen der Satz des Menelaos und seine Umkehrung zu einem Satz zusammengefasst, z. B. in folgender Form:
> Die Punkte X, Y bzw. Z auf den Trägergeraden BC, CA und AB der Seiten eines Dreiecks ABC sind genau dann kollinear, wenn
>
> $$\mathrm{TV}(BCX) \cdot \mathrm{TV}(CAY) \cdot \mathrm{TV}(ABZ) = \frac{(BX)}{(XC)} \cdot \frac{(CY)}{(YA)} \cdot \frac{(AZ)}{(ZB)} = -1.$$

1.3.3 Satz von Ceva

Giovanni Ceva veröffentlichte 1678 den nach ihm benannten Satz. Wir verwenden eine Formulierung, welche die Umkehrbarkeit dieses Satzes berücksichtigt.

Satz von Ceva Die Ecktransversalen AX, BY und CZ durch die Punkte X, Y bzw. Z auf den Trägergeraden BC, CA und AB der Seiten eines Dreiecks ABC schneiden sich genau dann in einem Punkt P, wenn

$$\mathrm{TV}(BCX) \cdot \mathrm{TV}(CAY) \cdot \mathrm{TV}(ABZ) = \frac{(BX)}{(XC)} \cdot \frac{(CY)}{(YA)} \cdot \frac{(AZ)}{(ZB)} = 1. \qquad (1.8)$$

Da der Punkt P innerhalb oder außerhalb des Dreiecks ABC liegen kann, haben wir zwei Fälle zu betrachten, die wir in Abb. 1.13 verdeutlichen.

Beim Beweis des Satzes von Ceva konzentrieren wir uns nur auf eine Richtung der Aussage, da sich die andere Richtung analog beweisen lässt, wie die Umkehrung des Satzes von Menelaos.

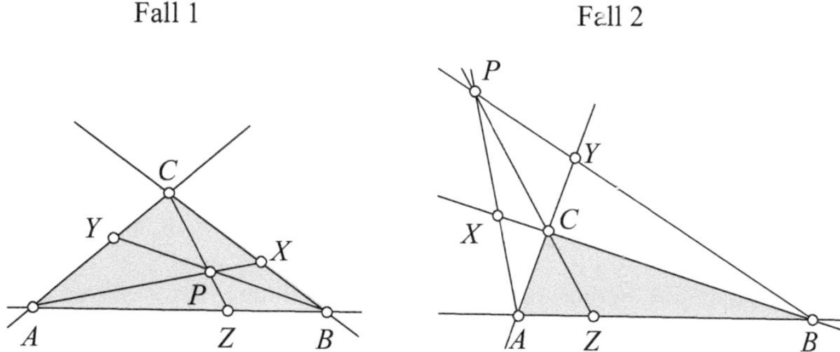

Abb. 1.13 Satz von Ceva

Beweis des Satzes von Ceva (eine Richtung)
Wir weisen zunächst die Korrektheit der Behauptung bezüglich des Vorzeichens
nach.

Im Fall 1 teilen die Punkte X, Y und Z jeweils eine Dreieckseite innen, deshalb
sind TV(BCX), TV(CAY) und TV(ABZ) positiv und das Produkt der drei Teilverhältnisse ist positiv.

Im Fall 2 teilen z. B. die Punkte X und Y jeweils eine Dreieckseite außen, deshalb sind TV(BCX) und TV(CAY) negativ. Der Punkt Z teilt die Dreieckseite $\overline{AE}$
innen, deshalb ist TV(ABZ) positiv. Daher ist auch in diesem Fall das Produkt der
drei Teilverhältnisse positiv.

Nun weisen wir nach, dass der Betrag des Produkts der drei Teilverhältnisse
den Wert 1 besitzt. Dazu wenden wir den Satz des Menelaos auf zwei Dreiecke an:

- Anwendung des Satzes von Menelaos auf Dreieck BCY und Gerade AX ergibt
  $$\text{TV}(BCX)\cdot\text{TV}(CYA)\cdot\text{TV}(YBP)=\frac{(BX)}{(XC)}\cdot\frac{(CA)}{(AY)}\cdot\frac{(YP)}{(PB)}=-1,$$
- Anwendung des Satzes von Menelaos auf Dreieck ABY und Gerade CZ ergibt
  $$\text{TV}(ABZ)\cdot\text{TV}(BYP)\cdot\text{TV}(YAC)=\frac{(AZ)}{(ZB)}\cdot\frac{(BP)}{(PY)}\cdot\frac{(YC)}{(CA)}=-1.$$

Wenn wir die letzten beiden Gleichungen miteinander multiplizieren, dann ergibt
sich die Behauptung:

$$\frac{(BX)}{(XC)}\cdot\frac{(CA)}{(AY)}\cdot\frac{(YP)}{(PB)}\cdot\frac{(AZ)}{(ZB)}\cdot\frac{(BP)}{(PY)}\cdot\frac{(YC)}{(CA)}=(-1)\cdot(-1)$$

$$\frac{(BX)}{(XC)}\cdot\frac{(CA)}{-(YA)}\cdot\frac{-(PY)}{-(BP)}\cdot\frac{(AZ)}{(ZB)}\cdot\frac{(BP)}{(PY)}\cdot\frac{-(CY)}{(CA)}=1$$

$$\frac{(BX)}{(XC)}\cdot\frac{(CY)}{(YA)}\cdot\frac{(AZ)}{(ZB)}=1. \qquad\qquad \text{q. e. d}$$

1.3.4 Sätze über die Seitenhalbierenden im Dreieck

Zunächst knüpfen wir an den Geometrieunterricht der Schule an und betrachten einen Satz, der in der Schule behandelt, aber nur plausibel begründet wird. Wir können diesen Satz mit dem Satz von Ceva nun auch beweisen.

Satz Die Seitenhalbierenden im Dreieck schneiden einander in einem Punkt.

Wir kennzeichnen die Voraussetzung und die Behauptung dieses Satzes mit den in Abb. 1.14 eingeführten Stücken.

Voraussetzung $\overline{AM_c} = \overline{M_cB}$, $\overline{BM_a} = \overline{M_aC}$, $\overline{CM_b} = \overline{M_bA}$

Behauptung $\overline{CM_c}$ verläuft durch $S = \overline{AM_a} \cap \overline{BM_b}$

Plausibilitätsbetrachtung
Unter Anwendung der Gleichung $A = \frac{g \cdot h_g}{2}$ zur Berechnung des Flächeninhalts eines Dreiecks erkennen wir, dass die Flächeninhalte der Dreiecke ABM_a und AM_aC gleich sind:

- Wir verwenden die Grundseiten $\overline{BM_a}$ und $\overline{M_aC}$, die nach Voraussetzung die gleiche Länge $\overline{BM_a} = \overline{M_aC} =: g$ besitzen,
- beide Dreiecke haben dieselbe Höhe $h_a =: h_g$ bezüglich der Grundseite g.

Wir schließen aus der Flächengleichheit der Dreiecke ABM_a und AM_aC, dass ein „massebehaftetes" Dreieck ABC die Schwerelinie $s_a = \overline{AM_a}$ besitzt, d. h., wenn wir das Dreieck ABC auf ein Stück Karton zeichnen und ausschneiden, dann können wir es mit einem Stift im Gleichgewicht halten, wenn wir es längs der Geraden $s_a = \overline{AM_a}$ auf den Stift legen. Analog können wir nachweisen, dass $s_b = \overline{BM_b}$ ebenfalls eine Schwerelinie des Dreiecks ABC ist. Deshalb stellt der Schnittpunkt S der Schwerelinien s_a und s_b den Schwerpunkt dieses Dreiecks dar, d. h., wir können das Dreieck ABC im Punkt S sogar auf der Spitze des Stifts balancieren. Da $s_c = \overline{CM_c}$ ebenfalls eine Schwerelinie des Dreiecks ABC ist, muss s_c ebenfalls durch den Schwerpunkt S des Dreiecks verlaufen.

Abb. 1.14 Schwerpunkt im
Dreieck

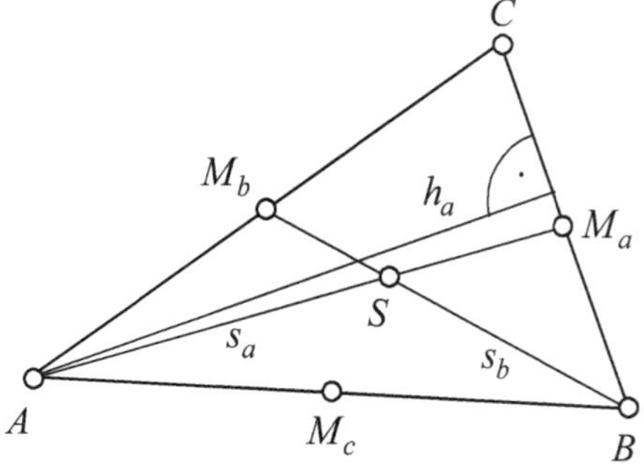

Beweis

Wir bestimmen das Produkt dreier Streckenverhältnisse unter Berücksichtigung der Voraussetzung des Satzes:

$$\frac{\overline{BM_a}}{\overline{M_aC}} \cdot \frac{\overline{CM_b}}{\overline{M_bA}} \cdot \frac{\overline{AM_c}}{\overline{M_cB}} = 1 \cdot 1 \cdot 1 = 1.$$

Nach dem Satz von Ceva schneiden sich die Ecktransversalen $\overline{AM_a}$, $\overline{BM_b}$ und $\overline{CM_c}$ durch die Punkte M_a, M_b bzw. M_c auf den Trägergeraden BC, CA und AB der Seiten des Dreiecks ABC in genau einem Punkt. q. e. d.

▶ **Bemerkung** In der Schule wurde die Existenz eines gemeinsamen Schnittpunkts der Seitenhalbierenden eines Dreiecks etwa so erklärt, wie in der Plausibilitätsbetrachtung. Der Beweis mithilfe des Satzes von Ceva ist nicht nur exakter, sondern auch zum Nachweis anderer Sätze nutzbar, z. B. für den Beweis, dass auch die Höhen und Winkelhalbierenden im Dreieck jeweils einen gemeinsamen Schnittpunkt haben. Auf den Satz von Menelaos kommen wir in Kap. 3 zurück.

Wir betrachten einen weiteren Satz zu den Seitenhalbierenden im Dreieck.

Satz Der Schwerpunkt teilt jede Seitenhalbierende eines Dreiecks im Verhältnis 2:1, wobei die längere Teilstrecke jeweils von einem Eckpunkt ausgeht.

Wir kennzeichnen die Voraussetzung und die Behauptung dieses Satzes mit den in Abb. 1.15 eingeführten Stücken.

Voraussetzung $\overline{AM_c} = \overline{M_cB}$, $\overline{BM_a} = \overline{M_aC}$, $\overline{CM_b} = \overline{M_bA}$

Behauptung $\mathrm{TV}(AM_aS) = \mathrm{TV}(BM_bS) = \mathrm{TV}(CM_cS) = 2:1$

Da der Schnittpunkt S der Seitenhalbierenden diese jeweils innen teilt, sind alle Teilverhältnisse positiv und wir können beim Bilden der Teilverhältnisse von

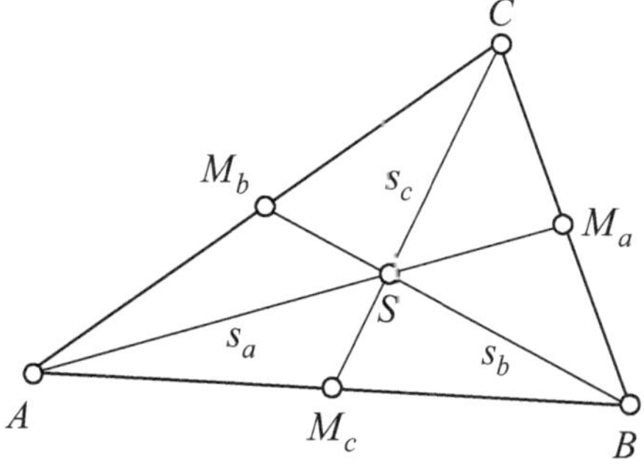

Abb. 1.15 Teilverhältnis der Seitenhalbierenden im Dreieck

orientierten zu nichtorientierten Strecken übergehen. Deshalb kann die Behauptung auch folgendermaßen notiert werden:

$$\frac{\overline{AS}}{\overline{SM_a}} = \frac{\overline{BS}}{\overline{SM_b}} = \frac{\overline{CS}}{\overline{SM_c}} = \frac{2}{1}.$$

▶ **Bemerkung** Wir nutzen diesen Satz, um wesentliche **Typen von Beweisen** geometrischer Sätze an einem konkreten Beispiel vorzustellen. Dazu führen wir den Beweis rein geometrisch und unter Verwendung von Vektoren, wobei wir Vektoren sowohl ohne als auch mit Koordinaten betrachten.

Ohne Beschränkung der Allgemeinheit beweisen wir jeweils die Teilung der Seitenhalbierenden $s_a = \overline{AM_a}$ durch S, die Nachweise für die anderen Seitenhalbierenden verlaufen analog.

Beweis 1 Beweis durch geometrische Überlegungen

Nach Voraussetzung gilt $\frac{\overline{CA}}{\overline{CM_b}} = \frac{\overline{CB}}{\overline{CM_a}} = \frac{2}{1}$.

Deshalb ist nach der Umkehrung des 1. Strahlensatzes die Gerade durch die Seitenmittelpunkte M_a und M_b parallel zur Seite $\overline{AB}$ des Dreiecks, d. h., es gilt $\overline{M_aM_b} \parallel \overline{AB}$. Wegen dieser Parallelität können wir den 2. Strahlensatz mit Scheitel C anwenden. Unter Berücksichtigung der Voraussetzung erhalten wir:

$$\frac{\overline{CA}}{\overline{CM_b}} = \frac{\overline{AB}}{\overline{M_aM_b}} = \frac{2}{1}.$$

Die nochmalige Anwendung des 2. Strahlensatzes mit Scheitel S ergibt die Behauptung:

$$\frac{\overline{AS}}{\overline{SM_a}} = \frac{\overline{AB}}{\overline{M_aM_b}} = \frac{2}{1}. \qquad\qquad \text{q. e. d.}$$

Beweis 2 Beweis mithilfe von Vektoren ohne Koordinaten

Wir führen im Dreieck ABC die voneinander unabhängigen Vektoren $\vec{a} = \overrightarrow{AB}$ und $\vec{b} = \overrightarrow{AC}$ ein, s. Abb. 1.16.

Mit den Vektoren $\vec{a} = \overrightarrow{AB}$ und $\vec{b} = \overrightarrow{AC}$ beschreiben wir die Vektoren $\vec{s_a} = \overrightarrow{AM_a}$ und $\vec{s_b} = \overrightarrow{BM_b}$:

$$\vec{s_a} = \overrightarrow{AM_a} = \overrightarrow{AB} + \overrightarrow{BM_a} \text{ und } \vec{s_b} = \overrightarrow{BM_b} = \overrightarrow{BA} + \overrightarrow{AM_b}. \qquad (1.9)$$

Nach Voraussetzung gelten $\overrightarrow{BM_a} = \frac{1}{2} \cdot \overrightarrow{BC}$ und $\overrightarrow{AM_b} = \frac{1}{2} \cdot \overrightarrow{AC}$. Wir drücken alle Vektoren mithilfe der Vektoren $\vec{a}$ und $\vec{b}$ aus, dabei berücksichtigen wir, dass $\overrightarrow{BC} = -\vec{a} + \vec{b}$ gilt. Einsetzen in (1.9) ergibt:

$$\vec{s_a} = \overrightarrow{AM_a} = \overrightarrow{AB} + \frac{1}{2} \cdot \overrightarrow{BC} = \vec{a} + \frac{1}{2} \cdot \left(-\vec{a} + \vec{b}\right) = \frac{\vec{a} + \vec{b}}{2}, \quad (1.10)$$

$$\vec{s_b} = \overrightarrow{BM_b} = \overrightarrow{BA} + \overrightarrow{AM_b} = -\vec{a} + \frac{1}{2} \cdot \vec{b}. \qquad\qquad (1.11)$$

Abb. 1.16 Teilverhältnis
der Seitenhalbierenden im
Dreieck mit Vektoren

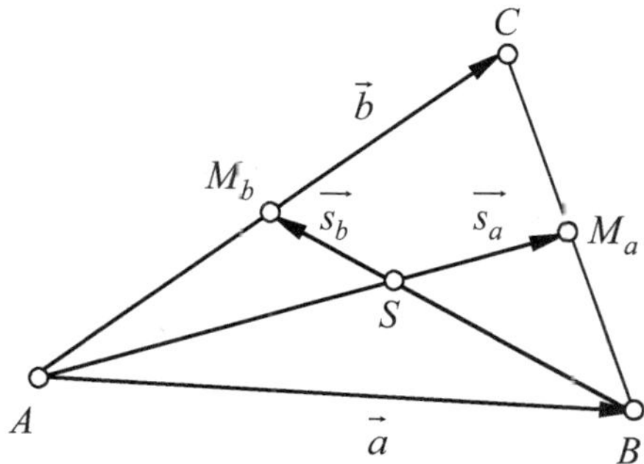

Für die Vektoren auf den Teilstrecken der betrachteten Seitenhalbierenden, die jeweils von einem Eckpunkt ausgehen, wählen wir folgenden Ansatz:

$$\vec{AS} = \lambda \cdot \vec{s_a} \quad (0 < \lambda < 1) \text{ und } \vec{BS} = \mu \cdot \vec{s_b} \quad (0 < \mu < 1). \tag{1.12}$$

Unter Berücksichtigung von (1.10) und (1.11) ergibt sich aus (1.12):

$$\vec{AS} = \lambda \cdot \vec{s_a} = \frac{\lambda}{2} \cdot \vec{a} + \frac{\lambda}{2} \cdot \vec{b}, \tag{1.13}$$

$$\vec{BS} = \mu \cdot \vec{s_b} = -\mu \cdot \vec{a} + \frac{\mu}{2} \cdot \vec{b}.$$

Nun wenden wir einen kleinen **Trick** an, indem wir $\vec{AS}$ mithilfe von $\vec{BS}$ ausdrücken:

$$\vec{AS} = \vec{AB} + \vec{BS} = \vec{a} - \mu \cdot \vec{a} + \frac{\mu}{2} \cdot \vec{b} = (1 - \mu) \cdot \vec{a} + \frac{\mu}{2} \cdot \vec{b}. \tag{1.14}$$

Indem wir (1.14) von (1.13) subtrahieren, zeigt sich der Sinn unseres Vorgehens:

$$\vec{0} = \left(\frac{\lambda}{2} - 1 + \mu \right) \cdot \vec{a} + \left(\frac{\lambda}{2} - \frac{\mu}{2} \right) \cdot \vec{b}. \tag{1.15}$$

Da die Vektoren $\vec{a} = \vec{AB}$ und $\vec{b} = \vec{AC}$ unabhängig voneinander sind, kann (1.15) nur erfüllt werden, wenn beide Koeffizienten vor diesen Vektoren null ergeben. Dies liefert $\lambda = \mu = \frac{2}{3}$. Beide Teilstrecken der betrachteten Seitenhalbierenden, die jeweils von einem Eckpunkt ausgehen, haben eine Länge von 2/3 der jeweiligen Seitenhalbierenden, deshalb bleiben für die andere Teilstrecke 1/3 der Seitenhalbierenden übrig und das Verhältnis der beiden Teilstrecken einer Seitenhalbierenden ist 2:1. q. e. d.

Beweis 3 Beweis mithilfe von Vektoren mit Koordinaten

Wir legen das Dreieck ABC günstig in ein kartesisches Koordinatensystem, indem wir es so anordnen, dass möglichst viele Koordinaten der Eckpunkte den Wert null besitzen, s. Abb. 1.17.

Die Eckpunkte des Dreiecks besitzen folgende Koordinaten: $A(0|0)$, $B(c|0)$, $C(d|e)$.

Wir ermitteln die Koordinaten der Mittelpunkte der Seiten a und b mithilfe von Ortsvektoren:

$$\vec{M_a} = \vec{AB} + \frac{1}{2} \cdot \vec{BC} = \begin{pmatrix} c \\ 0 \end{pmatrix} + \frac{1}{2} \cdot \begin{pmatrix} d - c \\ e \end{pmatrix} = \begin{pmatrix} (c+d)/2 \\ e/2 \end{pmatrix} \Rightarrow M_a\left(\frac{c+d}{2} \Big| \frac{e}{2}\right),$$

$$\vec{M_b} = \frac{1}{2} \cdot \vec{AC} = \frac{1}{2} \cdot \begin{pmatrix} d \\ e \end{pmatrix} = \begin{pmatrix} d/2 \\ e/2 \end{pmatrix} \Rightarrow M_b\left(\frac{d}{2} \Big| \frac{e}{2}\right).$$

Die Gleichungen für die Seitenhalbierenden ergeben sich aus der Bedingung, dass sie jeweils durch zwei Punkte verlaufen, deren Koordinaten wir kennen. Wir erhalten:

$$s_a \colon y = \frac{e}{c+d} \cdot x,$$

$$s_b \colon y = -\frac{e}{2 \cdot c - d} \cdot x + \frac{c \cdot e}{2 \cdot c - d}$$

Wir bestimmen den Schnittpunkt der beiden Seitenhalbierenden zu $S\left(\frac{c+d}{3} \Big| \frac{e}{3}\right)$. Die Längen der Teilstrecken ermitteln wir mit dem Satz des Pythagoras, damit erhalten wir das gesuchte Streckenverhältnis:

$$\frac{\overline{AS}}{\overline{SM_a}} = \frac{\sqrt{\left(\frac{c+d}{3}\right)^2 + \left(\frac{e}{3}\right)^2}}{\sqrt{\left(\frac{c+d}{2} - \frac{c+d}{3}\right)^2 + \left(\frac{e}{2} - \frac{e}{3}\right)^2}} = \frac{2}{1}. \qquad\qquad \text{q. e. d.}$$

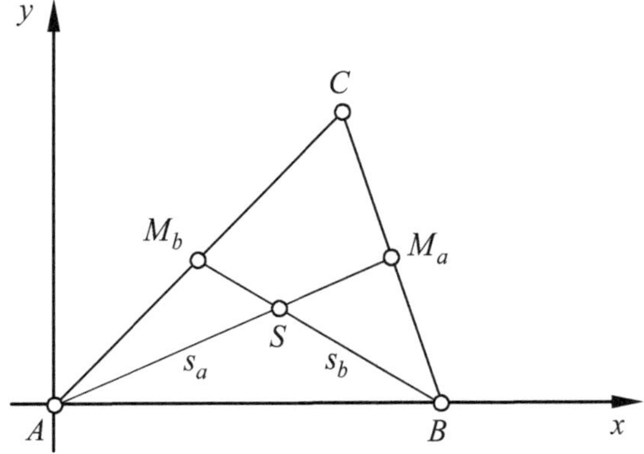

Abb. 1.17 Teilverhältnis der Seitenhalbierenden im Dreieck mit Koordinaten

> **Bemerkung** Bei allgemeiner Lage der Eckpunkte des Dreiecks erhalten wir aus unserem Ergebnis die in Formelsammlungen stehende Beziehung für die Koordinaten des Schwerpunkts eines Dreiecks:

$$\vec{S} = \vec{A} + \frac{2}{3} \cdot \overrightarrow{AM_a} = \vec{A} + \frac{2}{3} \cdot \left(\vec{M_a} - \vec{A}\right) = \vec{A} + \frac{2}{3} \cdot \left(\frac{\vec{B} + \vec{C}}{2} - \vec{A}\right)$$

$$= \frac{\vec{A} + \vec{B} + \vec{C}}{3} \Rightarrow S\left(\frac{x_A + x_B + x_C}{3} \,\middle|\, \frac{y_A + y_B + y_C}{3}\right).$$

Es existiert keine Regel, welcher Beweistyp bei einer speziellen Aufgabenstellung zu favorisieren ist. Auch die scheinbar so einfache Nutzung von Koordinatenvektoren kann zu erheblichem Rechenaufwand führen, der zuweilen nur mit einem Computer-Algebra-System sinnvoll zu bewältigen ist.

1.4 Beispiele für Konstruktionsaufgaben

Wir beginnen mit einer Konstruktionsaufgabe zur Dreieckskonstruktion, um an die „Schulgeometrie" anzuknüpfen, gehen dabei allerdings über die Grundkonstruktionen und Konstruktionen nach den Kongruenzsätzen hinaus. Anschließend konstruieren wir Ortskurven und lernen dabei Abbildungen kennen, bei denen jeweils eine Gerade auf ein anderes geometrisches Objekt abgebildet wird. Die in Abschn. 1.4.2 thematisierte Inversion am Kreis wenden wir in Abschn. 5.2.4 im Rahmen der hyperbolischen Geometrie an.

1.4.1 Dreieckskonstruktion

Problem Es ist ein Dreieck ABC zu konstruieren, von dem der Umfang u sowie die Winkel α und β bekannt sind.

Konstruktionsprinzip Nachdem der erste Schreck über die kompliziert erscheinende Konstruktionsaufgabe vergangen ist, sollten wir erlernte **heuristische Strategien und Prinzipien** abrufen. Mächtige Werkzeuge des Problemlösens wie Vorwärtsarbeiten, Rückwärtsarbeiten, Fallunterscheidung, Untersuchen eines Sonderfalls usw. helfen uns in der vorliegenden Situation nicht weiter. Deshalb „greifen wir zum Strohhalm" und fertigen erst einmal eine Planfigur an, dabei tun wir so, als hätten wir das Problem bereits gelöst. Wir müssen dafür sorgen, dass die Planfigur alle bekannten Stücke enthält. Unseren ersten Ansatz zeigt Abb. 1.18.

In der Planfigur 1 haben wir durch Umklappen der Dreieckseiten a und b erreicht, dass die Strecke $\overline{DE}$ so lang ist wie der Umfang u des Dreiecks. Die eingetragenen Kreisbögen könnten darauf hindeuten, dass Sätze am Kreis anwendbar sind, doch

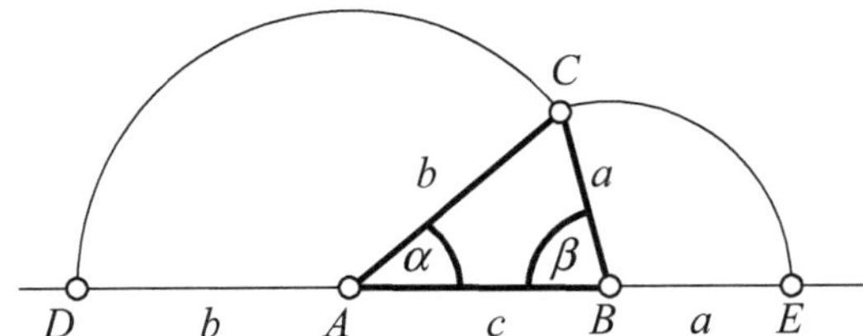

Abb. 1.18 Planfigur 1 zur Dreieckskonstruktion

dieser Gedanke scheint nicht zielführend zu sein. Wir prüfen als Nächstes, ob uns die Hilfslinien CD und CE weiterhelfen können: Mit diesen Hilfslinien erhalten wir die beiden gleichschenkligen Dreiecke DAC und BEC, in denen der Basiswinkelsatz anwendbar ist. Außerdem sind die gegebenen Winkel α und β Außenwinkel dieser Dreiecke, deshalb können wir auch den Außenwinkelsatz anwenden: Die Größe eines Außenwinkels ist gleich der Summe der nicht anliegenden Innenwinkel. Diese Überlegungen führen uns zur Planfigur 2 in Abb. 1.19.

Wir haben in Abb. 1.19 auch die Symmetrieachsen (Mittelsenkrechten, Mittellote, Streckensymmetralen) der gleichseitigen Dreiecke DAC und BEC eingetragen, mit denen wir die Konstruktionsbeschreibung angeben können.

Konstruktionsbeschreibung
Konstruiere Dreieck DEC aus $\alpha/2$, u und $\beta/2$ nach dem Kongruenzsatz WSW.

Schneide die Mittelsenkrechten auf CD und CE mit DE, so ergeben sich A bzw. B.

Das Dreieck ABC ist das gesuchte Dreieck.

1.4.2   Inversion am Kreis

Abbildungsvorschrift
Gegeben sind ein Kreis k mit Mittelpunkt M und Radius R sowie außerhalb des Kreises k ein Punkt P, der sich auf einer Geraden g bewegen kann.

Konstruiere den Mittelpunkt M_T der Strecke $\overline{PM}$, und zeichne den Kreis k_T mit Mittelpunkt M_T und Radius $\overline{MM_T} = \overline{M_T P}$ ein.

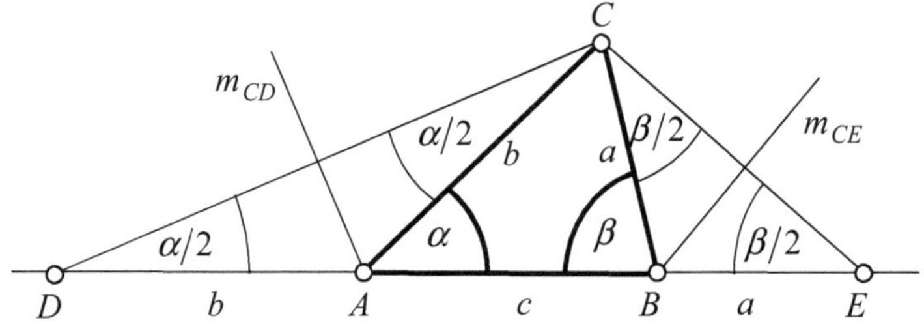

Abb. 1.19 Planfigur 2 zur Dreieckskonstruktion

Bezeichne die Schnittpunkte der Kreise k und k_T mit B_1 sowie B_2, zeichne die Strecke $\overline{B_1B_2}$ ein, und bezeichne den Schnittpunkt der Strecken $\overline{B_1B_2}$ und $\overline{PM}$ mit P'.

Der Punkt P' wird als Bild des Punktes P aufgefasst.

Ergebnis
Unter Verwendung einer dynamischen Geometriesoftware erhalten wir Abb. 1.20. Wir stellen fest, dass sich bei Bewegung des Punktes P auf der Geraden g der Punkt P' auf einer Ortskurve $k_{P'}$ bewegt, d. h., die Gerade g wird auf eine Ortskurve $k_{P'}$ abgebildet. Wir vermuten, dass es sich bei der Ortskurve $k_{P'}$ um einen Kreis handeln könnte, der durch den Punkt M verläuft.

Wir machen uns mit der Abbildung des Punktes P auf den Punkt P' vertraut, indem wir mithilfe der dynamischen Geometriesoftware die gegebenen Stücke variieren. Dabei vermuten wir einen Zusammenhang, den wir als Satz formulieren und beweisen.

Satz Die Dreiecke MPB_1 und MB_2P sind kongruente rechtwinklige Dreiecke mit der Hypotenuse $\overline{MP}$ und den Hypotenusenabschnitten $\overline{MP'}$ und $\overline{P'P}$.

Beweis
1. $\sphericalangle MB_1P = \sphericalangle PB_2M = 90°$ gilt nach dem Satz des Thales in $\triangle MPB_1$ bzw. $\triangle MB_2P$.
2. $\overline{MP}$ ist Hypotenuse in $\triangle MPB_1$ bzw. $\triangle MB_2P$ wegen (1).
3. $\triangle MPB_1 \cong \triangle MB_2P$ gilt nach Kongruenzsatz sSW, da

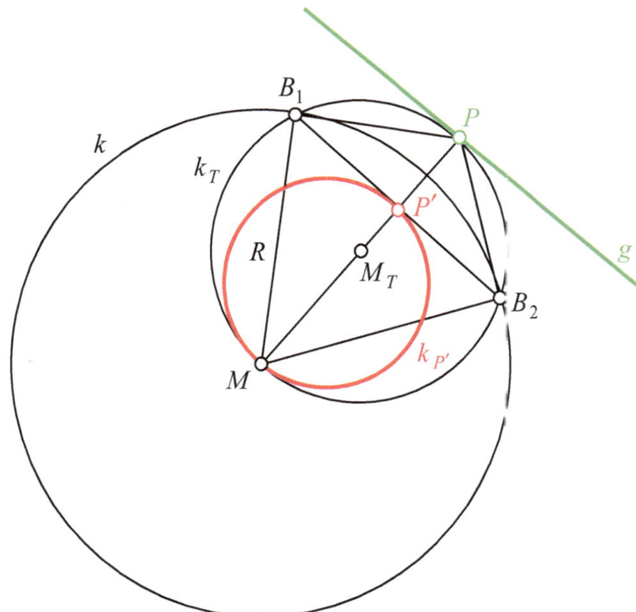

Abb. 1.20 Abbildung der Punkte einer Geraden mithilfe der Inversion am Kreis

$\overline{MB_1} = \overline{MB_2} = R$ nach Abbildungsvorschrift,

$\overline{MP}$ gemeinsam,

$\sphericalangle MB_1P = \sphericalangle PB_2M = 90°$ nach (1).

$\sphericalangle MB_1P$ und $\sphericalangle PB_2M$ sind jeweils Gegenwinkel der größeren Seite nach (2).

4. $\square MB_2PB_1$ ist Drachenviereck wegen (3).

5. $\overline{MP} \perp \overline{B_1B_2}$ und $\overline{B_1P'} = \overline{B_2P'}$ wegen (4).

6. $\overline{B_1P'}$ und $\overline{B_2P'}$ sind Höhen auf $\overline{MP}$ in $\triangle MPB_1$ bzw. $\triangle MB_2P$ wegen (5).

7. $\overline{MP'}$ und $\overline{P'P}$ sind Hypotenusenabschnitte wegen (2) und (6).

8. Satz gilt wegen (1), (2), (3) und (7).   q. e. d.

Wegen der Gültigkeit des soeben bewiesenen Satzes

- können wir schlussfolgern, dass $\overline{PB_1}$ und $\overline{PB_2}$ die Tangentenabschnitte an den Kreis k vom Punkt P aus sind ($\overline{MB_1}$ und $\overline{MB_2}$ sind die zugehörigen Berührungsradien),
- dürfen wir in $\triangle MPB_1$ bzw. $\triangle MB_2P$ den Kathetensatz anwenden, der die gegebenen und gesuchten Stücke miteinander verknüpft:

$$R^2 = \overline{MP'} \cdot \overline{MP}. \tag{1.16}$$

Im nächsten Schritt überprüfen wir unsere Vermutung, dass es sich bei der Ortskurve $k_{P'}$ um einen Kreis handeln könnte, der durch den Punkt M verläuft. Dazu führen wir ein zweckmäßig angeordnetes kartesisches Koordinatensystem ein, indem wir dessen Ursprung in den Mittelpunkt M des Kreises k legen, s. Abb. 1.21. Diese von uns gewählte spezielle Lage des Koordinatensystems führt zu einer Vereinfachung von (1.16):

$$R^2 = \overline{MP'} \cdot \overline{MP} = \left|\overrightarrow{MP'}\right| \cdot \left|\overrightarrow{MP}\right| = \left|\overrightarrow{P'} - \overrightarrow{0}\right| \cdot \left|\overrightarrow{P} - \overrightarrow{0}\right| = \left|\overrightarrow{P'}\right| \cdot \left|\overrightarrow{P}\right|. \tag{1.17}$$

Die Koordinaten der Punkte P und P' bezeichnen wir mit $P(x|y)$ bzw. $P'(x'|y')$. Laut Abbildungsvorschrift gilt für die Ortsvektoren der Punkte P und P':

$$\overrightarrow{P'} = \lambda \cdot \overrightarrow{P} \quad (0 < \lambda < 1), \tag{1.18}$$

$$\left|\overrightarrow{P'}\right| = \lambda \cdot \left|\overrightarrow{P}\right|. \tag{1.19}$$

Einsetzen von (1.19) in (1.17) ergibt

$$R^2 = \left|\overrightarrow{P'}\right| \cdot \left|\overrightarrow{P}\right| = \lambda \cdot \left|\overrightarrow{P}\right|^2,$$

$$\lambda = \frac{R^2}{\left|\overrightarrow{P}\right|^2} = \frac{R^2}{x^2 + y^2} \quad \text{für } (x|y) \neq (0|0). \tag{1.20}$$

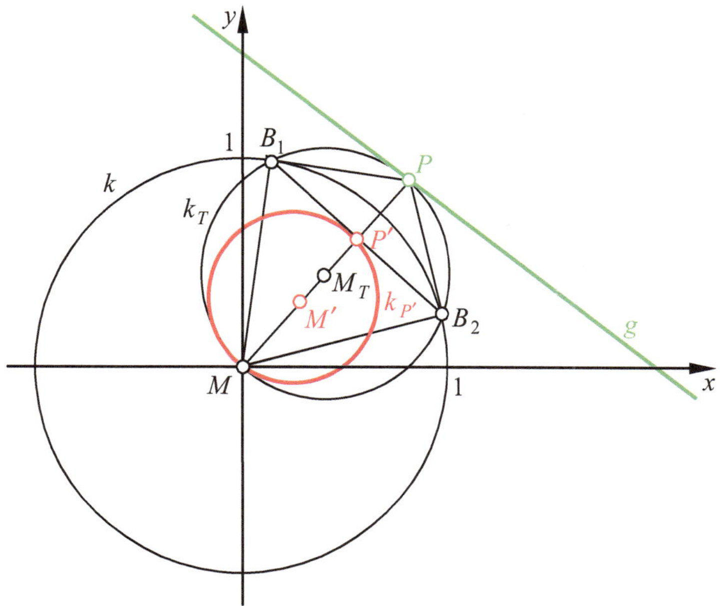

Abb. 1.21 Inversion am Kreis im Koordinatensystem

Durch Einsetzen von (1.20) in (1.18) erhalten wir Beziehungen zwischen den
Koordinaten der Punkte P und P':

$$\begin{pmatrix} x' \\ y' \end{pmatrix} = \frac{R^2}{x^2 + y^2} \cdot \begin{pmatrix} x \\ y \end{pmatrix} = \begin{pmatrix} \frac{R^2 \cdot x}{x^2 + y^2} \\ \frac{R^2 \cdot y}{x^2 + y^2} \end{pmatrix} \text{ für } (x\ y) \neq (0|0). \qquad (1.21)$$

An dieser Stelle arbeiten wir mit einem **Trick,** indem wir zunächst unsere Vermutung umkehren und annehmen, dass die Ortslinie $k_{P'}$ des Punktes P' tatsächlich
ein Kreis mit Mittelpunkt $M'(a|b)$ und Radius r ist. Unter Berücksichtigung von
(1.21) ermitteln wir, ob sich zu diesem Kreis Koordinaten x und y für Punkte P auf
einer Geraden g finden lassen. Wenn uns dieser Existenznachweis gelingt, dann
haben wir ein starkes Indiz für die Richtigkeit unserer Vermutung, falls wir unsere
Überlegungen umkehren können, dann haben wir sogar einen Beweis gefunden.
Gehen wir ans Werk:

$$k_{P'} : \left(x' - a\right)^2 + \left(y' - b\right)^2 = r^2. \qquad (1.22)$$

Einsetzen von (1.21) ergibt für $(x|y) \neq (0|0)$

$$\left(\frac{R^2 \cdot x}{x^2 + y^2} - a\right)^2 + \left(\frac{R^2 \cdot y}{x^2 + y^2} - b\right)^2 = r^2$$

$$\frac{R^4 \cdot x^2}{(x^2 + y^2)^2} - \frac{2 \cdot a \cdot R^2 \cdot x}{x^2 + y^2} + a^2 + \frac{R^4 \cdot y^2}{(x^2 + y^2)^2} - \frac{2 \cdot b \cdot R^2 \cdot y}{x^2 + y^2} + b^2 = r^2$$

$$\frac{R^4}{x^2 + y^2} - \frac{2 \cdot a \cdot R^2 \cdot x}{x^2 + y^2} - \frac{2 \cdot b \cdot R^2 \cdot y}{x^2 + y^2} = r^2 - a^2 - b^2 \qquad \Big| \cdot \left(x^2 + y^2\right)$$

$$R^4 - 2 \cdot a \cdot R^2 \cdot x - 2 \cdot b \cdot R^2 \cdot y = \left(r^2 - a^2 - b^2\right) \cdot \left(x^2 + y^2\right). \qquad (1.23)$$

Da die Koordinaten des Punktes $P(x|y)$ variabel sein sollen, stellt die Beziehung (1.23) genau dann die Gleichung einer Geraden g dar, wenn

$$r^2 - a^2 - b^2 = 0. \qquad (1.24)$$

Wir erhalten (1.24) auch aus (1.22) für $x' = y' = 0$, d. h. für einen durch den Ursprung verlaufenden Kreis $k_{P'}$. Unter Berücksichtigung von (1.24) erhalten wir aus (1.23) die gesuchte Gleichung der Geraden g:

$$2 \cdot a \cdot x + 2 \cdot b \cdot y = R^2. \qquad (1.25)$$

> **Bemerkung** Der Leser beurteile selbst, welche „Genialität" wir vortäuschen könnten, wenn wir diese Überlegungen in umgekehrter Reihenfolge präsentieren würden!
>
> Aufmerksame Leser haben bemerkt, dass wir die Herleitung für $(x|y) \neq (0|0)$ geführt haben und am Schluss feststellten, dass die aus dem Ansatz (1.22) hergeleitete Bedingung (1.24) so interpretiert werden kann, dass der Kreis $k_{P'}$ durch den Ursprung verläuft. Das bedeutet aber noch nicht, dass der Punkt mit den Koordinaten $(0|0)$ das Bild eines Punktes $P(x|y)$ der Geraden g ist: Hier hilft nur eine geometrische Überlegung weiter, die wir sehr empfehlen.

Beispiel

Wir wenden unser Ergebnis auf die in Abb. 1.21 dargestellte spezielle Konstellation an, bei der wir folgende Festlegungen getroffen haben:

- Für den Radius des Kreises k gilt $R = 1$,
- als Gleichung für die Gerade g haben wir $y = -\frac{3}{4} \cdot x + \frac{3}{2}$ gewählt.

Wenn wir die Gleichung der Geraden g in die Form (1.25) mit $R^2 = 1$ bringen, dann können wir die Bestimmungsstücke für den Kreis $k_{P'}$ ermitteln:

$$y = -\frac{3}{4} \cdot x + \frac{3}{2}$$

$$\frac{3}{4} \cdot x + y = \frac{3}{2} \qquad\qquad \Big| \cdot \frac{2}{3}$$

$$\frac{1}{2} \cdot x + \frac{2}{3} \cdot y = 1 = R^2.$$

Wir lesen ab: $2 \cdot a = \frac{1}{2}$; $2 \cdot b = \frac{2}{3} \Rightarrow a = \frac{1}{4}$; $b = \frac{1}{3}$. Damit erhalten wir mit $M'(a|b)$ und (1.24) für die Bestimmungsstücke des Kreises $k_{P'}$ die folgenden speziellen Werte:

$$M'\left(\frac{1}{4}\Big|\frac{1}{3}\right); \; r^2 = \left(\frac{1}{4}\right)^2 + \left(\frac{1}{3}\right)^2 = \frac{3^2 + 4^2}{4^2 \cdot 3^2} \Rightarrow r = \frac{5}{12}.$$

Unser Ergebnis entspricht der Darstellung in Abb. 1.21.

In der Literatur wird die Inversion am Kreis in der Regel wesentlich eleganter dargestellt als von uns in diesem Abschnitt. Dies wird erreicht durch einen Wechsel des Modells:

- Wir haben die Punkte $P(x|y)$ und $P'\left(x'|y'\right)$ durch Ortsvektoren $\overrightarrow{P} = \begin{pmatrix} x \\ y \end{pmatrix}$ bzw. $\overrightarrow{P'} = \begin{pmatrix} x' \\ y' \end{pmatrix}$ modelliert und zur Darstellung ein kartesisches Koordinatensystem verwendet.
- In der Literatur werden die Punkte $P(x|y)$ und $P'\left(x'|y'\right)$ bevorzugt durch komplexe Zahlen $z = x + i \cdot y$ bzw. $z' = x' + i \cdot y'$ modelliert, und zur Darstellung wird die Gauß'sche Zahlenebene verwendet. Außerdem werden die Betrachtungen meist für den Einheitskreis, d. h. für $R = 1$ durchgeführt.

Bei der Modellierung der Inversion am Einheitskreis mit komplexen Zahlen gilt für die Abbildung der Punkte $P(x|y)$ auf $P'\left(x'|y'\right)$ folgende Abbildungsvorschrift:

$$z' = \text{inv\_Ek}(z) = \frac{1}{\bar{z}} \text{ mit } \bar{z} \text{ ist konjugiert komplex zu z.} \qquad (1.26)$$

Wir begründen die Abbildungsvorschrift, indem wir umformen:

$$z' = \text{inv\_Ek}(z) = \frac{1}{\bar{z}} = \frac{1}{\overline{x + i \cdot y}} = \frac{1}{x - i \cdot y} = \frac{1}{x - i \cdot y} \cdot \frac{x + i \cdot y}{x + i \cdot y} = \frac{x + i \cdot y}{x^2 + y^2}. \qquad (1.27)$$

(1.27) ermöglicht folgende Interpretationen:

$$z' = \frac{x + i \cdot y}{x^2 + y^2} = \lambda \cdot z \text{ mit } \lambda = \frac{1}{x^2 + y^2}, \tag{1.28}$$

$$z' = \frac{x}{x^2 + y^2} + i \cdot \frac{y}{x^2 + y^2} = x' + i \cdot y', \text{ d. h. } x' = \frac{x}{x^2 + y^2}; \ y' = \frac{y}{x^2 + y^2}. \tag{1.29}$$

Aus (1.28) schließen wir, dass die Punkte $P(x|y)$ und $P'\left(x'|y'\right)$ kollinear sind, und (1.29) stimmt für $R = 1$ mit (1.21) überein. Damit haben wir die Korrektheit dieser Modellierung nachgewiesen.

Die analoge Untersuchung der Abbildung eines Punktes, der sich innerhalb des Kreises k befindet, empfehlen wir dem interessierten Nutzer dieses Buches als Anregung.

1.4.3 Ortskurve des Höhenschnittpunktes im Dreieck

Abbildungsvorschrift
Gegeben ist ein Dreieck ABC, bei dem sich der Punkt C entlang einer Geraden g bewegen kann.

Konstruiere den Schnittpunkt H der Höhen im Dreieck ABC.

Der Punkt H wird als Bild des Punktes P aufgefasst.

Ergebnis
Unter Verwendung einer dynamischen Geometriesoftware erhalten wir Abb. 1.22. Wir stellen fest, dass sich bei Bewegung des Punktes C auf der Geraden g der Punkt H auf einer Ortskurve k bewegt, d. h., die Gerade g wird auf eine Ortskurve k abgebildet. Wir stellen eine **erste Vermutung** auf, indem wir annehmen, dass es sich bei der Ortskurve k um eine Parabel handeln könnte, die durch die Punkte A und B verläuft.

Wir überprüfen unsere erste Vermutung, dass es sich bei der Ortskurve k um eine Parabel handeln könnte, die durch die Punkte A und B verläuft. Dazu führen wir ein zweckmäßig angeordnetes kartesisches Koordinatensystem ein, indem wir dessen Ursprung in den Punkt A des Dreiecks legen und die x-Achse in Richtung der Dreieckseite $\overline{AB}$ positionieren. Die Gerade g, auf der sich der Eckpunkt C des Dreiecks bewegen kann, orientieren wir zunächst parallel zur x-Achse, s. Abb. 1.23.

Bei der Ermittlung einer Gleichung für die Ortskurve k des Höhenschnittpunkts H verwenden wir folgende Koordinaten für die Punkte A, B und C: $A(0|0)$, $B(b|0)$, $C(t|c)$, dabei fassen wir b und c jeweils als konstant auf und t als variabel.

Wir werden die Koordinaten des Punktes H durch den Schnitt der Höhen auf die Dreieckseiten $c = \overline{AB}$ und $a = \overline{BC}$ bestimmen, deshalb ermitteln wir zunächst Gleichungen für diese Höhen. Die Gleichung der Höhe h_c auf die Dreieckseite c können wir direkt angeben:

$$h_c : x = t. \tag{1.30}$$

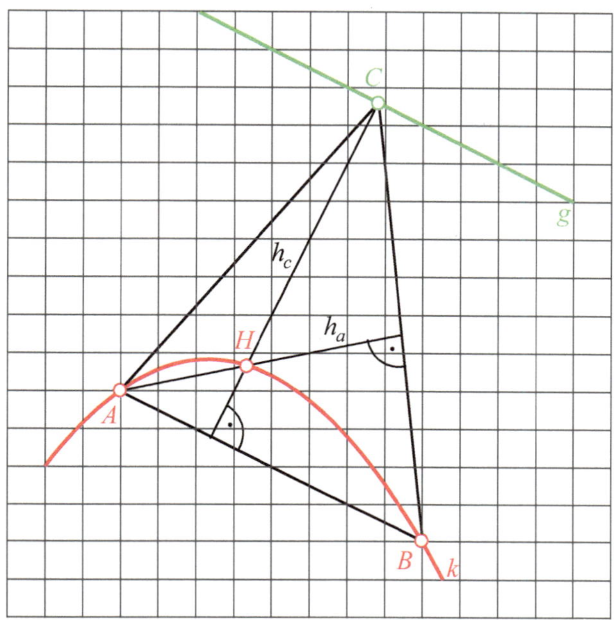

Abb. 1.22 Abbildung der Punkte einer Geraden mithilfe des Höhenschnittpunkts in einem Dreieck

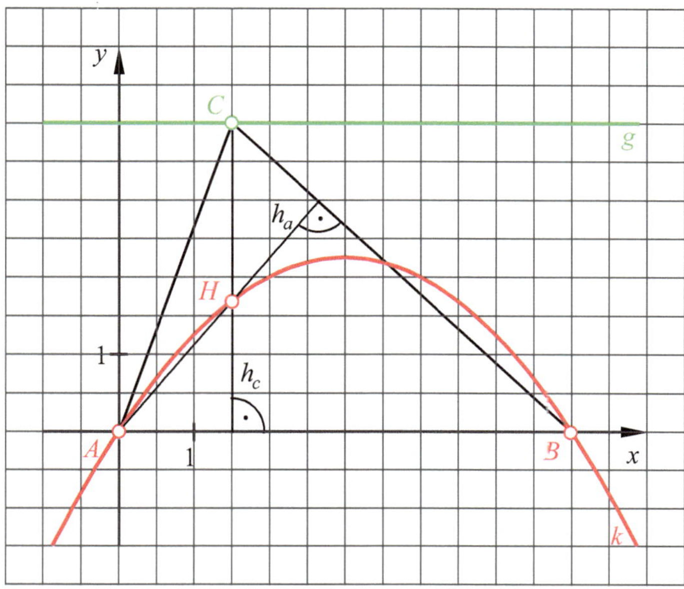

Abb. 1.23 Ortskurve des Höhenschnittpunkts im Koordinatensystem bei spezieller Lage der Geraden g

Als Ansatz für die Gleichung der Höhe h_a auf die Dreieckseite a wählen wir eine Ursprungsgerade, deren Anstieg orthogonal zur Dreieckseite a ist:

$$h_a : y = m_{h_a} \cdot x \qquad \left| m_{h_a} = -\frac{1}{m_{BC}} = -\frac{1}{\frac{c}{t-b}} = \frac{b-t}{c} \right.$$

$$h_a : y = \frac{b-t}{c} \cdot x, \tag{1.31}$$

$$H = h_c \cap h_a : y = \frac{b-x}{c} \cdot x = -\frac{1}{c} \cdot x^2 + \frac{b}{c} \cdot x. \tag{1.32}$$

Die hergeleitete Gl. (1.32) für die Ortskurve k des Höhenschnittpunkts H bestätigt unsere erste Vermutung, da es sich um die Gleichung einer Parabel handelt. Eine Punktprobe bestätigt, dass die Punkte A und B auf dieser Parabel liegen. Wir bestimmen die Koordinaten des Scheitelpunkts $S(x_S|y_S)$ der Parabel:

$$x_S = -\frac{\frac{b}{c}}{2 \cdot \left(-\frac{1}{c}\right)} = \frac{b}{2}; \; y_S = -\frac{\left(\frac{b}{c}\right)^2 - 4 \cdot \left(-\frac{1}{c}\right) \cdot 0}{4 \cdot \left(-\frac{1}{c}\right)} = \frac{b^2}{4 \cdot c}$$

$$S(x_S|y_S) : S\left(\frac{b}{2}\left|\frac{b^2}{4 \cdot c}\right.\right). \tag{1.33}$$

In Abb. 1.23 haben wir folgende spezielle Werte gewählt: $A(0|0)$, $B(6|0)$, $C(t|4)$, d. h. $b = 6$ und $c = 4$. Daraus ergibt sich aus (1.33) der Scheitelpunkt $S(3|2,25)$ für die Parabel k. Unser Ergebnis entspricht der Darstellung in Abb. 1.23.

Wir nutzen die Möglichkeiten der dynamischen Geometriesoftware und variieren die Konstruktion, insbesondere gehen wir von dem Sonderfall ab, dass sich der Punkt C auf einer Geraden g bewegt, die parallel zu x-Achse verläuft, s. Abb. 1.24. Als **zweite Vermutung** formulieren wir, dass die Ortskurve k des Höhenschnittpunkts H im allgemeinen Fall eine „schräg liegende" Parabel darstellt, die durch die Punkte A und B verläuft.

Um die zweite Vermutung zu überprüfen, verallgemeinern wir die Berechnung des Sonderfalls, indem wir für die Gerade g den Ansatz

$$g : y = m \cdot x + n$$

wählen, dadurch erhält der Punkt C die Koordinaten $C(t|m \cdot t + n)$.

Für die Höhe auf die Dreieckseite $\overline{AB}$ gilt wieder (1.30), doch die Gleichung für die Höhe auf die Dreieckseite $a = \overline{BC}$ müssen wir anpassen:

$$h_a : y = m_{h_a} \cdot x \qquad \left| m_{h_a} = -\frac{1}{m_{BC}} = -\frac{1}{\frac{m \cdot t + n}{t-b}} = \frac{b-t}{m \cdot t + n} \right.$$

$$h_a : y = \frac{b-t}{m \cdot t + n} \cdot x$$

$$H = h_c \cap h_a : y = \frac{b-x}{m \cdot x + n} \cdot x = \frac{b \cdot x - x^2}{m \cdot x + n}. \tag{1.34}$$

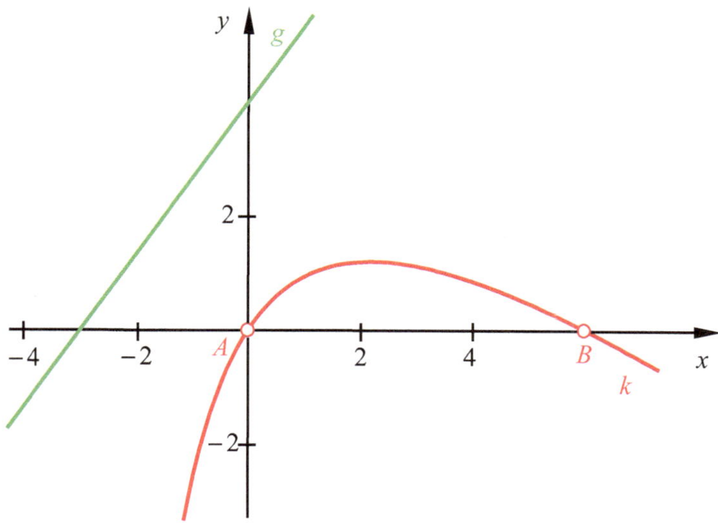

Abb. 1.24 Ortskurve des Höhenschnittpunkts im Koordinatensystem bei allgemeiner Lage der Geraden g

Aus der Beziehung (1.34) können wir den Typ der Kurve k nicht ablesen. Wir müssen ein zweites kartesisches Koordinatensystem suchen, welches an die Symmetrie der Kurve angepasst ist und deshalb für die in diesem System geltende Gleichung der Kurve eine einfachere Struktur erwarten lässt. Dieses Verfahren wird **Hauptachsentransformation** genannt. Wir führen es für den in Abb. 1.24 dargestellten speziellen Fall durch, in dem wir folgende Werte gewählt haben: $A(0|0)$, $B(6|0)$, $C\left(t\left|\frac{4}{3} \cdot t + 4\right.\right)$, d. h. $b = 6$ und $g : y = \frac{4}{3} \cdot x + 4$. Damit geht (1.34) über in:

$$y = \frac{6 \cdot x - x^2}{\frac{4}{3} \cdot x + 4}$$

$$x^2 + \frac{4}{3} \cdot x \cdot y - 6 \cdot x + 4 \cdot y = 0$$

$$3 \cdot x^2 + 4 \cdot x \cdot y - 18 \cdot x + 12 \cdot y = 0. \tag{1.35}$$

Da eine Hauptachsentransformation technisch recht aufwendig ist, verlagern wir sie in den Anhang 1.2 und entnehmen diesem Anhang das Ergebnis:

Wählen wir die Achsen des zweiten kartesischen Koordinatensystems in Richtung der Hauptachsen $x' : y = -2 \cdot x + 3$ und $y' : y = \frac{1}{2} \cdot x + \frac{21}{2}$ sowie für den Ursprung den Punkt $U(-3|9)$, dann geht (1.35) über in

$$\frac{x'^2}{9^2} - \frac{y'^2}{\left(\frac{9}{2}\right)^2} = 1. \tag{1.36}$$

Da die Beziehung (1.36) die Normalform einer Hyperbel darstellt, war unsere zweite Vermutung falsch, dass es sich bei der Ortslinie des Höhenschnittpunktes bei der Bewegung des Punktes C entlang einer beliebigen Geraden g um eine Parabel handeln könnte. Es zeigt sich wieder einmal, dass alle Analogieschlüsse auf ihren Wahrheitsgehalt geprüft werden müssen. Wir hätten unseren Irrtum bereits durch eine einfache Maßstabsveränderung bemerkt, durch die Abb. 1.24 in Abb. 1.25 übergegangen wäre. In Abb. 1.25 haben wir auch den Ursprung U und die Achsen x' und y' des zweiten kartesischen Koordinatensystems in Richtung der Hauptachsen der Hyperbel eingezeichnet.

Es bleibt die Frage zu klären, ob bereits anhand der Beziehung (1.34) erkennbar gewesen wäre, dass es sich bei der Ortslinie um eine allgemeine Hyperbel handelt. Wir führen die Division einfach einmal aus:

$$
\begin{aligned}
y &= \left(-x^2 + b \cdot x\right) : (m \cdot x + n) \\
&= -\frac{1}{m} \cdot x + \left(\frac{n}{m^2} + \frac{b}{m}\right) - \left(\frac{n^2}{m^2} + \frac{b \cdot n}{m}\right) \cdot \frac{1}{m \cdot x + n}.
\end{aligned}
\tag{1.37}
$$

Nun erkennen wir, dass die ersten beiden Summanden in (1.37) eine Gerade modellieren, während der dritte eine Hyperbel beschreibt. Deshalb hätten wir durchaus eine bessere zweite Vermutung formulieren können. Warum sind wir oft erst im Nachhinein so klug?

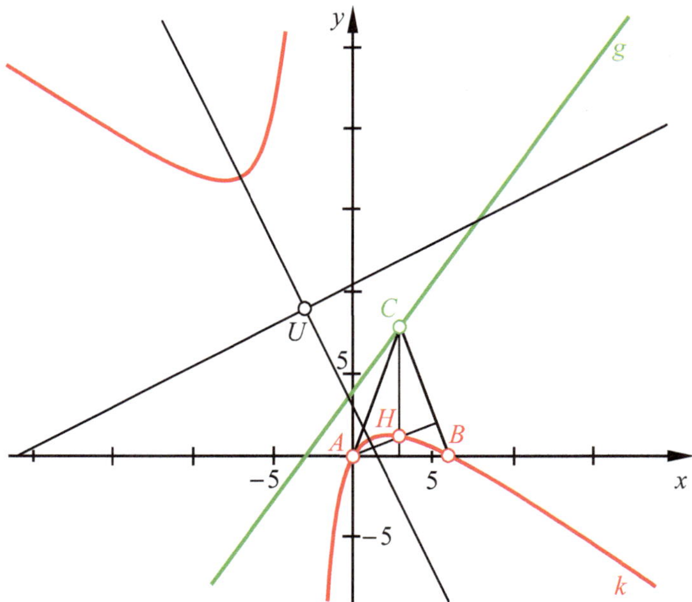

Abb. 1.25 Ortskurve des Höhenschnittpunktes im Koordinatensystem bei allgemeiner Lage der Geraden g nach Maßstabsverkleinerung

Mit den von uns verwendeten speziellen Werten $A(0|0)$, $B(6|0)$, $C\left(t\left|\frac{4}{3}\cdot t+4\right.\right)$, d. h. $b=6$, $m=\frac{4}{3}$ und $n=4$, erhalten wir aus (1.37):

$$y=-\frac{3}{4}\cdot x+\frac{27}{4}-\frac{27}{\frac{4}{3}\cdot x+4}.$$

In Abschn. 1.5 beschäftigen wir uns mit ausgewählten Abbildungen. Dabei berühren wir sowohl Anwendungsaspekte als auch innermathematische Fragestellungen, die für den Übergang zu nichteuklidischen Geometrien bedeutsam sind.

1.5 Geometrische Abbildungen

1.5.1 Forderungen an geometrische Abbildungen

In unterschiedlichen Kontexten werden verschiedene Forderungen an Abbildungen erhoben:

Kunstgattungen der bildenden Kunst wie Malerei, Zeichnung und Grafik erwarten praktikable Handlungsanleitungen für eine möglichst wirklichkeitsnahe Abbildung räumlicher Objekte in der Zeichenebene, die in Abhängigkeit der künstlerischen Absicht umgesetzt oder bewusst verfremdet werden. Besonders Filippo Brunelleschi (1377–1446) und Albrecht Dürer (1471–1528) ergründeten die Eigenschaften der **Zentralprojektion** sehr intensiv. Auf Grundlage der dabei gewonnenen Einsichten entstanden Werke, die hohen künstlerischen Ansprüchen gerecht werden und auch mathematisch korrekt sind.

Die **Architektur** fordert zusätzlich zur Wirklichkeitsnähe der Abbildung ihrer Objekte eine möglichst gute Maßhaltigkeit. Zur Realisierung dieser Forderungen werden in der Regel Koordinaten eingeführt und es werden mithilfe orthogonaler oder schiefer Parallelprojektionen **Axonometrien** erzeugt, indem das jeweilige Objekt zusammen mit einem kartesischen Koordinatensystem abgebildet wird.

Im **Maschinenbau** sind maßhaltige Abbildungen von Werkstücken erforderlich. Deshalb finden in diesem Bereich mit orthogonalen Parallelprojektionen erstellte **Rissdarstellungen** eine breite Anwendung.

Die aktuelle **Schulmathematik** beschränkt sich bei der Abbildung geometrischer Objekte auf **Parallelprojektionen,** indem sie bei der Behandlung des Grund- und Aufrisses von Körpern Normalprojektionen thematisiert (evtl. werden weitere Risse verwendet, und es erfolgt die Konstruktion wahrer Längen und Flächenformen in Rissdarstellungen). Nach der Einführung von Koordinaten sowie Längen- und Winkelgrößen werden in der Schule auch Kavalierrisse thematisiert, ohne den Bezug zu schiefen Axonometrien herzustellen.

Die **Fachdisziplin Geometrie** behandelt geometrische Abbildungen als **eigenständige Untersuchungsobjekte,** indem sie deren Eigenschaften erkundet und nach Zusammenhängen zwischen ihnen sucht. Dabei hat es sich als besonders fruchtbar erwiesen, als spezielle Eigenschaft die Umkehrbarkeit der Abbildungen und als Operation ihre Komposition (Hintereinanderausführung) zu betrachten, weil sich damit geometrische Abbildungen auf Gruppeneigenschaften untersuchen lassen. Diese Herangehensweise hat zur Algebraisierung der Geometrie geführt, welche die Aufmerksamkeit auf interessante Fragen und Zusammenhänge lenkt, aber nicht von allen „echten Geometern" gern gesehen wird.

Werden Lernende unvermittelt mit algebraisch beschriebenen Geometrien konfrontiert, dann sind sie anfangs häufig vom Abstraktionsgrad der Theorie überrascht und können ohne zusätzliche Informationen den Hintergrund der Gedankenführung kaum nachvollziehen. Beispielsweise wird das Motiv für die Betrachtung der Abbildung von Punkten einer Ebene in dieselbe oder eine andere Ebene so lange unverständlich bleiben, bis die Lernenden erfahren, dass durch diese Einschränkung die Umkehrbarkeit der Abbildung gesichert wird. Leider fehlen in der Fachliteratur zuweilen derartige Verständnis fördernde Informationen.

Bereits die knappen einleitenden Bemerkungen zeigen, dass eine Vielzahl von Abbildungen entwickelt wurde, um den unterschiedlichen Anforderungen bzw. Herangehensweisen gerecht zu werden. Im Verlauf einer Entwicklung über mehrere Jahrhunderte hinweg wurden verschiedene Klassifizierungen für geometrische Abbildungen entwickelt. Da außerdem Autoren in Abhängigkeit ihrer Schwerpunktsetzung geometrische oder algebraische Definitionen für geometrische Abbildungen auf unterschiedlichen Abstraktionsniveaus verwenden, begegnet Einsteigern eine Vielzahl von Begriffen.

Mit diesem Kapitel verfolgen wir auch das Ziel, der vermeintlich „babylonischen Sprachverwirrung" entgegenzuwirken. Dazu thematisieren wir unterschiedliche Strukturierungsmöglichkeiten für geometrische Abbildungen, insbesondere mithilfe

- der Invarianzen, die bei den Abbildungen auftreten (z. B. invariante Eigenschaften der geometrischen Objekte, Fixelemente der Abbildungen),
- der nach Einführung von Koordinaten möglichen Charakterisierung ausgewählter geometrischer Abbildungen durch die Eigenschaften der Abbildungsgleichungen bzw. Abbildungsmatrizen.

1.5.2 Eigenschaften geometrischer Abbildungen

In diesem Abschnitt thematisieren wir solche Eigenschaften geometrischer Abbildungen, die besonders bedeutsam sind. Dabei weichen wir vom üblichen Vorgehen in der Literatur ab:

- Wir verdeutlichen die Eigenschaften durch selbsterklärende Skizzen. Um das Begriffsverständnis zu unterstützen, geben wir für jede Eigenschaft ein Beispiel an, bei dem diese Eigenschaft erfüllt ist sowie ein anderes, bei dem diese Eigenschaft nicht erfüllt ist.
- Wir verzichten bei der Charakterisierung der Eigenschaften von Abbildungen auf Definitionen. Bei Bedarf können diese nachgeschlagen werden, wir gehen allerdings davon aus, dass dies nicht erforderlich ist.

Eigenschaft	Beispiel für eine Abbildung, welche	
	die Eigenschaft besitzt	die Eigenschaft nicht besitzt
Geradentreu	Punktspiegelung an Z 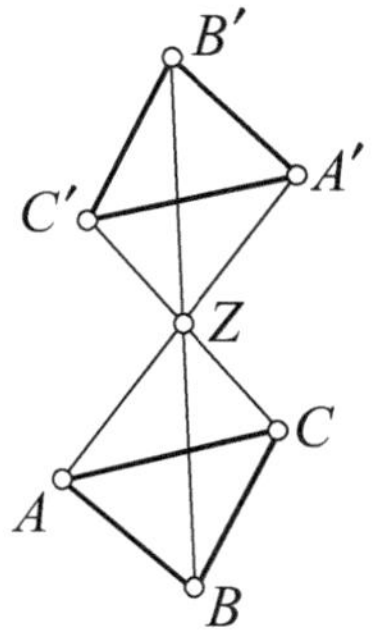	Inversion am Kreis k 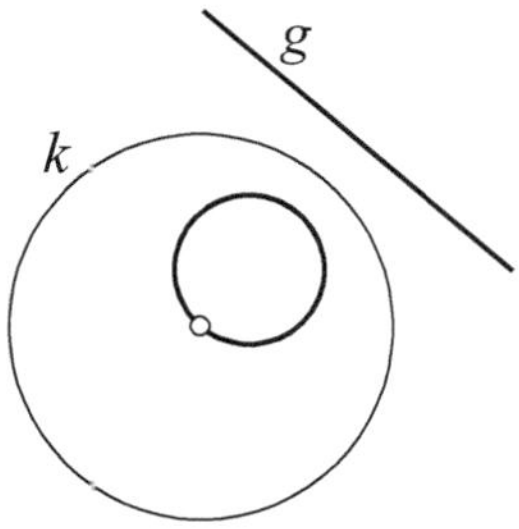
Formtreu, winkeltreu, ähnlich	Zentrische Streckung an Z 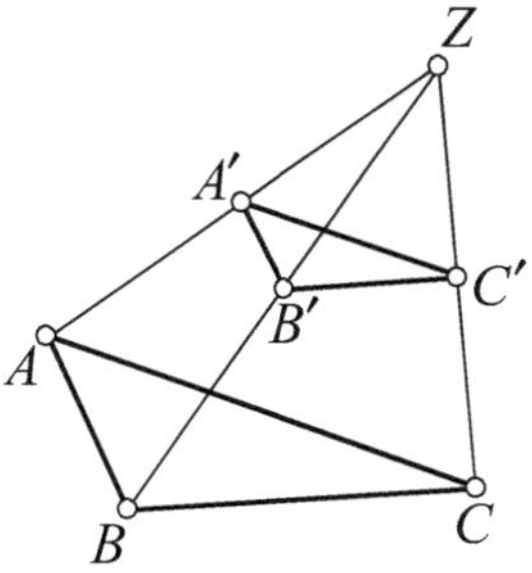	Scherung 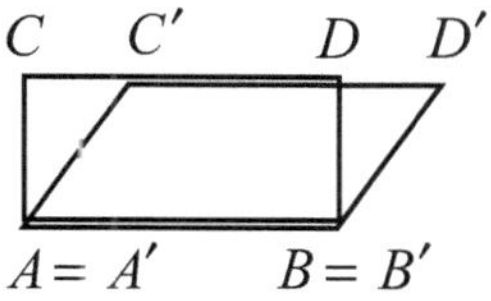
Längentreu	Verschiebung 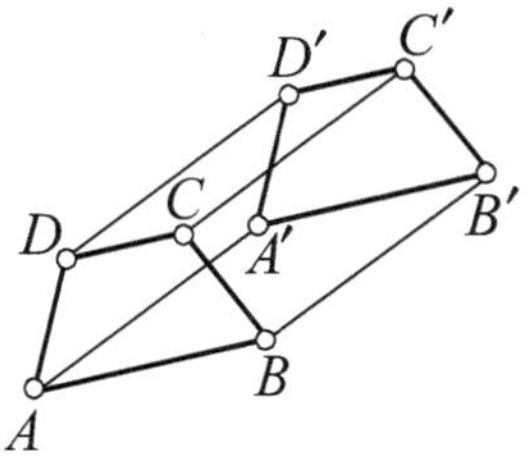	Schrägspiegelung 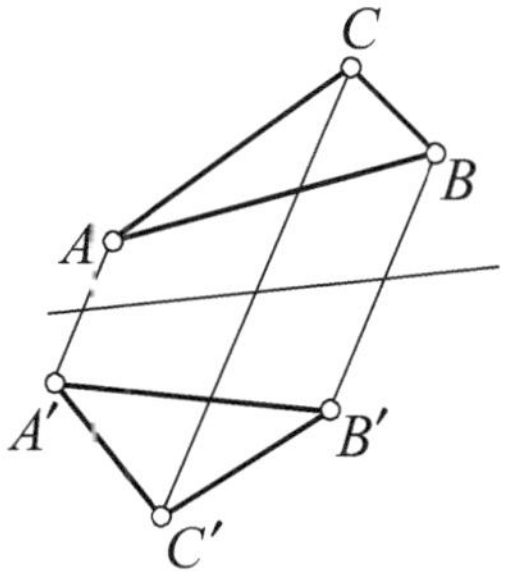

Eigenschaft	Beispiel für eine Abbildung, welche	
	die Eigenschaft besitzt	die Eigenschaft nicht besitzt
Flächentreu	Quadratur eines Rechtecks mithilfe des Höhensatzes 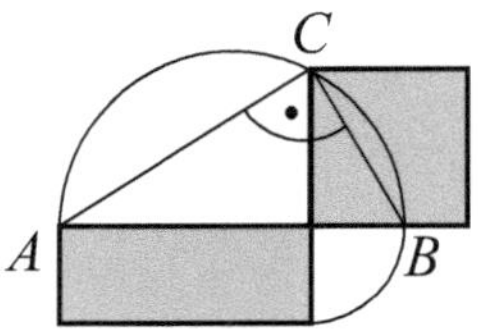	Zentrische Streckung an Z 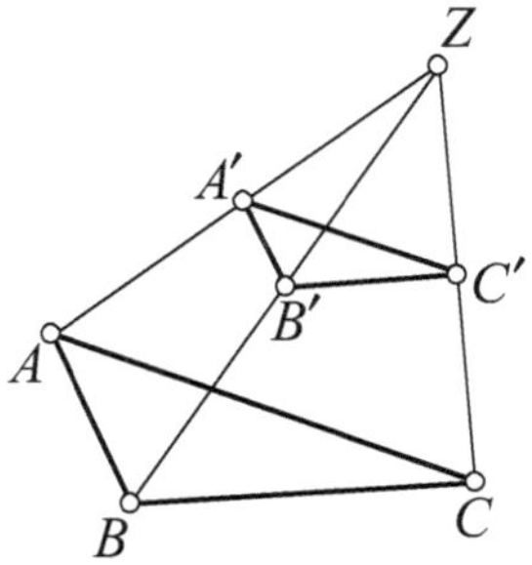
Orientierungstreu	Drehung um Z 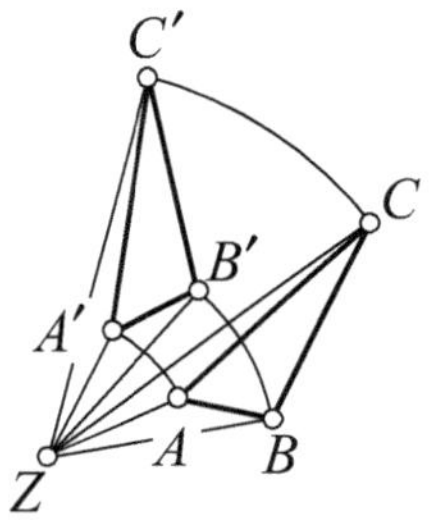	Achsenspiegelung 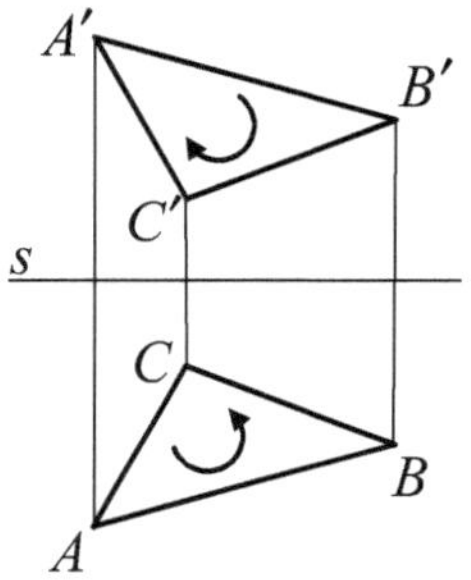
Längenverhältnistreu	Zentrische Streckung an Z 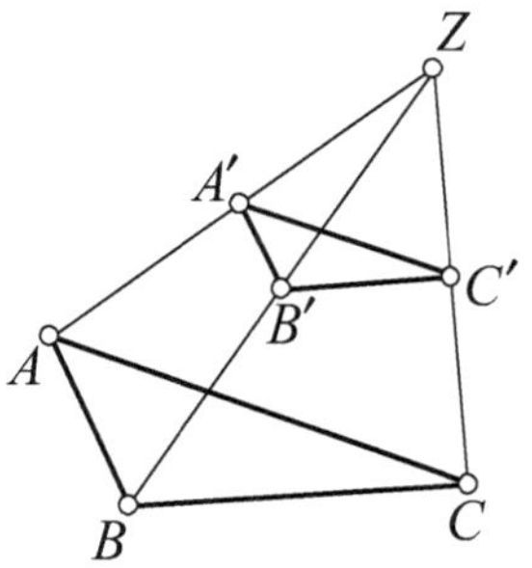	Schrägspiegelung 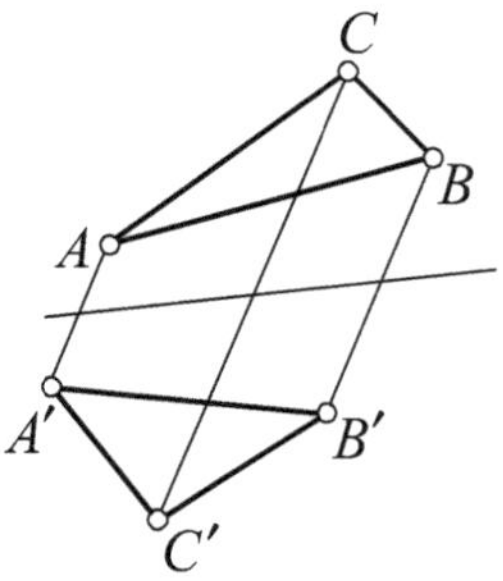

Eigenschaft	Beispiel für eine Abbildung, welche	
	die Eigenschaft besitzt	die Eigenschaft nicht besitzt
Teilverhältnistreu	Zentralprojektion mit $g \parallel g'$ 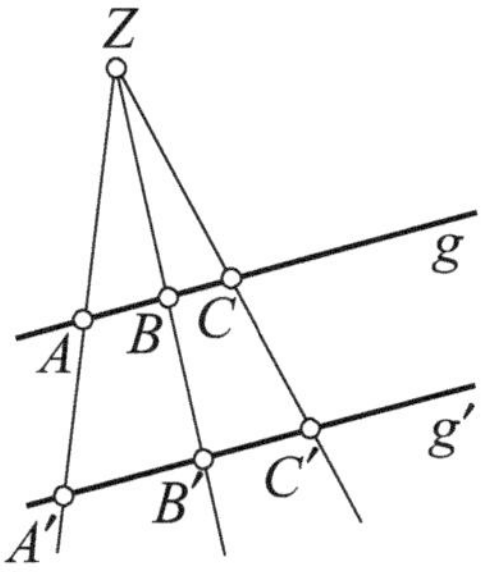	Zentralprojektion mit $g \nparallel g'$ 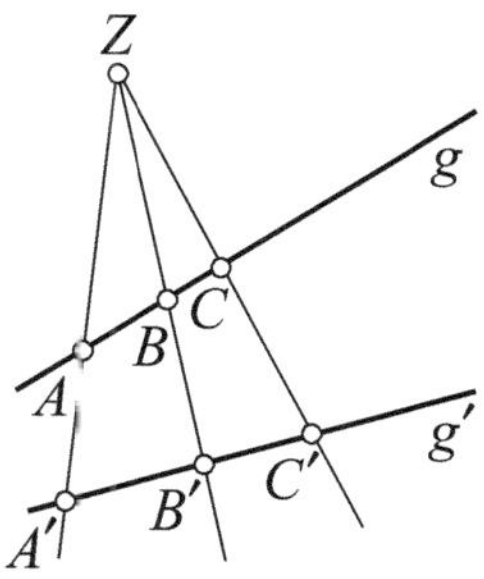
Doppelverhältnistreu	Zentralprojektion mit $g \nparallel g'$ 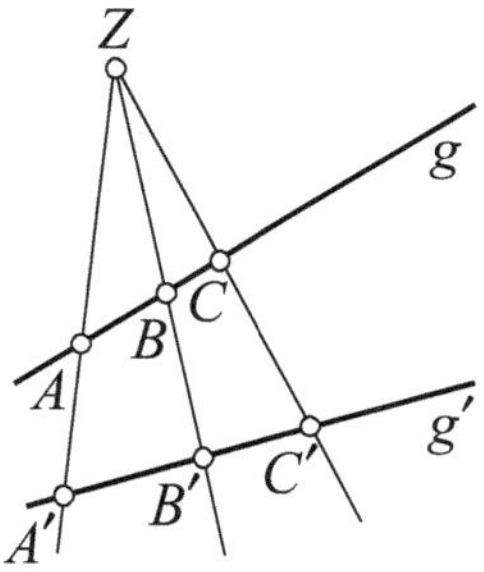	Nichtlineare Abbildung $$x \mapsto y = x^2$$ 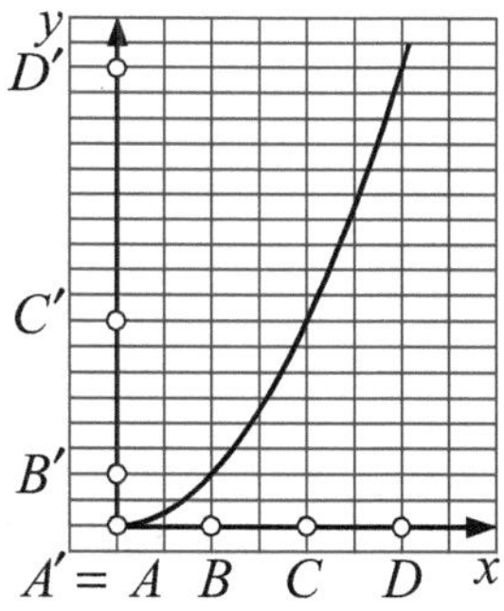
Bijektiv	Parallelprojektion der Punkte einer Geraden auf eine Bildgerade in der Ebene 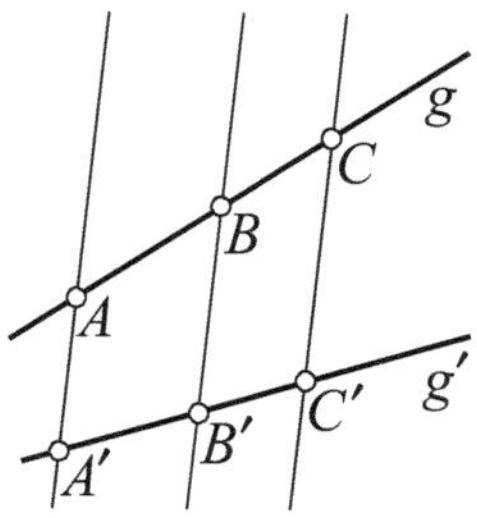	Parallelprojektion aller Punkte einer Ebene auf eine Bildgerade in dieser Ebene 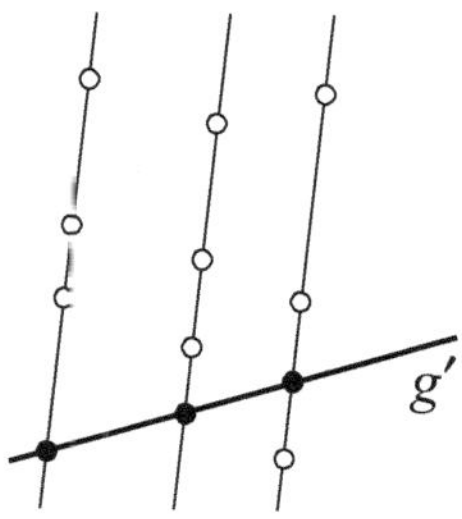

Sprechweise
Besitzt eine Abbildung eine der genannten Eigenschaften, dann ist diese
Eigenschaft eine **Invariante** der Abbildung. Ist z. B. eine Abbildung längen-
treu, dann ist die Länge eine Invariante der Abbildung.

Für einige Klassen von Abbildungen mit übereinstimmenden Eigenschaften existieren spezielle Bezeichnungen. In der folgenden Definition legen wir die Bedeutung von Begriffen fest, die für weitere Begriffsbildungen genutzt werden.

Definition 1.6 Transformation, Kollineation, Kongruenzabbildung, Ähnlichkeitsabbildung

Eine **Transformation** ist eine bijektive Abbildung einer Menge auf sich selbst.

Eine **Kollineation** ist eine geradentreue Transformation.

Eine bijektive geraden- und längentreue Abbildung zwischen euklidischen
Räumen gleicher Dimension heißt **Kongruenzabbildung** oder **Kongruenz,**
eine derartige Selbstabbildung heißt **Kongruenztransformation, Bewe-**
gung oder **euklidische Transformation.**

Eine bijektive geraden- und streckenverhältnistreue Abbildung zwischen
euklidischen Räumen gleicher Dimension heißt **Ähnlichkeitsabbildung,**
äquiforme Abbildung oder **Ähnlichkeit,** eine derartige Selbstabbildung
heißt **Ähnlichkeitstransformation.**

▷ **Bemerkung** Nach Definition 1.6 stellt eine **Kollineation** eine geradentreue bijektive Abbildung einer Menge auf sich selbst dar.

Jede **Transformation** lässt sich aus Translationen (Verschiebungen),
Skalierungen (Verkleinerungen/Vergrößerungen) und Rotationen (Drehungen) zusammensetzen.

Aus der Geraden- und Längentreue einer **Kongruenzabbildung**
ergibt sich, dass sie auch winkel-, flächen- und parallelentreu ist (damit
ist diese Abbildung form- und größentreu). Die **Menge der Kongruenz-**
abbildungen besteht aus der Menge aller Verschiebungen, Drehungen,
Geradenspiegelungen und deren Verkettungen.

Aus der Geraden- und Streckenverhältnistreue einer **Ähnlichkeits-**
abbildung ergibt sich, dass sie auch winkel-, flächenverhältnis- und
parallelentreu ist (damit ist diese Abbildung formtreu). Die **Menge der**
Ähnlichkeitsabbildungen besteht aus der Menge aller Kongruenzabbildungen (Kongruenzabbildungen sind spezielle Ähnlichkeitsabbildungen), zentrischen Streckungen und deren Verkettungen.

Bei Dreiecken führt die Winkeltreue zur Längenverhältnistreue. Dies ist bei anderen ebenen Figuren nicht der Fall, z. B. besitzen alle Rechtecke gleiche Innenwinkel, doch die Seitenverhältnisse sind i. Allg. unterschiedlich.

Abbildungen werden auch charakterisiert durch ihre Fixelemente, d. h. die geometrischen Objekte, die bei der Abbildung „fest bleiben".

Definition 1.7 Fixelemente einer Abbildung
Stimmt bei einer Abbildung ein Bildpunkt mit seinem Urbildpunkt überein, dann wird dieser Punkt als **Fixpunkt** bezeichnet.

Ist jeder Punkt einer Geraden ein Fixpunkt einer Abbildung, dann wird diese Gerade **Fixpunktgerade** oder **Achse** genannt.

Wird jeder Punkt einer Geraden auf den gleichen oder einen anderen Punkt dieser Geraden abgebildet, dann wird diese Gerade als **Fixgerade** bezeichnet.

Aus Definition 1.7 ergibt sich, dass eine Fixpunktgerade eine spezielle Fixgerade ist.

1.5.3 Projektionen und Axonometrien

Projektionen
Charakteristisch für eine **Projektion** ist die Abbildung von Urbildpunkten auf Bildpunkte, die auf einem geometrischen Objekt liegen, das wir als „Zielobjekt" bezeichnen. Die Geraden, welche jeweils durch einen Urbildpunkt und den zugehörigen Bildpunkt verlaufen, werden **Projektionsgeraden** genannt.

Bei einer Projektion können die Urbildpunkte alle Punkte des betrachteten geometrischen Raumes umfassen oder nur eine Teilmenge davon. In der Kartografie liegen die Urbildpunkte auf der Oberfläche einer maßstäblichen Verkleinerung des abzubildenden Himmelskörpers, z. B. auf einem Erd- oder Mondglobus. Auch in der Geometrie werden häufig nur Teilmengen des betrachteten geometrischen Raumes projiziert, um **bijektive Abbildungen** zu erhalten, z. B. werden

- im dreidimensionalen Anschauungsraum häufig nur die Urbildpunkte auf eine Zeichenebene abgebildet, die in einer vom Zielobjekt verschiedenen Ebene liegen,
- von den Punkten einer Ebene nur diejenigen auf eine Gerade in dieser Ebene projiziert, die auf einer vom Zielobjekt verschiedenen Geraden liegen.

Projektionen können unterschiedliche Zielobjekte verwenden, z. B. eine

- Ebene bei Projektionen im dreidimensionalen Anschauungsraum,
- Gerade bei Projektionen in einer Zeichenebene,
- gewölbte Projektionsfläche zur Wiedergabe von IMAX-Filmen.

Bei einer **Parallelprojektion** sind alle Projektionsgeraden parallel zu einer vorgegebenen Projektionsrichtung, während bei einer **Zentralprojektion** alle Projektionsgeraden durch ein vorgegebenes Projektionszentrum verlaufen.

Sind bei einer Parallelprojektion die Projektionsgeraden orthogonal zum Zielobjekt, dann wird sie auch als **Normalprojektion, orthogonale Parallelprojektion** oder **orthografische Projektion** bezeichnet, ansonsten als **schiefe Parallelprojektion.**

Wird bei der Parallelprojektion eines räumlichen Objekts in die Zeichenebene ein dreidimensionales kartesisches Koordinatensystem mit projiziert, dann wird diese Abbildung als **Axonometrie** bezeichnet.

> **Bemerkung** Im Zusammenhang mit Projektionen taucht in der Literatur der Begriff **Perspektive** auf, der häufig als Synonym für die Zentralprojektion Verwendung findet, aber auch für spezielle Parallelprojektionen genutzt wird (z. B. können **perspektive** Affinitäten sowohl durch Parallelprojektionen als auch durch spezielle Zentralprojektionen erzeugt werden, s. Abschn. 1.5.4). Unter **Zentralperspektive** wird oft das Bild einer Zentralprojektion verstanden. In älterer Literatur begegnet uns dieser Begriff auch in Form von „Kavalier**perspektive**" und „Militär**perspektive**", d. h. bei Axonometrien, die ebenfalls spezielle Parallelprojektionen darstellen (s. unten in diesem Abschnitt).
>
> Die Parallelprojektionen können als Zentralprojektionen mit uneigentlichem Projektionszentrum aufgefasst werden, denn bei der gedanklichen Verschiebung des Projektionszentrums gegen unendlich nähern sich die Projektionsgeraden immer genauer der Parallelität an. Diese Betrachtungsweise behandelt die **affine Geometrie als Sonderfall der projektiven Geometrie.**

Das Erkunden der **Eigenschaften der Zentralprojektion** verlagern wir in den Abschn. 3.1.2, da es uns aus dem Gültigkeitsbereich der affinen bzw. euklidischen Geometrie in denjenigen der projektiven Geometrie führt.

In diesem Abschnitt beschäftigen wir uns anschließend mit den Eigenschaften von Parallelprojektionen und mit Axonometrien. Dabei verzichten wir auf Wiederholungen des Schulstoffs zur Darstellung von Körpern mithilfe des Grund- und Aufrisses, die zum Gegenstandsbereich der darstellenden bzw. konstruktiven Geometrie gehört.

Eigenschaften von Parallelprojektionen

Wir verdeutlichen die Eigenschaften von Parallelprojektionen durch Konstruktionen im Anschauungsraum bzw. in der Zeichenebene.

Das durch Parallelprojektion erzeugte Bild eines Punktes X bezeichnen wir mit X^p, da es häufig **Parallelriss** genannt wird.

Wir erkennen in Abb. 1.26, dass der **Spurpunkt** Q der Geraden q, d. h. der Schnittpunkt dieser Geraden mit der Bildebene, ein Fixpunkt der Abbildung ist. Durch punktweise Projektion der auf der Geraden q liegenden Urbildpunkte erhalten

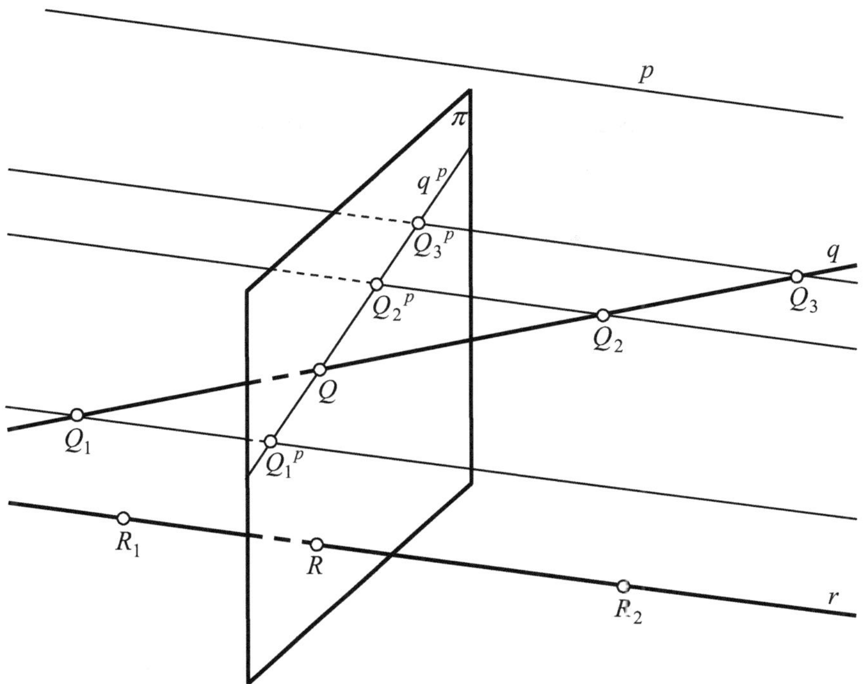

Abb. 1.26 Abbildung einer Geraden q und einer Projektionsgeraden r auf die Bildebene π durch Parallelprojektion mit Projektionsrichtung p

wir die Bildgerade q^p, die auch als Parallelriss der Geraden q bezeichnet wird. Die in Projektionsrichtung verlaufende Gerade r ist **projizierend,** da alle Punkte dieser Geraden auf deren Spurpunkt R projiziert werden.

Die **Parallelprojektion ist für nichtprojizierende Geraden geradentreu,** da das Bild einer nichtprojizierenden Geraden wieder eine Gerade ist.

Abb. 1.27 verdeutlicht, dass eine Parallelprojektion **parallelentreu** ist, d. h., dass zueinander parallele und nichtprojizierende Geraden parallele Bilder besitzen.

Aus Abb. 1.28 entnehmen wir, dass das Bild der Geraden q die Bildgerade h ist, d. h. $q^p = h$, und dass der Schnittpunkt Q der Geraden q und h ein Fixpunkt der Abbildung ist. Die in Projektionsrichtung verlaufende Gerade r ist projizierend.

Eigenschaften von Parallelprojektionen
- punkttreu: jeder Punkt wird auf genau einen Bildpunkt abgebildet, dabei sind Punkte der Bildebene Fixpunkte der Projektion,
- inzidenzerhaltend: wenn ein Punkt mit einem geometrischen Objekt (z. B. einer Geraden, einer Kurve oder einer Ebene) inzidiert, d. h. in diesem Objekt enthalten ist, dann inzidiert der Bildpunkt mit dem Bild dieses Objektes,

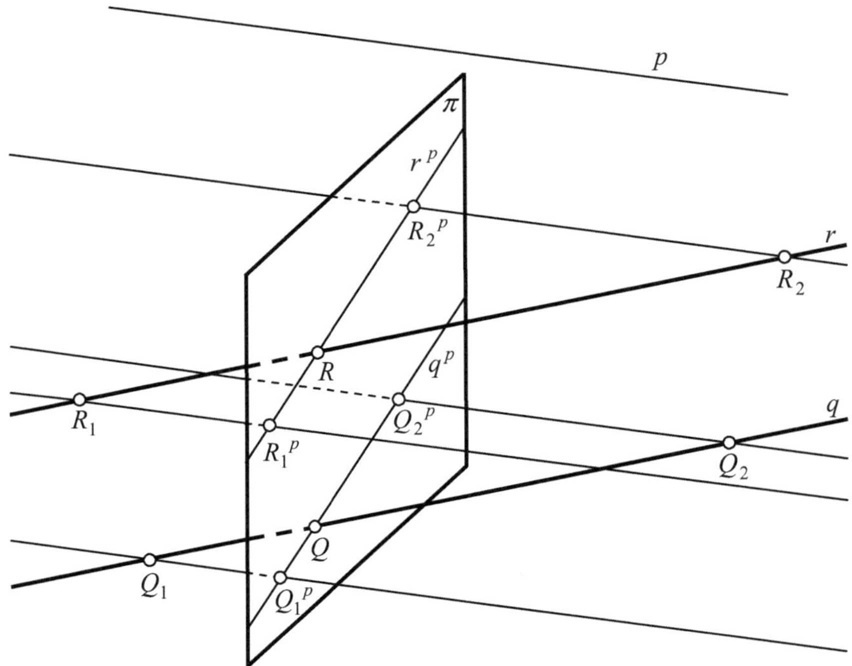

Abb. 1.27 Abbildung zweier zueinander paralleler Geraden q und r auf die Bildebene π durch Parallelprojektion mit Projektionsrichtung p

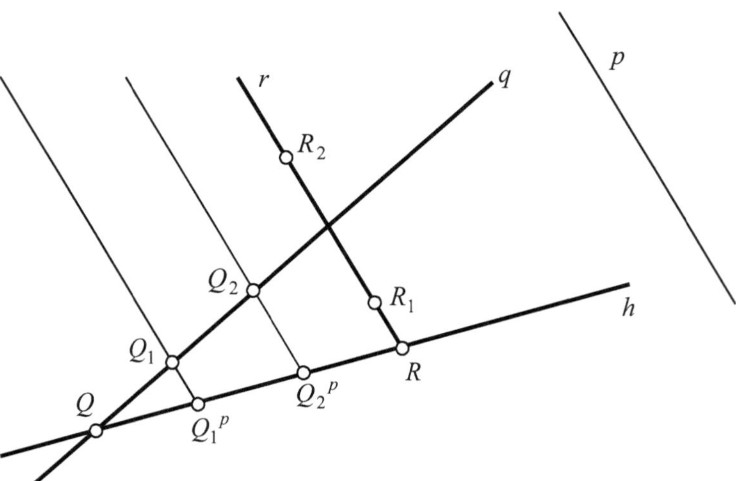

Abb. 1.28 Abbildung einer Geraden q und einer Projektionsgeraden r auf die Bildgerade h durch Parallelprojektion mit Projektionsrichtung p

- eine nichtprojizierende Gerade wird bijektiv auf eine Bildgerade abgebildet,
- eine nichtprojizierende Ebene wird bijektiv auf die gesamte Bildebene abgebildet,
- **teilverhältnistreu:** das Teilverhältnis von drei Punkten einer nichtprojizierenden Geraden ist invariant (diese Eigenschaft haben wir in Abschn. 1.2 nachgewiesen),
- parallelentreu: die Bilder nichtprojizierender paralleler Geraden sind wieder parallel,
- parallel zur Bildebene liegende ebene Figuren haben Bilder, die in Form und Größe mit dem Urbild übereinstimmen (Original und Bild sind kongruent).

Von den Eigenschaften, die Parallelprojektionen nicht besitzen, ist insbesondere bemerkenswert, dass diese Abbildungen i. Allg. **nicht eindeutig umkehrbar** sind, da es **projizierende geometrische Objekte** gibt:

- Alle Punkte einer Projektionsgeraden werden auf denselben Bildpunkt abgebildet.
- Alle Punkte einer Ebene, in der Projektionsgeraden liegen, werden auf eine Gerade abgebildet.

Axonometrien

Axonometrien werden unterteilt nach der

- Ausrichtung der Bilder der Koordinatenachsen in der Zeichenebene,
- Verzerrung der Einheitsstrecken des Koordinatensystems (**isometrisch** bei drei gleichen Verzerrungen, **dimetrisch** bei zwei gleichen Verzerrungen, **trimetrisch** bei drei unterschiedlichen Verzerrungen),
- zugrunde liegenden Parallelprojektion (**orthogonal** oder **schief**).

Eine Axonometrie ist durch Vorgabe des Koordinatenursprungs O und der Einheitspunkte E_i bestimmt, zur bequemen zeichnerischen Umsetzung werden häufig die Winkel α und β sowie die Verzerrungen $e_i = \overline{OE_i}$ angegeben, s. Abb. 1.29.

Abb. 1.29 Kennzeichnung von Axonometrien

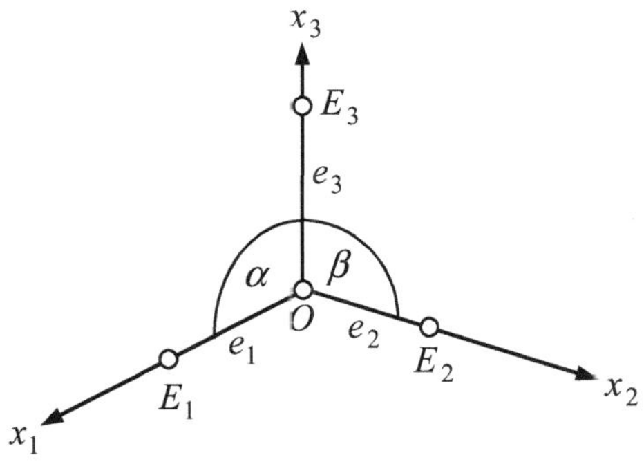

Unter den orthogonalen Axonometrien existieren folgende genormte Darstellungen, für deren Verzerrungen jeweils $e_1^2 + e_2^2 + e_3^2 = 2$ gilt:

- **genormte orthogonale Isometrie** (s. Abb. 1.30):
  $$\alpha = \beta = 120°;\ \ e_1 = e_2 = e_3 = \sqrt{\tfrac{2}{3}} \approx 0{,}82,$$
- **genormte orthogonale Dimetrie** bzw. **Ingenieuraxonometrie** (s. Abb. 1.31):
  $$\alpha = 131{,}5°;\ \ \beta = 97°;\ \ 2 \cdot e_1 = e_2 = e_3 = \tfrac{2}{3} \cdot \sqrt{2} \approx 0{,}94.$$

Häufig werden auch spezielle schiefe Axonometrien genutzt, insbesondere die

- **Frontalaxonometrie** (auch **Kavalierriss,** früher Kavalierperspektive) mit einer Bildebene, die parallel zur $x_2 - x_3$ — Ebene verläuft:
  $$\beta = 90°;\ \ e_2 = e_3 = 1,\ \text{z. B. } \alpha = 135°;\ \ e_1 = \tfrac{\sqrt{2}}{2} \approx 0{,}71\ \text{(s. Abb. 1.32)},$$
- **Horizontalaxonometrie** (auch **Militärriss,** früher Vogelperspektive) mit einer Bildebene, die parallel zur $x_1 - x_2$ — Ebene verläuft:
  $$\alpha + \beta = 270°;\ \ e_1 = e_2 = 1,\ \text{z. B. } \alpha = \beta = 135°;\ \ e_3 = 1\ \text{(s. Abb. 1.33)}.$$

Wir veranschaulichen die genannten Axonometrien durch Abbildungen des Einheitswürfels.

Abb. 1.30 Abbildung eines Einheitswürfels in genormter orthogonaler Isometrie

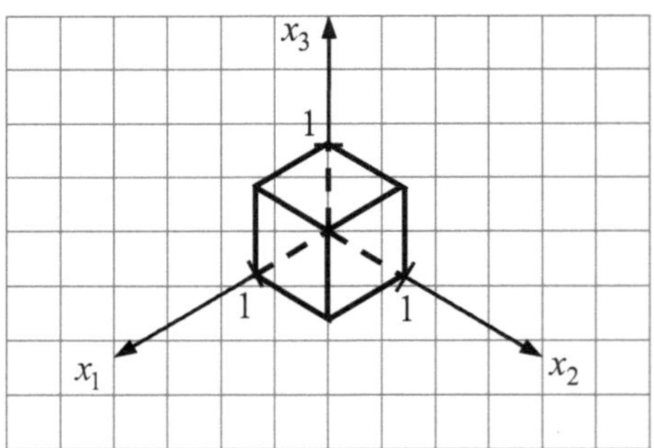

Abb. 1.31 Abbildung eines Einheitswürfels in genormter orthogonaler Dimetrie (Ingenieuraxonometrie)

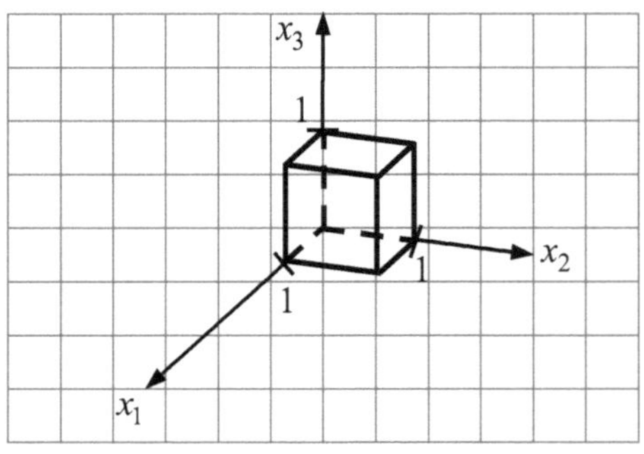

Abb. 1.32 Abbildung
eines Einheitswürfels in
einer Frontalaxonometrie
(Kavalierriss)

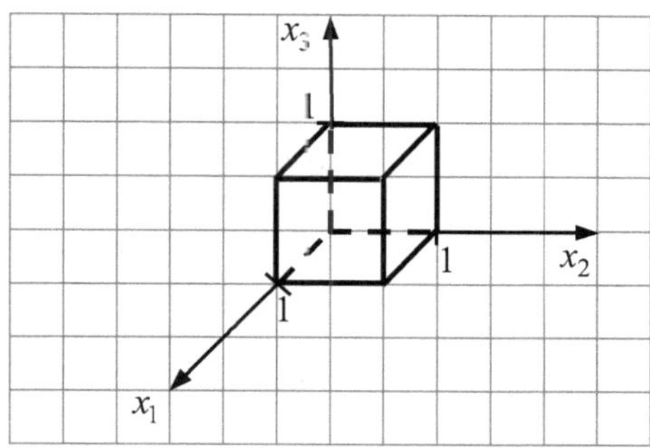

Abb. 1.33 Abbildung eines
Einheitswürfels in einer
Horizontalaxonometrie
(Militärriss)

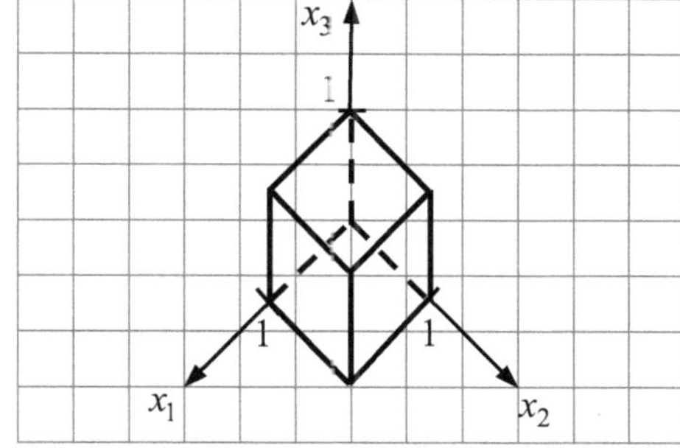

1.5.4 Affine Abbildungen und Affinitäten

Wir beginnen diesen Abschnitt mit der Definition spezieller Abbildungen.

Definition 1.8 Affine Abbildung, Affinität
Eine **affine Abbildung** ist eine geraden- und teilverhältnistreue Abbildung
zwischen zwei affinen Räumen.
  Eine bijektive geraden- und teilverhältnistreue Abbildung eines affinen
Raumes auf sich selbst wird **Affinität** oder **affine Transformation** genannt.

▶ **Bemerkung** Die Geraden- und Teilverhältnistreue der affinen Abbildungen und damit auch der Affinitäten bedingt die Invarianz der **Parallelität** bei diesen Abbildungen.
  Für die Nutzung unterschiedlicher Quellen erweist es sich als
erschwerend, dass **ein und dieselbe Abbildung mit unterschiedlichen
Begriffen bezeichnet** werden kann. Beispielsweise kann eine Affinität
auch „bijektive affine Abbildung eines affinen Raumes auf sich selbst"
oder „teilverhältnistreue Kollineation in einem affinen Raum" genannt

werden. Es kommt hinzu, dass in der Literatur die Abbildungen häufig nur unvollständig charakterisiert werden, in diesen Fällen lässt sich der Sachverhalt meist nur aus dem Kontext erschließen. Hilfreich bei der erforderlichen „Übersetzung" ist die Betrachtung der **Invarianzen und Fixelemente** für die jeweilige Abbildung.

Wir verdeutlichen einige **spezielle Affinitäten** durch Abbildungen im drei- und zweidimensionalen affinen Raum. Dabei sichern wir die Bijektivität und die Teilverhältnistreue der Affinität durch folgende Maßnahmen:

- Wir bilden lediglich eine Teilmenge des affinen Raumes ab, sodass die Bijektivität der Affinität erfüllt werden kann. Dazu legen wir die Urbilder im dreidimensionalen Raum in eine Ebene und im zweidimensionalen Raum auf eine Gerade.
- Bei der Realisierung einer **perspektiven Affinität,** bei der die Abbildung durch eine Parallelprojektion oder eine spezielle Zentralprojektion erfolgt, sichern wir bei Verwendung einer Zentralprojektion die Teilverhältnistreue durch zueinander parallel liegende Urbild- und Bildebenen.

Abb. 1.34 zeigt eine perspektive Affinität, bei der die Abbildung durch eine Parallelprojektion erfolgt. Da sich Urbildebene und Bildebene in einer Achse schneiden, dürfen wir diese Abbildung auch als **axiale Affinität** oder **Achsenaffinität**

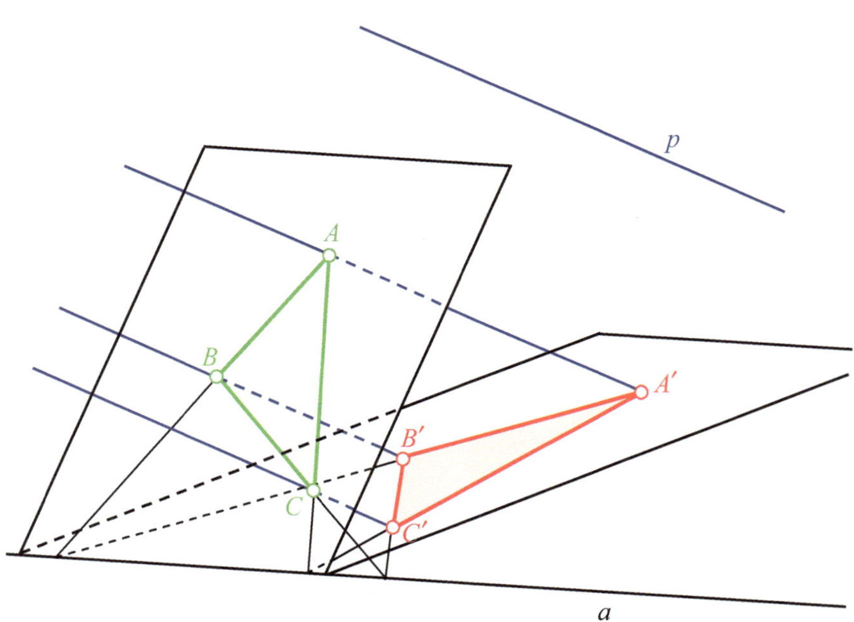

Abb. 1.34 Perspektive Affinität als Parallelprojektion, bei der sich Urbildebene und Bildebene schneiden

bezeichnen. Diese allgemeine Lagebeziehung zwischen Urbildebene und Bildebene ist zulässig, da die Parallelprojektion stets teilverhältnistreu ist. Wir erkennen
in Abb. 1.34, wie die Geradentreue und die Fixpunkteigenschaft der Punkte auf
der Achse a bei der Konstruktion verwendet werden.

Abb. 1.35 zeigt eine perspektive Affinität, bei der die Abbildung durch eine
Zentralprojektion erfolgt. Wir haben darauf geachtet, dass Urbildebene und Bildebene parallel zueinander verlaufen, damit die Zentralprojektion nicht nur doppelverhältnistreu, sondern sogar teilverhältnistreu ist. Da diese perspektive Affinität
ein Zentrum Z besitzt und eine Ähnlichkeitsabbildung darstellt, wird sie auch als
zentrische Ähnlichkeit bezeichnet.

Durch „Kopfgeometrie" erkennen wir mithilfe von Abb. 1.34 und Abb. 1.35,
dass eine perspektive Affinität, die durch eine Parallelprojektion mit zueinander
paralleler Urbildebene und Bildebene realisiert wird, eine **Translation** ergibt.

Eine **ebene axiale Affinität** ist bestimmt durch eine Affinitätsachse a, eine
Richtungsgerade g (welche die Affinitätsrichtung angibt) und einen Affinitätsfaktor k. Das Bild P' eines Urbildes P wird folgendermaßen ermittelt:

- P' liegt auf der Parallelen zu g durch P,
- mit $PP' \cap a = P^*$ ist $\left(P'P^*\right) = k \cdot (PP^*)$ bzw. $\overrightarrow{P'P^*} = k \cdot \overrightarrow{PP^*}$, wenn die
  Schreibweise mit orientierten Strecken bzw. Vektoren verwendet wird.

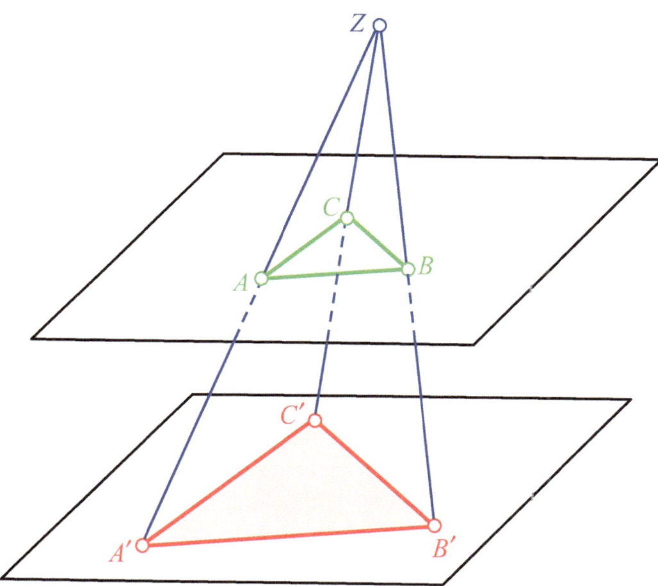

Abb. 1.35 Perspektive Affinität als Zentralprojektion, bei der Urbildebene und Bildebene parallel zueinander verlaufen (zentrische Ähnlichkeit als spezielle Ähnlichkeitsabbildung)

Beispiel

Gegeben: Urbilddreieck ABC; axiale Affinität durch a, g, $k = -2$,

gesucht: Bilddreieck $A'B'C'$ durch Konstruktion.

Konstruktion:

Abb. 1.36 zeigt die Konstruktion des Bilddreiecks $A'B'C'$ aus dem Urbilddreieck ABC.

Die in Abb. 1.36 dargestellte **ebene axiale Affinität stellt keine Projektion dar** (es gibt kein Zielobjekt, auf das projiziert wird, deshalb handelt es sich nicht um eine perspektive Affinität).

Konstruktionsbeschreibung:

Zeichne g_1, g_2 und g_3 als Parallelen zu g durch A, B und C,

bezeichne die Schnittpunkte von g_1, g_2 und g_3 mit a als A^*, B^* und C^*,

konstruiere A' aus $\overrightarrow{A'A^*} = -2 \cdot \overrightarrow{AA^*}$,

konstruiere B' durch $BA \cap a = S_1$ und $S_1A' \cap g_2 = B'$,

konstruiere C' durch $CA \cap a = S_2$ und $S_2A' \cap g_3 = C'$.

Zeichenkontrolle: $CB \cap a = S_3$, $S_3C' \cap g_2 = B'$.

> **Bemerkung** Die letzten beiden Schritte der Konstruktion nutzen die Geradentreue affiner Abbildungen und die Fixpunkteigenschaft von Punkten der Achse a.
>
> Wir hätten die letzten beiden Schritte der Konstruktion analog zur Konstruktion von A' realisieren können. Der von uns gewählte Weg führt bei Parallelprojektionen auch bei der häufig realisierten Vorgabe der Stücke A, B, C und a zum Ziel, wenn noch mit A' ein Bildpunkt gegeben ist (g ergibt sich aus $g_1 = AA'$ und $g \parallel g_1$).

Für die **analytische Beschreibung einer ebenen axialen Affinität** positionieren wir ein kartesisches Koordinatensystem zweckmäßig, indem wir die y-Achse auf die Affinitätsachse a legen (damit sind die x-Koordinaten aller Schnittpunkte der Affinitätsgeraden mit der Affinitätsachse jeweils null).

Die Abbildungsgleichung für einen Punkt P mit den Koordinaten $P(x_P|y_P)$ schreiben wir in eine Gleichung mit Ortsvektoren um, damit wir eine Beziehung für den Ortsvektor $\overrightarrow{P'}$ des zugehörigen Bildpunktes erhalten:

$$\overrightarrow{P'P^*} = k \cdot \overrightarrow{PP^*}$$

$$\overrightarrow{P^*} - \overrightarrow{P'} = k \cdot \left(\overrightarrow{P^*} - \overrightarrow{P} \right)$$

$$\overrightarrow{P'} = (1 - k) \cdot \overrightarrow{P^*} + k \cdot \overrightarrow{P} . \tag{1.38}$$

Dabei ist $\overrightarrow{P^*}$ der Ortsvektor des Schnittpunktes der Affinitätsgeraden durch P mit der Affinitätsachse, den wir mithilfe der Geradengleichung für diese Affinitätsgerade

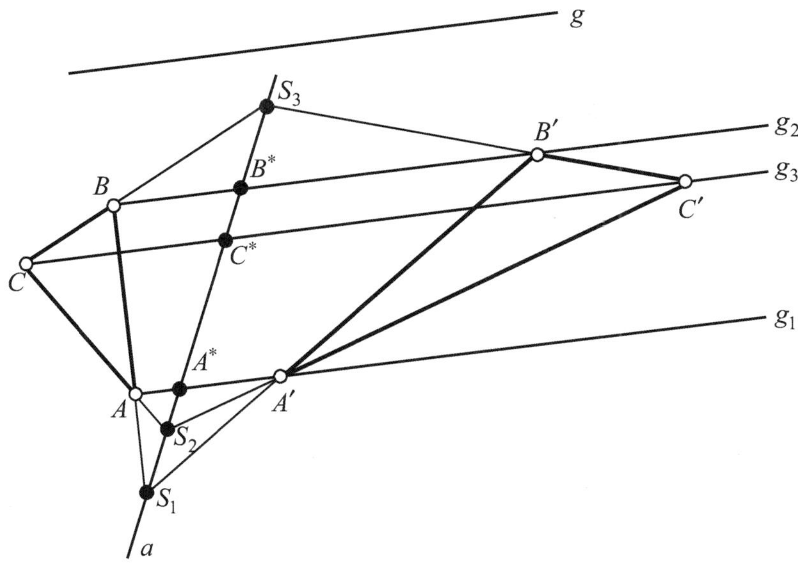

Abb. 1.36 Ebene axiale Affinität

bestimmen. Der Anstieg aller Affinitätsgeraden stimmt mit dem Anstieg m der Richtungsgeraden g überein, deshalb gilt für die Affinitätsgerade durch P:

$$y = m \cdot (x - xP) + yP = m \cdot x + (-m \cdot xP + yP). \tag{1.39}$$

Da wir das kartesische Koordinatensystem zweckmäßig positioniert haben, können wir die Koordinaten des Ortsvektors $\overrightarrow{P^*}$ direkt aus (1.39) ablesen:

$$\overrightarrow{P^*} = \begin{pmatrix} 0 \\ -m \cdot xP + yP \end{pmatrix}. \tag{1.40}$$

Einsetzen von (1.40) in (1.38) ergibt die gesuchte Beziehung für die Koordinaten des Bildvektors:

$$\begin{pmatrix} xP' \\ yP' \end{pmatrix} = (1 - k) \cdot \begin{pmatrix} 0 \\ -m \cdot xP + yP \end{pmatrix} + k \cdot \begin{pmatrix} xP \\ yP \end{pmatrix}$$

$$\begin{pmatrix} xP' \\ yP' \end{pmatrix} = \begin{pmatrix} k \cdot xP \\ (k - 1) \cdot m \cdot xP + yP \end{pmatrix}. \tag{1.41}$$

Wir formen (1.41) als Matrizengleichung um, damit wir für konkrete Berechnungen einen Rechenvorteil erhalten:

$$\begin{pmatrix} xP' \\ yP' \end{pmatrix} = \begin{pmatrix} k & 0 \\ (k - 1) \cdot m & 1 \end{pmatrix} \bullet \begin{pmatrix} xP \\ yP \end{pmatrix}. \tag{1.42}$$

Beispiel

Wir wenden (1.42) für die **Schrägspiegelung eines Dreiecks** *ABC* an, die eine spezielle ebene axiale Affinität mit $k = -1$ darstellt. Damit wir Teilverhältnisse bestimmen können, positionieren wir auf jeder Seite dieses Dreiecks einen Punkt, den wir mit abbilden. Abb. 1.37 zeigt den Sachverhalt.

Gegeben:

$$k = -1, \, m = 1/4$$

$$A(-4|0), \; B(0|0), \; C(-4|3), \; D(-1|0), \; E(-2|1,5), \; F(-4|2),$$

gesucht:

1. Konstruktion,
2. Koordinaten der Bildpunkte A', B', C', D', E', F',
3. Nachweis der Teilverhältnistreue der Abbildung,
4. Untersuchung der Abbildung auf Längenverhältnistreue.

Zu 1. Konstruktion (s. Abb. 1.37)
Wir haben in Abb. 1.37 nur die Affinitätsgerade für den Punkt *C* eingetragen, um die Darstellung nicht zu überladen.

Zu 2. Koordinaten der Bildpunkte A', B', C', D', E', F'
Mit den gegebenen Stücken geht (1.42) über in

$$\begin{pmatrix} xP' \\ yP' \end{pmatrix} = \begin{pmatrix} -1 & 0 \\ -1/2 & 1 \end{pmatrix} \bullet \begin{pmatrix} xP \\ yP \end{pmatrix}.$$

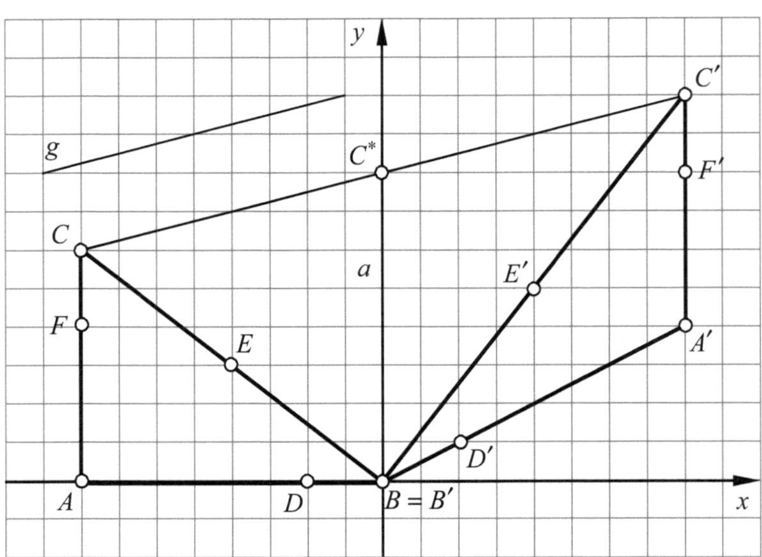

Abb. 1.37 Schrägspiegelung

Der Vorteil der Darstellung der Abbildungsgleichung als Matrizengleichung besteht darin, dass die Berechnung der Koordinaten aller Bildpunkte in einem Rechenschritt erfolgen kann (dabei bietet sich die Nutzung eines Hilfsmittels an):

$$\begin{pmatrix} A' & B' & C' & D' & E' & F' \\ | & | & | & | & | & | \end{pmatrix} = \begin{pmatrix} -1 & 0 \\ -1/2 & 1 \end{pmatrix} \bullet \begin{pmatrix} -4 & 0 & -4 & -1 & -2 & -4 \\ 0 & 0 & 3 & 0 & 1{,}5 & 2 \end{pmatrix}$$

$$\begin{pmatrix} A' & B' & C' & D' & E' & F' \\ | & | & | & | & | & | \end{pmatrix} = \begin{pmatrix} 4 & 0 & 4 & 1 & 2 & 4 \\ 2 & 0 & 5 & 0{,}5 & 2{,}5 & 4 \end{pmatrix}.$$

Die Koordinaten der Bildpunkte lauten:

$$A'(4|2), \; B'(0|0), \; C'(4|5), \; D'(1|0{,}5), \; E'(2|2{,}5), \; F'(4|4).$$

Zu 3. Nachweis der Teilverhältnistreue der Abbildung

Die Gleichheit der Teilverhältnisse $(ACF) = \left(A'C'F'\right)$ und $(BCE) = \left(B'C'E'\right)$ ist offensichtlich, deshalb überprüfen wir, ob auch $(ABD) = \left(A'B'D'\right)$ gilt:

$$(ABD) = \frac{(AD)}{(DB)} = \frac{3}{1},$$

$$\left(A'B'D'\right) = \frac{\left(A'D'\right)}{\left(D'B'\right)} = \frac{\sqrt{(1-4)^2 + (0{,}5-2)^2}}{\sqrt{1^2 + 0{,}5^2}} = \sqrt{\frac{11{,}25}{1{,}25}} = \frac{3}{1}.$$

Mit der Gleichheit auch dieser Teilverhältnisse ist die Teilverhältnistreue der Abbildung nachgewiesen. Da diese Abbildung auch geradentreu und bijektiv ist, handelt es sich um eine **Affinität.**

An der Abbildung des Punktes E erkennen wir, dass die **Mittelpunkteigenschaft erhalten** bleibt.

Zu 4. Untersuchung der Abbildung auf Längenverhältnistreue

Wir bestimmen folgende Längenverhältnisse:

$$\frac{\overline{AB}}{\overline{AC}} = \frac{4}{3},$$

$$\frac{\overline{A'B'}}{\overline{A'C'}} = \frac{\sqrt{4^2 + 2^2}}{3} = \frac{\sqrt{20}}{3}.$$

Wegen $\frac{\overline{AB}}{\overline{AC}} \neq \frac{\overline{A'B'}}{\overline{A'C'}}$ ist die betrachtete Affinität nicht längenverhältnistreu.

Dieses Beispiel verdeutlicht, dass **Teilverhältnistreue und Längenverhältnistreue zwei unterschiedliche Eigenschaften von Abbildungen** sind, die nicht miteinander verwechselt werden dürfen.

Beispiel

Abb. 1.38 zeigt eine **ebene zentrale Affinität,** die keine Projektion darstellt (es gibt kein Zielobjekt, auf das projiziert wird, deshalb handelt es sich nicht um eine perspektive Affinität). Die Abbildung wird bestimmt durch ein Zentrum Z

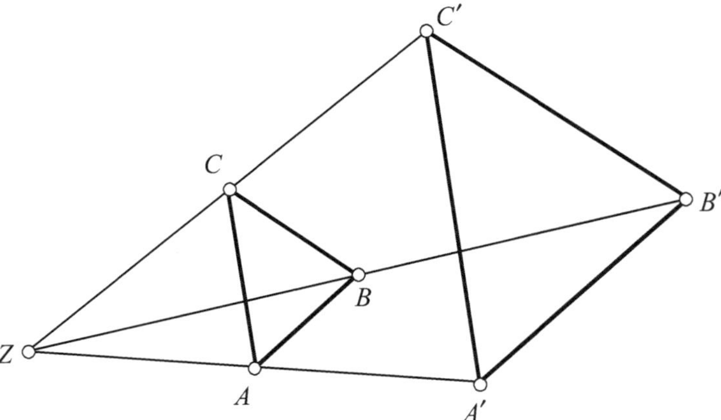

Abb. 1.38 Ebene zentrale Affinität als ebene zentrische Streckung

und einen Affinitätsfaktor k. Das Bild P' eines Urbildes P wird folgendermaßen ermittelt:

- P' liegt auf der Geraden ZP,
- es gilt $(ZP') = k \cdot (ZP)$ bzw. $\overrightarrow{ZP'} = k \cdot \overrightarrow{ZP}$.

Diese ebene zentrale Affinität stellt eine **zentrische Streckung** dar.

Gegeben: Urbilddreieck ABC; ebene zentrale Affinität durch Z, $k = 2$,

gesucht: Bilddreieck $A'B'C'$ durch Konstruktion.

Konstruktion (s. Abb. 1.38)

Analytische Beschreibung einer affinen Abbildung
Eine **affine Abbildung** f setzt sich aus einer linearen Abbildung φ und einer Translation (Parallelverschiebung) $\overrightarrow{t}$ zusammen. Ihre analytische Beschreibung lautet:

$$f(\overrightarrow{x}) = \varphi(\overrightarrow{x}) + \overrightarrow{t} = A \bullet \overrightarrow{x} + \overrightarrow{t}. \tag{1.43}$$

Die Elemente der Abbildungsmatrix A sind reelle Zahlen.

Besitzen die beiden affinen Räume gleiche Dimension, dann ist die Abbildungsmatrix A quadratisch. Wenn die beiden affinen Räume unterschiedliche Dimension haben (z. B. bei der Parallelprojektion vom dreidimensionalen Anschauungsraum in die Zeichenebene), dann ist die Abbildungsmatrix A nicht quadratisch.

▶   **Bemerkung** In der Literatur wird die **Beziehung (1.43) auch zur Definition des Begriffes affine Abbildung** verwendet, wir haben in Definition 1.8 einen Zugang gewählt, der sich auf die Invarianten von Abbildungen bezieht.

> Die **Linearität der Abbildung** φ bedeutet, dass diese Abbildung additiv und homogen ist, d. h., es gelten $\varphi(\vec{x} + \vec{y}) = \varphi(\vec{x}) + \varphi(\vec{y})$ und $\varphi(\lambda \cdot \vec{x}) = \lambda \cdot \varphi(\vec{x})$.
>
> $A \bullet \vec{x}$ ist eine lineare Abbildung, da $A \bullet (\vec{x} + \vec{y}) = A \bullet \vec{x} + A \bullet \vec{y}$ und $A \bullet (\lambda \cdot \vec{x}) = \lambda \cdot A \bullet \vec{x}$.

Wir weisen unter Nutzung von Definition 1.8 nach, dass es sich bei der Abbildung f tatsächlich um eine affine Abbildung handelt, indem wir zeigen, dass diese Abbildung teilverhältnistreu und damit auch geradentreu ist, d. h., dass aus $\overrightarrow{AC} = \lambda \cdot \overrightarrow{CB}$ die Gültigkeit von $\overrightarrow{A'C'} = \lambda \cdot \overrightarrow{C'B'}$ folgt:

- Stellen wir die Beziehung $\overrightarrow{AC} = \lambda \cdot \overrightarrow{CB}$ mithilfe von Ortsvektoren dar, dann erhalten wir $\vec{x_C} - \vec{x_A} = \lambda \cdot (\vec{x_B} - \vec{x_C})$.

- Mit $\vec{x_{C'}} = f(\vec{x_C}) = \varphi(\vec{x_C}) + \vec{t}$ und $\vec{x_{A'}} = f(\vec{x_A}) = \varphi(\vec{x_A}) + \vec{t}$ erhalten wir
$$\overrightarrow{A'C'} = \vec{x_{C'}} - \vec{x_{A'}} = \left(\varphi(\vec{x_C}) + \vec{t}\right) - \left(\varphi(\vec{x_A}) + \vec{t}\right) = \varphi(\vec{x_C}) - \varphi(\vec{x_A}).$$

- Aus der Linearität von φ und unserem ersten Teilergebnis ergibt sich
$$\overrightarrow{A'C'} = \varphi(\vec{x_C} - \vec{x_A}) = \varphi(\lambda \cdot (\vec{x_B} - \vec{x_C})) = \lambda \cdot (\varphi(\vec{x_B}) - \varphi(\vec{x_C})).$$

- Eine formale Umformung ergibt schließlich die Behauptung:
$$\overrightarrow{A'C'} = \lambda \cdot \left(\left(\varphi(\vec{x_B}) + \vec{t}\right) - \left(\varphi(\vec{x_C}) + \vec{t}\right)\right) = \lambda \cdot \left(f(\vec{x_B}) - f(\vec{x_C})\right)$$
$$\overrightarrow{A'C'} = \lambda \cdot (\vec{x_{B'}} - \vec{x_{C'}}) = \lambda \cdot \overrightarrow{C'B'}.$$

> Für eine **ebene affine Transformation** ergibt sich aus (1.43):
>
> $$\left.\begin{array}{l} x_1' = a_{11} \cdot x_1 + a_{12} \cdot x_2 + t_1 \\ x_2' = a_{21} \cdot x_1 + a_{22} \cdot x_2 + t_2 \end{array}\right| \text{bzw.}$$
>
> $$\begin{pmatrix} x_1' \\ x_2' \end{pmatrix} = \begin{pmatrix} a_{11} \cdot x_1 + a_{12} \cdot x_2 + t_1 \\ a_{21} \cdot x_1 + a_{22} \cdot x_2 + t_2 \end{pmatrix} = \begin{pmatrix} a_{11} & a_{12} \\ a_{21} & a_{22} \end{pmatrix} \bullet \begin{pmatrix} x_1 \\ x_2 \end{pmatrix} + \begin{pmatrix} t_1 \\ t_2 \end{pmatrix}. \quad (1.44)$$
>
> Die sechs Parameter der ebenen affinen Transformation können durch drei Urbildpunkt-Bildpunkt-Paare bestimmt werden.
>
> Durch Hinzufügen einer zusätzlichen Dimension lassen sich **homogene Koordinaten** bilden, in denen die Abbildungsgleichung linear ist, da neben der Additivität auch die Homogenität gewahrt wird:
>
> $$\begin{pmatrix} x_{1h}' \\ x_{2h}' \\ 1 \end{pmatrix} = \begin{pmatrix} a_{11} \cdot x_{1h} + a_{12} \cdot x_{2h} + t_1 \\ a_{21} \cdot x_{1h} + a_{22} \cdot x_{2h} + t_2 \\ 1 \end{pmatrix} = \begin{pmatrix} a_{11} & a_{12} & t_1 \\ a_{21} & a_{22} & t_2 \\ 0 & 0 & 1 \end{pmatrix} \bullet \begin{pmatrix} x_{1h} \\ x_{2h} \\ 1 \end{pmatrix}, \quad (1.45)$$
>
> $$\vec{x_h'} = f_h(\vec{x_h}) = A_{erw} \bullet \vec{x_h} = \begin{pmatrix} A & \vec{t} \\ \vec{0}^T & 1 \end{pmatrix} \bullet \begin{pmatrix} \vec{x} \\ 1 \end{pmatrix} \text{ mit homogenen Koordina-}$$
>
> ten x_{ih}.

Besonders bei der Komposition (Nacheinanderausführung) mehrerer affiner Abbildungen bringt die Verwendung homogener Koordinaten **Rechenvorteile,** da wegen der Gültigkeit des Assoziativgesetzes für die Matrizenmultiplikation das Produkt der erweiterten Abbildungsmatrizen diese Abbildung beschreibt, z. B. gilt für die Komposition dreier affiner Abbildungen:

$$\vec{x_h'} = A_{erw} \bullet \vec{x_h},$$

$$\vec{x_h''} = B_{erw} \bullet \vec{x_h'} = B_{erw} \bullet A_{erw} \bullet \vec{x_h},$$

$$\vec{x_h'''} = C_{erw} \bullet \vec{x_h''} = C_{erw} \bullet B_{erw} \bullet A_{erw} \bullet \vec{x_h} = (C_{erw} \bullet B_{erw} \bullet A_{erw}) \bullet \vec{x_h}.$$

Spezielle affine Abbildungen ergeben sich bei Verwendung spezieller Abbildungsmatrizen:

- Handelt es sich bei der affinen Abbildung um eine **Affinität** bzw. **affine Transformation,** dann ist die Abbildungsmatrix A quadratisch und ihre Determinante ist ungleich null (deshalb ist A invertierbar und die Abbildung ist bijektiv).
- Bei einer **Ähnlichkeitstransformation** ist die Abbildungsmatrix A orthogonal, d. h., es gilt $A^T = A^{-1}$.
- Bei einer **Kongruenztransformation** (euklidischen Transformation) ist die Abbildungsmatrix A orthogonal und der Betrag der Determinante der Abbildungsmatrix beträgt eins, d. h., es gelten $A^T = A^{-1}$ und $|\det A| = 1$.

Zusammenfassung zu Affinitäten (affinen Transformationen)
Charakterisierung Selbstabbildung im affinen Raum

Wesentliche Eigenschaften, die eine Affinität besitzt

- **teilverhältnistreu,**
- parallelentreu,
- geradentreu,
- bijektiv,
- eindeutig bestimmt durch drei Urbild-Bild-Paare.

Wesentliche Eigenschaften, die eine Affinität i. Allg. nicht besitzt

- nicht längentreu,
- nicht längenverhältnistreu,
- nicht winkeltreu,
- nicht flächentreu,
- nicht kreistreu.

Beispiele

- perspektive Affinität,
- axiale Affinität,
- zentrale Affinität,
- Kongruenzabbildung,
- Ähnlichkeitsabbildung.

Analytische Beschreibung $f\left(\overrightarrow{x}\right) = \varphi\left(\overrightarrow{x}\right) + \overrightarrow{t} = A \bullet \overrightarrow{x} + \overrightarrow{t}$

Darstellung im zweidimensionalen affinen Raum mit homogenen Koordinaten

$$\begin{pmatrix} x'_{1h} \\ x'_{2h} \\ 1 \end{pmatrix} = \begin{pmatrix} a_{11} \cdot x_{1h} + a_{12} \cdot x_{2h} + t_1 \\ a_{21} \cdot x_{1h} + a_{22} \cdot x_{2h} + t_2 \\ 1 \end{pmatrix} = \begin{pmatrix} a_{11} & a_{12} & t_1 \\ a_{21} & a_{22} & t_2 \\ 0 & 0 & 1 \end{pmatrix} \bullet \begin{pmatrix} x_{1h} \\ x_{2h} \\ 1 \end{pmatrix}$$

1.5.5 Projektive Abbildungen und Projektivitäten

Wir beginnen diesen Abschnitt mit der Definition spezieller Abbildungen. Dabei nehmen wir zur Kenntnis, dass der Bezug auf projektive Räume darauf hinweist, dass diese Abbildungen für Räume definiert sind, in denen neben eigentlichen geometrischen Objekten auch Fernelemente existieren (wir befinden uns im Gültigkeitsbereich der projektiven Geometrie).

Definition 1.9 Projektive Abbildung, Projektivität
Eine **projektive Abbildung** ist eine geraden- und doppelverhältnistreue Abbildung zwischen zwei projektiven Räumen.
Eine bijektive geraden- und doppelverhältnistreue Abbildung eines projektiven Raumes auf sich selbst wird **Projektivität** oder **projektive Transformation** genannt.

Aus Definition 1.9 ergibt sich, dass es sich bei einer Projektivität um eine bijektive projektive Abbildung eines projektiven Raumes auf sich selbst bzw. um eine doppelverhältnistreue Kollineation in einem projektiven Raum handelt.

Spezielle Projektivitäten

- Eine Abbildung im dreidimensionalen projektiven Raum ist eine **perspektive Kollineation,** wenn alle Urbildpunkte in einer Ebene liegen und eine Zentralprojektion auf eine Bildebene erfolgt, welche die Urbildebene in einer eigentlichen Spurgeraden schneidet (s. Abb. 1.39). Die spezielle Lage der Urbildpunkte sichert die Bijektivität der Abbildung, die Zentralprojektion wahrt die Doppelverhältnistreue.

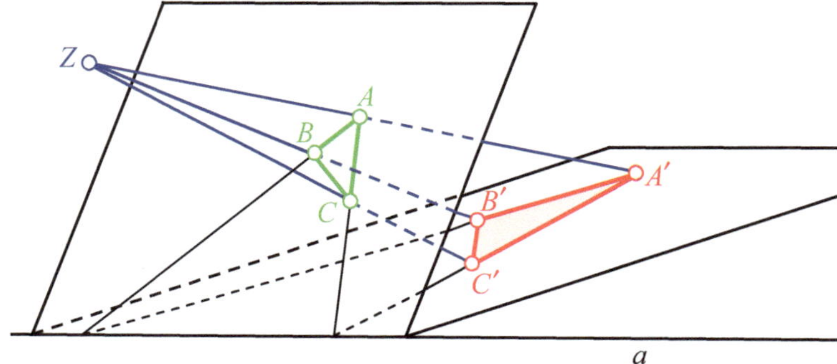

Abb. 1.39 Projektivität als perspektive Kollineation

Abb. 1.40 Projektivität
als ebene Perspektivität
(zentral-axiale Kollineation,
Zentralkollineation)

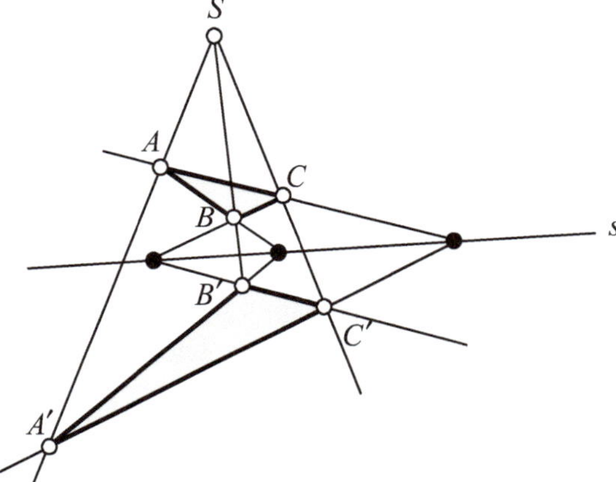

- Eine **ebene Perspektivität** ist eine Projektivität, die nicht durch eine Zentralprojektion, sondern durch eine **zentral-axiale Kollineation** (Zentralkollineation) in der projektiven Ebene erzeugt wird (s. Abb. 1.40).

  Falls das Zentrum auf der Achse liegt, dann wird die ebene Perspektivität
  auch als **Elation** bezeichnet, sonst als **Homologie**.

▶ **Bemerkung** Eine perspektive Kollineation, bei der Urbildebene und
Bildebene „parallel" zueinander verlaufen (im projektiven Raum besit-
zen die Urbildebene und die Bildebene eine gemeinsame uneigentliche
Ferngerade), stellt sogar eine perspektive Affinität in Form einer zent-
rischen Ähnlichkeit dar, bei der neben dem Doppelverhältnis auch das
Teilverhältnis invariant ist (s. Abb. 1.35).

Da Affinitäten invariante Teilverhältnisse besitzen, sind sie auch doppelverhältnistreu wie Projektivitäten (allerdings sind Affinitäten in affinen Räumen definiert, während Projektivitäten in projektiven Räumen

betrachtet werden). Projektivitäten sind per Definition doppelverhältnistreu, aber i. Allg. nicht teilverhältnistreu.

Wir haben für die vorgestellten Abbildungen häufig verwendete Begriffe genutzt. In der Literatur gibt es insbesondere bezüglich der Begriffe Zentralprojektion, Zentralkollineation, Projektivität und Perspektivität abweichende Vorgehensweisen, deshalb ist das Vertrautmachen mit den vom jeweiligen Autor verwendeten Definitionen dringend erforderlich. Wir plädieren dafür, zwischen ebenen zentralen Affinitäten und Zentralprojektionen sowie ebenen Perspektivitäten und Zentralprojektionen zu unterscheiden:

- Bei ebenen zentralen Affinitäten und ebenen Perspektivitäten wird nicht auf ein Zielobjekt (z. B. eine Bildebene oder eine Bildgerade) projiziert. Alle Geraden durch das Zentrum sind Fixgeraden der Abbildung, d. h., Urbildpunkt und Bildpunkt liegen auf einer Geraden durch das Zentrum. Per Definition wird festgelegt, dass das Zentrum ein Fixpunkt der Abbildung ist. Damit sind ebene zentrale Affinitäten und ebene Perspektivitäten bijektive Abbildungen (Zentralkollineationen), die jedem Urbildpunkt einen eigentlichen Bildpunkt zuordnen.
- Bei Zentralprojektionen wird auf ein Zielobjekt (z. B. eine Bildebene oder eine Bildgerade) projiziert. Deshalb gibt es Punkte auf speziellen Geraden durch das Zentrum, denen keine eigentlichen Bildpunkte zugeordnet werden können (im dreidimensionalen affinen Raum liegen diese Geraden in der Verschwindungsebene, die auch das Zentrum der Zentralprojektion enthält). Dem Zentrum der Zentralprojektion kann kein Bildpunkt zugeordnet werden. Fixpunkte der Zentralprojektion sind nur die Punkte der Bildebene bzw. Bildgeraden.

In Anhang 1.3 erzeugen wir eine ebene Perspektivität aus einer perspektiven Kollineation.

Bei **ebenen projektiven Abbildungen** erfolgt die Transformation der Koordinaten mithilfe gebrochen linearer Abbildungsgleichungen (s. Anhang 1.3 und Anhang 3.2):

$$\begin{pmatrix} x_1' \\ x_2' \end{pmatrix} = \begin{pmatrix} \dfrac{a_{11} \cdot x_1 + a_{12} \cdot x_2 + a_{13}}{a_{31} \cdot x_1 + a_{32} \cdot x_2 + a_{33}} \\[2ex] \dfrac{a_{21} \cdot x_1 + a_{22} \cdot x_2 + a_{23}}{a_{31} \cdot x_1 + a_{32} \cdot x_2 + a_{33}} \end{pmatrix}.$$

Da wir Zähler und Nenner mit der gleichen von null verschiedenen Zahl multiplizieren können, besitzt die ebene projektive Abbildung acht freie Parameter, die mithilfe von vier Urbildpunkt-Bildpunkt-Paaren bestimmt werden können.

Durch Nullsetzen des Nenners ergibt sich eine Gleichung der Verschwindungsgeraden der ebenen projektiven Abbildung.

Bei Verwendung homogener Koordinaten lässt sich auch für ebene projektive Abbildungen eine lineare Transformationsgleichung angeben:

$$\begin{pmatrix} x_{1h}' \\ x_{2h}' \\ x_{3h}' \end{pmatrix} = \begin{pmatrix} a_{11} \cdot x_{1h} + a_{12} \cdot x_{2h} + a_{13} \cdot x_{3h} \\ a_{21} \cdot x_{1h} + a_{22} \cdot x_{2h} + a_{23} \cdot x_{3h} \\ a_{31} \cdot x_{1h} + a_{32} \cdot x_{2h} + a_{33} \cdot x_{3h} \end{pmatrix} = \begin{pmatrix} a_{11} & a_{12} & a_{13} \\ a_{21} & a_{22} & a_{23} \\ a_{31} & a_{32} & a_{33} \end{pmatrix} \bullet \begin{pmatrix} x_{1h} \\ x_{2h} \\ x_{3h} \end{pmatrix},$$

$f_h\left(\overrightarrow{x_h}\right) = A_{erw} \bullet \overrightarrow{x_h}$ mit homogenen Koordinaten x_{ih}.

Da homogene Koordinaten bis auf einen Faktor bestimmt sind, besitzt auch die Transformationsgleichung in homogenen Koordinaten acht freie Parameter.

In der Literatur erfolgt die **Definition des Begriffes projektive Abbildung auch mithilfe einer der angegebenen Abbildungsgleichungen,** wir haben in Definition 1.9 einen Zugang bevorzugt, der sich auf die Invarianten von Abbildungen bezieht.

Bei Verwendung komplexer Koordinaten wird die Transformation als **Möbiustransformation** bezeichnet.

Zusammenfassung zu Projektivitäten (projektiven Transformationen)
Charakterisierung Selbstabbildung im projektiven Raum

Wesentliche Eigenschaften, die eine Projektivität besitzt

- **doppelverhältnistreu,**
- geradentreu,
- bijektiv,
- eindeutig bestimmt durch vier Urbild-Bild-Paare.

Wesentliche Eigenschaften, die eine Projektivität i. Allg. nicht besitzt

- nicht parallelentreu,
- nicht teilverhältnistreu,
- nicht längenverhältnistreu,
- nicht längen-, winkel-, flächentreu,
- nicht kreistreu.

Beispiele

- perspektive Kollineation,
- ebene Perspektivität (zentral-axiale Kollineation, Zentralkollineation).

Analytische Beschreibung im zweidimensionalen projektiven Raum mit homogenen Koordinaten

$$\begin{pmatrix} x'_{1h} \\ x'_{2h} \\ x'_{3h} \end{pmatrix} = \begin{pmatrix} a_{11} \cdot x_{1h} + a_{12} \cdot x_{2h} + a_{13} \cdot x_{3h} \\ a_{21} \cdot x_{1h} + a_{22} \cdot x_{2h} + a_{23} \cdot x_{3h} \\ a_{31} \cdot x_{1h} + a_{32} \cdot x_{2h} + a_{33} \cdot x_{3h} \end{pmatrix} = \begin{pmatrix} a_{11} & a_{12} & a_{13} \\ a_{21} & a_{22} & a_{23} \\ a_{31} & a_{32} & a_{33} \end{pmatrix} \bullet \begin{pmatrix} x_{1h} \\ x_{2h} \\ x_{3h} \end{pmatrix}$$

1.5.6   Komposition ausgewählter geometrischer Abbildungen

Die Komposition (auch Hintereinanderausführung, Nacheinanderausführung oder Produkt genannt) geometrischer Abbildungen zeigt besonders deutlich die zwischen ihnen bestehenden Beziehungen.

Außerdem hat die Interpretation der Komposition zweier Abbildungen als **Operation,** die für Abbildungen definiert werden kann, zur Anwendbarkeit der

Methoden der linearen Algebra geführt. Insbesondere die Klassifizierung nach Gruppeneigenschaften hat sich als fruchtbar erwiesen.

Wir stellen ausgewählte Ergebnisse für die Komposition geometrischer Abbildungen zusammen. Die Komposition

- mehrerer Parallelprojektionen in der Ebene ist eine Affinität, aber i. Allg. keine Parallelprojektion (s. Abb. 1.41),
- zweier perspektiver Affinitäten ist eine affine Abbildung, aber i. Allg. keine perspektive Affinität,
- endlich vieler ebener Achsenspiegelungen ist eine Kongruenzabbildung (z. B. kann eine Drehung in einer Ebene durch zwei Achsenspiegelungen realisiert werden),
- beliebig vieler ebener Perspektivitäten kann auf ein Produkt dreier ebener Perspektivitäten zurückgeführt werden (**Verkürzungssatz für ebene Perspektivitäten**),
- endlich vieler ebener Perspektivitäten ist eine Projektivität, aber i. Allg. keine ebene Perspektivität (wir verdeutlichen diesen Sachverhalt in Abb. 1.42),
- einer ebenen affinen Abbildung und einer ebenen Perspektivität ist eine Projektivität.

In Abb. 1.41 ist die Komposition der Parallelprojektionen von Grün auf Blau und von Blau auf Rot dargestellt. Diese Komposition ist keine Parallelprojektion von Grün auf Rot, da die schwarz eingezeichneten Geraden keine zueinander parallelen Projektionsgeraden darstellen.

In Abb. 1.42 wird zunächst auf das Urbilddreieck $A_1B_1C_1$ die ebene Perspektivität mit Zentrum S_1 und Achse s_1 angewendet (das Bild A_2 des Urbildpunktes A_1 haben wir vorgegeben, die beiden anderen Bildpunkte ergeben sich durch Konstruktion). Das sich ergebende erste Bilddreieck $A_2B_2C_2$ wird der ebenen Perspektivität mit Zentrum S_2 und Achse s_2 unterzogen. Es ist ersichtlich, dass sich das zweite Bilddreieck $A_3B_3C_3$ nicht durch eine ebene Perspektivität aus dem Urbilddreieck $A_1B_1C_1$ erzeugen lässt, da sich die Geraden $g_1 = A_1A_3$,

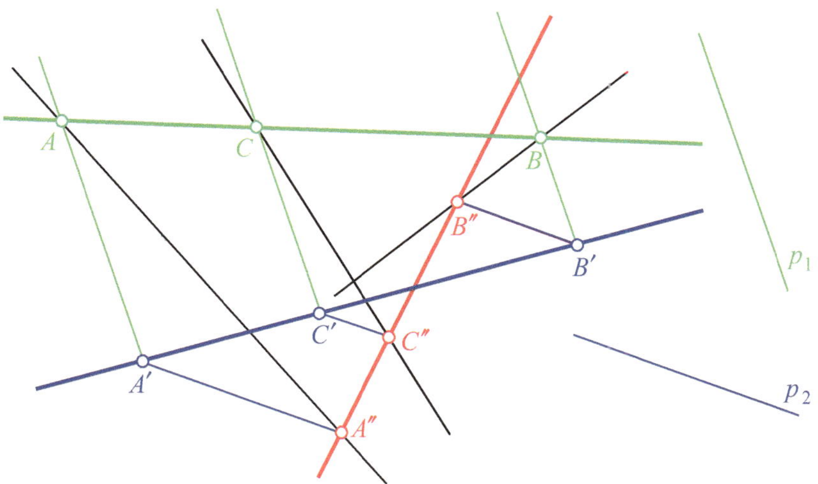

Abb. 1.41 Komposition zweier Parallelprojektionen

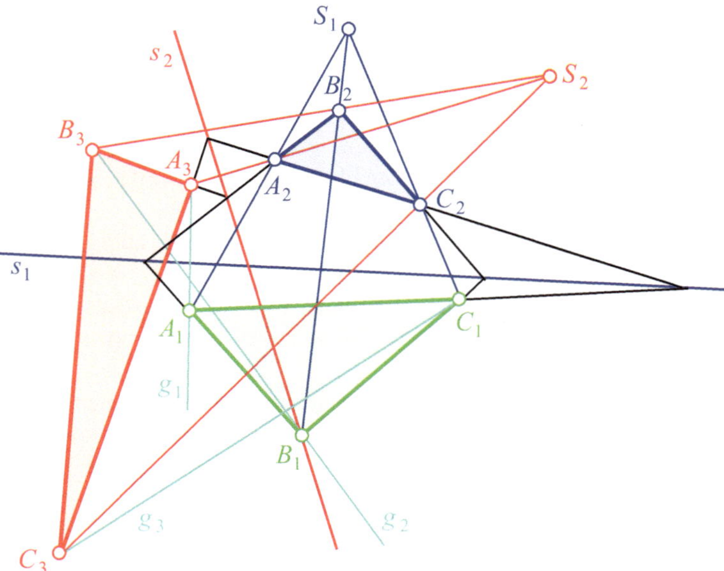

Abb. 1.42 Komposition zweier ebener Perspektivitäten, die keine ebene Perspektivität, sondern eine Projektivität ergibt

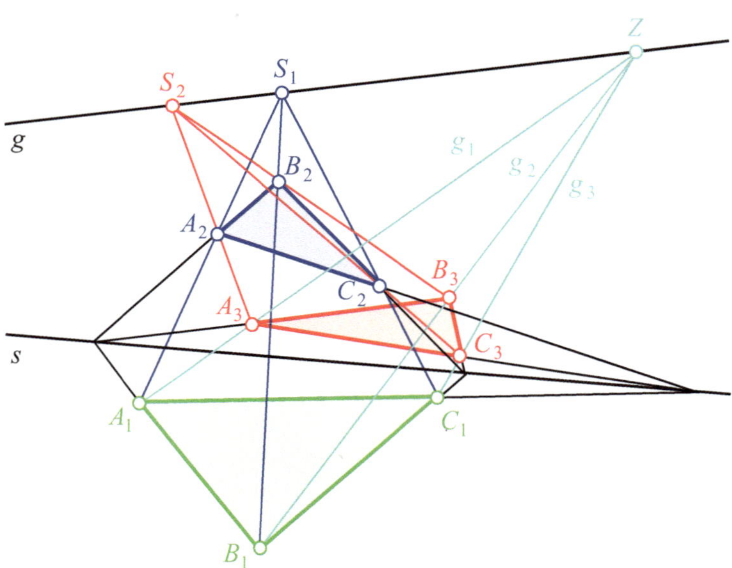

Abb. 1.43 Komposition zweier ebener Perspektivitäten mit gleicher Achse, die eine ebene Perspektivität ergibt

$g_2 = B_1 B_3$ und $g_3 = C_1 C_3$ nicht in einem Punkt schneiden. Die Geraden- und Doppelverhältnistreue werden von einer ebenen Perspektivität zur nächsten vererbt, deshalb handelt es bei der Komposition um eine Projektivität.

Lediglich in dem Sonderfall, bei dem die ebenen Perspektivitäten zwar unterschiedliche Zentren S_1 und S_2, aber dieselbe Achse s besitzen, ergibt sich als Ergebnis der Komposition wieder eine ebene Perspektivität mit der Achse s und einem Zentrum Z, welches auf der Verbindungsgeraden $g = S_1 S_2$ liegt (s. Abb. 1.43).

Zusammenfassung

Projektionen		
punkt-, geradentreu, inzidenzerhaltend		
Parallelprojektion teilverhältnistreu parallelentreu eine parallel zur Bildebene liegende ebene Figur hat ein Bild, das zum Urbild kongruent ist	Zentrum uneigentlich ←	**Zentralprojektion** doppelverhältnistreu nicht parallelentreu eine parallel zur Bildebene liegende ebene Figur hat ein Bild, das zum Urbild ähnlich ist
– orthogonale Parallelprojektion (Normalprojektion)		
– schiefe Parallelprojektion		

Affinitäten und Projektivitäten		
geradentreu, bijektiv		
Affinität (affine Transformation) Abbildung im affinen Raum teilverhältnistreu parallelentreu	Selbstabbildung	**Projektivität** (projektive Transformation) Abbildung im projektiven Raum doppelverhältnistreu nicht parallelentreu
– perspektive Affinität • Parallelprojektion mit Urbildebene nicht parallel zur Bildebene • Parallelprojektion mit Urbildebene parallel zur Bildebene (Translation) • Zentralprojektion mit Urbildebene parallel zur Bildebene (zentrische Ähnlichkeit)	Urbildpunkte liegen in einer Ebene, es findet eine Projektion statt	– perspektive Kollineation • Zentralprojektion mit Urbildebene „nicht parallel" zur Bildebene
– axiale Affinität	Fixpunktgerade existiert	– ebene Perspektivität (zentral-axiale Kollineation, Zentralkollineation)
– zentrale Affinität		
– Ähnlichkeitsabbildung		
– Kongruenzabbildung		

Eine Menge T von Transformationen einer Menge M auf sich selbst heißt eine **Transformationsgruppe** mit der Komposition $\circ$ als Operation, wenn mit $a, b \in T$ stets gilt:

- $a \circ b \in T$ Abgeschlossenheit,

- $a^{-1} \in T$ Existenz des inversen Elements zu a,

- $\mathrm{id} \in T$ Existenz eines neutralen Elements.

Anhang 1.1 Goldener Schnitt

Beim Goldenen Schnitt wird ein spezielles Teilverhältnis betrachtet, bei dem ein Teilpunkt zu einer inneren Teilung einer Strecke führt. Da in diesem Fall das Teilverhältnis positiv ist, können wir auf die Verwendung orientierter Strecken verzichten. Wir gehen von einer Strecke $\overline{AB}$ aus, die durch einen Teilpunkt T in die Teilstrecken $\overline{AT}$ und $\overline{TB}$ mit $\overline{AT} > \overline{TB}$ geteilt wird. Die längere Teilstrecke heißt **Major,** die kürzere **Minor.** Die spezielle Größe dieses Teilverhältnisses entsteht aus der Bedingung, dass es gleich dem Verhältnis aus der Länge der Strecke $\overline{AB}$ und dem Major sein soll. Wir bezeichnen das Teilverhältnis beim Goldenen Schnitt mit dem griechischen Buchstaben Phi und das reziproke Verhältnis mit phi. Diese in der Literatur übliche Darstellungsweise erfolgt zu Ehren des antiken Bildhauers Phidias, dessen Schaffensperiode um 450 v. Chr. lag.

> **Definition 1.10** Goldener Schnitt
> Unter dem Goldenen Schnitt wird folgendes Teilverhältnis verstanden:
>
> $$\text{Major} : \text{Minor} = (\text{Major} + \text{Minor})\ :\ \text{Major}$$
>
> $$\Phi = \frac{\overline{AT}}{\overline{TB}} = \frac{\overline{AB}}{\overline{AT}} \text{ mit } \overline{AT} > \overline{TB}$$
>
> $$\varphi = \frac{1}{\Phi}.$$

Abb. 1.44 veranschaulicht die Teilung der Strecke $\overline{AB}$ durch den Teilpunkt T im Goldenen Schnitt.

Aus der Definition 1.10 ergibt sich der Zahlenwert für Phi:

$$\Phi = \frac{\overline{AT}}{\overline{TB}} = \frac{\overline{AB}}{\overline{AT}} = \frac{\overline{AT} + \overline{TB}}{\overline{AT}} = 1 + \frac{1}{\Phi}, \tag{1.46}$$

$$\Phi^2 - \Phi - 1 = 0. \tag{1.47}$$

Mit der Bedingung $\Phi > 1$ hat diese quadratische Gleichung genau eine Lösung, die als **Goldene Zahl** bezeichnet wird:

$$\Phi = \frac{1 + \sqrt{5}}{2} \approx 1{,}618034. \tag{1.48}$$

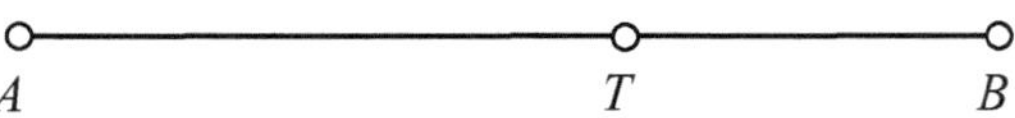

Abb. 1.44 Teilung einer Strecke im Goldenen Schnitt

Der Zahlenwert für phi ergibt sich aus der Definition 1.10:

$$\begin{aligned}
\varphi &= \frac{1}{\Phi} = \frac{2}{1+\sqrt{5}} = \frac{2}{1+\sqrt{5}} \cdot \frac{1-\sqrt{5}}{1-\sqrt{5}} \\
&= \frac{2 \cdot \left(1-\sqrt{5}\right)}{1-5} = \frac{\sqrt{5}-1}{2} \approx 0{,}618034.
\end{aligned} \tag{1.49}$$

In der Literatur wird phi zuweilen mithilfe von (1.46) berechnet:

- Variante 1

$$\Phi = 1 + \frac{1}{\Phi} \qquad \left| \; \frac{1}{\Phi} = \varphi \right.$$

$$\Phi = 1 + \varphi$$

$$\varphi = \Phi - 1 = \frac{\sqrt{5}-1}{2} \tag{1.50}$$

- Variante 2

$$\Phi = 1 + \frac{1}{\Phi} \qquad \left| \; \frac{1}{\Phi} = \varphi \right.$$

$$\frac{1}{\varphi} = 1 + \varphi$$

$$\varphi^2 + \varphi - 1 = 0$$

Diese quadratische Gleichung hat für $0 < \varphi < 1$ ebenfalls die Lösung (1.49).

Für das Anfertigen von Zeichnungen, in denen der Goldene Schnitt berücksichtigt werden soll, ist die Kenntnis des Zusammenhangs zwischen den Teilstrecken und der Gesamtstrecke nützlich. Mit (1.46) und (1.50) erhalten wir:

$$\overline{AT} = \Phi \cdot \overline{TB} = \Phi \cdot \left(\overline{AB} - \overline{AT}\right)$$

$$\overline{AT} = \frac{\Phi}{1+\Phi} \cdot \overline{AB} = \frac{1}{\frac{1}{\Phi}+1} \cdot \overline{AB} = \frac{1}{\Phi} \cdot \overline{AB}$$

$$\begin{aligned}
\overline{AT} &= \varphi \cdot \overline{AB} = (\Phi - 1) \cdot \overline{AB} \approx 0{,}618034 \cdot \overline{AB} &&\ldots \text{Major} \\
\overline{TB} &= \overline{AB} - \overline{AT} = \overline{AB} - \varphi \cdot \overline{AB} = (1-\varphi) \cdot \overline{AB} \approx 0{,}381966 \cdot \overline{AB} &&\ldots \text{Minor}
\end{aligned} \tag{1.51}$$

Zuweilen wird der Anteil des Minors an der Gesamtheit auf den Vollwinkel bezogen und als **Goldener Winkel** Psi bezeichnet:

$$\Psi = (1 - \varphi) \cdot 360° \approx 0{,}381966 \cdot 360° \approx 137{,}5°.$$

Wenn Zweige oder Blätter etwa im Goldenen Winkel um die Achse versetzt angeordnet sind, dann ist die gegenseitige Beschattung gering, deshalb hat sich im Lauf der Evolution diese günstige Wuchsform bei vielen Pflanzen durchgesetzt.

Die Zahl Phi besitzt interessante algebraische Eigenschaften:

- Aus der Beziehung (1.47) ergibt sich, dass Potenzen von Phi linearisiert werden können:

$$\Phi^2 = \Phi + 1$$
$$\Phi^3 = \Phi^2 + \Phi = (\Phi + 1) + \Phi = 2 \cdot \Phi + 1$$
$$\Phi^4 = \Phi^3 + \Phi^2 = 3 \cdot \Phi + 2$$
$$\Phi^5 = \Phi^4 + \Phi^3 = 5 \cdot \Phi + 3$$
$$\Phi^6 = \Phi^5 + \Phi^4 = 8 \cdot \Phi + 5$$
$$\vdots$$

- Die Beziehung (1.47) führt zu einer bemerkenswerten Wurzeldarstellung:

$$\Phi = \sqrt{1 + \Phi} = \sqrt{1 + \sqrt{1 + \Phi}} = \sqrt{1 + \sqrt{1 + \sqrt{1 + \Phi}}}$$
$$= \sqrt{1 + \sqrt{1 + \sqrt{1 + \sqrt{1 + \ldots}}}}$$

- Aus (1.46) lässt sich ein unendlicher Kettenbruch entwickeln:

$$\Phi = 1 + \frac{1}{\Phi} = 1 + \frac{1}{1 + \frac{1}{\Phi}} = 1 + \frac{1}{1 + \frac{1}{1 + \frac{1}{\Phi}}}$$
$$= 1 + \frac{1}{1 + \frac{1}{1 + \frac{1}{1 + \ldots}}} = [1;\ 1,\ 1,\ 1,\ \ldots] = \left[1;\ \overline{1}\right].$$

▶ **Bemerkung** Irrationale Zahlen, deren Kettenbruchdarstellung die Form $\left[a_0;\ a_1,\ \ldots,\ a_k,\ \overline{1}\right]$ besitzt, werden in der Zahlentheorie als **noble Zahlen** bezeichnet. Deshalb stellt Phi die „nobelste" Zahl dar.

In der Literatur wird häufig mitgeteilt, dass Phi in Beziehung zur Folge des Fibonacci (Leonardo von Pisa, ca. 1170 bis ca. 1240) steht. Viele Zeitgenossen können durchaus die Begründung dieser Aussage verstehen, doch es kommt ihnen wie „Magie" vor, wie ein solcher Zusammenhang jemals gefunden werden konnte. Das vermeintliche Wunder löst sich auf, wenn wir erfahren, dass sich diese Beziehung bei der näherungsweisen Lösung von (1.47) direkt ergibt, wenn ein Näherungsverfahren zum Einsatz kommt, das heute weder in der Schule noch in der Hochschule behandelt wird. Schauen wir uns an, wie Leonhard Euler (1707–1783) in seinem Werk *Vollständige Anleitung zur Algebra* dieses Verfahren zur Lösung einer Polynomgleichung erläutert (wir verwenden zur Darstellung eine moderne Notationsform):

- Es ist das Bildungsgesetz einer Zahlenfolge (a_n) zu suchen, welche die Eigenschaft besitzt, dass der Quotient benachbarter Folgenglieder $\frac{a_{n+1}}{a_n}$ gegen eine der Lösungen der Polynomgleichung $f(x) = 0$ konvergiert.
- Ab dem Index k soll der betrachtete Quotient in der Nähe einer Lösung x der Polynomgleichung liegen. Dann gelten näherungsweise folgende Beziehungen:

$$x = \frac{a_{k+1}}{a_k} = \frac{a_{k+2}}{a_{k+1}} = \frac{a_{k+3}}{a_{k+2}} = \dots$$

$$x^2 = \frac{a_{k+1}}{a_k} \cdot \frac{a_{k+2}}{a_{k+1}} = \frac{a_{k+2}}{a_k}$$

$$x^3 = \frac{a_{k+1}}{a_k} \cdot \frac{a_{k+2}}{a_{k+1}} \cdot \frac{a_{k+3}}{a_{k+2}} = \frac{a_{k+3}}{a_k}$$

$$\vdots$$

- Das rekursive Bildungsgesetz der Zahlenfolge ergibt sich durch Substitution der Variablen x und der Potenzen von x.
- Der Beginn der Zahlenfolge wird willkürlich gewählt.

Beispiel

Wir verdeutlichen das Näherungsverfahren für eine Polynomgleichung dritten Grades.

Gegeben: $x^3 = -2 \cdot x^2 + x + 2,$

gesucht: x.

Lösung:

Substitution von $x = \frac{a_{k+1}}{a_k}$, $x^2 = \frac{a_{k+2}}{a_k}$, $x^3 = \frac{a_{k+3}}{a_k}$ ergibt

$$\frac{a_{k+3}}{a_k} = -2 \cdot \frac{a_{k+2}}{a_k} + \frac{a_{k+1}}{a_k} + 2$$

$$a_{k+3} = -2 \cdot a_{k+2} + a_{k+1} + 2 \cdot a_k.$$

Wählen wir die Startwerte $a_1 = 1$, $a_2 = 2$ und $a_3 = 3$, dann zeigt uns eine Tabellenkalkulation, dass sich die Quotienten bei der Lösung (-2) der Polynomgleichung stabilisieren:

a_k	a_{k+1}	a_{k+2}	a_{k+3}	a_{k+3}/a_{k+2}
1	2	3	-2	$-0{,}6667$
2	3	-2	11	$-5{,}5000$

a_k	a_{k+1}	a_{k+2}	a_{k+3}	a_{k+3}/a_{k+2}
3	-2	11	-18	$-1{,}6364$
-2	11	-18	43	$-2{,}3889$
11	-18	43	-82	$-1{,}9070$
-18	43	-82	171	$-2{,}0854$
43	-82	171	-338	$-1{,}9766$
-82	171	-338	683	$-2{,}0207$
171	-338	683	-1362	$-1{,}9941$

Die Wahl anderer Startwerte für a_1, a_2 und a_3 ergibt dieselbe Lösung.

Natürlich haben wir die Lösung (-2) der Polynomgleichung auch ohne Durchführung eines Näherungsverfahrens „gesehen", doch uns ging es darum, das Verfahren an einem einfachen Beispiel zu erläutern.

Nach dieser Vorarbeit können wir die Beziehung zwischen Phi und der Folge des Fibonacci herstellen, indem wir (1.47) nach dem beschriebenen Näherungsverfahren lösen:

$$\Phi^2 = \Phi + 1,$$

$$\text{Substitution: } \Phi = \frac{a_{k+1}}{a_k}, \quad \Phi^2 = \frac{a_{k+2}}{a_k},$$

$$\frac{a_{k+2}}{a_k} = \frac{a_{k+1}}{a_k} + 1$$

$$a_{k+2} = a_{k+1} + a_k.$$

Aus dem rekursiven Bildungsgesetz der Zahlenfolge erhalten wir für die Anfangsbelegung $a_1 = a_2 = 1$ die **Folge des Fibonacci:**

a_k	a_{k+1}	a_{k+2}	a_{k+2}/a_{k+1}
1	1	2	$2{,}0000$
1	2	3	$1{,}5000$
2	3	5	$1{,}6667$
3	5	8	$1{,}6000$
5	8	13	$1{,}6250$
8	13	21	$1{,}6154$
13	21	34	$1{,}6191$
21	34	55	$1{,}6176$
34	55	89	$1{,}6182$
55	89	144	$1{,}6180$

Die Anfangsbelegung $a_1 = 12$ und $a_2 = 3$ führt ebenfalls schnell zu guten Näherungswerten für Phi, aber nicht zur Folge des Fibonacci:

a_k	a_{k+1}	a_{k+2}	$a_{k+2}\big/a_{k+1}$
12	3	15	5,0000
3	15	18	1,2000
15	18	33	1,8333
18	33	51	1,5455
33	51	84	1,6471
51	84	135	1,6071
84	135	219	1,6222
135	219	354	1,6164
219	354	573	1,6186
354	573	927	1,6178
573	927	1500	1,6181
927	1500	2427	1,6180

Wir erkennen, dass sich die Beziehung zwischen Phi und der Folge des Fibonacci bei spezieller Wahl der Anfangsbelegung ergibt und dass dies nichts mit Zauberei zu tun hat.

Bei der oben erfolgten Berechnung der Potenzen von Phi mithilfe von (1.47) hat sich die Folge des Fibonacci ebenfalls versteckt. Das haben wir gewiss bemerkt, oder?

▶ **Bemerkung** Eine weitere nachvollziehbare Beziehung zwischen Phi und der Folge des Fibonacci ergibt sich aus der bereits angegebenen Kettenbruchdarstellung für Phi. Wir erhalten eine Approximation von Phi, wenn wir eine Folge bilden, indem wir immer mehr Einträge der Kettenbruchdarstellung verwenden:

$$1,$$

$$1 + \frac{1}{1} = 2,$$

$$1 + \frac{1}{\left(1 + \frac{1}{1}\right)} = 1 + \frac{1}{(2)} = \frac{3}{2},$$

$$1 + \frac{1}{\left(1 + \frac{1}{1+\frac{1}{1}}\right)} = 1 + \frac{1}{\left(\frac{3}{2}\right)} = \frac{5}{3},$$

$$1 + \frac{1}{\left(\frac{5}{3}\right)} = \frac{8}{5}, \ldots$$

Bei der Berechnung können wir jeweils das vorhergehende Ergebnis verwenden. Wir erhalten folgende Approximation für Phi, in der die Folge des Fibonacci enthalten ist:

$$\left(\frac{1}{1}, \frac{2}{1}, \frac{3}{2}, \frac{5}{3}, \frac{8}{5}, \frac{13}{8}, \frac{21}{13}, \ldots\right).$$

Für die direkte Berechnung eines Gliedes der Folge des Fibonacci eignet sich das explizite Bildungsgesetz dieser Folge, das nach Jacques Philippe Marie Binet (1786–1856) benannt ist, obwohl es zuvor bereits anderen Mathematikern bekannt war. Da der Gedankengang zur Herleitung dieses Bildungsgesetzes originell und das Ergebnis verblüffend ist, führen wir ihn an. Die Folge des Fibonacci

$$(a_n) = (1, \ 1, \ 2, \ 3, \ 5, \ 8, \ 13, \ 21, \ 34, \ 55, \ 89, \ 144, \ \ldots)$$

mit dem rekursiven Bildungsgesetz

$$a_{n+2} = a_n + a_{n+1} \text{ und den Startwerten } a_1 = 1 \text{ und } a_2 = 1$$

wächst schnell an, deshalb wählen wir in einem ersten Ansatz eine exponentielle Bildungsvorschrift.

Ansatz 1 $a_n = q^n$

Einsetzen von Ansatz 1 in das rekursive Bildungsgesetz ergibt $q^{n+2} = q^n + q^{n+1}$. Nach Kürzen durch q^n erhalten wir die Gleichung $q^2 = 1 + q$ mit den Lösungen $q_1 = \frac{1+\sqrt{5}}{2}$ und $q_2 = \frac{1-\sqrt{5}}{2}$. Dieses Ergebnis führt uns auf den zweiten Ansatz.

Ansatz 2

$$a_n = k_1 \cdot q_1^n + k_2 \cdot q_2^n = k_1 \cdot \left(\frac{1+\sqrt{5}}{2}\right)^n + k_2 \cdot \left(\frac{1-\sqrt{5}}{2}\right)^n$$

Durch Einsetzen der beiden Startwerte erhalten wir ein lineares Gleichungssystem, mit dem die unbekannten Koeffizienten k_1 und k_2 bestimmt werden können: $k_1 = \frac{\sqrt{5}}{5}, k_2 = -\frac{\sqrt{5}}{5}$.

Damit erhalten wir die **Formel von Binet,** deren Bezug zum Goldenen Schnitt offensichtlich ist:

$$
\begin{aligned}
a_n &= \frac{\sqrt{5}}{5} \cdot \left(\left(\frac{1+\sqrt{5}}{2}\right)^n - \left(\frac{1-\sqrt{5}}{2}\right)^n\right) \\
&= \frac{1}{\sqrt{5}} \cdot \left(\left(\frac{1+\sqrt{5}}{2}\right)^n - \left(\frac{1-\sqrt{5}}{2}\right)^n\right).
\end{aligned}
\tag{1.52}
$$

Wir müssen nachweisen, dass (1.52) tatsächlich das explizite Bildungsgesetz der Folge des Fibonacci ist. Dafür zeigen wir, dass (1.52) die rekursive Bildungsvorschrift erfüllt und für $n = 1$ sowie $n = 2$ die korrekten Startwerte ergibt. Auf den Nachweis der Startwerte verzichten wir, da er trivial ist. Die Bestätigung der Kompatibilität von (1.52) mit dem rekursiven Bildungsgesetz ist nicht so einfach, deshalb führen wir sie an. Zunächst drücken wir (1.52) mithilfe von Phi aus:

$$
\begin{aligned}
a_n &= \frac{1}{\sqrt{5}} \cdot \left(\left(\frac{1+\sqrt{5}}{2}\right)^n - \left(\frac{1-\sqrt{5}}{2}\right)^n\right) \\
&= \frac{1}{\sqrt{5}} \cdot \left(\Phi^n - (1 - \Phi)^n\right).
\end{aligned}
$$

Mit (1.46) erhalten wir $1 - \Phi = -\frac{1}{\Phi} = (-\Phi)^{-1}$ und damit eine Beziehung, die in der Literatur angegeben wird:

$$a_n = \frac{1}{\sqrt{5}} \cdot \left(\Phi^n - (-\Phi)^{-n} \right).$$

Damit ergibt sich für die Summe in der rekursiven Bildungsvorschrift

$$a_n + a_{n+1} = \frac{1}{\sqrt{5}} \cdot \left(\left(\Phi^n + \Phi^{n+1} \right) - \left((-\Phi)^{-n} + (-\Phi)^{-n-1} \right) \right). \tag{1.53}$$

Nebenrechnung unter Verwendung von (1.47):

$\Phi^n + \Phi^{n+1} = \Phi^{n+2}$ aus der Multiplikation von (1.47) mit Φ^n,

$$(-\Phi)^{-n} + (-\Phi)^{-n-1} = (-\Phi)^{-n-2} \cdot \left((-\Phi)^2 + (-\Phi) \right)$$

$$= (-\Phi)^{-n-2} \cdot \left(\Phi^2 - \Phi \right) = (-\Phi)^{-n-2}.$$

Durch Einsetzen der Ergebnisse der Nebenrechnung in (1.53) ist der Nachweis der Gültigkeit des rekursiven Bildungsgesetzes erbracht, da wir einen Term erhalten, den wir als Folgenglied a_{n+2} interpretieren können:

$$a_n + a_{n+1} = \frac{1}{\sqrt{5}} \cdot \left(\Phi^{n+2} - (-\Phi)^{-n-2} \right) = a_{n+2}.$$

Der geführte Nachweis hat die überaus erstaunliche Tatsache bestätigt, dass die Berechnung eines beliebigen Folgengliedes a_n mit $n \in \mathbb{N}$ nach (1.52) immer eine natürliche Zahl ergibt.

Nach diesen algebraischen Betrachtungen wenden wir uns wieder der Geometrie zu.

Von den vielen Konstruktionen für die Teilung einer Strecke im Verhältnis des Goldenen Schnitts wählen wir diejenige, die auf Heron von Alexandria (wahrscheinlich 1. Jh. n. Chr.) zurückgeht, da sie besonders einfach ist und sich leicht begründen lässt. In Abb. 1.45 haben wir für die Länge der Strecke $\overline{AB}$ eins gewählt, weil dann in der Konstruktion die Zahlenwerte des Goldenen Schnitts auftauchen.

Konstruktionsbeschreibung

Zeichne die Strecke $\overline{AB}$ mit der Länge 1 und den Strahl AB mit Anfangspunkt A.
Errichte in B die Senkrechte zu $\overline{AB}$ mit der Länge $\frac{1}{2}$, es ergibt sich Punkt C.
Zeichne den Strahl AC mit Anfangspunkt A.
Zeichne einen Kreisbogen mit Mittelpunkt C und Radius $\frac{1}{2}$, D und E sind die Schnittpunkte dieses Kreisbogens mit dem Strahl AC.
Zeichne Kreisbögen mit Mittelpunkt A durch D und E, die Schnittpunkte dieser Kreisbögen mit dem Strahl AB sind T und F.

Behauptung Es gelten $\overline{AT} = \varphi$ und $\overline{AF} = \Phi$.

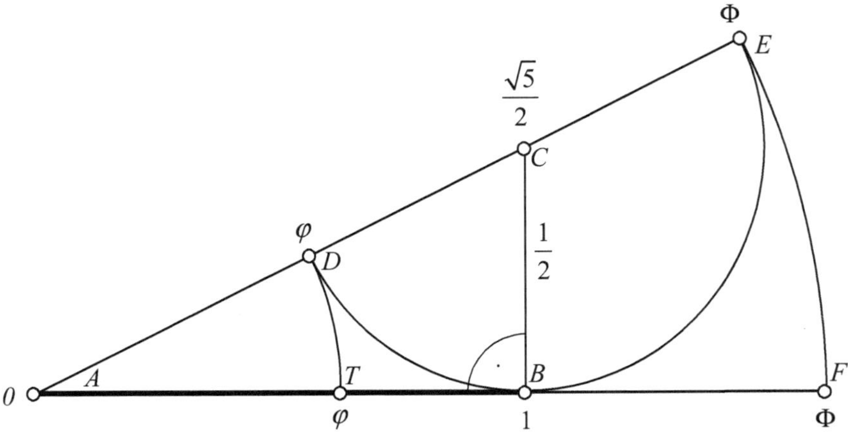

Abb. 1.45 Konstruktion der Teilung einer Strecke im Verhältnis des Goldenen Schnitts

Begründung

Nach dem Satz des Pythagoras gilt im Dreieck

$$\text{ABC: } \overline{AC} = \sqrt{\overline{AB}^2 + \overline{BC}^2} = \sqrt{1^2 + \left(\frac{1}{2}\right)^2} = \frac{\sqrt{5}}{2}.$$

Mit (1.49) gilt: $\overline{AD} = \overline{AC} - \overline{DC} = \frac{\sqrt{5}}{2} - \frac{1}{2} = \frac{\sqrt{5}-1}{2} = \varphi$.

Mit (1.48) gilt: $\overline{AE} = \overline{AC} + \overline{CE} = \frac{\sqrt{5}}{2} + \frac{1}{2} = \frac{\sqrt{5}+1}{2} = \Phi$.

Nach Konstruktion gelten $\overline{AT} = \overline{AD} = \varphi$ und $\overline{AF} = \overline{AE} = \Phi$.

Für die Teilverhältnisse und das Doppelverhältnis ergibt sich aus der Definition 1.10 und (1.51):

$$\text{TV}(ABT) = \frac{(AT)}{(TB)} = \frac{\overline{AT}}{\overline{TB}} = \frac{\varphi}{1-\varphi} = \frac{1}{\frac{1}{\varphi}-1} = \frac{1}{\Phi-1} = \frac{1}{\varphi} = \Phi,$$

$$\text{TV}(ABF) = \frac{(AF)}{(FB)} = -\frac{\overline{AF}}{\overline{FB}} = -\frac{\Phi}{\Phi-1} = -\frac{\Phi}{\varphi} = -\Phi^2,$$

$$\text{DV}(ABTF) = \frac{\text{TV}(ABT)}{\text{TV}(ABF)} = -\frac{\Phi}{\Phi^2} = -\varphi \neq -1 \dots \text{ keine harmonische Teilung.}$$

Ergebnis

Der Punkt T teilt die Strecke $\overline{AB}$ im Verhältnis des Goldenen Schnitts. Die Punkte T und F teilen die Strecke $\overline{AB}$ nicht harmonisch.

In der Kunst galt der Goldene Schnitt über Jahrhunderte hinweg als ideale Proportion und wurde als „göttliche Teilung" verehrt. Trotz veränderter Sehgewohnheiten empfinden auch heute noch viele Menschen die Form **Goldener Rechtecke** (das Verhältnis der Seiten dieser Rechtecke entspricht dem Goldenen Schnitt) als ästhetisch, und in der künstlerischen Fotografie wird empfohlen, das wesentliche Motiv des Bildes durch eine Positionierung mithilfe des Goldenen Schnitts hervorzuheben. In Abb. 1.46 bilden wir ein Goldenes Rechteck ab, und wir heben einen Punkt hervor, der in Beziehung zum Goldenen Schnitt steht. Wir nutzen dabei den Zusammenhang zwischen dem Goldenen Schnitt und der Folge des Fibonacci, indem wir für die Streckenlängen 13, 8, 5 und 3 Einheiten wählen.

Als Abschluss dieses Anhangs stellen wir in Abb. 1.47 ein regelmäßiges Fünfeck mit seinen Diagonalen dar, die ein Pentagramm bilden. Wenn wir den Seiten des Fünfecks jeweils die Länge eins zuordnen, dann besitzen alle Diagonalen die Länge Phi und die beiden Diagonalenabschnitte, die auf dem Pentagramm liegen, haben jeweils die Länge phi. Wir möchten die Ästhetik der Abbildung nicht durch „trockene Mathematik" zerstören, deshalb überlassen wir die Begründung dieser Eigenschaften dem interessierten Leser. Außerdem empfehlen wir eine Recherche zu den platonischen Körpern Pentagon-Dodekaeder und Ikosaeder, bei denen die darin vorkommenden regelmäßigen Fünfecke bzw. Goldenen Rechtecke für beziehungsreiche Mathematik sorgen.

Abb. 1.46 Goldenes Rechteck mit einem hervorgehobenen Punkt

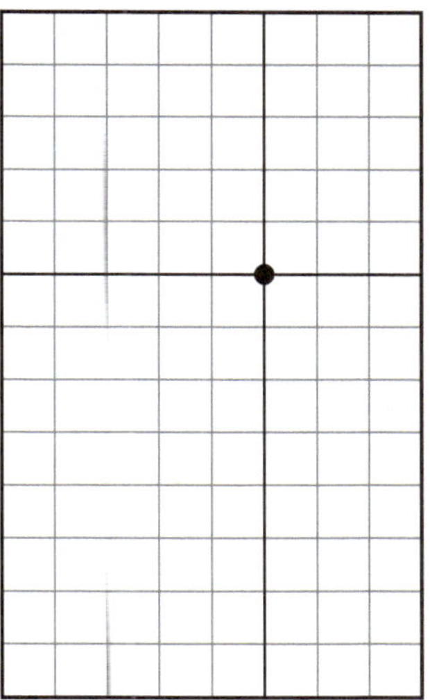

Abb. 1.47 Regelmäßiges Fünfeck und Pentagramm

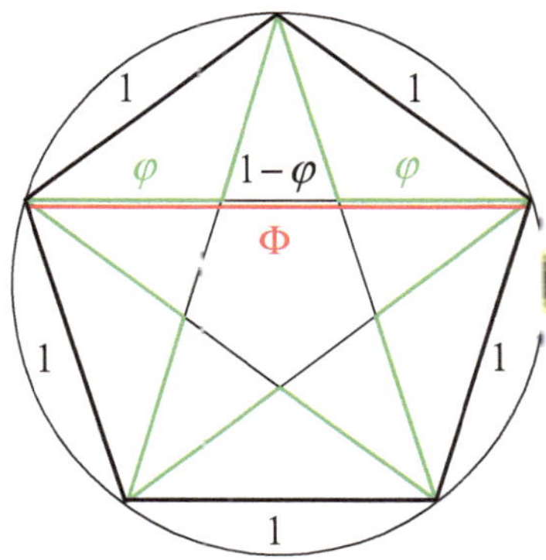

Anhang 1.2 Hauptachsentransformation

In Abschn. 1.4.3 haben wir für das Beispiel der Ortslinie eines Höhenschnittpunktes die Gl. (1.35) erhalten, die wir hier nochmals angeben:

$$3 \cdot x^2 + 4 \cdot x \cdot y - 18 \cdot x + 12 \cdot y = 0. \tag{1.54}$$

Für die Lösungsmenge einer quadratischen Gleichung bzw. die Nullstellenmenge eines quadratischen Polynoms q wird in der Literatur die Bezeichnung **Quadrik** Q verwendet:

$$Q(q) = \{(x_1,\ x_2) | q(x_1,\ x_2) = \rho(x_1,\ x_2) + 2 \cdot \sigma(x_1,\ x_2) + c = 0\}.$$

Dabei gilt:

- der Term $\rho(x_1,\ x_2) = \displaystyle\sum_{i,\,j=1}^{2} a_{ij} \cdot x_i \cdot x_j$ ist eine **quadratische Form,**
- der Term $\sigma(x_1,\ x_2) = \displaystyle\sum_{i=1}^{2} b_i \cdot x_i$ ist eine **Linearform,**
- der Term c ist eine **Konstante.**

Zuweilen wird die quadratische Gleichung oder die Kurve, welche deren Lösungsmenge grafisch darstellt, ebenfalls als Quadrik bezeichnet. Die grafische Darstellung der Lösungsmenge im zweidimensionalen Raum ist ein **Kegelschnitt,** d. h. ein Kreis, eine Ellipse, eine Parabel oder eine Hyperbel. Im dreidimensionalen Raum ergibt sich eine **Fläche zweiter Ordnung** (quadratische Fläche), z. B. ein Hyperboloid, Ellipsoid, Paraboloid oder Kegel.

Häufig wird die quadratische Gleichung in einer Vektor-Matrix-Form dargestellt, dazu werden

- die Punkte der Quadrik durch ihre Ortsvektoren $\vec{x} = \begin{pmatrix} x_1 \\ x_2 \end{pmatrix} = \begin{pmatrix} x \\ y \end{pmatrix}$ beschrieben,
- die Koeffizienten der quadratischen Form in einer Matrix A zusammengefasst,
- die Koeffizienten der Linearform als Vektor $\vec{b} = \begin{pmatrix} b_1 \\ b_2 \end{pmatrix}$ geschrieben.

Wir erhalten

$$q\left(\vec{x}\right) = \vec{x}^{\,T} \bullet A \bullet \vec{x} + 2 \cdot \vec{b}^{\,T} \bullet \vec{x} + c. \tag{1.55}$$

Im vorliegenden Beispiel gilt:

$$q\left(\begin{pmatrix} x \\ y \end{pmatrix}\right) = (x\ y) \bullet \begin{pmatrix} 3 & 2 \\ 2 & 0 \end{pmatrix} \bullet \begin{pmatrix} x \\ y \end{pmatrix} + 2 \cdot (-9\ 6) \bullet \begin{pmatrix} x \\ y \end{pmatrix} + 0, \tag{1.56}$$

d. h. $A = \begin{pmatrix} 3 & 2 \\ 2 & 0 \end{pmatrix}$, $\vec{b} = \begin{pmatrix} -9 \\ 6 \end{pmatrix}$ und $c = 0$.

Die Korrektheit von (1.56) weisen wir durch Ausmultiplizieren nach, welches tatsächlich wieder (1.54) ergibt. Der Vergleich der Darstellungen (1.54) und (1.56) zeigt die Belegung der Elemente der Matrix A:

- auf der Hauptdiagonale stehen die Koeffizienten von x^2 und y^2,
- auf der Nebendiagonale steht jeweils die Hälfte des Koeffizienten von $x \cdot y$.

Es wird sich als wichtig erweisen, dass die Darstellungsmatrix A symmetrisch ist.

In diesem Anhang werden wir kennenlernen, wie für den allgemeinen Fall und das vorliegende Beispiel die Gleichung einer Quadrik in die Normalform transformiert werden kann, die eine Typisierung des jeweiligen Kegelschnitts ermöglicht. Dazu lernen wir das Verfahren der Hauptachsentransformation kennen, das im Zusammenspiel dreier kartesischer Koordinatensysteme besteht. Wir verdeutlichen in Abb. 1.48 den Sachverhalt für das Beispiel einer Ellipse:

- Im Koordinatensystem K mit den Achsen x und y sowie dem Ursprung O besitzt der Punkt P des Kegelschnitts die Koordinaten $\vec{x} = \begin{pmatrix} x \\ y \end{pmatrix}$.
- Im Koordinatensystem K' mit den Achsen x' und y' sowie dem Ursprung O besitzt der Punkt P des Kegelschnitts die Koordinaten $\vec{x'} = \begin{pmatrix} x' \\ y' \end{pmatrix}$.
- Im Koordinatensystem K'' mit den Achsen x'' und y'' sowie dem Ursprung U (wenn sich die Koordinaten auf K beziehen) bzw. U' (wenn sich die Koordinaten auf K' beziehen) besitzt der Punkt P des Kegelschnitts die Koordinaten $\vec{x''} = \begin{pmatrix} x'' \\ y'' \end{pmatrix}$.

Die Hauptachsentransformation besteht aus zwei Schritten:

In Schritt 1 wird das Koordinatensystem K um seinen Ursprung O in die Position von K' gedreht. Dabei wird der Drehwinkel φ so gewählt, dass die Achsen x' und y' jeweils parallel zu einer Hauptachse des Kegelschnitts verlaufen.

In Schritt 2 wird das Koordinatensystem K' in die Position von K'' verschoben. Dabei wird der Verschiebungsvektor $\vec{u'}$ so gewählt, dass der Ursprung von K'' im Mittelpunkt bzw. Scheitelpunkt des Kegelschnitts liegt (in Abhängigkeit davon, ob es sich um eine Ellipse oder Hyperbel bzw. um eine Parabel handelt).

Wir führen die Koordinatentransformationen für einen beliebigen Punkt $P(x|y)$ des Kegelschnitts beim Wechsel des Koordinatensystems von K nach K' und K'' zunächst allgemein durch und lernen danach kennen, wie wir die für unser Vorhaben geeigneten Werte für den Drehwinkel φ und den Verschiebungsvektor $\vec{u'}$ finden. Bei den Berechnungen fassen wir Spalten- und Zeilenmatrizen als Vektoren auf, deshalb führen wir dafür keine neuen Symbole ein.

Schritt 1 Koordinatentransformation beim Wechsel von K nach K'

Der Wechsel von K nach K' stellt eine passive Koordinatentransformation dar, da das Objekt fest bleibt, während sich das Koordinatensystem von K nach K' verändert. Einer Formelsammlung entnehmen wir, dass sich die Transformation der Koordinaten mithilfe einer Matrix D beschreiben lässt.

Ansatz für Schritt 1

$$\vec{x'} = D \bullet \vec{x} \text{ mit } \vec{x'} = \begin{pmatrix} x' \\ y' \end{pmatrix}, D = \begin{pmatrix} \cos\varphi & \sin\varphi \\ -\sin\varphi & \cos\varphi \end{pmatrix} \text{ und } \vec{x} = \begin{pmatrix} x \\ y \end{pmatrix}. \tag{1.57}$$

Bei der Matrix D handelt es sich um eine orthogonale Matrix, da $D^{-1} = D^T$.

▶ **Bemerkung** Bei der Matrix D handelt es sich um eine **Drehmatrix**. Bei der Verwendung dieses Begriffs ist zu beachten, dass die Inverse

$$D^{-1} = D^T = \begin{pmatrix} \cos\varphi & -\sin\varphi \\ \sin\varphi & \cos\varphi \end{pmatrix}$$ ebenfalls eine Drehung beschreibt, mit

der aktive Koordinatentransformationen (das Objekt dreht sich, während das Koordinatensystem ruht) modelliert werden. Anschaulich handelt es sich hierbei um eine Drehung mit entgegengesetztem Drehwinkel.

Wir lösen (1.57) nach $\vec{x}$ auf, damit wir diesen Vektor in (1.55) substituieren können:

$$\vec{x} = D^{-1} \bullet \vec{x'} = D^T \bullet \vec{x'}. \tag{1.58}$$

Es ist Ansichtssache, ob für D^T eine neue Variable eingeführt wird oder nicht, wir verzichten darauf und führen die Substitution durch:

$$q\left(\vec{x'}\right) = \left(D^T \bullet \vec{x'}\right)^T \bullet A \bullet \left(D^T \bullet \vec{x'}\right) + 2 \cdot \vec{b}^T \bullet \left(D^T \bullet \vec{x'}\right) + c$$

$$q\left(\vec{x'}\right) = \vec{x'}^T \bullet D \bullet A \bullet D^T \bullet \vec{x'} + 2 \cdot \left(D \bullet \vec{b}\right)^T \bullet \vec{x'} + c.$$

Das **Ergebnis für Schritt 1** bringen wir in eine analoge Form wie (1.55):

$$q\left(\vec{x'}\right) = \vec{x'}^T \bullet A' \bullet \vec{x'} + 2 \cdot \vec{b'}^T \bullet \vec{x'} + c' \text{ mit } A' = D \bullet A \bullet D^T;\ \vec{b'} = D \bullet \vec{b};\ c' = c. \tag{1.59}$$

Schritt 2 Koordinatentransformation beim Wechsel von K' nach K''

Beim Wechsel von K' nach K'' nutzen wir, dass die Achsen x' und x'' bzw. y' und y'' jeweils parallel zueinander verlaufen. Deshalb stimmen die Basiseinheitsvektoren der Koordinatensysteme K' und K'' überein. Das bedeutet, dass ein beliebiger Vektor in K' und K'' dieselben Koordinaten besitzt (z. B. $\vec{u''} = \vec{u'}$). Die Koordinaten eines beliebigen Punktes unterscheiden sich in K' und K'' allerdings, z. B. gilt $P''\left(x''|y''\right) \neq P'\left(x'|y'\right)$.

Den Ansatz für Schritt 2 gewinnen wir aus Abb. 1.48.

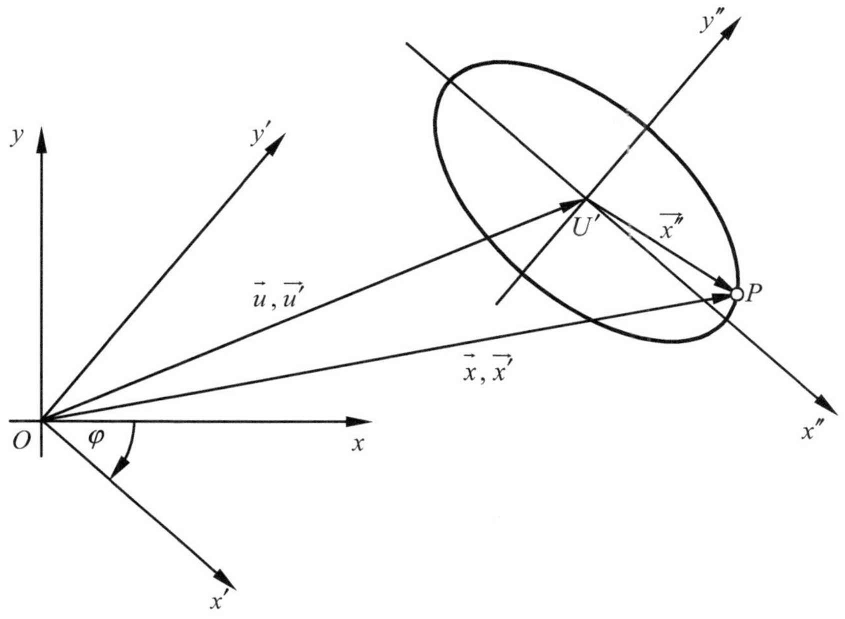

Abb. 1.48 Hauptachsentransformation

Ansatz für Schritt 2

$$\vec{x'} = \vec{u'} + \vec{x''}.$$

(1.60)

Wir substituieren (1.60) in (1.59) unter Berücksichtigung von $c' = c$:

$$q\left(\vec{x''}\right) = \left(\vec{u'} + \vec{x''}\right)^{T} \bullet A' \bullet \left(\vec{u'} + \vec{x''}\right) + 2 \cdot \vec{b'}^{T} \bullet \left(\vec{u'} + \vec{x''}\right) + c$$

$$q\left(\vec{x''}\right) = \vec{x''}^{T} \bullet A' \bullet \vec{x''} + \vec{x''}^{T} \bullet A' \bullet \vec{u'} + \vec{u'}^{T} \bullet A' \bullet \vec{x''} + 2 \cdot \vec{b'}^{T} \bullet \vec{x''}$$

$$+ \vec{u'}^{T} \bullet A' \bullet \vec{u'} + 2 \cdot \vec{b'}^{T} \bullet \vec{u'} + c.$$

Da $\vec{x''}^{T} \bullet A' \bullet \vec{u'}$ eine reelle Zahl darstellt, ist dieser Term gleich seinem Transponierten. Das führt uns auf folgende Nebenrechnung:

$$\vec{x''}^{T} \bullet A' \bullet \vec{u'} = \left(\vec{x''}^{T} \bullet A' \bullet \vec{u'}\right)^{T} = \vec{u'}^{T} \bullet A'^{T} \bullet \vec{x''}$$

$$A'^{T} = \left(D \bullet A \bullet D^{T}\right)^{T} = D \bullet A^{T} \bullet D^{T} = D \bullet A \bullet D^{T} = A' \text{ wegen } A^{T} = A$$

$$\vec{x''}^{T} \bullet A' \bullet \vec{u'} = \vec{u'}^{T} \bullet A' \bullet \vec{x''}.$$

Das Ergebnis unserer Nebenrechnung setzen wir in die Hauptrechnung ein:

$$q\left(\vec{x''}\right) = \vec{x''}^{T} \bullet A' \bullet \vec{x''} + \vec{u'}^{T} \bullet A' \bullet \vec{x''} + \vec{u'}^{T} \bullet A' \bullet \vec{x''} + 2 \cdot \vec{b'}^{T} \bullet \vec{x''}$$

$$+ \vec{u'}^{T} \bullet A' \bullet \vec{u'} + 2 \cdot \vec{b'}^{T} \bullet \vec{u'} + c$$

$$q\left(\vec{x''}\right) = \vec{x''}^{T} \bullet A' \bullet \vec{x''} + 2 \cdot \left(\vec{u'}^{T} \bullet A' + \vec{b'}^{T}\right) \bullet \vec{x''} + \vec{u'}^{T} \bullet A' \bullet \vec{u'}$$

$$+ 2 \cdot \vec{b'}^{T} \bullet \vec{u'} + c$$

$$q\left(\vec{x''}\right) = \vec{x''}^{T} \bullet A' \bullet \vec{x''} + 2 \cdot \left(A'^{T} \bullet \vec{u'} + \vec{b'}\right)^{T} \bullet \vec{x''} + \vec{u'}^{T} \bullet A' \bullet \vec{u'}$$

$$+ 2 \cdot \vec{b'}^{T} \bullet \vec{u'} + c.$$

Das **Ergebnis für Schritt 2** bringen wir in eine analoge Form wie (1.55):

$$q\left(\vec{x''}\right) = \vec{x''}^{T} \bullet A'' \bullet \vec{x''} + 2 \cdot \vec{b''}^{T} \bullet \vec{x''} + c'' \tag{1.61}$$

mit

$$A'' = A' = D \bullet A \bullet D^{T}; \ \vec{b''} = A'^{T} \bullet \vec{u'} + \vec{b'}; \ c'' = \vec{u'}^{T} \bullet A' \bullet \vec{u'} + 2 \cdot \vec{b'}^{T} \bullet \vec{u'} + c. \tag{1.62}$$

Es ist zweckmäßig, die Terme in (1.62) so umzuformen, dass sie sich auf das Koordinatensystem K beziehen. Dazu verwenden wir $A' = D \bullet A \bullet D^{T}$, $\vec{b'} = D \bullet \vec{b}$, $\vec{u'} = D \bullet \vec{u}$, $A^{T} = A$ sowie $D^{T} \bullet D = D^{-1} \bullet D = E$:

$$\vec{b''} = \left(D \bullet A \bullet D^{T}\right)^{T} \bullet (D \bullet \vec{u}) + \left(D \bullet \vec{b}\right) = D \bullet A^{T} \bullet D^{T} \bullet D \bullet \vec{u} + D \bullet \vec{b}$$

$$= D \bullet A \bullet \vec{u} + D \bullet \vec{b}$$

$$c'' = (D \bullet \vec{u})^{T} \bullet \left(D \bullet A \bullet D^{T}\right) \bullet (D \bullet \vec{u}) + 2 \cdot \left(D \bullet \vec{b}\right)^{T} \bullet (D \bullet \vec{u}) + c$$

$$c'' = \vec{u}^{T} \bullet D^{T} \bullet D \bullet A \bullet D^{T} \bullet D \bullet \vec{u} + 2 \cdot \vec{b}^{T} \bullet D^{T} \bullet D \bullet \vec{u} + c$$

$$c'' = \vec{u}^{T} \bullet A \bullet \vec{u} + 2 \cdot \vec{b}^{T} \bullet \vec{u} + c.$$

Die **Berechnung der Terme in (1.62)** aus den Koeffizienten der Quadrik, dem Drehwinkel φ und dem Ortsvektor $\vec{u}$ des Mittel- bzw. Scheitelpunkts der Quadrik bezüglich des Koordinatensystems K ist mit folgenden Beziehungen möglich:

$$A'' = A' = D \bullet A \bullet D^{T}; \ \vec{b''} = D \bullet A \bullet \vec{u} + D \bullet \vec{b};$$

$$c'' = \vec{u}^{T} \bullet A \bullet \vec{u} + 2 \cdot \vec{b}^{T} \bullet \vec{u} + c. \tag{1.63}$$

Bisher haben wir Koordinatentransformationen mit **beliebigem** Drehwinkel φ und Verschiebungsvektor $\vec{u'}$ betrachtet. Nun wenden wir uns dem Problem zu, für K' und K'' jeweils ein **günstiges** Koordinatensystem zu finden, indem wir einen solchen Drehwinkel φ und einen derartigen Verschiebungsvektor $\vec{u'}$ suchen, dass sowohl die quadratische als auch die lineare Form in (1.61) eine einfache Struktur besitzen.

Günstige Transformation der quadratischen Form in (1.61)

Die quadratische Form $\rho\left(\vec{x''}\right) = \vec{x''}^T \bullet A'' \bullet \vec{x''} = \vec{x''}^T \bullet D \bullet A \bullet D^T \bullet \vec{x''}$ in (1.61) hängt neben den in der Matrix A zusammengefassten Koeffizienten der Ausgangsgleichung von der Matrix D bzw. D^T ab, die nach (1.57) den Drehwinkel φ enthält:

$$\vec{x} = D^{-1} \bullet \vec{x'} = D^T \bullet \vec{x'} = \begin{pmatrix} \cos\varphi & -\sin\varphi \\ \sin\varphi & \cos\varphi \end{pmatrix} \bullet \vec{x'}. \qquad (1.64)$$

Wir greifen auf folgende Ergebnisse der linearen Algebra zurück, die wir bereits kennen oder zur Kenntnis nehmen:

- Die Spaltenvektoren der Matrix D^T in (1.64) stimmen mit den Basiseinheitsvektoren des Koordinatensystems K' überein.
- Eine reelle symmetrische $n \times n$-Matrix besitzt n reelle Eigenwerte λ_i (die nicht alle unterschiedlich sein müssen), und die zugehörigen Eigenvektoren $\vec{h}_i$ dieser Matrix stehen jeweils senkrecht aufeinander.

Da die Matrix A symmetrisch ist, untersuchen wir, ob sich die normalisierten Eigenvektoren der Matrix A als Spaltenvektoren der Matrix D^T eignen.

Ansatz $D^T = \begin{pmatrix} \vec{h}_1 & \cdots & \vec{h}_n \\ | & & | \end{pmatrix}$ mit $A \bullet \vec{h}_i = \lambda_i \cdot \vec{h}_i$ sowie $\vec{h}_i \bullet \vec{h}_j = \delta_{ij}$.

Wir haben im Ansatz das Eigenwertproblem für die Matrix A formuliert und die Orthonormalität der normalisierten Eigenvektoren dieser Matrix mithilfe des Kronecker-Symbols dargestellt. Die Koordinaten der Eigenvektoren beziehen sich auf das Koordinatensystem K. Testen wir die Brauchbarkeit unseres Ansatzes:

$$A'' = A' = D \bullet A \bullet D^T = \begin{pmatrix} \vec{h}_1 & - \\ & \vdots \\ \vec{h}_n & - \end{pmatrix} \bullet A \bullet \begin{pmatrix} \vec{h}_1 & \cdots & \vec{h}_n \\ | & & | \end{pmatrix}$$

$$= \begin{pmatrix} \vec{h}_1 & - \\ & \vdots \\ \vec{h}_n & - \end{pmatrix} \bullet \begin{pmatrix} A \bullet \vec{h}_1 & \cdots & A \bullet \vec{h}_n \\ | & & | \end{pmatrix} \qquad |A \bullet \vec{h}_i = \lambda_i \cdot \vec{h}_i$$

$$= \begin{pmatrix} \vec{h}_1 & - \\ & \vdots \\ \vec{h}_n & - \end{pmatrix} \bullet \begin{pmatrix} \lambda_1 \cdot \vec{h}_1 & \cdots & \lambda_n \cdot \vec{h}_n \\ | & & | \end{pmatrix}$$

$$= \begin{pmatrix} \lambda_1 \cdot \vec{h}_1 \bullet \vec{h}_1 & \cdots & \lambda_n \cdot \vec{h}_1 \bullet \vec{h}_n \\ & \vdots & & \vdots \\ \lambda_1 \cdot \vec{h}_n \bullet \vec{h}_1 & \cdots & \lambda_n \cdot \vec{h}_n \bullet \vec{h}_n \end{pmatrix} \qquad \left| \vec{h}_i \bullet \vec{h}_j = \delta_{ij} \right.$$

Ergebnis

$$A'' = A' = \begin{pmatrix} \lambda_1 & \cdots & 0 \\ \vdots & & \vdots \\ 0 & \cdots & \lambda_n \end{pmatrix}. \tag{1.65}$$

Unser Ansatz hat sich als sehr erfolgreich erwiesen: Werden die normierten Eigenvektoren $\vec{h}_i$ der symmetrischen Matrix A als Basisvektoren eines neuen kartesischen Koordinatensystems K' gewählt, dann vereinfacht sich die quadratische Form, da sich deren Darstellungsmatrix zur Diagonalmatrix $A'' = A' = \mathrm{diag}(\lambda_1, \ldots, \lambda_n)$ aus den Eigenwerten λ_i der Matrix A transformiert, wodurch alle Koeffizienten der gemischten Summanden verschwinden. Falls k-fache Eigenwerte auftreten, dann hat die Matrix A weniger als n Eigenvektoren, die aber stets zu einer vollständigen Basis ergänzt werden können.

Günstige Transformation der linearen Form in (1.61)

Die lineare Form $\sigma\left(\vec{x''}\right) = 2 \cdot \vec{b''}^T \bullet \vec{x''} = 2 \cdot \left(D \bullet A \bullet \vec{u} + D \bullet \vec{b}\right)^T \bullet \vec{x''}$ in

(1.61) hängt neben den in der Matrix A und den im Vektor $\vec{b}$ zusammengefassten Koeffizienten der Ausgangsgleichung von der Matrix D und dem Verschiebungsvektor $\vec{u}$ ab. Die Matrix D haben wir bereits in eine günstige Form gebracht, deshalb suchen wir jetzt einen solchen Verschiebungsvektor $\vec{u}$, der $\sigma\left(\vec{x''}\right)$ in eine einfache Struktur überführt.

Fall 1 Wir untersuchen, ob $\vec{b''} = D \bullet A \bullet \vec{u} + D \bullet \vec{b} = \vec{0}$ realisierbar ist.

$$\vec{b''} = D \bullet A \bullet \vec{u} + D \bullet \vec{b} = D \bullet \left(A \bullet \vec{u} + \vec{b}\right) = \vec{0} \qquad \left| D^{-1} \bullet \right.$$

$$A \bullet \vec{u} + \vec{b} = \vec{0} \qquad \left| A^{-1} \bullet \right.$$

$$\vec{u} + A^{-1} \bullet \vec{b} = \vec{0}$$

$$\vec{u} = -A^{-1} \bullet \vec{b} \tag{1.66}$$

Die Berechnung für Fall 1 ist nur dann realisierbar, wenn die Matrizen A und D invertierbar sind. Wegen $D^{-1} = D^T$ ist diese Bedingung für die verwendete Matrix D erfüllt.

Ergebnis für Fall 1 Wenn die Matrix A invertierbar ist, dann wird bei Wahl des Ursprungs nach (1.66) die lineare Form zu null.

Fall 2 Die Matrix A ist nicht invertierbar.

Falls Fall 1 nicht zum Ziel führt, dann kann ein Verschiebungsvektor $\vec{u}$ für den Ursprung des Koordinatensystems K' gefunden werden, für den sich die Anzahl der linearen Summanden in der Gleichung der transformierten Quadrik reduziert.

Dazu wird der Vektor $\vec{b}$ aus den Koeffizienten der Linearform als Summe zweier Vektoren $\vec{b} = \vec{b_1} + \vec{b_2}$ geschrieben, von denen $\vec{b}_1$ in Richtung eines Eigenvektors der Matrix A verläuft und $\vec{b}_2$ dazu orthogonal ist. Ohne Beschränkung der Allgemeinheit soll $\vec{h}_3$ ein Eigenvektor der Matrix A sein. Dann ergibt sich nach Abb. 1.49:

$$\vec{b_1} = \left(\vec{b}^{\,T} \bullet \vec{h_3} \right) \cdot \vec{h_3} \text{ und } \vec{b_2} = \vec{b} - \vec{b_1}. \tag{1.67}$$

Wir erhalten: $\vec{b''} = D \bullet A \bullet \vec{u} + D \bullet \vec{b} = D \bullet A \bullet \vec{u} + D \bullet \left(\vec{b_1} + \vec{b_2} \right) = D \bullet A \bullet \vec{u} + D \bullet \vec{b_1} + D \bullet \vec{b_2}.$ Nun suchen wir einen solchen Verschiebungsvektor $\vec{u}$ für den Ursprung des Koordinatensystems K', dass sich $D \bullet A \bullet \vec{u} + D \bullet \vec{b_1} = \vec{0}$ realisieren lässt. Durch Einsetzen ergibt sich:

$$\vec{0} = D \bullet A \bullet \vec{u} + D \bullet \vec{b_1}$$

$$\begin{pmatrix} 0 \\ 0 \\ 0 \end{pmatrix} = \begin{pmatrix} \vec{h_1} - \\ \vec{h_2} - \\ \vec{h_3} - \end{pmatrix} \bullet A \bullet \vec{u} + \begin{pmatrix} \vec{h_1} - \\ \vec{h_2} - \\ \vec{h_3} - \end{pmatrix} \bullet \left(\vec{b}^{\,T} \bullet \vec{h_3} \right) \cdot \vec{h_3} \qquad \left| \left(\vec{b}^{\,T} \bullet \vec{h_3} \right) \in \mathbb{R} \right.$$

$$\begin{pmatrix} 0 \\ 0 \\ 0 \end{pmatrix} = \begin{pmatrix} \vec{h_1}^T \\ \vec{h_2}^T \\ \vec{h_3}^T \end{pmatrix} \bullet A \bullet \vec{u} + \left(\vec{b}^{\,T} \bullet \vec{h_3} \right) \cdot \begin{pmatrix} \vec{h_1}^T \\ \vec{h_2}^T \\ \vec{h_3}^T \end{pmatrix} \bullet \vec{h_3}.$$

Mit $\vec{h_p}^T \bullet \vec{h_q} = \delta_{pq}$ können wir vereinfachen:

$$\begin{pmatrix} 0 \\ 0 \\ 0 \end{pmatrix} = \begin{pmatrix} \vec{h_1}^T \bullet A \bullet \vec{u} \\ \vec{h_2}^T \bullet A \bullet \vec{u} \\ \vec{h_3}^T \bullet A \bullet \vec{u} \end{pmatrix} + \left(\vec{b}^{\,T} \bullet \vec{h_3} \right) \cdot \begin{pmatrix} 0 \\ 0 \\ 1 \end{pmatrix}.$$

Aus $A \bullet \vec{h_i} = \lambda_i \cdot \vec{h_i}$ ergibt sich durch Transponieren unter Beachtung von $A^T = A$: $\vec{h_i}^T \bullet A^T = \vec{h_i}^T \bullet A = \lambda_i \cdot \vec{h_i}^T$. Damit erhalten wir das Gleichungssystem zur Bestimmung eines geeigneten Ortsvektors $\vec{u}$ für den Ursprung des Koordinatensystems K':

$$\begin{pmatrix} 0 \\ 0 \\ 0 \end{pmatrix} = \begin{pmatrix} \lambda_1 \cdot \vec{h_1}^T \bullet \vec{u} \\ \lambda_2 \cdot \vec{h_2}^T \bullet \vec{u} \\ \lambda_3 \cdot \vec{h_3}^T \bullet \vec{u} \end{pmatrix} + \left(\vec{b}^{\,T} \bullet \vec{h_3} \right) \cdot \begin{pmatrix} 0 \\ 0 \\ 1 \end{pmatrix}. \tag{1.68}$$

Ergebnis für Fall 2

Falls die Matrix A nicht invertierbar ist, dann wird bei Wahl des Ursprungs nach (1.68) die lineare Form vereinfacht, da

$$\vec{b''} = \underbrace{\left(D \bullet A \bullet \vec{u} + D \bullet \vec{b_1} \right)}_{\vec{0}} + D \bullet \vec{b_2} = D \bullet \vec{b_2} \text{ gilt.} \tag{1.69}$$

Nach diesen theoretischen Betrachtungen wenden wir uns nun unserem **Beispiel** der Transformation der Ortslinie eines Höhenschnittpunktes zu. Im Koordinatensystem K gilt die Gl. (1.54), die wir bereits in die Form (1.56) gebracht haben:

$$0 = 3 \cdot x^2 + 4 \cdot x \cdot y - 18 \cdot x + 12 \cdot y = (x\ y) \bullet \begin{pmatrix} 3 & 2 \\ 2 & 0 \end{pmatrix} \bullet \begin{pmatrix} x \\ y \end{pmatrix}$$

$$+\, 2 \cdot (-9\ 6) \bullet \begin{pmatrix} x \\ y \end{pmatrix}$$

$$\text{mit } A = \begin{pmatrix} 3 & 2 \\ 2 & 0 \end{pmatrix},\ \vec{b} = \begin{pmatrix} -9 \\ 6 \end{pmatrix} \text{ und } c = 0.$$

Schritt 1: Vereinfachung der quadratischen Form

Ansatz Schritt 1: Eigenwertproblem $A \bullet \vec{h} = \lambda \cdot \vec{h}$

Die Bestimmung von Eigenwerten und Eigenvektoren erfolgt zweckmäßig mithilfe von Computer-Algebra-Systemen. Wir verzichten an dieser Stelle auf die Nutzung dieses Hilfsmittels, da wir den Rechenweg transparent machen wollen. Um den technischen Aufwand gering zu halten, haben wir im vorliegenden Beispiel die Koeffizienten günstig gewählt. Aus dem Ansatz erhalten wir:

$$A \bullet \vec{h} = \lambda \cdot \vec{h} = \lambda \cdot E \bullet \vec{h}$$

$$(A - \lambda \cdot E) \bullet \vec{h} = \vec{0}.$$

Wenn $(A - \lambda \cdot E)$ invertierbar wäre, dann würde sich $\vec{h} = \vec{0}$ ergeben. Diese Möglichkeit ist auszuschließen, da der Nullvektor per Definition nicht als Eigenvektor zulässig ist (auch inhaltlich wäre der Nullvektor kein geeigneter Basisvektor entlang einer Hauptachse). Die Matrix $(A - \lambda \cdot E)$ darf also nicht invertierbar sein, d. h., es muss gelten: $\det(A - \lambda \cdot E) = 0$. Aus dieser Bedingung ergeben sich die Eigenwerte der Matrix A:

$$0 = \begin{vmatrix} 3 - \lambda & 2 \\ 2 & 0 - \lambda \end{vmatrix} = \lambda^2 - 3 \cdot \lambda - 4$$

$$\lambda_{1;\,2} = \frac{3}{2} \pm \sqrt{\frac{9}{4} + \frac{16}{4}} = \frac{3 \pm 5}{2}$$

Eigenwerte der Matrix A: $\lambda_1 = -1$; $\lambda_2 = 4$.

Für die Matrix der transformierten quadratischen Form erhalten wir aus (1.65):

$$A'' = A' = \begin{pmatrix} -1 & 0 \\ 0 & 4 \end{pmatrix}. \tag{1.70}$$

Abb. 1.49 Zerlegung des
Vektors $\vec{b}$

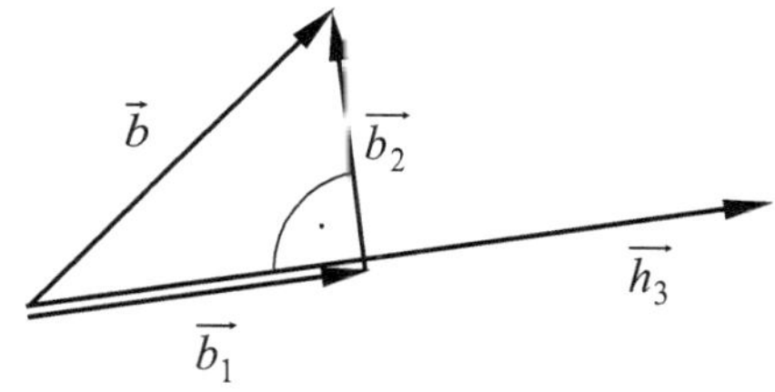

Aus den Eigenwerten ergeben sich die Eigenvektoren und daraus die Basisvektoren für die Hauptachsen:

$$A \bullet \vec{h_{1e}} = \lambda_1 \cdot \vec{h_{1e}}$$

$$\begin{pmatrix} 3 & 2 \\ 2 & 0 \end{pmatrix} \bullet \begin{pmatrix} h_{11} \\ h_{12} \end{pmatrix} = -1 \cdot \begin{pmatrix} h_{11} \\ h_{12} \end{pmatrix} \Rightarrow \left. \begin{array}{l} 3 \cdot h_{11} + 2 \cdot h_{12} = -1 \cdot h_{11} \\ 2 \cdot h_{11} + 0 \cdot h_{12} = -1 \cdot h_{12} \end{array} \right| \Rightarrow h_{12} = -2 \cdot h_{11}$$

$$\vec{h_{1e}} = \begin{pmatrix} h_{11} \\ h_{12} \end{pmatrix} = h_{11} \cdot \begin{pmatrix} 1 \\ -2 \end{pmatrix}.$$

Der Basiseinheitsvektor für die erste Hauptachse ergibt sich zu:

$$\vec{h_1} = \frac{\vec{h_{1e}}}{\left| \vec{h_{1e}} \right|} = \frac{h_{11} \cdot \begin{pmatrix} 1 \\ -2 \end{pmatrix}}{h_{11} \cdot \sqrt{1^2 + (-2)^2}} = \frac{1}{\sqrt{5}} \cdot \begin{pmatrix} 1 \\ -2 \end{pmatrix}. \qquad (1.71)$$

Analog ergibt sich für die zweite Hauptachse:

$$A \bullet \vec{h_{2e}} = \lambda_2 \cdot \vec{h_{2e}}$$

$$\begin{pmatrix} 3 & 2 \\ 2 & 0 \end{pmatrix} \bullet \begin{pmatrix} h_{21} \\ h_{22} \end{pmatrix} = 4 \cdot \begin{pmatrix} h_{21} \\ h_{22} \end{pmatrix} \Rightarrow \left. \begin{array}{l} 3 \cdot h_{21} + 2 \cdot h_{22} = 4 \cdot h_{21} \\ 2 \cdot h_{21} + 0 \cdot h_{22} = 4 \cdot h_{22} \end{array} \right| \Rightarrow h_{21} = 2 \cdot h_{22}$$

$$\vec{h_{2e}} = \begin{pmatrix} h_{21} \\ h_{22} \end{pmatrix} = h_{22} \cdot \begin{pmatrix} 2 \\ 1 \end{pmatrix}.$$

Damit erhalten wir den Basiseinheitsvektor für die zweite Hauptachse:

$$\vec{h_2} = \frac{\vec{h_{2e}}}{\left| \vec{h_{2e}} \right|} = \frac{h_{22} \cdot \begin{pmatrix} 2 \\ 1 \end{pmatrix}}{h_{22} \cdot \sqrt{2^2 + 1^2}} = \frac{1}{\sqrt{5}} \cdot \begin{pmatrix} 2 \\ 1 \end{pmatrix}. \qquad (1.72)$$

Wir haben darauf geachtet, dass die Basiseinheitsvektoren $\vec{h_1}$ und $\vec{h_2}$ ein Rechtssystem bilden. Die Matrix für die Drehung des Koordinatensystems lautet:

$$D^T = \begin{pmatrix} \cos\varphi & -\sin\varphi \\ \sin\varphi & \cos\varphi \end{pmatrix} = \begin{pmatrix} \vec{h_1} & \vec{h_2} \\ | & | \end{pmatrix} = \frac{1}{\sqrt{5}} \cdot \begin{pmatrix} 1 & 2 \\ -2 & 1 \end{pmatrix}. \qquad (1.73)$$

Aus $\cos\varphi = \frac{1}{\sqrt{5}}$ und $\sin\varphi = \frac{-2}{\sqrt{5}}$ bestimmen wir den Drehwinkel zu $\varphi \approx -63{,}4°$.

Schritt 2: Vereinfachung der linearen Form

Da die Matrix A invertierbar ist, können wir einen solchen Verschiebungsvektor finden, dass die lineare Form null wird, d. h., Fall 1 führt bereits zum Ziel. Aus (1.66) erhalten wir

$$\vec{u} = -A^{-1} \bullet \vec{b} = -\begin{pmatrix} 3 & 2 \\ 2 & 0 \end{pmatrix}^{-1} \bullet \begin{pmatrix} -9 \\ 6 \end{pmatrix} = \begin{pmatrix} -3 \\ 9 \end{pmatrix}, \text{ d. h. } U(-3|9). \tag{1.74}$$

Nun muss nur noch mit (1.63) die transformierte Konstante berechnet werden:

$$c'' = \vec{u}^{\,T} \bullet A \bullet \vec{u} + 2 \cdot \vec{b}^{\,T} \bullet \vec{u} + c = (-3\ 9) \bullet \begin{pmatrix} 3 & 2 \\ 2 & 0 \end{pmatrix} \bullet \begin{pmatrix} -3 \\ 9 \end{pmatrix}$$

$$+ 2 \cdot (-9\ 6) \bullet \begin{pmatrix} -3 \\ 9 \end{pmatrix} + 0$$

$$c'' = (-3\ 9) \bullet \begin{pmatrix} 9 \\ -6 \end{pmatrix} + 2 \cdot 81 = -81 + 2 \cdot 81 = 81. \tag{1.75}$$

Für die transformierte Quadrik erhalten wir mit (1.70), (1.74) und (1.75):

$$0 = \vec{x''}^{\,T} \bullet A'' \bullet \vec{x''} + 2 \cdot \vec{b''}^{\,T} \bullet \vec{x''} + c'' = (x''\ y'') \bullet \begin{pmatrix} -1 & 0 \\ 0 & 4 \end{pmatrix} \bullet \begin{pmatrix} x'' \\ y'' \end{pmatrix} + 0 + 81$$

$$0 = -x''^2 + 4 \cdot y''^2 + 81$$

$$\frac{x''^2}{9^2} - \frac{y''^2}{\left(\frac{9}{2}\right)^2} = 1. \tag{1.76}$$

Die im Koordinatensystem K'' geltende Beziehung (1.76) stellt die Normalform einer Hyperbel mit den Halbachsen 9 und 4,5 dar. Aus den im Koordinatensystem K beschriebenen Basiseinheitsvektoren für die Hauptachsen (1.71) und (1.72) sowie dem Ursprung (1.74) des Koordinatensystems K'' bestimmen wir die Gleichungen der Geraden, auf denen die Achsen liegen:

$$x''\text{-Achse: } y = -2 \cdot x + 3,$$

$$y''\text{-Achse: } y = \frac{1}{2} \cdot x + \frac{21}{2}.$$

Zuweilen erfolgt in der Literatur nur die Transformation vom Koordinatensystem K nach K'. Dazu wird in der in K geltenden Ausgangsgleichung (1.54) der Ortsvektor des allgemeinen Punktes P mithilfe von (1.64) und (1.73) substituiert. Dabei ergibt sich

$$3 \cdot x^2 + 4 \cdot x \cdot y - 18 \cdot x + 12 \cdot y = 0$$

$$\vec{x} = D^{-1} \bullet \vec{x'} = D^T \bullet \vec{x'} = \begin{pmatrix} \cos\varphi & -\sin\varphi \\ \sin\varphi & \cos\varphi \end{pmatrix} \bullet \vec{x'} = \begin{pmatrix} \vec{h_1} & \vec{h_2} \\ | & | \end{pmatrix} \bullet \vec{x'} = \frac{1}{\sqrt{5}} \cdot \begin{pmatrix} 1 & 2 \\ -2 & 1 \end{pmatrix} \bullet \vec{x'}$$

$$\begin{pmatrix} x \\ y \end{pmatrix} = \frac{1}{\sqrt{5}} \cdot \begin{pmatrix} 1 & 2 \\ -2 & 1 \end{pmatrix} \bullet \begin{pmatrix} x' \\ y' \end{pmatrix} = \frac{1}{\sqrt{5}} \cdot \begin{pmatrix} x' + 2 \cdot y' \\ -2 \cdot x' + y' \end{pmatrix}$$

$$0 = \frac{3}{5} \cdot (x' + 2 \cdot y')^2 + \frac{4}{5} \cdot (x' + 2 \cdot y') \cdot (-2 \cdot x' + y') - \frac{18}{\sqrt{5}} \cdot (x' + 2 \cdot y') + \frac{12}{\sqrt{5}} \cdot (-2 \cdot x' + y')$$

$$0 = \frac{3}{5} \cdot \left(x'^2 + 4 \cdot x' \cdot y' + 4 \cdot y'^2 \right) + \frac{4}{5} \cdot \left(-2 \cdot x'^2 - 3 \cdot x' \cdot y' + 2 \cdot y'^2 \right) - \frac{1}{\sqrt{5}} \cdot (-42 \cdot x' - 24 \cdot y')$$

$$0 = -x'^2 + 4 \cdot y'^2 - \frac{42}{\sqrt{5}} \cdot x' - \frac{24}{\sqrt{5}} \cdot y'.$$

Wir erkennen im Term der umgeformten quadratischen Form die Eigenwerte der Matrix A, d. h., wir hätten für diesen Umformungsschritt sofort (1.65) verwenden können. Die zuletzt erhaltene Gleichung formen wir mithilfe von quadratischen Ergänzungen um:

$$x'^2 + \frac{42}{\sqrt{5}} \cdot x' - 4 \cdot \left(y'^2 - \frac{6}{\sqrt{5}} \cdot y' \right) = 0$$

$$\left(x' + \frac{21}{\sqrt{5}} \right)^2 - \frac{21^2}{5} - 4 \cdot \left(y' - \frac{3}{\sqrt{5}} \right)^2 + \frac{36}{5} = 0$$

$$\left(x' + \frac{21}{\sqrt{5}} \right)^2 - 4 \cdot \left(y' - \frac{3}{\sqrt{5}} \right)^2 = 81$$

$$\frac{\left(x' + \frac{21}{\sqrt{5}} \right)^2}{9^2} - \frac{\left(y' - \frac{3}{\sqrt{5}} \right)^2}{\left(\frac{9}{2} \right)^2} = 1. \tag{1.77}$$

Auch die im Koordinatensystem K' geltende Beziehung (1.77) ergibt, dass es sich im Beispiel um eine Hyperbel mit den Halbachsen 9 und 4,5 handelt. Der Mittelpunkt der Hyperbel in K' lautet $U'\left(-\frac{21}{\sqrt{5}} \middle| \frac{3}{\sqrt{5}} \right)$. Wir erhalten den Ortsvektor des Mittelpunkts im Koordinatensystem K, indem wir die Koordinaten des Ortsvektors $\vec{u'}$ mit (1.58) umrechnen:

$$\vec{u} = D^{-1} \bullet \vec{u'} = D^T \bullet \vec{u'} = \frac{1}{\sqrt{5}} \cdot \begin{pmatrix} 1 & 2 \\ -2 & 1 \end{pmatrix} \bullet \frac{1}{\sqrt{5}} \cdot \begin{pmatrix} -21 \\ 3 \end{pmatrix} = \frac{1}{5} \cdot \begin{pmatrix} -15 \\ 45 \end{pmatrix} = \begin{pmatrix} -3 \\ 9 \end{pmatrix}.$$

Erleichtert stellen wir fest, dass der Ortsvektor zum Mittelpunkt der Hyperbel mit dem Verschiebungsvektor $\vec{u}$ übereinstimmt, dessen Koordinaten bezüglich des Koordinatensystems K wir in (1.74) angegeben haben.

▶   **Bemerkung** Die Normalform einer Hyperbel stellt nicht immer die einfachste Gleichung für diesen Kegelschnitt dar. In der Schule haben wir gelernt, dass $y = \frac{1}{x}$ die Gleichung einer Hyperbel ist. Eine analoge Berechnung wie in diesem Anhang ergibt für die Hyperbel mit der Gleichung $y = \frac{1}{x}$:

- die Normalform $\frac{x''^2}{2} - \frac{y''^2}{2} = 1$,
- den Ursprung $U(0|0)$,
- die Lage der x''-Achse auf der Geraden mit der Gleichung $y = x$,
- die Lage der y''-Achse auf der Geraden mit der Gleichung $y = -x$.

Anhang 1.3 Erzeugung einer ebenen Perspektivität aus einer perspektiven Kollineation

Es wird der Zusammenhang hergestellt zwischen einer perspektiven Kollineation (Sonderfall einer Zentralprojektion, bei der alle Urbildpunkte in einer Ebene liegen) und der zugehörigen ebenen Perspektivität (ebenen Zentralkollineation) in der Bildebene. Die Urbildebene ε ist gegen die Bildebene π um den Winkel α $(0 < \alpha < 90°)$ geneigt.

Wir gehen folgendermaßen vor:

- **Schritt 1:** Wir bilden einen beliebigen Urbildpunkt P der Urbildebene ε durch die perspektive Kollineation mit Projektionszentrum S in den Bildpunkt P' der Bildebene π ab.
- **Schritt 2:** Nach einem einheitlichen Verfahren bestimmen wir zum Projektionszentrum S und zum Urbildpunkt P zugehörige Punkte (S) bzw. (P) in der Bildebene π.
- **Schritt 3:** Wir weisen nach, dass der Punkt (S) das Perspektivitätszentrum der ebenen Perspektivität ist, welche den Punkt (P) auf P' abbildet.

Um den gesuchten Zusammenhang herstellen zu können, führen wir ein zweckmäßig angeordnetes kartesisches Koordinatensystem ein. Abb. 1.50 zeigt das Koordinatensystem und die betrachteten geometrischen Objekte:

- Die Bildebene π liegt in der x-y-Ebene.
- Die y-Achse wird entlang der Perspektivitätsachse s positioniert.
- Die x-Achse wird so angeordnet, dass die y-Koordinate des Projektionszentrums S null ist.
- Das Projektionszentrum S wird so gewählt, dass seine z-Koordinate positiv ist.

Ausführung Schritt 1 Abbildung des beliebigen Urbildpunktes P der Urbildebene ε durch die perspektive Kollineation mit Projektionszentrum S in den Bildpunkt P' der Bildebene π.

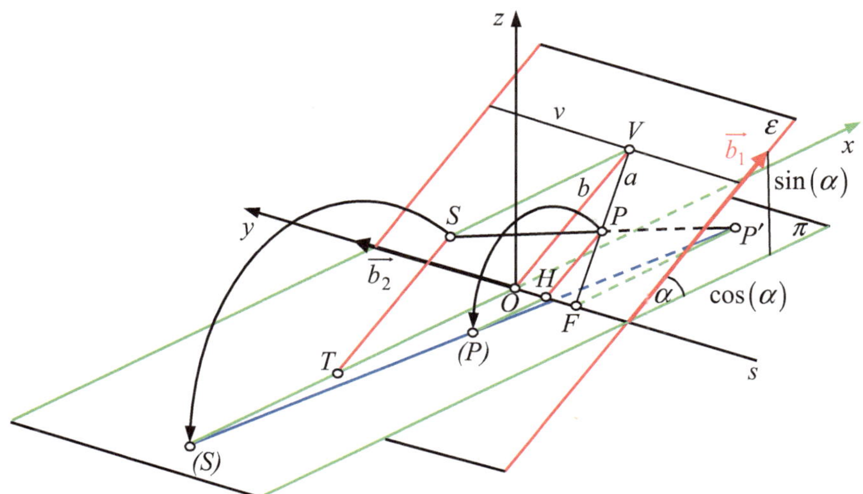

Abb. 1.50   Erzeugung einer ebenen Perspektivität aus einer perspektiven Kollineation

Lösungsweg 1.1 Wir ermitteln den Bildpunkt P' (Zentralriss) durch Konstruktion.

Um den Zentralriss P' des in der Urbildebene liegenden Punktes P konstruieren zu können, benötigen wir neben der Tatsache, dass P' auf der Projektionsgeraden SP liegt, noch einen zweiten Zusammenhang. Dafür eignet sich die Eigenschaft der Zentralprojektion, dass Urbildgeraden, die sich in einem Verschwindungspunkt schneiden, nach affiner Auffassung parallele Bildgeraden besitzen (diese Eigenschaft entnehmen wir Abschn. 3.1.2). Die Konstruktionsschritte ergeben sich wie folgt:

- Die zur Bildebene π „parallele" Ebene durch das Projektionszentrum S ist die Verschwindungsebene, welche die Urbildebene ε in der Verschwindungsgeraden v schneidet.
- Auf v wählen wir den Verschwindungspunkt V aus, der auf einer „Parallelen" zur x-Achse durch S liegt. Dieses Vorgehen ist sinnvoll, da das Bild der Geraden $b = VO$ (Falllinie in der Urbildebene ε vom Punkt V aus) angegeben werden kann: Es ist die x-Achse.
- Das Bild der Geraden $a = VP$ ist zum Bild der Geraden b nach affiner Auffassung parallel, da sich die Geraden a und b im Verschwindungspunkt V schneiden. Da bei der Zentralprojektion auch die Kollinearität gewahrt ist, liegt der Zentralriss P' des Punktes P auf dem Bild der Geraden a.
- P' ergibt sich als Schnittpunkt der Projektionsgeraden SP mit dem Bild der Geraden a, welches eine „Parallele" zur x-Achse durch den Spurpunkt F der Geraden a ist.

Lösungsweg 1.2 Wir ermitteln den Bildpunkt P' (Zentralriss) durch Berechnung.

Die Berechnung der Koordinaten des Bildpunktes P' erfolgt durch Bestimmung des Schnittpunktes der Projektionsgeraden SP mit der Bildebene π. Wir gehen schrittweise vor:

Bildebene π: $z = 0$

Urbildebene ε:

Mit dem Stützvektor $\vec{O} = \begin{pmatrix} 0 \\ 0 \\ 0 \end{pmatrix}$ und den beiden Spannvektoren $\vec{b}_1 = \begin{pmatrix} cos(\alpha) \\ 0 \\ sin(\alpha) \end{pmatrix}$

und $\vec{b}_2 = \begin{pmatrix} 0 \\ 1 \\ 0 \end{pmatrix}$ ergibt sich

$$\varepsilon :\ \vec{x} = \vec{O} + t \cdot \vec{b}_1 + r \cdot \vec{b}_2 = \begin{pmatrix} t \cdot cos(\alpha) \\ r \\ t \cdot sin(\alpha) \end{pmatrix}.$$

Beide Spannvektoren sind Einheitsvektoren, da beide den Betrag eins besitzen. In Abb. 1.50 haben wir den Spannvektor $\vec{b}_1$ parallel verschoben, um die Darstellung übersichtlich zu gestalten.

Ortsvektor zum Urbildpunkt P: $\vec{P} = \begin{pmatrix} t_P \cdot cos(\alpha) \\ r_P \\ t_P \cdot sin(\alpha) \end{pmatrix} = \begin{pmatrix} P_x \\ P_y \\ P_z \end{pmatrix}$ wegen $P \in \varepsilon$,

laut Skizze gilt $t_P > 0$ und $r_P < 0$.

Ortsvektor zum Kollineationszentrum S: $\vec{S} = \begin{pmatrix} S_x \\ 0 \\ S_z \end{pmatrix}$ wegen $S_y = 0$.

Projektionsgerade SP:

$$\vec{x} = \vec{S} + u \cdot \vec{SP} = \vec{S} + u \cdot \left(\vec{P} - \vec{S} \right)$$

$$\vec{x} = \begin{pmatrix} S_x + u \cdot (t_P \cdot cos(\alpha) - S_x) \\ u \cdot r_P \\ S_z + u \cdot (t_P \cdot sin(\alpha) - S_z) \end{pmatrix}.$$

Bedingung für P' auf SP: $P' = SP \cap \pi$, d. h., die z-Koordinate des Bildpunktes P' ist null. Damit ergibt sich

$$S_z + u_{P'} \cdot (t_P \cdot sin(\alpha) - S_z) = 0 \Rightarrow u_{P'} = \frac{S_z}{S_z - t_P \cdot sin(\alpha)}.$$

Ortsvektor zum Bildpunkt P':

$$\vec{P'} = \vec{S} + u_{P'} \cdot \vec{SP} = \vec{S} + u_{P'} \cdot \left(\vec{P} - \vec{S} \right) = \begin{pmatrix} S_x + u_{P'} \cdot (t_P \cdot \cos(\alpha) - S_x) \\ u_{P'} \cdot r_P \\ S_z + u_{P'} \cdot (t_P \cdot \sin(\alpha) - S_z) \end{pmatrix}$$

$$= \begin{pmatrix} S_x + \frac{S_z}{S_z - t_P \cdot \sin(\alpha)} \cdot (t_P \cdot \cos(\alpha) - S_x) \\ \frac{S_z}{S_z - t_P \cdot \sin(\alpha)} \cdot r_P \\ S_z + \frac{S_z}{S_z - t_P \cdot \sin(\alpha)} \cdot (t_P \cdot \sin(\alpha) - S_z) \end{pmatrix}$$

$$= \frac{1}{S_z - t_P \cdot \sin(\alpha)} \cdot \begin{pmatrix} S_x \cdot (S_z - t_P \cdot \sin(\alpha)) + S_z \cdot (t_P \cdot \cos(\alpha) - S_x) \\ S_z \cdot r_P \\ S_z \cdot (S_z - t_P \cdot \sin(\alpha)) + S_z \cdot (t_P \cdot \sin(\alpha) - S_z) \end{pmatrix}$$

$$\vec{P'} = \frac{1}{S_z - t_P \cdot \sin(\alpha)} \cdot \begin{pmatrix} t_P \cdot (S_z \cdot \cos(\alpha) - S_x \cdot \sin(\alpha)) \\ S_z \cdot r_P \\ 0 \end{pmatrix}.$$

▶ **Bemerkung** Die Koordinaten des Bildpunktes P' existieren nur dann, wenn $S_z - t_P \cdot \sin(\alpha) \neq 0$. Wir haben bereits ermittelt, dass für den Urbildpunkt P die Beziehung $t_P \cdot \sin(\alpha) = P_z$ gilt. Deshalb existieren die Koordinaten des Bildpunktes P' nur dann, wenn $P_z \neq S_z$ gilt. Diese Bedingung ist verständlich, da dem Urbildpunkt P nur dann ein eigentlicher Bildpunkt P' zugeordnet werden kann, wenn P nicht in der Verschwindungsebene liegt. Es ist bemerkenswert, dass die geometrisch bestimmten Eigenschaften der Punkte der Verschwindungsebene auch bei der analytischen Beschreibung der Abbildung zutage treten.

Ausführung Schritt 2 Bestimmung der zum Projektionszentrum S und zum Urbildpunkt P zugehörigen Punkte (S) bzw. (P) in der Bildebene π nach einem einheitlichen Verfahren.

Zum Projektionszentrum S und zum Urbildpunkt P werden die zugehörigen Punkte (S) bzw. (P) in der Bildebene π folgendermaßen ermittelt (s. Abb. 1.50):

- Die Urbildebene ε wird um ihre Spur s um die orientierte y-Achse entgegen dem Uhrzeigersinn in die Bildebene π gedreht. Dabei geht der Urbildpunkt P in den Punkt (P) der Bildebene π über.
- Durch das Projektionszentrum S der perspektiven Kollineation wird eine zur Urbildebene ε nach affiner Auffassung parallele Ebene gelegt, die um ihre Spur mit der Bildebene π gedreht wird (analog zur Drehung der Urbildebene ε). Dabei geht das Projektionszentrum S in den Punkt (S) der Bildebene π über.

Zur Berechnung der Koordinaten der Punkte (P) und (S) gehen wir wieder schrittweise vor:

Ortsvektor $\vec{(P)}$ zum Punkt (P):

Falllinie PH in der Urbildebene ε vom Punkt P aus:

$$\vec{x} = \vec{P} + f \cdot \vec{b_1} = \begin{pmatrix} t_P \cdot \cos(\alpha) + f \cdot \cos(\alpha) \\ r_P \\ t_P \cdot \sin(\alpha) + f \cdot \sin(\alpha) \end{pmatrix}.$$

Ortsvektor $\vec{H}$ zum Punkt H aus Schnitt der Falllinie PH mit der Bildebene π (H ist der Punkt auf PH, dessen z-Koordinate null ist):

$$t_P \cdot \sin(\alpha) + f_H \cdot \sin(\alpha) = 0 \Rightarrow f_H = -t_P \Rightarrow \vec{H} = \begin{pmatrix} 0 \\ r_P \\ 0 \end{pmatrix}$$

… das Ergebnis ist mit den Koordinaten von $\vec{P}$ plausibel.

Länge von $\overline{PH} = \left| \vec{PH} \right|$:

$$\overline{PH} = \left| \vec{PH} \right| = \left| \vec{H} - \vec{P} \right| = \left| \begin{pmatrix} 0 \\ r_P \\ 0 \end{pmatrix} - \begin{pmatrix} t_P \cdot \cos(\alpha) \\ r_P \\ t_P \cdot \sin(\alpha) \end{pmatrix} \right| = \left| \begin{pmatrix} -t_P \cdot \cos(\alpha) \\ 0 \\ -t_P \cdot \sin(\alpha) \end{pmatrix} \right|$$

$$\overline{PH} = \left| \vec{PH} \right| = |-t_P| \cdot \sqrt{\cos^2(\alpha) + \sin^2(\alpha)} = |-t_P|.$$

Mit $t_P > 0$ (siehe Berechnung von P) ergibt sich

$$\overline{PH} = \left| \vec{PH} \right| = t_P.$$

(P) auf der Gerade durch H „parallel" zur x-Achse mit $\overline{H(P)} = \left| \vec{PH} \right|$:

$$\vec{(P)} = \vec{H} + \left| \vec{PH} \right| \cdot (-\vec{e_x}) = \begin{pmatrix} 0 \\ r_P \\ 0 \end{pmatrix} + t_P \cdot \begin{pmatrix} -1 \\ 0 \\ 0 \end{pmatrix} = \begin{pmatrix} -t_P \\ r_P \\ 0 \end{pmatrix}.$$

Ortsvektor $\vec{(S)}$ zum Punkt (S):

Falllinie ST in der zur Urbildebene ε „parallelen" Ebene durch S vom Punkt S aus:

$$\vec{x} = \vec{S} + f \cdot \vec{b_1} = \begin{pmatrix} S_x + f \cdot \cos(\alpha) \\ 0 \\ S_z + f \cdot \sin(\alpha) \end{pmatrix}.$$

$\vec{T}$ aus Schnitt der Falllinie ST mit der Bildebene π (T ist der Punkt auf ST, dessen z-Koordinate null ist):

$$S_z + f_T \cdot \sin(\alpha) = 0 \Rightarrow f_T = -\frac{S_z}{\sin(\alpha)} \Rightarrow$$

$$\vec{T} = \begin{pmatrix} S_x + \left(-\frac{S_z}{\sin(\alpha)} \right) \cdot \cos(\alpha) \\ 0 \\ S_z + \left(-\frac{S_z}{\sin(\alpha)} \right) \cdot \sin(\alpha) \end{pmatrix} = \begin{pmatrix} S_x - S_z \cdot \cot(\alpha) \\ 0 \\ 0 \end{pmatrix}.$$

Länge von $\overline{ST}$:

$$\overline{ST} = \left|\overrightarrow{ST}\right| = \left|\vec{T} - \vec{S}\right| = \left|\begin{pmatrix} S_x - S_z \cdot cot(\alpha) \\ 0 \\ 0 \end{pmatrix} - \begin{pmatrix} S_x \\ 0 \\ S_z \end{pmatrix}\right| = \left|\begin{pmatrix} -S_z \cdot cot(\alpha) \\ 0 \\ -S_z \end{pmatrix}\right|$$

$$\overline{ST} = \left|\overrightarrow{ST}\right| = |-S_z| \cdot \sqrt{\frac{cos^2(\alpha)}{sin^2(\alpha)} + 1} = \frac{|-S_z|}{|sin(\alpha)|}.$$

Laut Abb. 1.50 gilt $S_z > 0$, und nach Voraussetzung gilt $0 < \alpha < 90°$, damit ergibt sich

$$\overline{ST} = \left|\overrightarrow{ST}\right| = \frac{S_z}{sin(\alpha)}.$$

(S) auf der x-Achse mit $\overline{T(S)} = \left|\overrightarrow{ST}\right|$:

$$\overrightarrow{(S)} = \vec{T} + \left|\overrightarrow{ST}\right| \cdot (-\vec{e_x}) = \begin{pmatrix} S_x - S_z \cdot cot(\alpha) \\ 0 \\ 0 \end{pmatrix} + \frac{S_z}{sin(\alpha)} \cdot \begin{pmatrix} -1 \\ 0 \\ 0 \end{pmatrix}$$

$$= \begin{pmatrix} S_x - S_z \cdot cot(\alpha) - \frac{S_z}{sin(\alpha)} \\ 0 \\ 0 \end{pmatrix}$$

$$\overrightarrow{(S)} = \begin{pmatrix} \frac{S_x \cdot sin(\alpha) - S_z \cdot cos(\alpha) - S_z}{sin(\alpha)} \\ 0 \\ 0 \end{pmatrix}.$$

Ausführung Schritt 3 Nachweis, dass der Punkt (S) das Perspektivitätszentrum der ebenen Perspektivität ist, welche den Punkt (P) auf P' abbildet.

Wir kennen die Koordinaten des auf der x-Achse liegenden Punktes (S). Deshalb können wir den geforderten Nachweis führen, indem wir zeigen, dass die Gerade $P'(P)$ die x-Achse in (S) schneidet.

Gerade $P'(P)$:

$$\vec{x} = \overrightarrow{P'} + w \cdot \overrightarrow{P'(P)} = \overrightarrow{P'} + w \cdot \left(\overrightarrow{(P)} - \overrightarrow{P'}\right) =$$

$$= \frac{1}{S_z - t_P \cdot sin(\alpha)} \cdot \begin{pmatrix} t_P \cdot (S_z \cdot cos(\alpha) - S_x \cdot sin(\alpha)) \\ S_z \cdot r_P \\ 0 \end{pmatrix}$$

$$+ w \cdot \left(\begin{pmatrix} -t_P \\ r_P \\ 0 \end{pmatrix} - \frac{1}{S_z - t_P \cdot sin(\alpha)} \cdot \begin{pmatrix} t_P \cdot (S_z \cdot cos(\alpha) - S_x \cdot sin(\alpha)) \\ S_z \cdot r_P \\ 0 \end{pmatrix}\right)$$

Bestimmung von $w_{(S)}$ aus der Bedingung, dass beim Schnitt mit der x-Achse die y-Koordinate null ist:

$$0 = \frac{S_z \cdot r_P}{S_z - t_P \cdot sin(\alpha)} + w_{(S)} \cdot r_P - \frac{w_{(S)} \cdot S_z \cdot r_P}{S_z - t_P \cdot sin(\alpha)}$$

$$0 = S_z \cdot r_P + w_{(S)} \cdot r_P \cdot (S_z - t_P \cdot sin(\alpha)) - w_{(S)} \cdot S_z \cdot r_P$$

$$w_{(S)} = \frac{S_z \cdot r_P}{r_P \cdot t_P \cdot sin(\alpha)} = \frac{S_z}{t_P \cdot sin(\alpha)}.$$

Ermittlung der x-Koordinate des Schnittpunktes:

$$\frac{t_P \cdot (S_z \cdot cos(\alpha) - S_x \cdot sin(\alpha))}{S_z - t_P \cdot sin(\alpha)} - \frac{S_z}{t_P \cdot sin(\alpha)} \cdot t_P - \frac{S_z}{t_P \cdot sin(\alpha)} \cdot \frac{t_P \cdot (S_z \cdot cos(\alpha) - S_x \cdot sin(\alpha))}{S_z - t_P \cdot sin(\alpha)}$$

$$= \frac{1}{(S_z - t_P \cdot sin(\alpha)) \cdot sin(\alpha)} \cdot \left\{ \begin{array}{l} \left[t_P \cdot S_z \cdot cos(\alpha) \cdot sin(\alpha) - t_P \cdot S_x \cdot sin^2(\alpha) \right] \\ + \left[-S_z^2 + S_z \cdot t_P \cdot sin(\alpha) \right] + \left[-S_z^2 \cdot cos(\alpha) + S_x \cdot S_z \cdot sin(\alpha) \right] \end{array} \right\}$$

$$= \frac{t_P \cdot S_z \cdot sin(\alpha) \cdot [cos(\alpha) + 1] - S_z^2 \cdot (1 + cos(\alpha)) + S_x \cdot sin(\alpha) \cdot \left[S_z - t_P \cdot sin(\alpha) \right]}{(S_z - t_P \cdot sin(\alpha)) \cdot sin(\alpha)}$$

$$= \frac{-S_z \cdot (1 + cos(\alpha)) \cdot \left[S_z - t_P \cdot sin(\alpha) \right] + S_x \cdot sin(\alpha) \cdot \left[S_z - t_P \cdot sin(\alpha) \right]}{(S_z - t_P \cdot sin(\alpha)) \cdot sin(\alpha)}$$

$$= \frac{-S_z \cdot (1 + cos(\alpha)) + S_x \cdot sin(\alpha)}{sin(\alpha)} = \frac{S_x \cdot sin(\alpha) - S_z - S_z \cdot cos(\alpha)}{sin(\alpha)}$$

Das Ergebnis stimmt mit der x-Koordinate von (S) überein (die anderen beiden Koordinaten dieses Punktes sind jeweils null, da (S) auf der x-Achse liegt; eine entsprechende Probe geht für beide Koordinaten auf). Für jeden Punkt P schneidet die Gerade $P'(P)$ die x-Achse in (S), deshalb stellt der Punkt (S) das Perspektivitätszentrum der ebenen Perspektivität dar.

Mit diesem Nachweis ist die Erzeugung einer ebenen Perspektivität aus einer perspektiven Kollineation abgeschlossen.

Taxi-Geometrie

Wir haben in Abschn. 1.1 bereits darauf hingewiesen, dass Hermann Minkowski (1864–1909) die Idee zu einer Taxi-Geometrie hatte, in der er ein von der euklidischen Geometrie abweichendes Modell für die primitiven Terme Punkt und Gerade einführte und einen anderen Abstandsbegriff verwendete. In diesem Kapitel folgen wir Minkowskis Spuren und begeben uns auf eine interessante Entdeckungsreise.

Ausgangspunkt unserer Überlegungen ist eine Stadt mit einem gleichmäßigen Straßenraster in Form eines quadratförmigen Gitters, in der sich ein Taxi ohne Umwege von einer Kreuzung zu einer anderen Kreuzung bewegt. Wir fassen die Kreuzungen dieser T-Stadt (Taxi-Stadt) als **T-Punkte** und den Weg des Taxis zwischen den T-Punkten A_T und B_T als **T-Strecke** auf, die auf einer **T-Geraden** g_T liegt. Abb. 2.1 zeigt drei der möglichen Wege, die das Taxi zwischen den T-Punkten A_T und B_T zurücklegen kann, d. h. drei T-Strecken zwischen diesen T-Punkten.

Wenn wir Abb 2.1 und alle folgenden Abbildungen dieses Kapitels als Teil des Stadtplans der T-Stadt auffassen, dann können wir die **Bedingung für zulässige Wege** des Taxis so formulieren, dass es sich sowohl horizontal als auch vertikal nur in einer Himmelsrichtung bewegen darf. Bei einer Fahrt von A_T nach B_T darf sich das Taxi nur in Richtung Osten und Norden bewegen, bei der Fahrt von B_T nach A_T nur in Richtung Westen und Süden. Fassen wir vereinbarungsgemäß jeden zulässigen Weg zwischen den T-Punkten A_T und B_T als T-Strecke auf, dann entdecken wir erste merkwürdige Besonderheiten:

- Zwei unterschiedliche T-Punkte können durch mehrere T-Strecken miteinander verbunden werden, d. h., zwischen zwei unterschiedlichen T-Punkten existieren mehrere T-Geraden. Bereits diese Eigenschaft weicht von

© Springer-Verlag GmbH Deutschland 2017
J. Wagner, *Einblicke in die euklidische und nichteuklidische Geometrie*,
DOI 10.1007/978-3-662-54072-5_2

einem Axiom der E-Geometrie (euklidischen Geometrie) ab, deshalb ist die T-Geometrie eine nichteuklidische Geometrie.

- T-Strecken können „anders aussehen" als E-Strecken (Strecken in der euklidischen Geometrie).
- Die T-Punkte liegen nicht dicht, da sie sich am Gitterraster ausrichten.
- Alle T-Strecken zwischen zwei unterschiedlichen T-Punkten haben dieselbe Länge. Ordnen wir jeder Quadratseite des Gitters die Länge 1 zu, dann besitzen alle T-Strecken zwischen den T-Punkten A_T und B_T in Abb. 2.1 die Länge 7, da vom Taxi jeweils vier Einheiten in horizontaler und drei Einheiten in vertikaler Richtung zu durchfahren sind.

Naheliegend ist folgende Frage:

Wie viele T-Strecken gibt es zwischen zwei T-Punkten, die um h horizontale und v vertikale Einheiten voneinander entfernt sind?

Bereits in Abb. 2.1 ist eine geeignete Zählstrategie für die Bestimmung dieser Anzahl erforderlich, denn es gibt wesentlich mehr T-Strecken als wir eingezeichnet haben. In Abb. 2.2 haben wir unter alle T-Punkte die Anzahl an Wegen eingetragen, die von A_T aus bis zum jeweiligen T-Punkt führen, wenn sich das Taxi in Richtung B_T bewegt.

Abb. 2.1 Einige T-Strecken zwischen den T-Punkten A_T und B_T

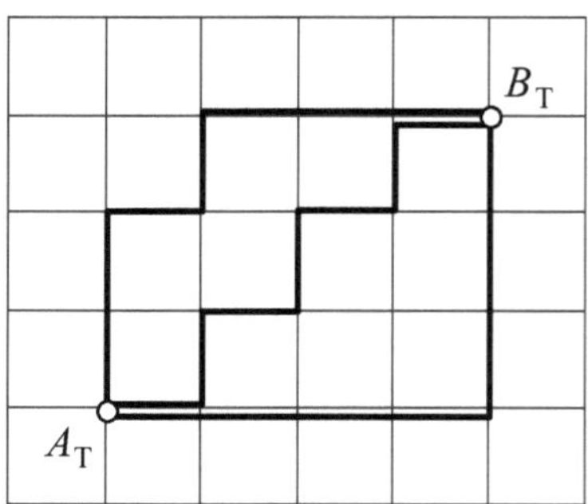

Abb. 2.2 Anzahl der T-Strecken zwischen den T-Punkten A_T und B_T

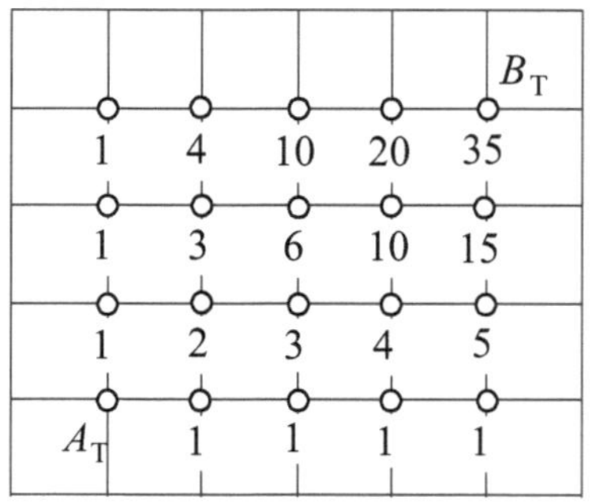

Wir ermitteln aus Abb. 2.2 folgende Gesetzmäßigkeiten (die zweite Eigenschaft ergibt sich beim systematischen Auszählen zunächst als Vermutung, die mittels vollständiger Induktion bewiesen werden kann):

- Zu allen T-Punkten, die auf der horizontalen oder der vertikalen T-Geraden bezüglich des Startpunktes liegen, führt jeweils genau ein Weg.
- Die Anzahl der Wege vom Startpunkt bis zu einem nordöstlich gelegenen „inneren" T-Punkt des Gitters ist gleich der Summe der Wege vom Startpunkt bis zum westlichen und südlichen Nachbarpunkt des betrachteten T-Punkts. Beispielsweise ergibt sich die Anzahl der Wege vom Startpunkt A_T bis zum Zielpunkt B_T als Summe aus 20 und 15, da zum westlichen bzw. südlichen Nachbarpunkt von B_T genau 20 bzw. 15 Wege führen.

Die in Abb. 2.2 entdeckten Gesetzmäßigkeiten begegnen uns auch in anderen Kontexten:

- Beim Potenzieren von Binomen ergeben sich für die Koeffizienten der Summanden analoge Zusammenhänge wie bei der Bestimmung der Anzahl von Wegen in der T-Geometrie.

$$(a + b)^1 = 1 \cdot a + 1 \cdot b$$
$$(a + b)^2 = 1 \cdot a^2 + 2 \cdot a \cdot b + 1 \cdot b^2$$
$$(a + b)^3 = 1 \cdot a^3 + 3 \cdot a^2 \cdot b + 3 \cdot a \cdot b^2 + 1 \cdot b^3$$
$$(a + b)^4 = 1 \cdot a^4 + 4 \cdot a^3 \cdot b + 6 \cdot a^2 \cdot b^2 + 4 \cdot a \cdot b^3 + 1 \cdot b^4$$

Alle außen stehenden Koeffizienten sind gleich 1.
Jeder „innere" Koeffizient ergibt sich als Summe zweier Koeffizienten aus dem Term der vorhergehenden Potenz. Beispielsweise ergibt sich der zweite Koeffizient bei der vierten Potenz als Summe aus dem ersten und zweiten Koeffizienten der dritten Potenz: $4 = 1 + 3$. Dieser Koeffizient gibt die Anzahl von Möglichkeiten an, den Term $a^3 \cdot b$ zu bilden: $a \cdot a \cdot a \cdot b, a \cdot a \cdot b \cdot a, a \cdot b \cdot a \cdot a, b \cdot a \cdot a \cdot a$.
Tatsächlich entdecken wir in Abb. 2.2 entlang der Nebendiagonalen des Gitters das Pascal'sche Dreieck, das auch die Koeffizienten beim Potenzieren von Binomen enthält.

- Bei einer Bernoulli-Kette der Länge vier gibt es vier Möglichkeiten, das Ergebnis „3 Treffer und 1 Niete" zu erzielen, da es nicht auf die Reihenfolge der Versuchsausgänge ankommt: TTTN, TTNT, TNTT, NTTT. Die Anzahl dieser Möglichkeiten ist gleich der Anzahl der Möglichkeiten, beim Bilden der vierten Potenz eines Binoms den Term $a^3 \cdot b$ zu erhalten.

Sowohl die Anzahl von Möglichkeiten, beim n-fachen Potenzieren des Binoms $(a + b)$ den Term $a^k \cdot b^{n-k}$ zu erhalten als auch die Anzahl von k Treffern und $(n - k)$ Nieten bei einer Bernoulli-Kette der Länge n, ist

$\binom{n}{k} = \binom{n}{n-k} = \dfrac{n!}{(n-k)! \cdot k!}$. Analog dazu ist die Anzahl der T-Strecken zwischen zwei T-Punkten, die um h horizontale und v vertikale Einheiten voneinander entfernt sind: $\binom{h+v}{h} = \binom{h+v}{v}$. Für die Anzahl der Strecken zwischen den T-Punkten A_T und B_T ergibt sich damit der bereits ermittelte Wert

$$\binom{4+3}{4} = \binom{4+3}{3} = \frac{7!}{3! \cdot 4!} = \frac{7 \cdot 6 \cdot 5}{1 \cdot 2 \cdot 3} = 35.$$

Nach diesen anstrengenden Anzahlbestimmungen wenden wir uns wieder geometrischen Fragestellungen der T-Geometrie zu.

Wir finden anhand der Darstellung zweier T-Geraden g_T und h_T in Abb. 2.3 folgende interessante Besonderheiten:

- Die T-Geraden g_T und h_T haben sechs gemeinsame T-Punkte.
- Wir entdecken mit dem T-Zweieck $A_T B_T$ ein geometrisches Objekt, das keine Entsprechung in der euklidischen Geometrie besitzt (in der sphärischen Geometrie wird uns wieder ein Zweieck begegnen, das allerdings anders „aussieht" als das T-Zweieck).

Gewiss sind wir bereits gespannt, ob das Parallelenaxiom der E-Geometrie auch in der T-Geometrie gilt, Abb. 2.4 hilft uns bei der Klärung dieses Sachverhaltes.

> Das Parallelenaxiom der euklidischen Geometrie gilt in der T-Geometrie nicht, da wir zu einer T-Geraden g_T mehrere Parallelen durch einen T-Punkt P_T außerhalb dieser T-Geraden finden. Diese Parallelen haben ein anderes Aussehen als in der E-Geometrie, doch sie verlaufen alle durch den T-Punkt P_T und sie besitzen jeweils mit der T-Geraden g_T keinen gemeinsamen Punkt.

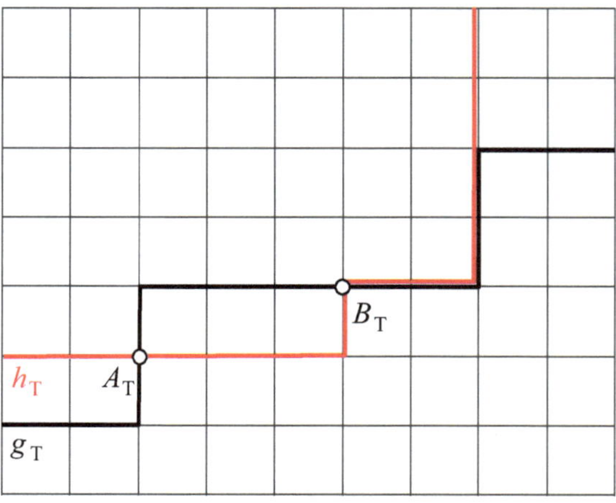

Abb. 2.3 T-Geraden

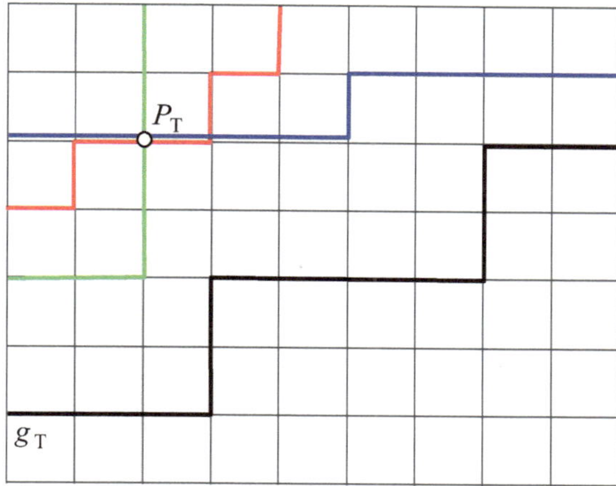

Abb. 2.4 T-Parallelen zur T-Geraden g_T durch T-Punkt P_T

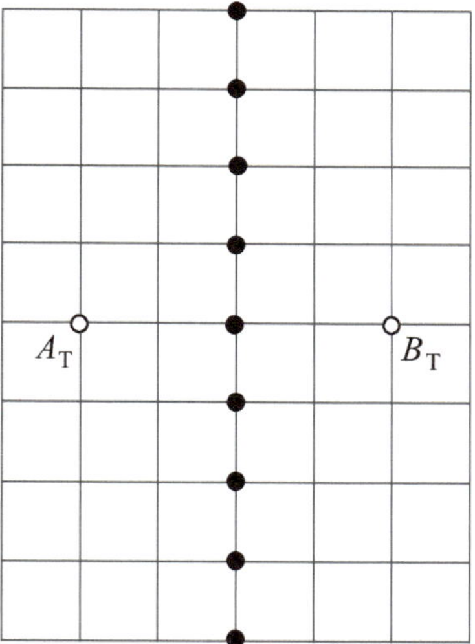

Abb. 2.5 Beispiel 1 für eine T-Mittelsenkrechte

Ein weiteres interessantes Untersuchungsfeld sind geometrische Orte als Punktmengen mit einer charakteristischen Eigenschaft. Wir betrachten anschließend zwei unterschiedliche geometrische Orte.

Erster geometrischer Ort Menge aller T-Punkte, die von zwei gegebenen T-Punkten den gleichen Abstand besitzen.

In der E-Geometrie wird der gesuchte geometrische Ort als Mittelsenkrechte, Mittellot oder Streckensymmetrale bezeichnet. Abb. 2.5 zeigt eine T-Mittelsenkrechte.

Unser Ergebnis in Abb. 2.5 „sieht so aus" wie eine Mittelsenkrechte in der E-Geometrie (im Unterschied zu E-Punkten liegen die T-Punkte allerdings nicht dicht). Es scheint so, als würde dieser geometrische Ort keine Besonderheiten aufweisen. Doch Vorsicht: Wir haben bisher nur einen Sonderfall betrachtet, bei dem die beiden T-Punkte A_T und B_T auf einer speziellen T-Geraden liegen! Bereits eine kleine Variation hält die erste Überraschung bereit: Wenn die beiden T-Punkte A_T und B_T immer noch auf einer horizontal verlaufenden T-Geraden liegen, aber einen ungeradzahligen Abstand voneinander haben, dann existiert gar keine T-Mittelsenkrechte! So vorgewarnt, variieren wir die gegenseitige Lage der T-Punkte A_T und B_T weiter. Beim Betrachten der Abb. 2.6 und 2.7 bemerken wir, dass der von uns gewählte erste geometrische Ort sehr interessante Eigenschaften besitzt (in Abb. 2.7 haben wir Punkte gleichen Abstands von A_T und B_T gleichfarbig eingezeichnet).

Zweiter geometrischer Ort Menge aller T-Punkte, die von einem gegebenen T-Punkt den gleichen Abstand besitzen.

In der ebenen E-Geometrie handelt es sich bei dem gesuchten geometrischen Ort um einen Kreis. Abb. 2.8 stellt einen T-Kreis um den T-Punkt M_T mit T-Radius $r_T = 3$ dar.

Inzwischen hält sich gewiss unser Erstaunen in Grenzen, dass in der T-Geometrie auch ein Kreis „anders aussieht" als in der E-Geometrie. Der Umfang eines T-Kreises wird durch vier T-Strecken gebildet, für deren Darstellung wir mehrere Möglichkeiten haben. In Abb. 2.9 haben wir uns für eine Variante entschieden, die eine gewisse Ähnlichkeit mit einem E-Kreis besitzt.

Jede der vier T-Strecken, die jeweils ein Viertel des Umfangs eines T-Kreises mit T-Radius r_T darstellt, besitzt die T-Länge $2 \cdot r_T$, da jede dieser T-Strecken zwei T-Punkte verbindet, die sich sowohl in horizontaler als auch in vertikaler Richtung

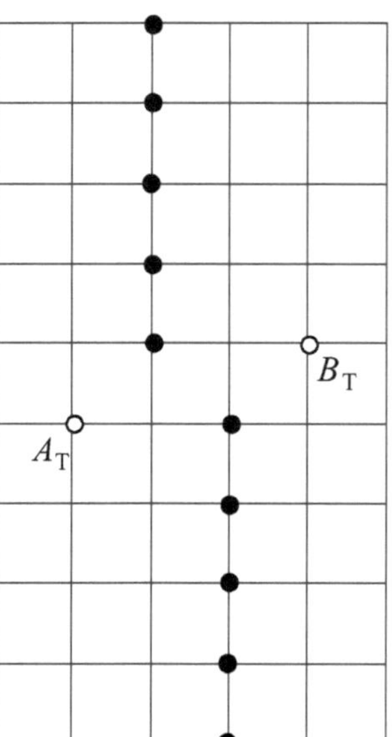

Abb. 2.6 Beispiel 2 für eine T-Mittelsenkrechte

Abb. 2.7 Beispiel 3 für eine
T-Mittelsenkrechte

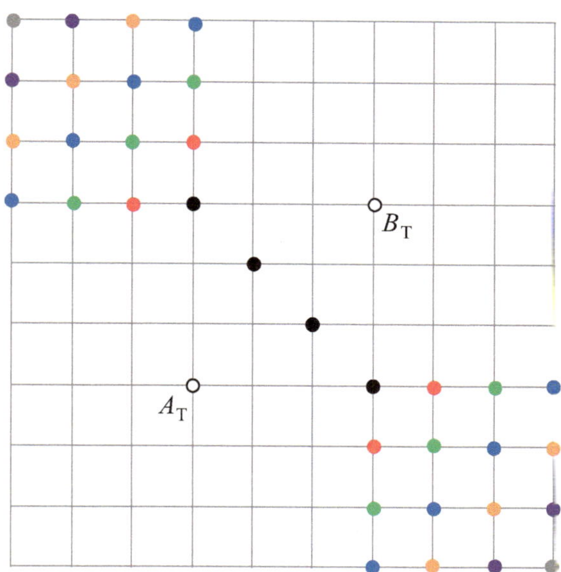

Abb. 2.8 T-Kreis

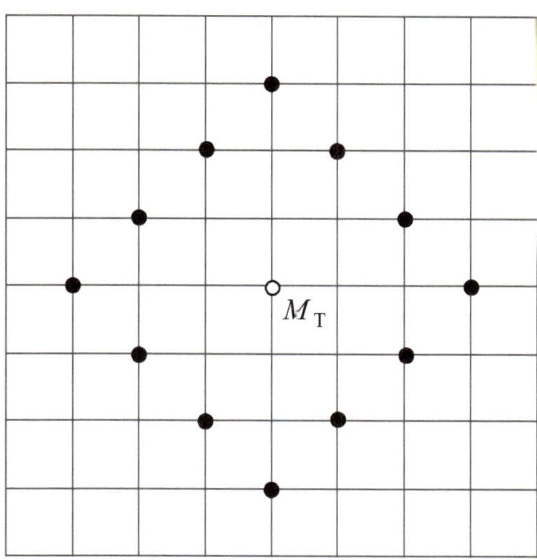

um r_T Einheiten unterscheiden. Damit können wir den Wert der Kreiszahl π_T in
der T-Geometrie berechnen:

$$\pi_T = \frac{u_T}{2 \cdot r_T} = \frac{4 \cdot (2 \cdot r_T)}{2 \cdot r_T} = 4.$$

Auch in der T-Geometrie ergibt sich für jeden T-Kreis dieselbe Kreiszahl, allerdings ist deren Wert schlicht und einfach 4, d. h., die schwer verständliche

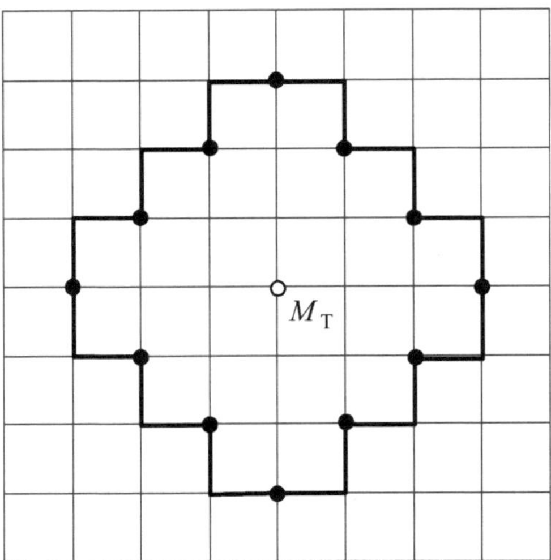

Abb. 2.9 Umfang eines T-Kreises

Transzendenz der Kreiszahl in der E-Geometrie ist in der T-Geometrie nicht vorhanden.

Zu Beginn dieses Kapitels haben wir mitgeteilt, dass in der T-Geometrie ein anderer Abstandsbegriff existiert als in der E-Geometrie. Wir haben dies in unseren Untersuchungen bereits berücksichtigt, indem wir beachtet haben, dass das Taxi nur entlang von Straßen fahren kann. In der E-Geometrie sind wir es gewohnt, dass auch „schräg verlaufende" Verbindungen zwischen zwei Punkten existieren. Wenn wir in beiden Geometrien jeweils ein kartesisches Koordinatensystem einführen, dann können wir den Abstand zweier Punkte mithilfe der Punktkoordinaten berechnen:

In der E-Geometrie ergibt sich nach dem Satz des Pythagoras $d(A,B) = \sqrt{(x_A - x_B)^2 + (y_A - y_B)^2}$.

In der T-Geometrie ergibt sich $d(A_\mathrm{T}, B_\mathrm{T}) = |x_{TA} - x_{TB}| + |y_{TA} - y_{TB}|$.

Beide Abstandsfunktionen besitzen die Eigenschaften einer **Metrik,** da sie

- wegen $d(x,y) \geq 0$ und $d(x,y) = 0 \Leftrightarrow x = y$ positiv definit sind,
- wegen $d(x,y) = d(y,x)$ symmetrisch sind,
- wegen $d(x,y) \leq d(x,z) + d(z,y)$ die Dreiecksungleichung erfüllen.

Deshalb wird die T-Geometrie in der Literatur zuweilen als eine Geometrie charakterisiert, in der die **Taxi-Metrik** gilt.

▶ **Bemerkung** Zuweilen wird die Taxi-Metrik auch als Cityblock-Metrik, Mannheimer-Metrik oder Manhattan-Metrik bezeichnet, da die Stadt Mannheim und der Stadtteil Manhattan in New York ein gleichmäßiges Straßenraster in Form eines quadratförmigen Gitters besitzen.

Die T-Geometrie lädt zu weiteren Betrachtungen ein, z. B. durch

- die Untersuchung weiterer geometrischer Orte wie Ellipsen, Parabeln oder Hyperbeln,
- die Untersuchung der Eigenschaften von n-Ecken,
- die Verwendung eines Dreieckrasters statt des Quadratrasters,
- den Übergang von der Ebene in den Raum.

Wir verzichten auf die Bearbeitung dieser Fragestellungen, da es uns in diesem kurzen Kapitel vorrangig um die Thematisierung einer nichteuklidischen Geometrie ging, die mit erstaunlich geringem Aufwand möglich war. Damit sind wir bereit, weitere nichteuklidische Geometrien kennenzulernen.

Projektive Geometrie 3

In Abschn. 3.1 nähern wir uns der projektiven Geometrie auf zwei unterschiedlichen Wegen. Für den **ersten Zugang** bilden wir aus der komplizierten euklidischen Geometrie eine sehr einfache ebene affine Geometrie (**A-Geometrie**), indem wir die Anzahl der Axiome auf drei reduzieren und auch nur eine endliche Anzahl von A-Punkten und A-Geraden zulassen. Durch diese starke Vereinfachung wird unser Blick geschärft für eine merkwürdige Asymmetrie, deren Beseitigung durch Hinzufügen einiger weiterer A-Punkte sowie einer zusätzlichen A-Geraden uns in den Gültigkeitsbereich der endlichen ebenen projektiven Geometrie (**P-Geometrie**) führen wird. Unser **zweiter Zugang** besteht in der Untersuchung der Eigenschaften der **Zentralprojektion** im Anschauungsraum und in der Zeichenebene. Dabei entdecken wir einige Besonderheiten, welche die Einführung zusätzlicher geometrischer Objekte per Definition nahelegen. Diese Ergänzung führt uns ebenfalls zur projektiven Geometrie (**P-Geometrie**). Außerdem können wir die zusätzlich eingefügten geometrischen Objekte interpretieren.

In Abschn. 3.2 thematisieren wir **mehrere Modelle der P-Geometrie,** in der die Bedingung, dass nur eine endliche Anzahl von P-Punkten und P-Geraden betrachtet wird, nicht mehr existiert.

Eine besondere Herausforderung besteht in der **Einführung von Maßen** für die Länge von Strecken und die Größe von Winkeln in Abschn. 3.3.

Mit der Thematisierung einiger **zentraler Sätze** in Abschn. 3.4 runden wir unseren Ausflug in die P-Geometrie ab. Dabei betrachten wir solche Sätze, die für die synthetische Geometrie eine besondere Bedeutung besitzen.

© Springer-Verlag GmbH Deutschland 2017

J. Wagner, *Einblicke in die euklidische und nichteuklidische Geometrie,*

DOI 10.1007/978-3-662-54072-5_3

3.1　Wege zur projektiven Geometrie

3.1.1　Von einer endlichen affinen zu einer endlichen projektiven Inzidenzgeometrie[1]

Als Ausgangspunkt unserer Betrachtungen wählen wir eine sehr einfache endliche ebene **A-Geometrie** (affine Inzidenzgeometrie), die folgendermaßen charakterisiert werden kann:

- Es existieren nur die primitiven Terme A-Punkt, A-Gerade und Inzidenz (in der Bedeutung von „enthalten sein", „gemeinsam").
- Es existieren keine Maße für Abstände und Winkel.
- Die Anzahl der A-Punkte und A-Geraden ist endlich.
- Das Axiomensystem besteht nur aus drei Axiomen.

Axiome für eine endliche A-Geometrie

Axiom A1　Zu jedem Paar unterschiedlicher A-Punkte P_A und Q_A existiert genau eine A-Gerade g_A, die mit diesen beiden Punkten inzidiert.

Axiom A2　Zu jeder A-Geraden g_A und jedem nicht mit ihr inzidierenden A-Punkt P_A gibt es genau eine A-Gerade h_A, die mit P_A inzidiert und mit g_A nicht inzidiert.

Axiom A3　Es gibt mindestens drei unterschiedliche A-Punkte, die nicht mit einer A-Geraden inzidieren.

Das Axiom A1 sichert die Existenz und Eindeutigkeit einer Verbindungsgeraden für zwei unterschiedliche A-Punkte, Axiom A2 entspricht dem Parallelenaxiom der E-Geometrie (euklidischen Geometrie), Axiom A3 sichert eine gewisse „Reichhaltigkeit" der A-Geometrie.

Alle genannten Axiome zum Aufbau einer A-Geometrie scheinen zweckmäßig und „vernünftig" zu sein. In der Mathematik werden die **Qualitätskriterien für Axiomensysteme** präzise und objektiv formuliert. Wir haben in Abschn. 1.1 bereits mitgeteilt, dass Hilbert die Eigenschaften Widerspruchsfreiheit, Unabhängigkeit, Einfachheit und Vollständigkeit forderte. Für das Axiomensystem (A1, A2, A3) betrachten wir die beiden erstgenannten Eigenschaften:

- Das wichtigste Kriterium für ein Axiomensystem, dessen Erfüllung unbedingt gefordert wird, ist seine **Widerspruchsfreiheit** oder **Konsistenz.** Diese wird

---

[1]Die Ausführungen in Abschn. 3.1.1 orientieren sich an folgender Quelle: Krauter, S.: Endliche Geometrie. https://www.ph-ludwigsburg.de/fileadmin/subsites/2e-imix-t-01/user_files/Veranstaltungs-materialien_offen/Zusatzmatetrialien/Skripte_Krauter/Endl_Geom_Skript_Original.pdf (2006). Zugegriffen: 04.08.2016.

durch Angabe eines Modells für das Axiomensystem nachgewiesen, denn wenn das Axiomensystem widersprüchlich wäre, dann könnte kein Modell gefunden werden, welches es erfüllt. Der Nachweis, dass ein Axiomensystem nicht konsistent ist, kann geführt werden, indem ein Satz und dessen Negation aus den Axiomen abgeleitet werden.

- Ein weiteres wesentliches Kriterium für ein Axiomensystem ist seine **Unabhängigkeit,** die darin besteht, dass sich keines der Axiome aus den anderen herleiten lässt. Zum Nachweis der Unabhängigkeit des Axioms i von den anderen Axiomen wird gezeigt, dass es ein Modell gibt, in dem Axiom i nicht gilt, aber alle anderen Axiome erfüllt sind, denn wenn das Axiom i von den anderen Axiomen abhängig wäre, dann müsste es in jedem Modell gelten, in dem alle Axiome außer Axiom i erfüllt sind.

Wir weisen die **Widerspruchsfreiheit des Axiomensystems** (A1, A2, A3) nach, indem wir mindestens ein Modell angeben, in dem es gilt. Diesen Nachweis führen wir mithilfe von Abb. 3.1 und 3.2.

> **Bemerkung** Wir haben bereits in der Taxi-Geometrie kennengelernt, dass in einer nichteuklidischen Geometrie Geraden „anders aussehen" können als in der E-Geometrie. In einer endlichen Geometrie kommt noch eine weitere **Besonderheit** hinzu: Wenn wir die A-Punkte, die auf einer A-Geraden liegen, durch eine Linie miteinander verbinden (es muss sich nicht um eine gerade Linie handeln), dann ist zu beachten, dass die E-Punkte auf der Linie, die zwischen zwei A-Punkten liegen, keine A-Punkte darstellen. In der A-Geometrie haben die dargestellten Linien keine inhaltliche Bedeutung. Wir haben sie dennoch eingezeichnet, um unsere Vorstellung zu unterstützen, dass in den Modellen der A-Geometrie echt parallele Geraden existieren.
>
> Die Bezeichnung der Abbildungen mit dem Begriff „Ordnung" wird mit Definition 3.1 verständlich.

Abb. 3.1 A-Geometrie der Ordnung zwei

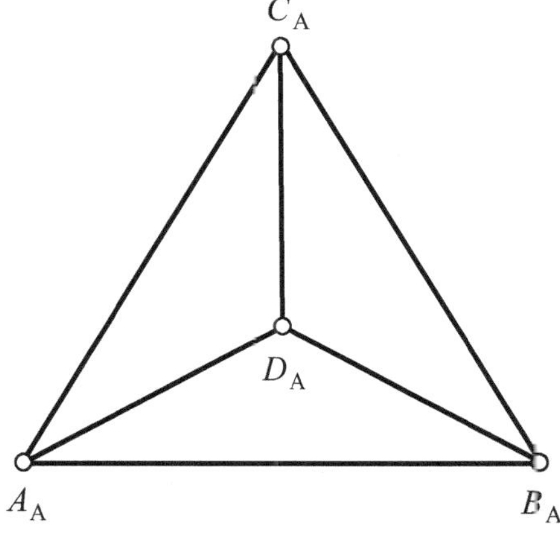

Abb. 3.2 A-Geometrie der
Ordnung drei

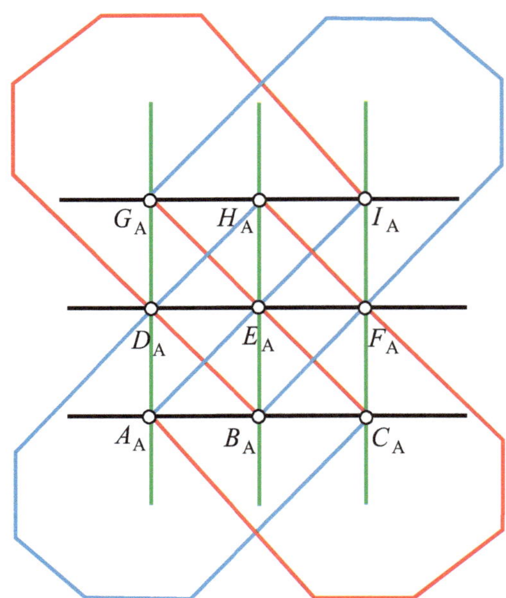

Für die A-Geometrie, die wir in Abb. 3.1 dargestellt haben, gilt:

- Es handelt sich um die Minimalkonfiguration einer endlichen affinen Inzidenzgeometrie, die aus vier A-Punkten und sechs A-Geraden besteht.
- Jede A-Gerade inzidiert mit zwei A-Punkten und jeder A-Punkt inzidiert mit
  drei A-Geraden.
- Es gibt drei Paare zueinander paralleler A-Geraden: $A_A D_A \parallel B_A C_A$,
  $B_A D_A \parallel A_A C_A$ und $C_A D_A \parallel A_A B_A$.

Für die A-Geometrie, die wir in Abb. 3.2 dargestellt haben, gilt:

- Es handelt sich um eine endliche affine Inzidenzgeometrie, die aus
  neun A-Punkten und zwölf A-Geraden besteht.
- Jede A-Gerade inzidiert mit drei A-Punkten und jeder A-Punkt inzidiert mit
  vier A-Geraden.
- Es gibt vier Tripel zueinander paralleler A-Geraden, die wir farblich unterschieden haben.

Allgemein gilt, dass jede A-Gerade mit der gleichen Anzahl n von A-Punkten
($n \geq 2$) inzidiert und dass jeder A-Punkt mit genau $(n + 1)$ A-Geraden inzidiert.
Dieser Sachverhalt wird mit dem Begriff „Ordnung" beschrieben, den wir bereits
bei der Bezeichnung von Abb. 3.1 und 3.2 verwendet haben.

> **Definition 3.1** Ordnung in der A-Geometrie
> Die Anzahl n der mit einer A-Geraden inzidierenden A-Punkte heißt
> **Ordnung** der A-Geometrie.

Die **Unabhängigkeit des Axiomensystems** (A1, A2, A3) weisen wir mit den in Abb. 3.3, 3.4 und 3.5 angegebenen Modellen nach.

> **Bemerkung** In der A-Geometrie der Ordnung zwei entdecken wir z. B., dass das A-Viereck $A_A B_A C_A D_A$ ein Parallelogramm mit $A_A B_A \parallel C_A D_A$ und $B_A C_A \parallel A_A D_A$ ist, dessen A-Diagonalen $A_A C_A$ und $B_A D_A$ parallel zueinander sind (außerdem verläuft die A-Diagonale $A_A C_A$ außerhalb dieses A-Vierecks).
>
> Erstaunlich reichhaltig ist bereits die A-Geometrie der Ordnung drei, in der 72 Dreiecke und 162 Vierecke existieren. Es ist sinnvoll, folgende Begriffe zu definieren:
>
> - Zu je zwei verschiedenen A-Punkten ist der dritte A-Punkt ihrer Verbindungsgeraden der **A-Mittelpunkt.**
> - Die Parallelenscharen $A_A B_A$ und $A_A D_A$ sowie $A_A E_A$ und $A_A F_A$ sind **orthogonal** zueinander.
>
> Mit diesen Definitionen lassen sich in der A-Geometrie der Ordnung drei Sätze über A-Seitenhalbierende, A-Höhen und A-Mittelsenkrechte beweisen, z. B.

Abb. 3.3 Unabhängigkeit des Axiomensystems (A1, A2, A3) von A1

Abb. 3.4 Unabhängigkeit des Axiomensystems (A1, A2, A3) von A2

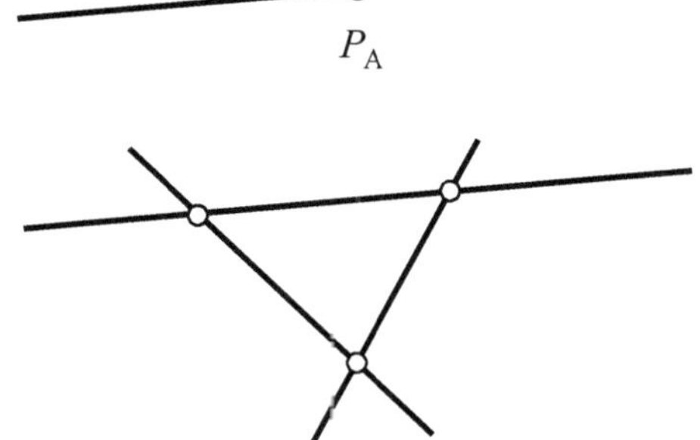

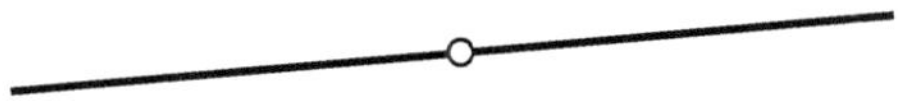

Abb. 3.5 Unabhängigkeit des Axiomensystems (A1, A2, A3) von A3

- gelten analoge Sätze wie in der E-Geometrie für die A-Mittelparallelen im A-Dreieck und das A-Mittenviereck im A-Viereck,
- sind im Unterschied zur E-Geometrie die drei A-Seitenhalbierenden eines A-Dreiecks parallel zueinander.

Die Bestimmung der Anzahl der A-Punkte oder A-Geraden in der A-Geometrie der Ordnung n eröffnet ein weites Feld für kombinatorische Überlegungen.

Wir führen die in der letzten Bemerkung angedeuteten Untersuchungen nicht aus, da wir unseren Weg von der endlichen ebenen affinen Inzidenzgeometrie (**A-Geometrie**) zur endlichen ebenen projektiven Inzidenzgeometrie (**P-Geometrie**) fortsetzen wollen.

Beim Betrachten der Eigenschaften der A-Geometrie der Ordnung n fällt eine **merkwürdige Asymmetrie** auf, da jede A-Gerade mit n A-Punkten ($n \geq 2$), aber jeder A-Punkt mit $(n + 1)$ A-Geraden inzidiert. Diese Asymmetrie können wir beseitigen, indem wir formal **zusätzliche geometrische Objekte einfügen.** Dabei geht Abb. 3.1 in Abb. 3.6 und Abb. 3.2 in Abb. 3.7 über (die Bezeichnungen erläutern wir im Anschluss).

Beim Übergang von Abb. 3.1 zu Abb. 3.6 haben wir jeder A-Geraden einen zusätzlichen A-Punkt so hinzugefügt, dass jede Parallelenrichtung einen gemeinsamen zusätzlichen Punkt erhält. Außerdem haben wir die drei zusätzlichen A-Punkte E_P, F_P und G_P durch eine zusätzliche A-Gerade miteinander verbunden, die „so aussieht" wie ein E-Kreis.

Beim Übergang von Abb. 3.2 zu Abb. 3.7 sind wir analog vorgegangen. Zur Verdeutlichung des Verlaufs der A-Geraden haben wir unterschiedliche Farben und Linientypen verwendet.

Wir haben durch das zweckmäßige Einfügen zusätzlicher geometrischer Objekte die Asymmetrie tatsächlich beseitigt, da

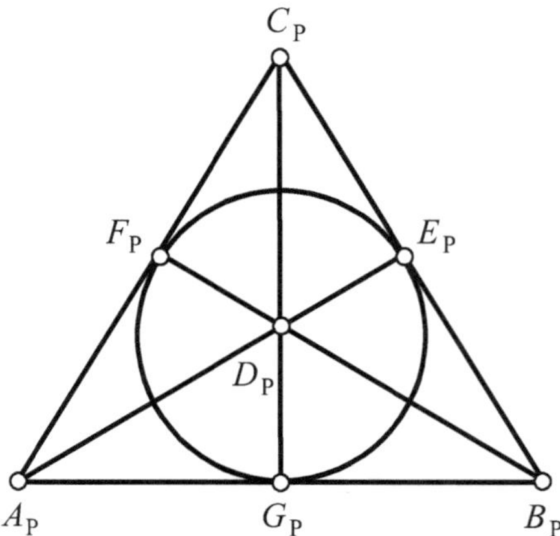

Abb. 3.6 P-Geometrie der Ordnung zwei

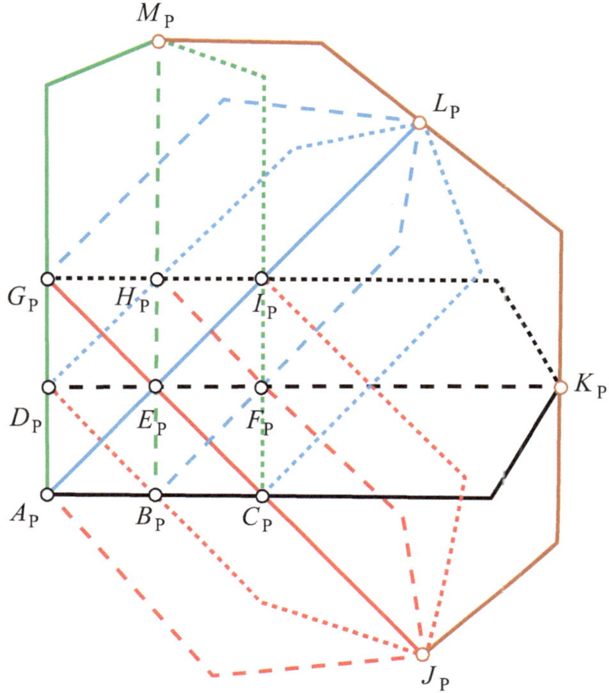

Abb. 3.7 P-Geometrie der Ordnung drei

- in Abb. 3.6 jeder A-Punkt mit drei A-Geraden und jede A-Gerade mit drei A-Punkten inzidiert,
- in Abb. 3.7 jeder A-Punkt mit vier A-Geraden und jede A-Gerade mit vier A-Punkten inzidiert.

Unsere scheinbar geringfügige Veränderung der Abb. 3.1 und 3.2 durch **Einfügen zusätzlicher geometrischer Objekte** hat gravierende Folgen, denn nach dieser Veränderung inzidiert jedes Paar unterschiedlicher A-Geraden mit genau einem A-Punkt. Das bedeutet aber, dass wir den **Gültigkeitsbereich der A-Geometrie verlassen** haben, da das Axiom A2 nicht mehr gilt! Die Geometrie, in der wir uns jetzt befinden, wird als endliche ebene projektive Geometrie (**P-Geometrie**) bezeichnet, in der P-Punkte und P-Geraden betrachtet werden. Bei Abb. 3.6 handelt es sich um die Minimalkonfiguration einer endlichen projektiven Inzidenzgeometrie, die aus sieben P-Punkten und sieben P-Geraden besteht.

▶ **Bemerkung** In der Literatur wird der Übergang von einer A-Geometrie zu einer P-Geometrie durch Hinzufügen geometrischer Objekte als **Adjungieren** bezeichnet.

Für den Übergang von einer P-Geometrie zu einer A-Geometrie müssen genau eine P-Gerade und alle mit ihr inzidierenden Punkte entfernt werden. Dieser Vorgang wird in der Literatur **Schlitzen** genannt.

Eine A-Geometrie der **Ordnung** n besitzt die Eigenschaft, dass die Anzahl der A-Punkte, die mit jeder A-Geraden inzidieren, genau n ist. Damit durch Adjungieren aus einer A-Geometrie der Ordnung n eine P-Geometrie derselben Ordnung entsteht, wird festgelegt, dass in der P-Geometrie der Ordnung n die Anzahl der P-Punkte, die mit jeder P-Geraden inzidieren, genau $(n+1)$ beträgt.

> **Definition 3.2** Ordnung in der P-Geometrie
> Eine P-Geometrie besitzt die **Ordnung** n, wenn jede P-Gerade mit $(n+1)$ P-Punkten inzidiert.

Nachdem wir bereits Modelle der P-Geometrie entworfen haben, geben wir das Axiomensystem der endlichen P-Geometrie an:

> **Axiome für eine endliche P-Geometrie**
>
> **Axiom P1**   Zu jedem Paar unterschiedlicher P-Punkte A_P und B_P existiert genau eine P-Gerade g_P, die mit diesen beiden P-Punkten inzidiert.
>
> **Axiom P2**   Zu jedem Paar unterschiedlicher P-Geraden g_P und h_P existiert genau ein P-Punkt S_P, der mit diesen beiden P-Geraden inzidiert.
>
> **Axiom P3**   Es gibt mindestens vier verschiedene P-Punkte, von denen keine drei mit einer gemeinsamen P-Geraden inzidieren.

Das Axiom P1 sichert die Existenz und Eindeutigkeit einer Verbindungsgeraden für zwei unterschiedliche P-Punkte, Axiom P2 legt die Existenz und Eindeutigkeit eines Schnittpunktes zweier unterschiedlicher P-Geraden fest (damit existiert in der P-Geometrie keine echte Parallelität), Axiom P3 sichert eine gewisse „Reichhaltigkeit" der P-Geometrie.

Da wir bereits zwei unterschiedliche Modelle für das Axiomensystem (P1, P2, P3) gefunden haben, ist nachgewiesen, dass es **widerspruchsfrei** ist.

Die **Unabhängigkeit des Axiomensystems** (P1, P2, P3) weisen wir mit den in Abb. 3.8, 3.9 und 3.10 angegebenen Modellen nach.

Wenn wir die in der P-Geometrie geltenden Gesetzmäßigkeiten miteinander vergleichen, dann stellen wir fest, dass die Begriffe P-Punkt und P-Gerade austauschbar sind. Durch einen derartigen Austausch gehen auch die Axiome P1 und P2 wechselseitig auseinander hervor. Da sich die auf diesem Weg aus dem

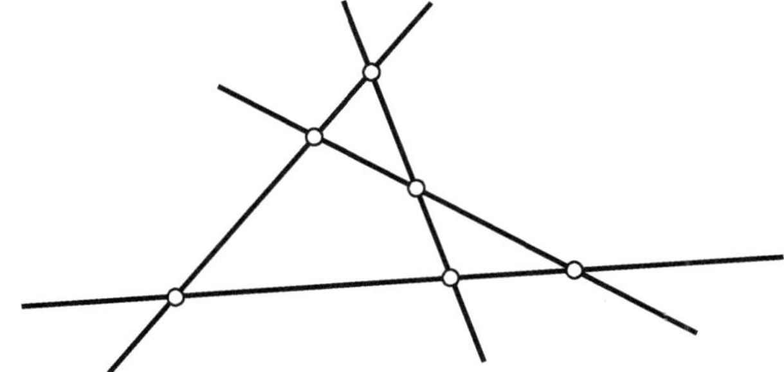

Abb. 3.8 Unabhängigkeit des Axiomensystems (P1, P2, P3) von P1

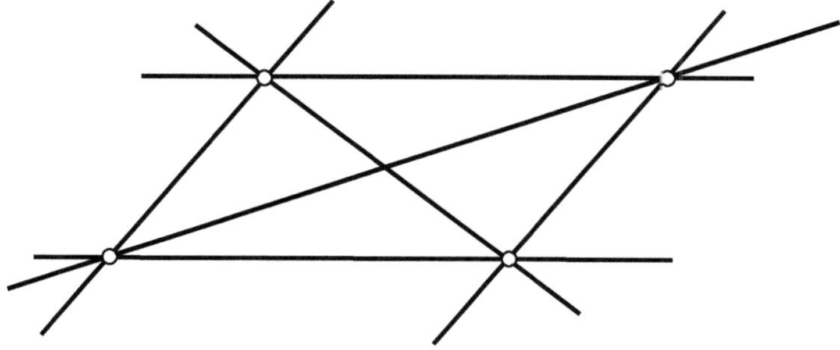

Abb. 3.9 Unabhängigkeit des Axiomensystems (P1, P2, P3) von P2

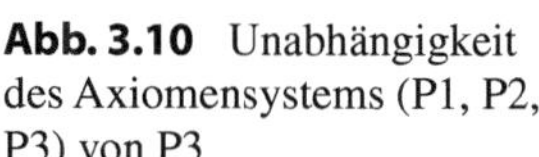

Abb. 3.10 Unabhängigkeit
des Axiomensystems (P1, P2,
P3) von P3

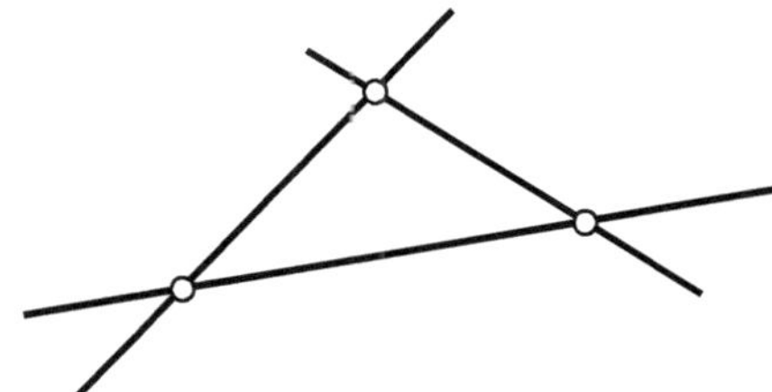

Axiom P3 folgende Aussage „Es gibt mindestens vier verschiedene P-Geraden, von denen keine drei mit einem gemeinsamen P-Punkt inzidieren." beweisen lässt, gelangen wir zu einem zentralen Prinzip der projektiven Geometrie:

Dualitätsprinzip der projektiven Geometrie
Aus jedem gültigen Satz der projektiven Inzidenzgeometrie entsteht durch Dualisieren ein weiterer gültiger Satz. Beim **Dualisieren**

- werden die Begriffspaare P-Gerade und P-Punkt sowie Verbindungsgerade und Schnittpunkt wechselseitig ersetzt,
- bleiben Aussagen zur Inzidenz erhalten.

Wir verdeutlichen das Dualitätsprinzip der projektiven Geometrie an Aussagen zu den Abb. 1.7 und 1.8 in Abschn. 1.2:

Aussage zu Abb. 1.7	$\leftrightarrow$	Aussage zu Abb. 1.8
Die Gerade a verbindet die Punkte Z, A und A'		Der Punkt A ist Schnittpunkt der Geraden a, e und s
Die Gerade g verbindet die Punkte A, B, C und D		Der Punkt Z_1 ist Schnittpunkt der Geraden a, b, c und d
Die Gerade g schneidet die Geraden a, b, c und d		Der Punkt Z_1 ist verbunden mit den Punkten A, B, C und D

Ergebnis: Abb. 1.7 und 1.8 gehen durch Dualisierung auseinander hervor.

▶ **Bemerkung** Unser kurzer Ausflug in die endliche affine und die endliche projektive Geometrie

- ermöglichte uns einen Einblick in den axiomatischen Aufbau von Geometrien,
- führte bis zum fundamentalen Dualitätsprinzip der projektiven Geometrie.

Wir beenden den Einblick in die endlichen Geometrien mit dem Hinweis, dass dort noch viele Sätze auf ihre Entdeckung warten. Beispielsweise existieren Ordnungen, für die es keine affine Ebene gibt, doch es gibt noch kein Entscheidungskriterium dafür, ob für eine beliebige Ordnung eine affine Ebene existiert oder nicht.

In Abschn. 3.1.2 thematisieren wir einen Zugang zur projektiven Geometrie, der von der Zentralprojektion im Anschauungsraum und in der Zeichenebene ausgeht. Da wir zunächst keine Maße für Abstände und die Größe von Winkeln benötigen, betrachten wir Zentralprojektionen im drei- bzw. zweidimensionalen affinen Raum. Die bisher geltende Beschränkung auf eine endliche Anzahl von A-Punkten und A-Geraden heben wir auf. Auch bei diesem Zugang zur P-Geometrie werden wir geometrische Objekte adjungieren, für die wir sogar eine geometrische Interpretation gewinnen.

3.1.2   Von der Zentralprojektion zur projektiven Geometrie

Analog zum Vorgehen bei der Thematisierung der Parallelprojektionen erarbeiten wir uns die Eigenschaften der Zentralprojektion anhand von Konstruktionen. Damit entspricht unser didaktisch motiviertes Vorgehen weitgehend der historischen Erkenntnisgewinnung.

Das durch Zentralprojektion erzeugte Bild eines Punktes X bezeichnen wir mit X^c, da es häufig **Zentralriss** genannt wird.

Wir erkennen in Abb. 3.11, dass der **Spurpunkt** Q der Geraden q in der Bildebene ein **Fixpunkt** der Abbildung ist. Durch punktweise Projektion der auf der Geraden q liegenden Urbildpunkte erhalten wir die Bildgerade q^c, die auch als Zentralriss der Geraden q bezeichnet wird. Die Projektionsgerade r ist **projizierend,** da alle Punkte dieser Geraden auf deren Spurpunkt R projiziert werden. Die **Zentralprojektion ist für nichtprojizierende Geraden geradentreu,** da das Bild einer nichtprojizierenden Geraden wieder eine Gerade ist. Dieses Ergebnis ist mit unseren Sehgewohnheiten im Einklang.

Lassen wir den Punkt Q_1 auf der Geraden q in Gedanken immer weiter nach links wandern, dann nähert sich die Projektionsgerade ZQ_1 der nach affiner Auffassung Parallelen zu q durch Z, die wir mit q_Z bezeichnet haben, immer mehr an, und der Bildpunkt Q_1^c wandert auf der Bildgeraden q^c von unten kommend immer näher zum Schnittpunkt Q_u^c der Geraden q_Z mit der Bildebene π. Wandert der Punkt Q_2 auf der Geraden q immer weiter nach rechts, dann nähert sich die Projektionsgerade ZQ_2 der Geraden q_Z ebenfalls immer mehr an, und der Bildpunkt Q_2^c wandert auf der Bildgeraden q^c von oben kommend immer näher zum Schnittpunkt Q_u^c der Geraden q_Z mit der Bildebene π. Der konstruierte Bildpunkt Q_u^c wird **Fluchtpunkt** der Geraden q genannt. Er kann als Bild eines „unendlich fernen" (uneigentlichen) Urbildpunktes der Geraden q interpretiert werden, der als **Fernpunkt** Q_u bezeichnet wird. Da die Gerade q genau einen Fluchtpunkt Q_u^c besitzt, wird ihr genau ein zugehöriger Urbildpunkt Q_u als Fernpunkt zugewiesen. Es ist überaus erstaunlich, dass zu dem nicht darstellbaren Fernpunkt einer Geraden auf einfache Weise das Bild konstruiert werden kann.

Auf der abzubildenden Geraden q existiert ein Punkt Q_V, bei dem die zugehörige Projektionsgerade parallel zur Bildebene verläuft. Nähern wir uns bei der

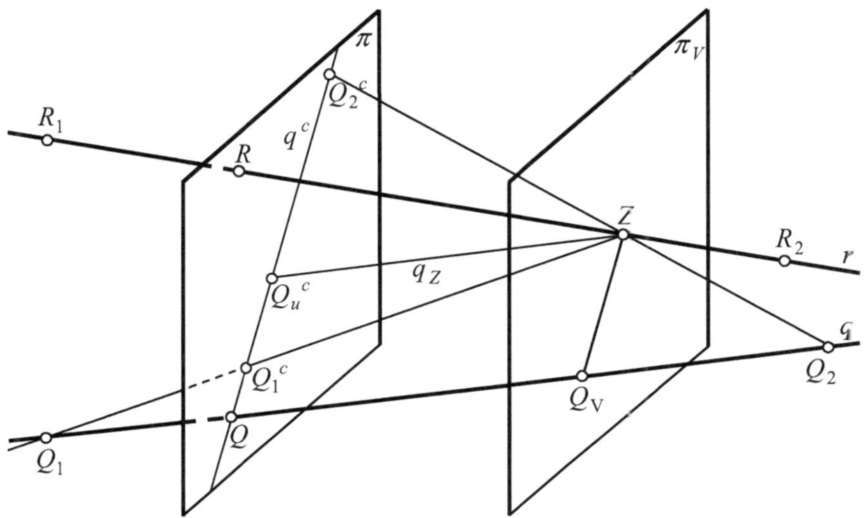

Abb. 3.11 Abbildung einer Geraden q und einer Projektionsgeraden r auf die Bildebene π durch Zentralprojektion mit Projektionszentrum Z

punktweisen Abbildung der Geraden q diesem Punkt Q_V von links, dann wandern die Bildpunkte auf der Bildgeraden q^c immer weiter nach unten. Analog wandern die Bildpunkte auf der Bildgeraden q^c immer weiter nach oben, wenn wir uns dem Punkt Q_V von rechts nähern. Dem Punkt Q_V wird als Bildpunkt der Fernpunkt der Bildgeraden q^c zugeordnet. Q_V wird als **Verschwindungspunkt** der Geraden q bezeichnet (da bei Annäherung an diesen Punkt der entsprechende Bildpunkt „im Unendlichen verschwindet"). Wir erkennen in Abb. 3.11, dass alle Punkte der **Verschwindungsebene** π_V, die parallel zur Bildebene verläuft und das Projektionszentrum Z enthält, uneigentliche Bildpunkte besitzen (wir haben die Verschwindungsebene als durchsichtige Ebene eingezeichnet).

Bei der Abbildung von Ebenen sowie von ebenen Figuren durch eine Zentralprojektion erhalten wir ähnliche Ergebnisse wie bei der Abbildung von Geraden. Wir betrachten in Abb. 3.12 eine Ebene α, welche die Bildebene π in der Spurgeraden f_α schneidet. Die Zentralprojektion aller Punkte der Ebene α vom Projektionszentrum Z auf die Bildebene π füllt die gesamte Bildebene aus. Deshalb werden in der Regel nur geometrische Objekte abgebildet, die sich in der Ebene α befinden, wir haben je zwei Repräsentanten q_i und r_i von nach affiner Auffassung unterschiedlichen Scharen „paralleler" Geraden ausgewählt.

In Analogie zur Zentralprojektion von nach affiner Auffassung parallelen Geraden gehen wir davon aus, dass eine Schar von nach affiner Auffassung parallelen Ebenen, welche die Ebenen α und α_Z enthält, eine gemeinsame (uneigentliche)

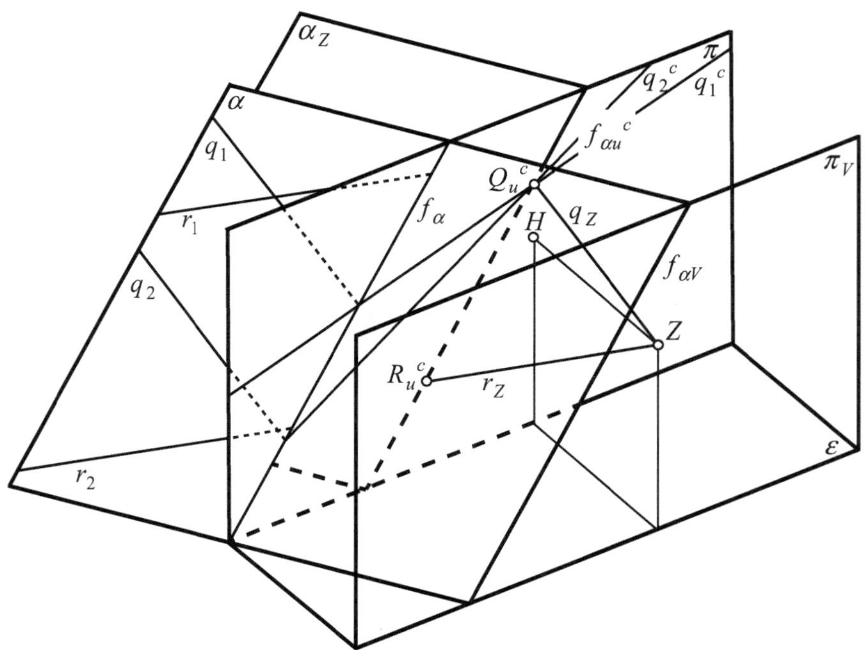

Abb. 3.12 Zentralprojektion einer Schar von „Parallelebenen" mit Scharen „paralleler" Geraden

Ferngerade $f_{\alpha u}$ besitzt. Das Bild dieser Ferngeraden $f_{\alpha u}$ wird **Fluchtgerade** $f_{\alpha u}^c$ genannt. Die Fluchtgerade $f_{\alpha u}^c$ ergibt sich als Schnitt der zu α nach affiner Auffassung parallelen und durch Z verlaufenden Ebene α_Z mit der Bildebene. Es ist zu beachten, dass $f_{\alpha u}^c$ interpretiert werden kann als

- Bild der gemeinsamen Ferngeraden der Schar aller zur Ebene α nach affiner Auffassung parallelen Ebenen,
- Spur der Ebene α_Z in der Bildebene,
- Bild der Ebene α_Z (da die Ebene α_Z projizierend ist).

Wir erkennen, dass sich die Fluchtpunkte (Bilder bzw. Risse der Fernpunkte) aller in der Schar der „Parallelebenen" befindlichen „Parallelenscharen" (jeweils nach affiner Auffassung) auf der Fluchtgeraden $f_{\alpha u}^c$ befinden. In Abb. 3.12 haben wir die Fluchtpunkte Q_u^c und R_u^c der „Parallelenscharen" q_i und r_i so bestimmt, wie wir das bei der Abbildung von Geraden erläutert haben. Um die Darstellung nicht zu überladen, haben wir nur die zu den Urbildgeraden q_i gehörenden Bildgeraden q_i^c eingezeichnet.

Die in der Ebene α liegende Verschwindungsgerade $f_{\alpha V}$ ist die Spur der Ebene α in der durchsichtig eingezeichneten Verschwindungsebene π_V.

Unsere bisherigen Ergebnisse legen folgendes Vorgehen nahe:

- Adjungieren eines zusätzlichen Punktes (Fernpunkt, uneigentlicher Punkt) zu jeder Geraden in der Weise, dass allen nach affiner Auffassung zueinander parallelen Geraden derselbe Fernpunkt zugefügt wird,
- Adjungieren einer zusätzlichen Geraden (Ferngerade, uneigentliche Gerade) zu jeder Ebene in der Weise, dass allen nach affiner Auffassung zueinander parallelen Ebenen dieselbe Ferngerade zugefügt wird und dass auf dieser Ferngeraden alle Fernpunkte der Geraden dieser Ebenen liegen,
- Adjungieren einer zusätzlichen Ebene (Fernebene, uneigentliche Ebene) in der Weise, dass sie alle Ferngeraden enthält.

Wie in Abschn. 3.1.1 führt das **Adjungieren** zum **Übergang der A-Geometrie in die P-Geometrie,** da nach dem Hinzufügen der genannten Fernelemente das Axiom A2 nicht mehr gilt, denn nach dieser Erweiterung schneiden sich alle Geraden in einem eigentlichen oder uneigentlichen Punkt und alle Ebenen in einer eigentlichen oder uneigentlichen Geraden. Im Unterschied zu Abschn. 3.1.1 können wir die hinzugefügten geometrischen Objekte als **Fernelemente** (Fernpunkte, Ferngeraden, Fernebene) deuten.

Es sind folgende Bezeichnungen üblich:

- Eine affine Gerade bzw. affine Ebene wird durch Hinzufügen ihres Fernpunktes bzw. ihrer Ferngeraden zu einer **projektiven Geraden** bzw. **projektiven Ebene.**
- Der Vorgang des Hinzufügens von Fernelementen wird als **projektiver Abschluss** bezeichnet.

Nach dieser Vorbereitung ist folgende Definition nachvollziehbar.

Definition 3.3 Projektive Gerade, projektive Ebene
Eine Gerade q wird zur **projektiven Geraden** erweitert, indem den eigentlichen Punkten von q noch genau ein zusätzlicher uneigentlicher Punkt Q_u zugeordnet wird. Dieser Punkt Q_u heißt **Fernpunkt** oder **uneigentlicher Punkt** der Geraden. Alle nach affiner Auffassung parallelen Geraden besitzen den gleichen Fernpunkt, der die **Richtung der Geraden** charakterisiert. Der Zentralriss des Fernpunktes Q_u der Schar „paralleler" Geraden, welche die Gerade q enthält, wird **Fluchtpunkt** Q_u^c genannt.

Eine Ebene α wird zur **projektiven Ebene** erweitert, indem den eigentlichen Punkten von α noch genau eine zusätzliche uneigentliche Gerade $f_{\alpha u}$ zuordnet wird, die alle Fernpunkte der Geraden dieser Ebene enthält. Diese Gerade $f_{\alpha u}$ heißt **Ferngerade** oder **uneigentliche Gerade** der Ebene. Alle nach affiner Auffassung parallelen Ebenen besitzen die gleiche Ferngerade, welche die **Stellung der Ebenen** charakterisiert. Der Zentralriss der Ferngeraden $f_{\alpha u}$ der Schar „paralleler" Ebenen, welche die Ebene α enthält, wird **Fluchtgerade (Fluchtspur, Fluchtlinie)** $f_{\alpha u}^c$ genannt.

> **Bemerkung** In der projektiven Geometrie wird in der Regel weder begrifflich noch symbolisch zwischen eigentlichen und uneigentlichen Punkten bzw. Geraden unterschieden. Im Rahmen dieser Geometrie ist davon auszugehen, dass es sich bei Verwendung der Begriffe Gerade bzw. Ebene um eine projektive Gerade bzw. projektive Ebene handelt. Wir geben das Attribut „projektiv" in den Kontexten an, in denen eine Verwechslung mit affinen Objekten zu befürchten ist.

Unter Berücksichtigung der Definition für die projektive Gerade kann jedem Urbildpunkt einer nichtprojizierenden Geraden q genau ein Bildpunkt zugeordnet werden und umgekehrt (die Abbildung dieser Geraden q ist bijektiv bzw. eineindeutig). Wir verdeutlichen diese Aussage an Abb. 3.11:

- Das Bild des Verschwindungspunktes Q_V der projektiven Geraden q (dies ist der Urbildpunkt dieser Geraden, welcher der Spurpunkt der Geraden mit der Verschwindungsebene ist: $Q_V = q \cap \pi_V$) ist der Fernpunkt der projektiven Bildgeraden q^c und umgekehrt.
- Das Urbild des Fluchtpunktes Q_u^c ist der Fernpunkt Q_u der projektiven Geraden q und umgekehrt.
- Alle anderen Urbildpunkte der Geraden q haben genau einen eigentlichen Bildpunkt und umgekehrt.

Konstruktiv ergibt sich der Fluchtpunkt Q_u^c einer Schar nach affiner Auffassung paralleler Geraden, welche die Gerade q enthält, als Schnitt der zu q „parallelen" Geraden q_Z durch das Projektionszentrum Z mit der Bildebene π: $Q_u^c = q_Z \cap \pi$.

Unter Berücksichtigung der Definition für die projektive Ebene kann jedem Urbildpunkt einer nichtprojizierenden Ebene α genau ein Bildpunkt zugeordnet werden und umgekehrt (die Abbildung dieser Ebene α ist bijektiv bzw. eineindeutig). Wir verdeutlichen diese Aussage an Abb. 3.12:

- Die Verschwindungsgerade $f_{\alpha V}$ der projektiven Ebene α (dies ist die Spur der Ebene α in der Verschwindungsebene: $f_{\alpha V} = \alpha \cap \pi_V$) hat als Bild die Ferngerade der projektiven Bildebene $\alpha^c = \pi$ und umgekehrt.
- Die Ferngerade $f_{\alpha u}$ der projektiven Ebene α (dies ist die uneigentliche Urbildgerade dieser Ebene) hat als Bild die Fluchtgerade (Fluchtspur, Fluchtlinie) $f_{\alpha u}^c$; umgekehrt existiert zum konstruktiv ermittelbaren Bildobjekt Fluchtgerade $f_{\alpha u}^c$ der Ebene als Urbildobjekt die Ferngerade $f_{\alpha u}$.
  Alle Fernpunkte von Geraden der Ebene α werden so abgebildet, dass deren Bilder (die Fluchtpunkte) auf der Fluchtgeraden $f_{\alpha u}^c$ der Ebene α liegen.
- Alle anderen Urbildpunkte der Ebene α besitzen genau einen eigentlichen Bildpunkt und umgekehrt.

Konstruktiv ergibt sich die Fluchtgerade $f_{\alpha u}^c$ einer Schar nach affiner Auffassung paralleler Ebenen, welche die Ebene α enthält, als Schnitt der zu α „parallelen" Ebene α_Z durch das Projektionszentrum Z mit der Bildebene π: $f_{\alpha u}^c = \alpha_Z \cap \pi$.

> **Bemerkung** Wir bemühen uns darum, die Begrifflichkeit der affinen bzw. euklidischen Geometrie nicht mit derjenigen der projektiven Geometrie zu vermischen, da wir es für verwirrend halten, wenn in der Literatur zuweilen bei der Thematisierung von Zentralprojektionen oder bei projektiven Betrachtungen von der Abbildung paralleler Geraden oder Ebenen (im Sinn von echt parallel) gesprochen wird, die es in diesem Kontext gar nicht gibt. Um Verständnisprobleme zu vermeiden, schreiben wir „nach affiner Auffassung parallel" oder „parallel", auch wenn dadurch der Text etwas sperrig wirken könnte. Für uns haben **Klarheit und Verständlichkeit Vorrang vor vermeintlicher Eleganz.**
>
> Das Konzept der Einführung von Fernelementen hat sich als tragfähig und erfolgreich erwiesen, da es zur projektiven Geometrie führt, die widerspruchsfrei und für nichtprojizierende geometrische Objekte bijektiv ist (auch zum Fluchtpunkt gehört nur genau ein Urbildpunkt) sowie lästige Fallunterscheidungen bei geometrischen Konstruktionen entbehrlich macht. An dieser Stelle berühren wir das **Wesen der Mathematik:** Eine Aussage wird akzeptiert, wenn sich aus ihrer Annahme kein Widerspruch ergibt, d. h., wenn sie konsistent ist. Schwierigkeiten mit der Anschaulichkeit werden diesem Prinzip untergeordnet. Das Betreiben von Mathematik schult nicht nur unser Abstraktionsvermögen und das regelgeleitete Denken, sondern es fördert

auch unsere Fantasie und Frustrationstoleranz durch das Aushalten von fehlender Anschaulichkeit. Wir erinnern daran, dass uns das Vorstellungsvermögen ohnehin oft verlässt oder narrt, wenn es um Erscheinungen des Unendlichen geht.

In der Literatur wird zuweilen suggeriert, dass die Einführung von Fernpunkten anschaulich und einfach verständlich sei, da sich parallele Schienenstränge scheinbar „im Unendlichen" schneiden. Den betreffenden Autoren sollte die Frage nicht erspart werden, wie wir es uns anschaulich vorzustellen haben, dass sich die in der Ebene verlaufenden Schienenstränge in der Gegenrichtung im selben Fernpunkt schneiden.

Wir müssen noch erkunden, wie nach affiner Auffassung parallele Geraden durch eine Zentralprojektion abgebildet werden. Dies realisieren wir wieder mithilfe von Konstruktionen.

Abb. 3.13 stellt eine Zentralprojektion zweier nach affiner Auffassung zueinander paralleler Urbildgeraden dar.

Da in Abb. 3.13 die Geraden q und r nach affiner Auffassung parallel zueinander verlaufen, gibt es nur eine „Parallele" zu diesen Geraden durch das Projektionszentrum Z, die wir mit $q_Z = r_Z$ bezeichnet haben. Verschieben wir in Gedanken die Punkte Q_1 und R_1 auf q bzw. r nach links, dann nähern sich die Projektionsgeraden ZQ_1 und ZR_1 der Projektionsgeraden $q_Z = r_Z$ immer weiter an und die Bildpunkte nähern sich dem Punkt $Q_u^c = R_u^c$, eine analoge Beobachtung ergibt sich bei der Verschiebung der Punkte Q_2 und R_2 auf q bzw. r nach rechts. Im Ergebnis erhalten wir das **bemerkenswerte Resultat,** dass sich die Risse q^c und r^c

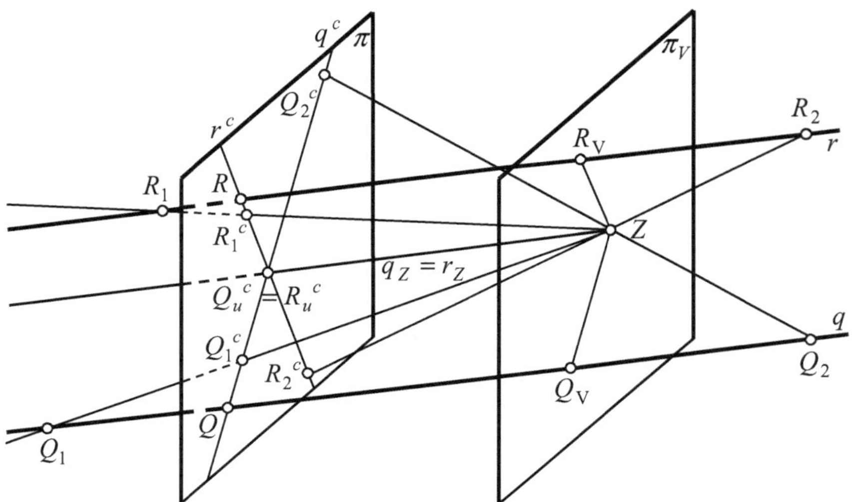

Abb. 3.13 Abbildung zweier nach affiner Auffassung zueinander paralleler Geraden q und r auf die Bildebene π durch Zentralprojektion mit Projektionszentrum Z

der nach affiner Auffassung parallelen Geraden q und r im Punkt $Q_u^c = R_u^c$ schneiden. Wir interpretieren diesen gemeinsamen Schnittpunkt als Bild des gemeinsamen Fernpunktes $Q_u = R_u$ der nach affiner Auffassung parallelen Geraden q und r, und wir erkennen die Zweckmäßigkeit der Definition 3.3. Damit haben wir gezeigt, dass die Zentralprojektion **nicht parallelentreu** ist. Nur dann, wenn die Urbildgeraden nach affiner Auffassung parallel zur Bildebene verlaufen, entstehen bei der Zentralprojektion Bildgeraden, die nach affiner Auffassung parallel zueinander sind, bei projektiver Betrachtungsweise schneiden sich auch diese Bildgeraden in ihrem gemeinsamen Fernpunkt. Dieses Ergebnis ist einleuchtend, da es in der projektiven Geometrie keine echte Parallelität gibt.

Wir haben in Abb. 3.13 auch die Verschwindungspunkte Q_V und R_V der Geraden q und r eingezeichnet, denen jeweils der Fernpunkt der entsprechenden Bildgeraden q^c bzw. r^c zugeordnet wird.

Es liegt die Vermutung nahe, dass ein Sonderfall existieren könnte, bei dem das Bild einander schneidender Urbildgeraden nach affiner Auffassung eine Schar paralleler Bildgeraden ergibt. Abb. 3.14 verdeutlicht, dass nichtparallele Geraden $q \nparallel r$ genau dann nach affiner Ansicht parallele Zentralrisse $q^c \parallel r^c$ haben, wenn die Geraden q und r denselben Verschwindungspunkt $Q_V = R_V$ besitzen (derselbe Verschwindungspunkt Q_V bzw. R_V der Geraden q bzw. r korrespondiert mit dem gleichen Fernpunkt der projektiv erweiterten Bildgeraden q^c bzw. r^c).

Abschließend betrachten wir eine Zentralprojektion in der Zeichenebene.

Aus Abb. 3.15 entnehmen wir, dass das Bild der Geraden q die Bildgerade h ist, d. h., es gilt $q^c = h$. Der Spurpunkt Q ist Fixpunkt der Abbildung, das Bild des Verschwindungspunktes Q_V ist der Fernpunkt der Bildgeraden h, der Schnittpunkt der zu q nach affiner Auffassung parallelen Projektionsgeraden durch Z mit h ist

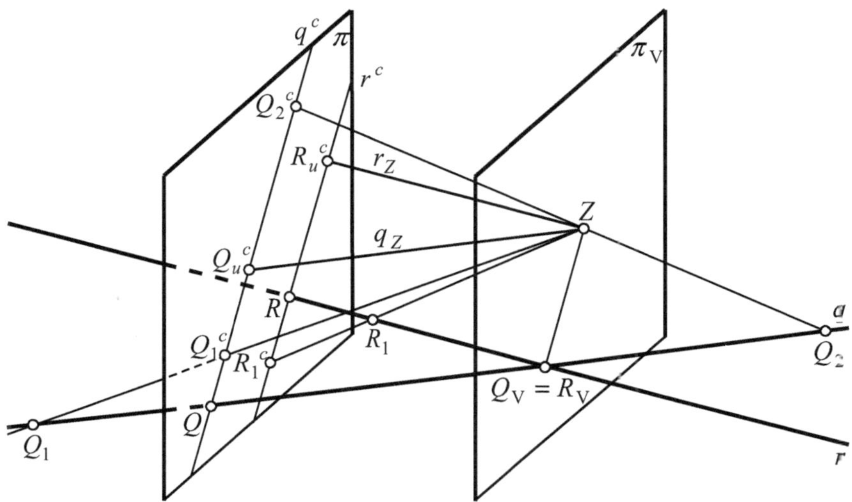

Abb. 3.14 Abbildung zweier Geraden q und r, die sich in einem Punkt der Verschwindungsebene schneiden, durch Zentralprojektion mit Projektionszentrum Z

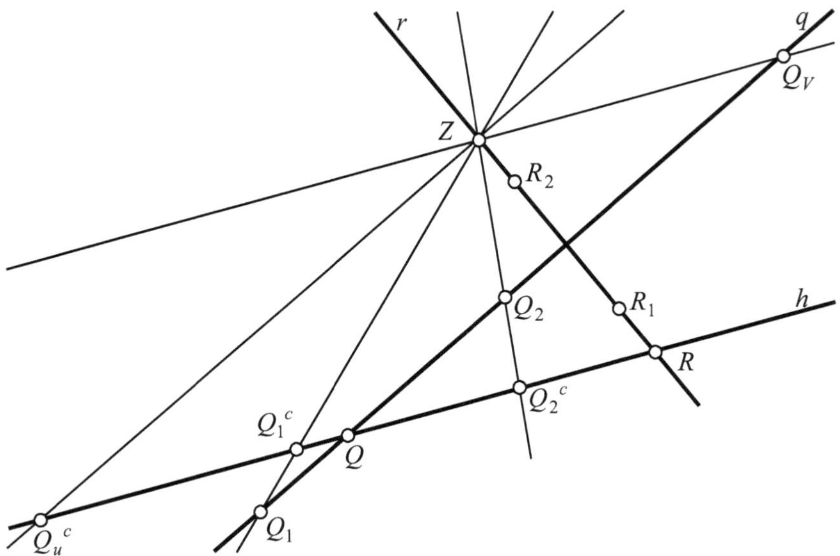

Abb. 3.15 Abbildung einer Geraden q und einer Projektionsgeraden r auf die Bildgerade h durch Zentralprojektion mit Projektionszentrum Z

das Bild des Fernpunktes Q_u^c der Geraden q, d. h. der Fluchtpunkt dieser Geraden. Die Projektionsgerade r ist projizierend.

Nun können wir die durch Konstruktionen verdeutlichten Eigenschaften der Zentralprojektion zusammenstellen.

Eigenschaften von Zentralprojektionen
- punkttreu: jeder Punkt wird auf genau einen Bildpunkt abgebildet, dabei sind Punkte der Bildebene Fixpunkte der Projektion,
- inzidenzerhaltend: wenn ein Punkt mit einem geometrischen Objekt (z. B. einer Geraden, einer Kurve oder einer Ebene) inzidiert, d. h. in diesem Objekt enthalten ist, dann inzidiert der Bildpunkt mit dem Bild dieses Objektes,
- eine nichtprojizierende Gerade wird bijektiv auf eine Bildgerade abgebildet,
- eine nichtprojizierende Ebene wird bijektiv auf die gesamte Bildebene abgebildet,
- **doppelverhältnistreu:** das aus zwei Teilverhältnissen gebildete Doppelverhältnis von vier Punkten einer nichtprojizierenden Geraden ist invariant (diese Eigenschaft haben wir in Abschn. 1.2 nachgewiesen),
- „parallel" zur Bildebene liegende ebene Figuren haben Bilder, die in der Form mit dem Urbild übereinstimmen, aber eine andere Größe besitzen (Original und Bild sind zueinander ähnlich),

- dem Projektionszentrum Z kann kein Bildpunkt zugeordnet werden, da es keine Projektionsgerade ZZ gibt.

Wesentliche Eigenschaften, die Zentralprojektionen i. Allg. nicht besitzen

- nicht eindeutig umkehrbar, da es projizierende geometrische Objekte gibt (alle Punkte einer Projektionsgeraden werden auf denselben Bildpunkt abgebildet, alle Punkte einer Ebene, in der Projektionsgeraden liegen, werden auf eine Gerade abgebildet),
- nicht parallelentreu: die Bilder von nach affiner Auffassung parallelen Geraden schneiden sich in einem Punkt, dem Fluchtpunkt des zugehörigen „Parallelbündels" (im dreidimensionalen Raum) bzw. „Parallelbüschels" (im zweidimensionalen Raum),
- nicht teilverhältnistreu: das Teilverhältnis von drei Punkten einer nicht-projizierenden Geraden ist i. Allg. nicht invariant.

Wir erarbeiten in Anhang 3.1 weitere Eigenschaften der Zentralprojektion, die genutzt werden können, um korrekte perspektivische Zeichnungen anfertigen zu können.

In Abschn. 3.2 betrachten wir Modelle der projektiven Geometrie mit unendlich vielen P-Punkten, für die wir Koordinaten einführen. Wir gehen nicht mehr axiomatisch vor, vielmehr führen wir neue Modelle ein und weisen anschließend nach, dass jeweils das Axiomensystem (P1, P2, P3) sowie das Dualitätsprinzip der projektiven Geometrie gelten. Auf diese Weise zeigen wir, dass wir tatsächlich Modelle der projektiven Geometrie betrachten. Da bei unendlich vielen P-Punkten das Reichhaltigkeitsaxiom P3 mit Sicherheit erfüllt ist, können wir uns auf den Nachweis der Gültigkeit der zueinander dualen Axiome P1 und P2 beschränken. Unser Ziel besteht im Aufbau einer projektiven Geometrie, welche die euklidische Geometrie als Sonderfall enthält. Wir gehen bei der Verwirklichung dieses Ziels schrittweise vor, da der direkte Übergang von der euklidischen Geometrie zu dieser „Endfassung" der projektiven Geometrie schwer verständlich ist.

3.2 Modelle der projektiven Geometrie

3.2.1 Inhomogenes Modell der reellen projektiven Ebene

In Abschn. 3.1.2 haben wir erarbeitet, dass wir von einer affinen Ebene durch Adjungieren (Hinzufügen) einer Ferngeraden, auf der sich alle Fernpunkte der in der affinen Ebene liegenden Geraden befinden, zu einer projektiven Ebene gelangen. Wenn hervorgehoben werden soll, dass die Koordinaten der Punkte sowie der zugehörigen Richtungsvektoren reell sind, dann werden diese Ebenen auch als **reelle affine Ebene** bzw. **reelle projektive Ebene** bezeichnet und durch $\mathbb{R}^2$ bzw. $\mathbb{RP}^2$ symbolisiert. Wir wissen bereits, dass in der projektiven Geometrie allen Geraden, die nach affiner Auffassung parallel zueinander verlaufen, derselbe Fernpunkt zugeordnet wird. Da derartige Geraden dieselbe Klasse von Richtungsvektoren $\vec{r}$ besitzen, können wir die Koordinaten des gemeinsamen Fernpunkts mithilfe der Koordinaten der Richtungsvektoren angeben. Aus der **Geradengleichung in allgemeiner Form**

$$a \cdot x_1 + b \cdot x_2 + c = 0 \text{ mit } (a,b) \neq (0,0) \tag{3.1}$$

erhalten wir unter der Bedingung $b \neq 0$ die **Geradengleichung in Normalform**

$$x_2 = -\frac{a}{b} \cdot x_1 - \frac{c}{b} =: m \cdot x_1 + n, \tag{3.2}$$

aus der wir die Steigung (den Anstieg) m und den Ordinatenabschnitt n ablesen können. Aus dem Mathematikunterricht der Schule kennen wir folgende Beziehungen:

$$m = \frac{\Delta x_2}{\Delta x_1} = \frac{m}{1} = \frac{\lambda \cdot m}{\lambda} = -\frac{a}{b} = \frac{-a}{b} = \frac{a}{-b}, \tag{3.3}$$

$$\vec{r} = \begin{pmatrix} \Delta x_1 \\ \Delta x_2 \end{pmatrix} = \lambda \cdot \begin{pmatrix} 1 \\ m \end{pmatrix} = \lambda \cdot \begin{pmatrix} 1 \\ -\frac{a}{b} \end{pmatrix}$$

$$= \mu \cdot \begin{pmatrix} -b \\ a \end{pmatrix} = \nu \cdot \begin{pmatrix} b \\ -a \end{pmatrix}. \tag{3.4}$$

Verwenden wir die Koordinaten der Richtungsvektoren für die Koordinaten der Fernpunkte, dann erkennen wir aus (3.4), dass wir alle Fernpunkte auf einer Ferngeraden ℓ_∞ mit der Gleichung $x = \lambda$ eintragen können. Alternativ wird das Adjungieren von Fernpunkten durch Einzeichnen von Richtungsvektoren der Geraden im Koordinatenursprung charakterisiert. In Abb. 3.16 verwenden wir ausnahmsweise beide Möglichkeiten, um in einer reellen affinen Ebene die Fernelemente darzustellen.

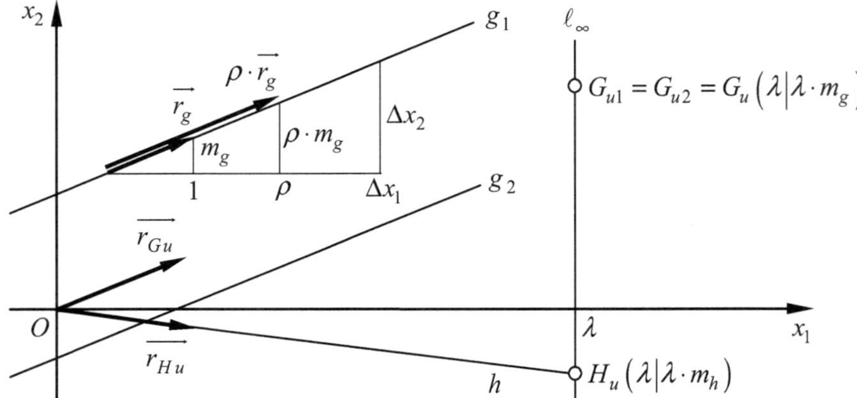

Abb. 3.16 Darstellung von Fernelementen der reellen projektiven Ebene in der reellen affinen Ebene

> **Bemerkung** In Abb. 3.16 haben wir durch Ergänzen der reellen affi-
> nen Ebene um Fernelemente ein Modell der reellen projektiven Ebene
> dargestellt, das als **inhomogenes Modell der reellen projektiven**
> **Ebene** bezeichnet wird (den Begriff „inhomogenes Modell" erläutern
> wir in Abschn. 3.2.2). Das Modell darf nicht mit der Darstellung der reel-
> len projektiven Ebene verwechselt werden. Diese ist leider nicht ohne
> Selbstdurchdringung möglich, wie topologische Betrachtungen zeigen,
> auf die wir in Abschn. 3.2.3 zurückkommen.

Durch das Adjungieren der Fernelemente haben wir erreicht, dass die **Axiome P1**
und P2 erfüllt sind.

Bei zeichnerischen Darstellungen nutzen wir das inhomogene Modell der reellen projektiven Ebene, dabei verweisen wir auf die Fernpunkte mithilfe von Richtungsvektoren im Koordinatenursprung.

Für analytische Betrachtungen ist ein anderes Modell der reellen projektiven
Ebene besser geeignet, welches wir anschließend in Abschn. 3.2.2 thematisieren.

3.2.2 Homogenes Modell der reellen projektiven Ebene

Einführung von P-Punkten und P-Geraden

Der Weg zum homogenen Modell der reellen projektiven Ebene dürfte zunächst
etwas trickreich erscheinen, doch wir werden bemerken, dass folgende zwei Vereinbarungen für analytische und geometrische Betrachtungen sehr nützlich sind.

Vereinbarung 1: Wir unterscheiden die eigentlichen Punkte von den Fernpunkten, indem wir eine **zusätzliche Dimension** einführen. In diese dritte Koordinate
tragen wir einen charakteristischen Wert ein, wenn wir einen Fernpunkt bezeichnen
wollen, eigentliche Punkte erhalten einen davon verschiedenen Eintrag in die dritte
Koordinate. Diese analytisch motivierte Maßnahme ist analog zu unserem Vorgehen
in Abschn. 3.1.1, in dem wir beim Übergang von einer endlichen affinen Ebene zu
einer endlichen projektiven Ebene die Anzahl der mit einer Geraden inzidierenden
Punkte um eins erhöht hatten, während wir jetzt die Dimension um eins erhöhen.

Vereinbarung 2: Um die für den Aufbau der projektiven Geometrie wesentlichen Erkenntnisse der Zentralprojektion einbringen zu können, fassen wir den
Ursprung O eines kartesischen (O, ξ_1, ξ_2, ξ_3)-Koordinatensystems als Projektionszentrum einer Zentralprojektion auf und positionieren dieses Koordinatensystem so, dass die Bildebene parallel zur ξ_1-ξ_2-Ebene verläuft. Wir folgen dem in
der Literatur üblichen Weg, indem wir das Koordinatensystem so normieren, dass
die Bildebene durch den Punkt $O(0|0|1)$ verläuft. In der Bildebene führen wir ein
zweidimensionales kartesisches Koordinatensystem ein, dessen Ursprung der
Punkt O ist und dessen Achsen x_1 und x_2 parallel zu ξ_1 bzw. ξ_2 verlaufen. Wir sorgen dafür, dass die Zentralprojektion bijektiv wird, indem wir festlegen, dass ein
P-Punkt (ein Punkt der projektiven Ebene) einer A-Geraden durch den Ursprung O
entsprechen soll. Damit stellen alle A-Punkte einer Projektionsgeraden genau einen
P-Punkt dar, der auf genau einen A-Bildpunkt abgebildet wird und umgekehrt.

Abb. 3.17 zeigt die beiden eingeführten Koordinatensysteme sowie einen P-Punkt Q_P, der einer A-Geraden durch den Ursprung O entspricht, auf der viele A-Punkte Q_i liegen. Den zu Q_P gehörigen A-Punkt in der Bildebene bezeichnen wir mit Q (bei Konstruktionen wird dieser Punkt Zentralriss der affinen oder euklidischen Punkte Q_i genannt und meist durch Q^c symbolisiert). Jeder der A-Punkte Q_i kann als **Repräsentant** des P-Punktes Q_P aufgefasst werden.

Durch Verbinden der Repräsentanten zweier P-Punkte Q_P und R_P erhalten wir eine **P-Gerade** g_P, die eine A-Ebene durch den Ursprung O darstellt. Als Schnitt der P-Geraden g_P mit der Bildebene ergibt sich die A-Gerade g. Abb. 3.18 zeigt die P-Gerade g_P, welche die beiden P-Punkte Q_P und R_P miteinander verbindet, sowie die zugehörige A-Gerade g.

In Abb. 3.17 und 3.18 haben wir P-Punkte und P-Geraden veranschaulicht, aber wiederum nicht die projektive Ebene dargestellt.

Das Fernelement der P-Geraden g_P muss ein projektiver Fernpunkt $G_{u}P$ sein, der wie alle anderen P-Punkte einer A-Geraden durch den Ursprung O entspricht. Um diesen P-Fernpunkt $G_{u}P$ zu erhalten, bewegen wir in Abb. 3.18 auf der zur P-Geraden g_P zugehörigen A-Geraden g die A-Punkte Q und R gedanklich immer weiter nach rechts bzw. links. Dabei wandern die P-Punkte Q_P und R_P bzw. die A-Geraden OQ und OR immer näher an die $\xi_1 - \xi_2$-Koordinatenebene heran. Im Grenzfall erhalten wir den Fernpunkt $G_{u}P$ als P-Punkt bzw. A-Gerade in der $\xi_1 - \xi_2$-Koordinatenebene durch den Ursprung O in Richtung der A-Geraden g. Wir haben den Fernpunkt $G_{u}P$ der P-Geraden g_P in die Abb. 3.18 eingezeichnet. Damit kennen wir den charakteristischen Wert für den Eintrag in die zusätzliche dritte Koordinate zur **Charakterisierung eines P-Fernpunktes,** von dem wir in der Vereinbarung 1 gesprochen haben:

> Die zusätzlich eingeführte dritte Koordinate hat für jeden P-Fernpunkt den Wert null.

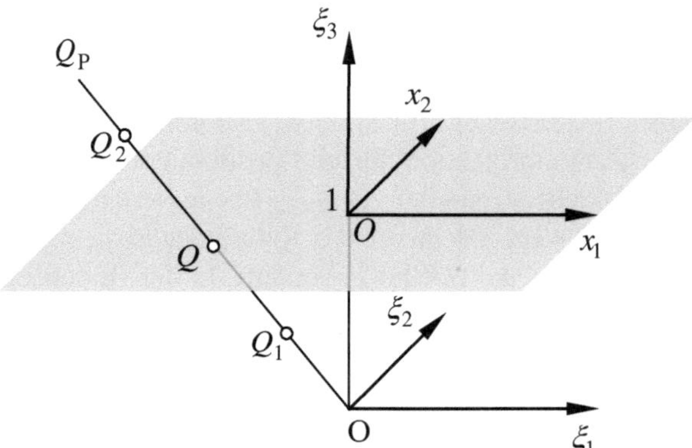

Abb. 3.17 Veranschaulichung eines P-Punktes

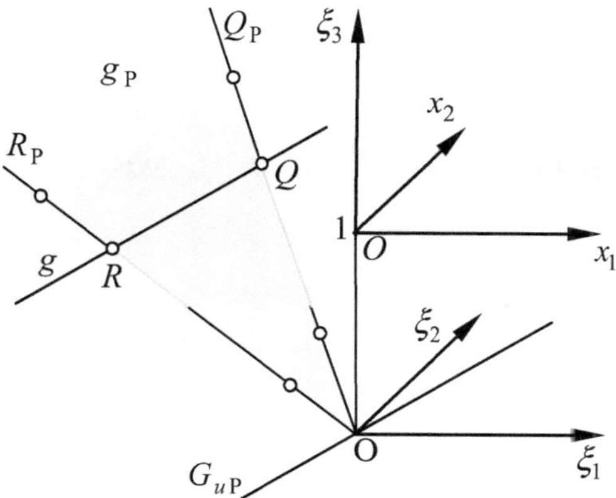

Abb. 3.18 Veranschaulichung einer P-Geraden

Der tiefere Sinn der Beschreibung der eingeführten Begriffe P-Punkt und P-Gerade durch ein- bzw. zweidimensionale affine Objekte ergibt sich aus der analytischen Darstellung.

Analytische Darstellung eines P-Punkts

Der P-Punkt Q_P entspricht einer A-Geraden durch der Ursprung O des kartesischen (O, ξ_1, ξ_2, ξ_3)-Koordinatensystems. Wenn die A-Gerade durch den Ursprung O auch durch den Punkt $Q(x_{1Q}|x_{2Q})$ verläuft, dann ergibt sich mit $\mu = \lambda \cdot \xi_{3Q}$ $(\mu \neq 0)$ ihre Gleichung zu

$$
\begin{aligned}
\vec{r_Q} &= \begin{pmatrix} 0 \\ 0 \\ 0 \end{pmatrix} + \mu \cdot \begin{pmatrix} x_{1Q} \\ x_{2Q} \\ 1 \end{pmatrix} = \begin{pmatrix} \mu \cdot x_{1Q} \\ \mu \cdot x_{2Q} \\ \mu \end{pmatrix} \quad (\mu \in \mathbb{R}, \mu \neq 0) \\[2ex]
\vec{r_Q} &= \begin{pmatrix} \lambda \cdot \xi_{3Q} \cdot x_{1Q} \\ \lambda \cdot \xi_{3Q} \cdot x_{2Q} \\ \lambda \cdot \xi_{3Q} \end{pmatrix} = \lambda \cdot \begin{pmatrix} \xi_{1Q} \\ \xi_{2Q} \\ \xi_{3Q} \end{pmatrix} \quad (\lambda \in \mathbb{R}, \lambda \neq 0).
\end{aligned}
$$

(3.5)

Wir haben den Fall $\lambda = 0$ ausgeschlossen, da bei der Zentralprojektion im Anschauungsraum dem Projektionszentrum kein Bildpunkt zugeordnet werden kann und da der Nullvektor keine Richtung vorgibt. Die Vektoren $\vec{r_Q}$ können interpretiert werden als

- Klasse der Richtungsvektoren des P-Punktes Q_P,
- Ortsvektoren der Repräsentanten des P-Punktes Q_P.

Unterschiedliche Repräsentanten eines P-Punktes sind äquivalent zueinander, d. h., für die Koordinaten eines P-Punkts gilt:

$$(\lambda \cdot \xi_1 | \lambda \cdot \xi_2 | \lambda \cdot \xi_3) \sim (\xi_1 | \xi_2 | \xi_3) = \lambda^0 \cdot (\xi_1 | \xi_2 | \xi_3). \tag{3.6}$$

Diese Äquivalenz wird in der Literatur häufig durch folgende **Schreibweise** ausgedrückt:

$$Q_P(\xi_{1Q} : \xi_{2Q} : \xi_{3Q}). \tag{3.7}$$

Wegen der Gültigkeit der Beziehung (3.6) werden die Koordinaten eines P-Punkts als **homogene Koordinaten** und das Modell der reellen projektiven Ebene, welches homogene Koordinaten verwendet, als **homogenes Modell der reellen projektiven Ebene** bezeichnet. In Abschn. 3.2.1 haben wir das Modell der reellen projektiven Ebene, das keine homogenen Koordinaten verwendet, inhomogenes Modell der reellen projektiven Ebene genannt. Jetzt kennen wir den Grund für diese Begriffsbildung.

Bereits in Abschn. 1.5.4 haben wir **homogene Koordinaten** eingeführt, um **Rechenvorteile** zu erlangen. In der projektiven Geometrie erhalten homogene Koordinaten durch die damit erfolgende Unterscheidung zwischen eigentlichen und uneigentlichen P-Punkten eine **inhaltliche Bedeutung.** Der Begriff „homogen" taucht in der Mathematik in weiteren Kontexten auf, wir geben in Anhang 3.2 einige wesentliche Beispiele an.

Aus (3.6) ergibt sich für $\xi_3 \neq 0$ ein Zusammenhang zwischen einem P-Punkt und dem zugehörigen A-Punkt der Bildebene, indem wir $\lambda = \frac{1}{\xi_3}$ wählen:

$$(\xi_1 | \xi_2 | \xi_3\,) \sim \left(\left. \frac{\xi_1}{\xi_3} \right| \left. \frac{\xi_2}{\xi_3} \right| 1 \right) \rightarrow (x_1 | x_2)\ \text{mit}\ x_1 = \frac{\xi_1}{\xi_3};\ x_2 = \frac{\xi_2}{\xi_3}\ \text{für}\ \xi_3 \neq 0. \tag{3.8}$$

Es sind folgende **Bezeichnungen** üblich:

$$(\xi_1 | \xi_2 | \xi_3\,) \rightarrow \left(\left. \frac{\xi_1}{\xi_3} \right| \left. \frac{\xi_2}{\xi_3} \right| 1 \right) \ldots \textbf{Normierung,}$$

$$(x_1 | x_2) \rightarrow \left(\left. \frac{\xi_1}{\xi_3} \right| \left. \frac{\xi_2}{\xi_3} \right| 1 \right) \sim (\xi_1 | \xi_2 | \xi_3\,)\ \text{mit}\ x_1 = \frac{\xi_1}{\xi_3};\ x_2 = \frac{\xi_2}{\xi_3} \ldots \textbf{Homogenisierung,}$$

$$\left(\left. \frac{\xi_1}{\xi_3} \right| \left. \frac{\xi_2}{\xi_3} \right| 1 \right) \rightarrow (x_1 | x_2)\ \text{mit}\ x_1 = \frac{\xi_1}{\xi_3};\ x_2 = \frac{\xi_2}{\xi_3} \ldots \textbf{Dehomogenisierung.}$$

Beispiel

Der zweidimensionale Punkt Q mit den Koordinaten $Q(4|-5)$ kann durch unterschiedliche Punkte mit dreidimensionalen homogenen Koordinaten beschrieben werden, z. B. durch $Q_{h_1}(8|-10|2) \sim Q_{h_2}(-12|15|-3) \sim Q_{h_3}(4|-5|1)$. Diese

Darstellung ist auch außerhalb der projektiven Geometrie möglich und wird in
der **Computergrafik** sowie der **Robotik** ebenfalls verwendet. Alle Repräsentanten des Punktes Q in homogenen Koordinaten liegen auf einer A-Geraden
durch den Ursprung O des kartesischen (O, ξ_1, ξ_2, ξ_3)-Koordinatensystems. Diese
A-Gerade wird in der projektiven Geometrie als ein P-Punkt Q_P interpretiert.

Der durch Normierung gefundene Repräsentant $Q_h(4|-5|1)$ besitzt eine
herausragende Bedeutung, da er eine einfache Beziehung zwischen inhomogenen und homogenen Koordinaten vermittelt. Dieser Repräsentant liegt in der
verwendeten affinen Ebene mit der Gleichung $\xi_3 = 1$.

Analytische Darstellung einer P-Geraden

Wir gehen von der Darstellung einer A-Geraden g aus und ermitteln durch Homogenisierung die zugehörige P-Gerade g_P. Mit (3.1) und (3.4) erhalten wir:

$$a_g \cdot x_1 + b_g \cdot x_2 + c_g = 0 \quad \text{mit} \quad \left(a_g, b_g\right) \neq (0,0) \quad \text{und} \quad \text{Richtungsvektoren}$$

$$\overrightarrow{r_g} = \mu \cdot \begin{pmatrix} -b_g \\ a_g \end{pmatrix}.$$

Für $\xi_3 \neq 0$ ergibt sich mit (3.8) daraus

$$a_g \cdot \frac{\xi_1}{\xi_3} + b_g \cdot \frac{\xi_2}{\xi_3} + c_g = 0$$

$$a_g \cdot \xi_1 + b_g \cdot \xi_2 + c_g \cdot \xi_3 = 0 \text{ mit } \left(a_g, b_g\right) \neq (0,0). \tag{3.9}$$

Gleichung (3.9) beschreibt die zur A-Geraden g zugehörige P-Gerade g_P, welche eine
A-Ebene durch den Ursprung O des kartesischen (O, ξ_1, ξ_2, ξ_3) -Koordinatensystems
darstellt. Diese A-Ebene ist durch O und die Klasse der Normalenvektoren

$$\overrightarrow{n_g} = \chi \cdot \begin{pmatrix} a_g \\ b_g \\ c_g \end{pmatrix} \quad (\chi \in \mathbb{R}, \chi \neq 0) \tag{3.10}$$

dieser Ebene festgelegt.

In der Literatur wird häufig die P-Gerade mit einem Repräsentanten aus der
Klasse der Normalenvektoren der zugehörigen A-Ebene identifiziert.

Ohne Beschränkung der Allgemeinheit nehmen wir an, dass in (3.9) die Bedingung $b_g \neq 0$ gilt (eine analoge Betrachtung für den Fall $a_g \neq 0$ führt auf das gleiche Ergebnis). Dann erhalten wir aus (3.9):

$$\xi_2 = -\frac{a_g}{b_g} \cdot \xi_1 - \frac{c_g}{b_g} \cdot \xi_3. \tag{3.11}$$

In die Beschreibung der Klasse der Richtungsvektoren eines beliebigen
P-Punkts Q_P der P-Geraden g_P mithilfe von (3.5) setzen wir (3.11) ein:

$$\overrightarrow{r_Q} = \lambda \cdot \begin{pmatrix} \xi_{1Q} \\ -\frac{a_g}{b_g} \cdot \xi_{1Q} - \frac{c_g}{b_g} \cdot \xi_{3Q} \\ \xi_{3Q} \end{pmatrix} \quad (\lambda \in \mathbb{R}, \lambda \neq 0).$$

Wir substituieren $\lambda = -b_g \cdot \mu$ mit $\mu \neq 0$:

$$\vec{r_Q} = \mu \cdot \begin{pmatrix} -b_g \cdot \xi_{1Q} \\ a_g \cdot \xi_{1Q} + c_g \cdot \xi_{3Q} \\ -b_g \cdot \xi_{3Q} \end{pmatrix} \quad (\mu \neq 0). \tag{3.12}$$

Da die dritte Koordinate eines P-Fernpunkts den Wert null besitzt, erhalten wir aus (3.12) durch einen Grenzübergang die Richtungsvektoren des P-Fernpunkts G_{uP} der P-Geraden g_P:

$$\vec{r_{Gu}} = \lim_{\xi_{3Q} \to 0} \mu \cdot \begin{pmatrix} -b_g \cdot \xi_{1Q} \\ a_g \cdot \xi_{1Q} + c_g \cdot \xi_{3Q} \\ -b_g \cdot \xi_{3Q} \end{pmatrix}$$

$$= \mu \cdot \xi_{1Q} \cdot \begin{pmatrix} -b_g \\ a_g \\ 0 \end{pmatrix} = v_g \cdot \begin{pmatrix} -b_g \\ a_g \\ 0 \end{pmatrix} \quad (v_g \neq 0).$$

Nach der Substitution $v_g = -\frac{\rho_g}{b_g}$ mit $\rho_g \neq 0$ können wir unter Nutzung von (3.3) die Beziehung zur Steigung m_g der A-Geraden g deutlich machen:

$$\vec{r_{Gu}} = v_g \cdot \begin{pmatrix} -b_g \\ a_g \\ 0 \end{pmatrix}$$

$$= \rho_g \cdot \begin{pmatrix} 1 \\ -\frac{a_g}{b_g} \\ 0 \end{pmatrix} = \rho_g \cdot \begin{pmatrix} 1 \\ m_g \\ 0 \end{pmatrix} \quad (v_g \neq 0, \rho_g \neq 0). \tag{3.13}$$

Das **Resultat (3.13) bestätigt unsere geometrischen Überlegungen,** da der P-Fernpunkt G_{uP} eine A-Gerade darstellt, die in der A-Ebene $\xi_3 = 0$ liegt und wegen (3.4) in Richtung der A-Geraden g verläuft. Die A-Ebene mit der Gleichung $\xi_3 = 0$ ist die P-Ferngerade der reellen projektiven Ebene.

Inzidenz eines P-Punkts mit einer P-Geraden

Die P-Gerade g_P ist nach (3.10) bestimmt durch die Klasse der Normalenvektoren

$\vec{n_g} = \chi \cdot \begin{pmatrix} a_g \\ b_g \\ c_g \end{pmatrix}$ $(\chi \in \mathbb{R}, \chi \neq 0)$ der zugehörigen A-Ebene mit der Gleichung

$a_g \cdot \xi_1 + b_g \cdot \xi_2 + c_g \cdot \xi_3 = 0$.

Der P-Punkt Q_P ist nach (3.5) bestimmt durch eine Klasse von Richtungsvek-

toren $\vec{r_Q} = \lambda \cdot \begin{pmatrix} \xi_{1Q} \\ \xi_{2Q} \\ \xi_{3Q} \end{pmatrix} = \begin{pmatrix} \lambda \cdot \xi_{1Q} \\ \lambda \cdot \xi_{2Q} \\ \lambda \cdot \xi_{3Q} \end{pmatrix}$ $(\lambda \in \mathbb{R}, \lambda \neq 0)$, wobei ein bestimmter

Richtungsvektor ein Ortsvektor eines Repräsentanten des P-Punktes Q_P ist.

Wenn der P-Punkt Q_P mit der P-Geraden g_P inzidiert, dann erfüllt jeder Repräsentant dieses P-Punktes die Gleichung der P-Geraden g_P:

$$a_g \cdot \lambda \cdot \xi_{1Q} + b_g \cdot \lambda \cdot \xi_{2Q} + c_g \cdot \lambda \cdot \xi_{3Q} = 0.$$

Da $\lambda \neq 0$ ist, können wir die letzte Gleichung, die für alle Repräsentanten des P-Punktes gilt, so vereinfachen, dass wir sie interpretieren können:

$$
\begin{aligned}
0 &= a_g \cdot \xi_{1Q} + b_g \cdot \xi_{2Q} + c_g \cdot \xi_{3Q} \\
&= \begin{pmatrix} \xi_{1Q} & \xi_{2Q} & \xi_{3Q} \end{pmatrix} \bullet \begin{pmatrix} a_g \\ b_g \\ c_g \end{pmatrix} = \vec{r_Q} \bullet \vec{n_g} = \langle \vec{r_Q}, \vec{n_g} \rangle.
\end{aligned}
$$

Ergebnis Der P-Punkt Q_P inzidiert genau dann mit der P-Geraden g_P, wenn das Skalarprodukt aus einem beliebigen Richtungsvektor des P-Punkts Q_P mit einem beliebigen Normalenvektor der P-Geraden g_P null ergibt, d. h., wenn diese Vektoren orthogonal zueinander sind:

$$Q_P \, \mathrm{I} \, g_P \Leftrightarrow \vec{r_Q} \bullet \vec{n_g} = \langle \vec{r_Q}, \vec{n_g} \rangle = 0 \Leftrightarrow \vec{r_Q} \perp \vec{n_g}. \tag{3.14}$$

▶ **Bemerkung** Anhand der Abb. 3.18 wird die Beziehung (3.14) verständlich, wenn wir den P-Punkt als A-Gerade und die P-Gerade als A-Ebene interpretieren, da der Normalenvektor einer Ebene orthogonal zu den Richtungsvektoren aller Geraden in dieser Ebene verläuft.

Wir haben in (3.14) verschiedene Schreibweisen für das Skalarprodukt zweier Vektoren verwendet, um mit unterschiedlichen Quellen kompatibel zu sein.

Aus der Forderung, dass alle P-Fernpunkte mit derselben P-Ferngeraden ℓ_∞ inzidieren müssen, können wir diese P-Ferngerade bestimmen. Dazu wählen wir zwei beliebige, aber unterschiedliche P-Fernpunkte $F1_{uP}$ und $F2_{uP}$ mit den Richtungsvektoren

$$\vec{r_{F1u}} = \begin{pmatrix} \lambda \cdot \xi_{1F1} \\ \lambda \cdot \xi_{2F1} \\ 0 \end{pmatrix} (\lambda \in \mathbb{R}, \lambda \neq 0) \text{ bzw. } \vec{r_{F2u}} = \begin{pmatrix} \mu \cdot \xi_{1F2} \\ \mu \cdot \xi_{2F2} \\ 0 \end{pmatrix} (\mu \in \mathbb{R}, \mu \neq 0) \text{ aus.}$$

Beide P-Fernpunkte müssen die Bedingung (3.14) für dieselbe P-Ferngerade mit den

Normalenvektoren $\vec{n_{\ell\infty}} = \nu \cdot \begin{pmatrix} n_1 \\ n_2 \\ n_3 \end{pmatrix}$ $(\nu \in \mathbb{R}, \nu \neq 0)$ erfüllen:

$$
\left.\begin{aligned}
\lambda \cdot \xi_{1F1} \cdot \nu \cdot n_1 + \lambda \cdot \xi_{2F1} \cdot \nu \cdot n_2 = 0 \\
\mu \cdot \xi_{1F2} \cdot \nu \cdot n_1 + \mu \cdot \xi_{2F2} \cdot \nu \cdot n_2 = 0
\end{aligned}\right| \Rightarrow \left.\begin{aligned}
\xi_{1F1} \cdot n_1 + \xi_{2F1} \cdot n_2 = 0 \\
\xi_{1F2} \cdot n_1 + \xi_{2F2} \cdot n_2 = 0
\end{aligned}\right|. \tag{3.15}
$$

Da die P-Fernpunkte unabhängig voneinander sind, lässt sich (3.15) nur für $n_1 = n_2 = 0$ realisieren. Damit haben wir die **Normalenvektoren der P-Ferngeraden** ermittelt:

$$\overrightarrow{n_{\ell\infty}} = \varepsilon \cdot \begin{pmatrix} 0 \\ 0 \\ 1 \end{pmatrix} \quad (\varepsilon \in \mathbb{R}, \varepsilon \neq 0). \tag{3.16}$$

Auch dieses Ergebnis ist verständlich, da jeder P-Fernpunkt einer A-Geraden in der Ebene $\xi_3 = 0$ entspricht und $\overrightarrow{n_{\ell\infty}}$ die Klasse der Normalenvektoren dieser A-Ebene darstellt. Mit dieser Erkenntnis haben die speziellen Normalenvektoren der P-Geraden, die wir in (3.9) ausgeschlossen hatten, eine besondere Bedeutung erhalten, indem sie die P-Ferngerade ℓ_∞ der projektiven Ebene beschreiben.

Verbindungsgerade zweier P-Punkte

Aufgabe: Zu zwei P-Punkten U_P und V_P ist die P-Verbindungsgerade g_P zu bestimmen.

Da beide P-Punkte mit der gesuchten P-Geraden inzidieren, können wir (3.14) verwenden:

$$U_P \, \mathrm{I} \, g_P \text{ und } V_P \, \mathrm{I} \, g_P \,\Leftrightarrow\, \overrightarrow{r_U} \perp \overrightarrow{n_g} \text{ und } \overrightarrow{r_V} \perp \overrightarrow{n_g} \,\Leftrightarrow\, \overrightarrow{n_g} = \mu \cdot \left(\overrightarrow{r_U} \times \overrightarrow{r_V} \right). \tag{3.17}$$

> **Lösung** Die Normalenvektoren der P-Verbindungsgeraden ergeben sich aus dem Vektorprodukt der Richtungsvektoren der gegebenen P-Punkte.

Zum Nachweis, dass das Axiom P1 erfüllt ist, testen wir (3.17) auch für Sonderfälle.

- **Sonderfall 1:** Ein P-Punkt ist ein Fernpunkt, der andere ein eigentlicher P-Punkt:

$$\begin{aligned}
\overrightarrow{n_g} &= \mu \cdot \left(\begin{pmatrix} \lambda \cdot \xi_{1U} \\ \lambda \cdot \xi_{2U} \\ 0 \end{pmatrix} \times \begin{pmatrix} \nu \cdot \xi_{1V} \\ \nu \cdot \xi_{2V} \\ \nu \cdot \xi_{3V} \end{pmatrix} \right) \\
&= \lambda \cdot \mu \cdot \nu \cdot \begin{pmatrix} \xi_{2U} \cdot \xi_{3V} \\ -\xi_{1U} \cdot \xi_{3V} \\ \xi_{1U} \cdot \xi_{2V} - \xi_{2U} \cdot \xi_{1V} \end{pmatrix} = \varepsilon \cdot \begin{pmatrix} n_{g1} \\ n_{g2} \\ n_{g3} \end{pmatrix}.
\end{aligned}$$

- **Sonderfall 2:** Beide P-Punkte sind Fernpunkte:

$$
\vec{n_g} = \mu \cdot \left(\begin{pmatrix} \lambda \cdot \xi_{1U} \\ \lambda \cdot \xi_{2U} \\ 0 \end{pmatrix} \times \begin{pmatrix} \nu \cdot \xi_{1V} \\ \nu \cdot \xi_{2V} \\ 0 \end{pmatrix} \right)
$$

$$
= \lambda \cdot \mu \cdot \nu \cdot \begin{pmatrix} 0 \\ 0 \\ \xi_{1U} \cdot \xi_{2V} - \xi_{2U} \cdot \xi_{1V} \end{pmatrix} = \varepsilon \cdot \begin{pmatrix} 0 \\ 0 \\ 1 \end{pmatrix}.
$$

Im Sonderfall 1 ergibt sich ein beliebiger Normalenvektor, im Sonderfall 2 erhalten wir das korrekte Ergebnis, dass zwei beliebige P-Fernpunkte mit der P-Ferngeraden inzidieren. Deshalb können zwei unterschiedliche P-Punkte stets durch genau eine P-Gerade verbunden werden, d. h., **Axiom P1 ist erfüllt.**

Schnittpunkt zweier P-Geraden

Aufgabe: Zu zwei P-Geraden g_P und h_P ist der P-Schnittpunkt S_P zu bestimmen.

Da der P-Schnittpunkt mit beiden P-Geraden inzidiert, können wir wieder (3.14) verwenden:

$$
S_\mathrm{P}\,\mathrm{I}\,g_\mathrm{P} \text{ und } S_\mathrm{P}\,\mathrm{I}\,h_\mathrm{P} \Leftrightarrow \vec{r_S} \perp \vec{n_g} \text{ und } \vec{r_S} \perp \vec{n_h} \Leftrightarrow \vec{r_S} = \mu \cdot \left(\vec{n_g} \times \vec{n_h} \right). \tag{3.18}
$$

> **Lösung** Die Richtungsvektoren des P-Schnittpunkts ergeben sich aus dem Vektorprodukt der gegebenen Normalenvektoren der P-Geraden.

Zum Nachweis, dass das Axiom P2 erfüllt ist, testen wir (3.18) auch für den **Sonderfall,** dass eine P-Gerade die P-Ferngerade der projektiven Ebene ist. Mit (3.16) erhalten wir:

$$
\vec{r_S} = \mu \cdot \left(\vec{n_h} \times \vec{n_{\ell\infty}} \right) = \mu \cdot \left(\nu \cdot \begin{pmatrix} a_h \\ b_h \\ c_h \end{pmatrix} \times \varepsilon \cdot \begin{pmatrix} 0 \\ 0 \\ 1 \end{pmatrix} \right) = \lambda \cdot \begin{pmatrix} b_h \\ -a_h \\ 0 \end{pmatrix} = \vec{r_{Hu}}. \tag{3.19}
$$

> Wir erhalten mit (3.13) und (3.19) das **bemerkenswerte Resultat,** dass das Vektorprodukt aus einem beliebigen Normalenvektor der P-Geraden h_P und einem beliebigen Normalenvektor der P-Ferngeraden einen Richtungsvektor $\vec{r_{Hu}}$ des P-Fernpunktes $H_{u\mathrm{P}}$ der P-Geraden h_P ergibt.

Es ist ersichtlich, dass zwei unterschiedliche P-Geraden stets einen gemeinsamen P-Schnittpunkt besitzen, d. h., auch das **Axiom P2 ist erfüllt.**

Ergebnis

Im homogenen Modell der reellen projektiven Ebene können die Operationen

- Untersuchung der Inzidenz zwischen einem P-Punkt und einer P-Geraden,
- Bestimmung der Verbindungsgeraden zweier P-Punkte und
- Bestimmung des Schnittpunkts zweier P-Geraden

analytisch mithilfe des **Skalar- und Vektorprodukts** realisiert werden. Im Unterschied zur euklidischen Geometrie sind in diesem Modell der projektiven Geometrie **keine Gleichungssysteme** mit evtl. erforderlichen Fallunterscheidungen zu lösen.

Beispiel

Wir verdeutlichen die Anwendung der hergeleiteten Beziehungen an einem **Komplexbeispiel.**

Gegeben: Punkte $A(2|2), B(6|0), C(4|3),$

gesucht:

1. Homogene Koordinaten der Punkte A, B und C in normierter Darstellung,
2. Richtungsvektoren der Punkte A_P, B_P und C_P,
3. Gleichung der Geraden durch A und B in homogenen und inhomogenen Koordinaten,
4. Nachweis für $C \notin g(A, B)$,
5. Gleichung der Geraden k mit $C \in k$ und $k \parallel g(A, B)$,
6. Schnittpunkt der Geraden g und k.

Zu 1. Homogene Koordinaten der Punkte A, B und C in normierter Darstellung

In normierten homogenen Koordinaten lauten die gegebenen Punkte $A_h(2|2|1), B_h(6|0|1), C_h(4|3|1)$.

Zu 2. Richtungsvektoren der Punkte A_P, B_P und C_P

$$\vec{r_A} = \lambda_A \cdot \begin{pmatrix} \xi_{1A} \\ \xi_{2A} \\ \xi_{3A} \end{pmatrix} = \lambda_A \cdot \begin{pmatrix} 2 \\ 2 \\ 1 \end{pmatrix} \quad (\lambda_A \in \mathbb{R}, \lambda_A \neq 0),$$

$$\vec{r_B} = \lambda_B \cdot \begin{pmatrix} \xi_{1B} \\ \xi_{2B} \\ \xi_{3B} \end{pmatrix} = \lambda_B \cdot \begin{pmatrix} 6 \\ 0 \\ 1 \end{pmatrix} \quad (\lambda_B \in \mathbb{R}, \lambda_B \neq 0),$$

$$\vec{r_C} = \lambda_C \cdot \begin{pmatrix} \xi_{1C} \\ \xi_{2C} \\ \xi_{3C} \end{pmatrix} = \lambda_C \cdot \begin{pmatrix} 4 \\ 3 \\ 1 \end{pmatrix} \quad (\lambda_C \in \mathbb{R}, \lambda_C \neq 0).$$

Zu 3. Gleichung der Geraden durch A und B in homogenen und inhomogenen Koordinaten

In homogenen Koordinaten ergeben sich die Normalenvektoren $\vec{n_g}$ der P-Geraden g_P aus (3.17), daraus erhalten wir die Gleichung der gesuchten Geraden:

$$\vec{n_g} = \mu \cdot (\vec{r_A} \times \vec{r_B}) = \mu \cdot \left(\lambda_A \cdot \begin{pmatrix} 2 \\ 2 \\ 1 \end{pmatrix} \times \lambda_B \cdot \begin{pmatrix} 6 \\ 0 \\ 1 \end{pmatrix} \right)$$

$$= \nu_1 \cdot \begin{pmatrix} 2 \\ 4 \\ -12 \end{pmatrix} = \nu_2 \cdot \begin{pmatrix} 1 \\ 2 \\ -6 \end{pmatrix},$$

$$g_h: 1 \cdot \xi_1 + 2 \cdot \xi_2 - 6 \cdot \xi_3 = 0 \text{ bzw. } 1 \cdot \frac{\xi_1}{\xi_3} + 2 \cdot \frac{\xi_2}{\xi_3} - 6 = 0.$$

Die Gleichung der Geraden in inhomogenen Koordinaten ergibt sich durch Dehomogenisieren:

$$g: 1 \cdot x_1 + 2 \cdot x_2 - 6 = 0 \text{ bzw. } x_2 = -\frac{1}{2} \cdot x_1 + 3.$$

Zu 4. Nachweis für $C \notin g(A, B)$

Untersuchung der Inzidenz zwischen dem P-Punkt C_P und der P-Geraden g_P mit (3.14):

$$\vec{r_C} \bullet \vec{n_g} = \lambda_C \cdot \begin{pmatrix} 4 & 3 & 1 \end{pmatrix} \bullet \nu_2 \cdot \begin{pmatrix} 1 \\ 2 \\ -6 \end{pmatrix} = \mu \cdot 4 \neq 0, \text{ da } \lambda_C \neq 0 \text{ und } \nu_2 \neq 0$$

Ergebnis: $C_P \, \cancel{I} \, g_P$.

Zu 5. Gleichung der Geraden k mit $C \in k$ und $k \parallel g(A, B)$

Die P-Geraden g_P und k_P haben denselben P-Fernpunkt $G_{uP} = K_{uP}$, da sie nach affiner Auffassung parallel zueinander verlaufen. Deshalb können die Normalenvektoren von k_P aus den Richtungsvektoren von C_P und diesem P-Fernpunkt nach (3.17) bestimmt werden, die Richtungsvektoren des gemeinsamen P-Fernpunktes ergeben sich aus (3.19):

$$\vec{n_k} = \mu \cdot (\vec{r_C} \times \vec{r_{Ku}}) = \mu \cdot (\vec{r_C} \times \vec{r_{Gu}})$$

$$\vec{r_{Gu}} = \nu \cdot (\vec{n_g} \times \vec{n_{\ell\infty}}) = \nu \cdot \left(\chi \cdot \begin{pmatrix} 1 \\ 2 \\ -6 \end{pmatrix} \times \varepsilon \cdot \begin{pmatrix} 0 \\ 0 \\ 1 \end{pmatrix} \right) = \lambda \cdot \begin{pmatrix} 2 \\ -1 \\ 0 \end{pmatrix}$$

$$\vec{n_k} = \mu \cdot \left(\lambda_C \cdot \begin{pmatrix} 4 \\ 3 \\ 1 \end{pmatrix} \times \lambda \cdot \begin{pmatrix} 2 \\ -1 \\ 0 \end{pmatrix} \right) = \varphi \cdot \begin{pmatrix} 1 \\ 2 \\ -10 \end{pmatrix}.$$

Die Gleichung für k in homogenen Koordinaten ist durch $\vec{n_k}$ bestimmt, daraus ergibt sich die Gleichung für k in inhomogenen Koordinaten durch Dehomogenisieren:

$$k_h: 1 \cdot \xi_1 + 2 \cdot \xi_2 - 10 \cdot \xi_3 = 0 \text{ bzw. } 1 \cdot \frac{\xi_1}{\xi_3} + 2 \cdot \frac{\xi_2}{\xi_3} - 10 = 0,$$

$$k: 1 \cdot x_1 + 2 \cdot x_2 - 10 = 0 \text{ bzw. } x_2 = -\frac{1}{2} \cdot x_1 + 5.$$

Probe für $\vec{r_{Gu}}$ mit (3.19): aus

$$\vec{n_g} = v_2 \cdot \begin{pmatrix} a_g \\ b_g \\ c_g \end{pmatrix} = v_2 \cdot \begin{pmatrix} 1 \\ 2 \\ -6 \end{pmatrix} \Rightarrow \vec{r_{Gu}} = \lambda \cdot \begin{pmatrix} b_g \\ -a_g \\ 0 \end{pmatrix} = \lambda \cdot \begin{pmatrix} 2 \\ -1 \\ 0 \end{pmatrix}.$$

Probe für $C_P \in k_P$: $\vec{r_C} \bullet \vec{n_k} = \lambda_C \cdot \begin{pmatrix} 4 & 3 & 1 \end{pmatrix} \bullet \varphi \cdot \begin{pmatrix} 1 \\ 2 \\ -10 \end{pmatrix} = 0$, die Inzidenz-

bedingung ist erfüllt.

Zu 6. Schnittpunkt der Geraden g und k

Der Schnittpunkt ergibt sich aus (3.18) zu

$$g \cap k: \vec{r_S} = \mu \cdot (\vec{n_g} \times \vec{n_k}) = \mu \cdot \left(v_2 \cdot \begin{pmatrix} 1 \\ 2 \\ -6 \end{pmatrix} \times \varphi \cdot \begin{pmatrix} 1 \\ 2 \\ -10 \end{pmatrix} \right)$$

$$= \lambda \cdot \begin{pmatrix} -8 \\ 4 \\ 0 \end{pmatrix} = \chi \cdot \begin{pmatrix} 2 \\ -1 \\ 0 \end{pmatrix}.$$

Als Schnittpunkt der nach affiner Auffassung parallelen Geraden g und k ergibt sich tatsächlich der Richtungsvektor des gemeinsamen P-Fernpunktes.

Abb. 3.19 zeigt die Ergebnisse des Komplexbeispiels.

3.2.3 Reelle projektive Sphäre

Als Ausgangspunkt unserer Betrachtungen vergegenwärtigen wir uns nochmals die Eigenschaften des homogenen Modells der reellen projektiven Ebene:

- P-Punkte entsprechen A-Geraden durch O(0|0|0), und P-Geraden fassen wir als A-Ebenen durch O(0|0|0) auf,
- einem eigentlichen P-Punkt können wir einen A-Punkt in der affinen Ebene mit der Gleichung $\xi_3 = 1$ zuordnen,

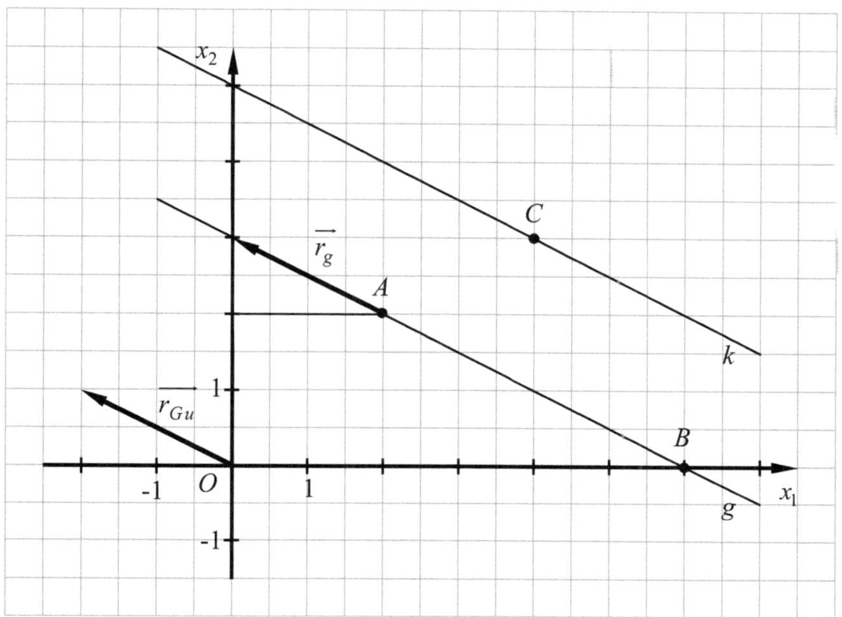

Abb. 3.19 Komplexbeispiel aus Abschn. 3.2.2

- einem uneigentlichen P-Punkt können wir keinen A-Punkt in der affinen Ebene mit der Gleichung $\xi_3 = 1$ zuordnen, da er eine A-Gerade in der affinen Ebene mit der Gleichung $\xi_3 = 0$ darstellt.

Die unterschiedliche Darstellung der eigentlichen und uneigentlichen P-Punkte können wir überwinden, indem wir die Punkte der affinen Ebene mit der Gleichung $\xi_3 = 1$ mithilfe einer Zentralprojektion mit Zentrum $O(0|C|0)$ auf eine Sphäre (Kugeloberfläche) mit Mittelpunkt $O(0|0|0)$ und Radius eins projizieren und die P-Fernpunkte der zugehörigen P-Ebene durch eine Grenzbetrachtung hinzufügen.

In Abb. 3.20 werden folgende Sachverhalte veranschaulicht:

- Die P-Punkte Q_P und R_P schneiden die Sphäre jeweils in zwei zueinander diametral liegenden E-Punkten Q_E und $\overline{Q_E}$ bzw. R_E und $\overline{R_E}$, die wir jeweils zu **einem sphärischen Punkt** Q_S bzw. R_S zusammenfassen.
- Die P-Gerade g_P schneidet die Sphäre in der **sphärischen Geraden** g_S, die nach euklidischer Auffassung einem E-Großkreis der Sphäre entspricht.
- Als Ergebnis eines Grenzüberganges ergibt sich, dass der P-Fernpunkt $G_{u\,P}$ der P-Geraden g_P auf den S-Punkt $G_{u\,S}$ (das diametrale E-Punktpaar G_u und $\overline{G_u}$) der Sphäre projiziert wird, der auf dem E-Äquator liegt und bei dem die euklidische Verbindungsgerade des E-Punktpaares nach euklidischer Auffassung parallel zur Geraden g in der euklidischen Ebene verläuft (diesen S-Punkt $G_{u\,S}$ interpretieren wir als S-Fernpunkt der Geraden g).

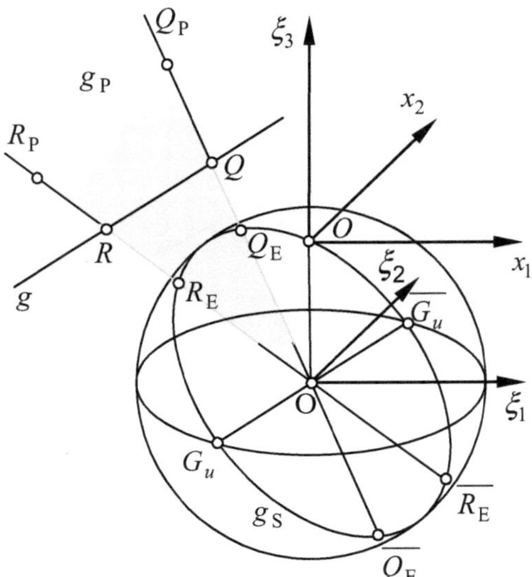

Abb. 3.20   Reelle projektive Sphäre

- Alle S-Fernpunkte (diametrale E-Punktpaare) von E-Geraden der betrachteten euklidischen Ebene liegen auf der S-Ferngeraden, die dem E-Äquator der Sphäre entspricht.

Die reelle Sphäre ist ein Modell der ebenen reellen projektiven Geometrie, da

- das Axiom P1 gilt, weil zwei unterschiedliche S-Punkte mit genau einer S-Geraden inzidieren (zwei unterschiedliche diametrale E-Punktpaare inzidieren mit einem E-Großkreis der Sphäre),
- das Axiom P2 gilt, weil zwei unterschiedliche S-Geraden mit genau einem S-Punkt inzidieren (zwei unterschiedliche E-Großkreise der Sphäre inzidieren mit einem diametralen E-Punktpaar).

Wegen dieser Eigenschaften wird die reelle Sphäre auch als **reelle projektive Sphäre** $\mathbb{S}^2$ bezeichnet.

▶ **Bemerkung**
Die reelle projektive Sphäre $\mathbb{S}^2$
- bietet den Vorteil, dass alle eigentlichen und uneigentlichen S-Punkte und S-Geraden auf einem einzigen Objekt veranschaulicht werden können,
- stellt den Ausgangspunkt zum Aufbau der **sphärischen Geometrie** dar, die ein Sonderfall der **elliptischen Geometrie** ist.

Der Übergang zur halben Sphäre ermöglicht den Zugang für **topologische Betrachtungen.** Dabei wird davon ausgegangen, dass die Punkte der reellen euklidischen Ebene analog zu Abb. 3.20 umkehrbar eindeutig auf eine halbe Kugeloberfläche ohne den Äquator als Rand abgebildet werden können (deshalb sind diese beiden Flächen topologisch äquivalent). Das Adjungieren der Fernelemente der reellen projektiven Ebene besteht im Hinzufügen der S-Ferngeraden (E-Äquator der halben Sphäre), die alle S-Fernpunkte enthält. Als Besonderheit ist zu beachten, dass die auf der S-Ferngeraden gegenüberliegenden E-Punkte identifiziert werden müssen. Wenn wir dieses Identifizieren gegenüberliegender E-Randpunkte gedanklich durch Zusammenkleben realisieren, dann erkennen wir, dass dieser Vorgang nicht ohne Selbstdurchdringung durchführbar ist. Deshalb ist diese Fläche nicht orientierbar. Für weitergehende Studien verweisen wir auf das Stichwort **Boy'sche Fläche** und auf Literatur zur Topologie.

3.2.4 Reelle projektive Gerade

In Kap. 1 haben wir im Zusammenhang mit Verhältnissen gerichteter Strecken Definitionen für das Teil- und das Doppelverhältnis angegeben. Wir wissen, dass das Doppelverhältnis für kollineare Punkte bei Zentralprojektionen invariant ist (das Teilverhältnis besitzt diese Eigenschaft i. Allg. nicht).

Nach Reduzierung des homogenen und inhomogenen Modells der reellen projektiven Ebene um eine Dimension können wir eine nützliche Beziehung für das Doppelverhältnis herleiten.

Beim **inhomogenen Modell der reellen projektiven Geraden**

- genügt zur Kennzeichnung eines Punktes Q die Angabe einer Koordinate x_Q in einem (O, x)-Koordinatensystem,
- muss der affinen Geraden ein Fernpunkt hinzugefügt werden.

Beim **homogenen Modell der reellen projektiven Geraden**

- führen wir analog zum Vorgehen bei der reellen projektiven Ebene eine zusätzliche Dimension ein, um eigentliche Punkte vom uneigentlichen Punkt unterscheiden zu können (eigentliche Punkte erhalten in der zusätzlichen zweiten Koordinate den Eintrag eins, der uneigentliche Punkt den Eintrag null),
- wird ein P-Punkt Q_P durch eine A-Gerade beschrieben, die durch den Ursprung O eines (O, ξ_1, ξ_2)-Koordinatensystems verläuft,
- kann ein P-Punkt Q_P durch unterschiedliche Repräsentanten dargestellt werden, für deren homogene Koordinaten folgende Beziehung gilt:

$$Q_P\left(\xi_{1Q} : \xi_{2Q}\right) \text{mit} \left(\lambda \cdot \xi_{1Q} \mid \lambda \cdot \xi_{2Q}\right) \sim \left(\xi_{1Q} \mid \xi_{2Q}\right) = \lambda^0 \cdot \left(\xi_{1Q} \mid \xi_{2Q}\right). \quad (3.20)$$

Abb. 3.21 verdeutlicht die Darstellung eines P-Punktes Q_P im inhomogenen und homogenen Modell der reellen projektiven Geraden.

Der Zusammenhang zwischen dem inhomogenen und dem homogenen Modell der reellen projektiven Geraden wird durch Homogenisierung bzw. Dehomogenisierung hergestellt:

$$(\xi_1|\xi_2) \to \left(\tfrac{\xi_1}{\xi_2}\big|1\right) \dots \textbf{Normierung,}$$

$$x \to \left(\tfrac{\xi_1}{\xi_2}\big|1\right) \sim (\xi_1|\xi_2) \text{ mit } x = \tfrac{\xi_1}{\xi_2} \dots \textbf{Homogenisierung,}$$

$$\left(\tfrac{\xi_1}{\xi_2}\big|1\right) \to x \text{ mit } x = \tfrac{\xi_1}{\xi_2} \dots \textbf{Dehomogenisierung.}$$

Zur Herleitung von Beziehungen für das Teil- und Doppelverhältnis verwenden wir Abb. 3.22.

In den Definitionen 1.2 und 1.3 für das Teil- bzw. Doppelverhältnis können wir die gerichteten Strecken durch Koordinatendifferenzen ersetzen:

$$\lambda = \mathrm{TV}(ABC) = (ABC) = \frac{(AC)}{(CB)} = \frac{x_C - x_A}{x_B - x_C},$$

$$\mu = \mathrm{DV}(ABCD) = (ABCD) = \frac{\mathrm{TV}(ABC)}{\mathrm{TV}(ABD)} = \frac{(AC)}{(CB)} : \frac{(AD)}{(DB)}$$

$$= \frac{(AC)}{(CB)} \cdot \frac{(DB)}{(AD)} = \frac{x_C - x_A}{x_B - x_C} \cdot \frac{x_B - x_D}{x_D - x_A}.$$

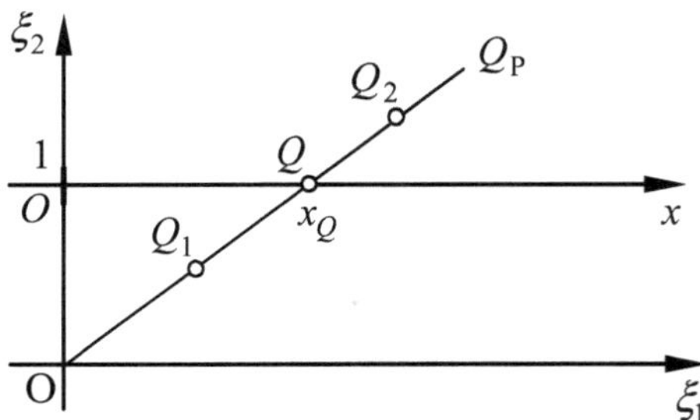

Abb. 3.21 Darstellung eines P-Punktes in den Modellen der reellen projektiven Geraden

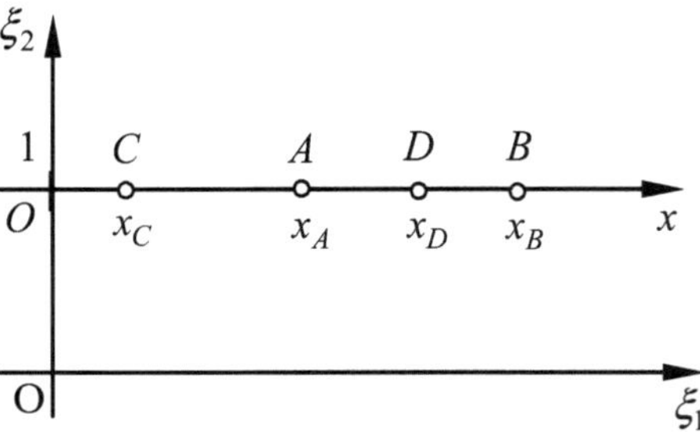

Abb. 3.22 Teil- und Doppelverhältnis in den Modellen der reellen projektiven Geraden

Wir gelangen zu einer geometrisch interpretierbaren Darstellung, wenn wir die Koordinatendifferenzen mithilfe von Determinanten schreiben:

$$\lambda = \mathrm{TV}(ABC) = \frac{x_C - x_A}{x_B - x_C} = \frac{\det\begin{pmatrix} x_C & x_A \\ 1 & 1 \end{pmatrix}}{\det\begin{pmatrix} x_B & x_C \\ 1 & 1 \end{pmatrix}}, \tag{3.21}$$

$$\mu = \mathrm{DV}(ABCD) = \frac{x_C - x_A}{x_B - x_C} \cdot \frac{x_B - x_D}{x_D - x_A}$$

$$= \frac{\det\begin{pmatrix} x_C & x_A \\ 1 & 1 \end{pmatrix}}{\det\begin{pmatrix} x_B & x_C \\ 1 & 1 \end{pmatrix}} \cdot \frac{\det\begin{pmatrix} x_B & x_D \\ 1 & 1 \end{pmatrix}}{\det\begin{pmatrix} x_D & x_A \\ 1 & 1 \end{pmatrix}}. \tag{3.22}$$

Interpretation
In den Spalten der Determinanten stehen normierte homogene Punktkoordinaten.

Unter Nutzung der Regel zur Multiplikation einer Determinante mit einem Skalar kann (3.22) verallgemeinert werden:

$$\mu = \mathrm{DV}(ABCD) = \frac{x_C - x_A}{x_B - x_C} \cdot \frac{x_B - x_D}{x_D - x_A} = \frac{\det\begin{pmatrix} x_C & x_A \\ 1 & 1 \end{pmatrix}}{\det\begin{pmatrix} x_B & x_C \\ 1 & 1 \end{pmatrix}} \cdot \frac{\det\begin{pmatrix} x_B & x_D \\ 1 & 1 \end{pmatrix}}{\det\begin{pmatrix} x_D & x_A \\ 1 & 1 \end{pmatrix}}$$

$$= \frac{\det\begin{pmatrix} x_C & x_A \\ 1 & 1 \end{pmatrix}}{\det\begin{pmatrix} x_B & x_C \\ 1 & 1 \end{pmatrix}} \cdot \frac{\det\begin{pmatrix} x_B & x_D \\ 1 & 1 \end{pmatrix}}{\det\begin{pmatrix} x_D & x_A \\ 1 & 1 \end{pmatrix}} \cdot \frac{v_A \cdot v_B \cdot v_C \cdot v_D}{v_A \cdot v_B \cdot v_C \cdot v_D}$$

$$\mu = \mathrm{DV}(ABCD) = \frac{\det\begin{pmatrix} v_C \cdot x_C & v_A \cdot x_A \\ v_C & v_A \end{pmatrix}}{\det\begin{pmatrix} v_B \cdot x_B & v_C \cdot x_C \\ v_B & v_C \end{pmatrix}} \cdot \frac{\det\begin{pmatrix} v_B \cdot x_B & v_D \cdot x_D \\ v_B & v_D \end{pmatrix}}{\det\begin{pmatrix} v_D \cdot x_D & v_A \cdot x_A \\ v_D & v_A \end{pmatrix}} \tag{3.23}$$

$$= \frac{\det\begin{pmatrix} C & A \\ | & | \end{pmatrix}}{\det\begin{pmatrix} B & C \\ | & | \end{pmatrix}} \cdot \frac{\det\begin{pmatrix} B & D \\ | & | \end{pmatrix}}{\det\begin{pmatrix} D & A \\ | & | \end{pmatrix}}.$$

Wir erkennen, dass in den Spalten der Determinanten beliebige homogene Punktkoordinaten stehen.

▶ **Bemerkung** Es zeigt sich wieder einmal die besondere **Bedeutung des Doppelverhältnisses** in der projektiven Geometrie, da die Beziehung (3.21) für das Teilverhältnis nicht in der gleichen Weise verallgemeinert werden kann wie (3.22) für das Doppelverhältnis.

Darstellungen mit **Determinanten** spielen in der projektiven Geometrie eine große Rolle, z. B. werden Invarianzen mithilfe von Determinantengleichungen ausgedrückt. Wir werden in Abschn. 3.3 ebenfalls auf die Beziehung (3.23) zurückkommen.

In der Literatur wird manchmal (3.23) zur Definition des Doppelverhältnisses für Punkte des $\mathbb{R}^2$ verwendet.

Die Punkte der reellen euklidischen Geraden können entsprechend der Abb. 3.23 umkehrbar eindeutig auf einen Kreisumfang mit einer Lücke im Projektionszentrum abgebildet werden (deshalb sind diese beiden Kurven topologisch äquivalent). Der Übergang von der reellen euklidischen zur reellen projektiven Geraden erfolgt durch Adjungieren des Fernpunkts P_∞ der reellen projektiven Geraden. Es ist üblich, diesem Fernpunkt die Lücke des Kreisumfangs zuzuordnen, weil damit die **reelle projektive Gerade topologisch äquivalent zur Kreissphäre S^1** ist: $\mathbb{RP}^1 \sim \mathbb{R} \cup \{P_\infty\} \sim S^1$.

3.2.5 Komplexe projektive Gerade

Analog zum Modell der reellen projektiven Geraden $\mathbb{RP}^1$ wird durch Analogiebetrachtung das **Modell der komplexen projektiven Geraden $\mathbb{CP}^1$** gebildet, in dem die Punkte **komplexe Koordinaten** besitzen.

Mit $z \in \mathbb{C}$ gilt:

$z \to (z|1) \ldots$ **Homogenisierung,**
$(z|1) \to z \ldots$ **Dehomogenisierung.**

Die homogenen Koordinaten des **Fernpunktes der komplexen projektiven Geraden** lauten $P_\infty(1|0)$, sie sind aufzufassen als komplexe Koordinaten.

Folgende **Besonderheiten bei der Verwendung reeller und komplexer Koordinaten** ergeben sich:

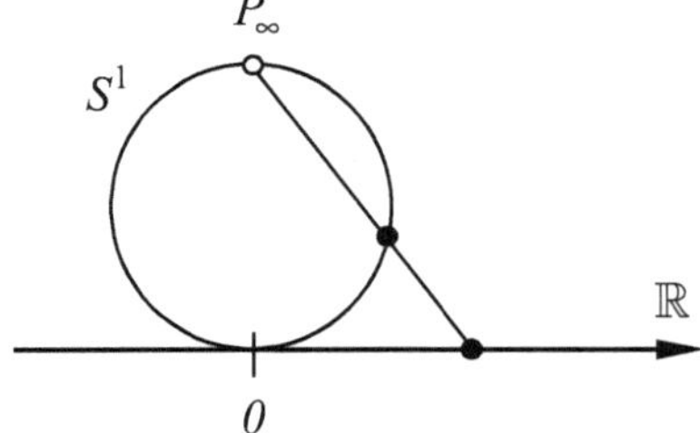

Abb. 3.23 Topologie der reellen projektiven Geraden

Ein eindimensionaler Punkt mit inhomogenen reellen Koordinaten kann als Punkt auf der Zahlengeraden dargestellt werden; ein eindimensionaler Punkt mit inhomogenen komplexen Koordinaten ist für Zwecke der Veranschaulichung als zweidimensionales reelles Objekt (Real- und Imaginärteil) zu betrachten, welches als Punkt in der komplexen Zahlenebene dargestellt werden kann.

Bereits beim Übergang eines eindimensionalen komplexen Punktes zu homogenen komplexen Koordinaten versagt die unmittelbare Veranschaulichung, denn ein Punkt $(z_1{:}z_2)$ in homogenen komplexen Koordinaten entspricht einem vierdimensionalen reellen Objekt. Um dennoch eine Darstellung für einen eindimensionalen Punkt in homogenen komplexen Koordinaten zu erhalten, wird unter Nutzung der Äquivalenz

$$(z_1{:}z_2) = z_2 \cdot \left(\frac{z_1}{z_2}{:}1 \right) \sim \left(\frac{z_1}{z_2}{:}1 \right) =: (z{:}1) \text{ für } z_2 \neq 0$$

die komplexe Zahl z in der Gauß'schen Zahlenebene veranschaulicht.

Beispiele

$$\begin{pmatrix} 1 + 5 \cdot i \\ 2 + 10 \cdot i \end{pmatrix} = (1 + 5 \cdot i) \cdot \begin{pmatrix} 1 \\ 2 \end{pmatrix} \sim \begin{pmatrix} 1 \\ 2 \end{pmatrix} = 2 \cdot \begin{pmatrix} 0,5 \\ 1 \end{pmatrix} \sim \begin{pmatrix} 0,5 \\ 1 \end{pmatrix},$$

$$\begin{pmatrix} -2 + 3 \cdot i \\ 1 + 4 \cdot i \end{pmatrix} \sim \frac{1}{1 + 4 \cdot i} \cdot \begin{pmatrix} -2 + 3 \cdot i \\ 1 + 4 \cdot i \end{pmatrix}$$

$$= \begin{pmatrix} \frac{-2+3 \cdot i}{1+4 \cdot i} \\ 1 \end{pmatrix} = \begin{pmatrix} \frac{-2+3 \cdot i}{1+4 \cdot i} \cdot \frac{1-4 \cdot i}{1-4 \cdot i} \\ 1 \end{pmatrix} = \begin{pmatrix} \frac{10+11 \cdot i}{17} \\ 1 \end{pmatrix}.$$

Allgemein gilt:

$$\begin{pmatrix} z_1 \\ z_2 \end{pmatrix} \underset{\text{Normierung}}{\sim} \begin{pmatrix} \frac{z_1}{z_2} \\ 1 \end{pmatrix} = \begin{pmatrix} z \\ 1 \end{pmatrix} \underset{\text{Dehomogenisierung}}{\rightarrow} z \text{ für } z_1, z_2, z \in \mathbb{C} \text{ und } z_2 \neq 0.$$

Die **Transformation von Punktkoordinaten** lässt sich ebenfalls auf die komplexe projektive Gerade übertragen und mittels einer (komplexen) **Möbiustransformation** mit $(z, a, b, c, d \in \mathbb{C})$ beschreiben:

$$z \underset{\text{Homogenisierung}}{\rightarrow} \begin{pmatrix} z \\ 1 \end{pmatrix} \mapsto \begin{pmatrix} a & b \\ c & d \end{pmatrix} \bullet \begin{pmatrix} z \\ 1 \end{pmatrix} = \begin{pmatrix} a \cdot z + b \\ c \cdot z + d \end{pmatrix}$$

$$\sim \begin{pmatrix} \frac{a \cdot z + b}{c \cdot z + d} \\ 1 \end{pmatrix} \underset{\text{Dehomogenisierung}}{\rightarrow} \frac{a \cdot z + b}{c \cdot z + d}.$$

Die Punkte der komplexen Geraden können in der Gauß'schen Zahlenebene dargestellt werden (da sie einen Real- und einen Imaginärteil besitzen). Entsprechend der Abb. 3.24 können diese Punkte umkehrbar eindeutig auf eine Sphäre

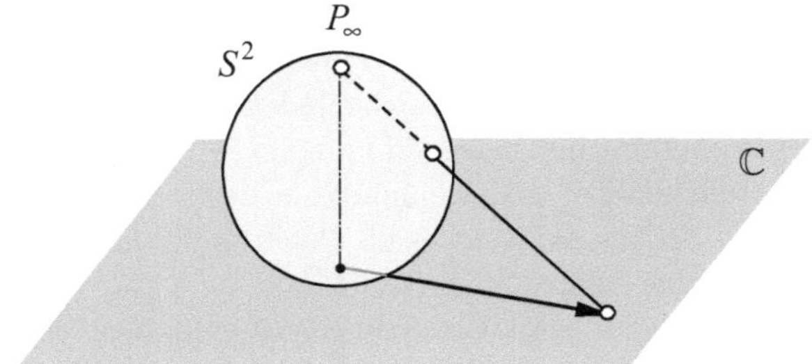

Abb. 3.24 Topologie der komplexen projektiven Geraden

(Kugeloberfläche) mit einer Lücke im Projektionszentrum abgebildet werden (deshalb sind diese beiden Objekte topologisch äquivalent). Der Übergang von der komplexen Geraden zur komplexen projektiven Geraden erfolgt durch Adjungieren des Fernpunkts P_∞ der komplexen projektiven Geraden. Es ist üblich, diesem Fernpunkt die Lücke der Sphäre zuzuordnen, weil damit die **komplexe projektive Gerade topologisch äquivalent zur Sphäre** S^2 ist: $\mathbb{CP}^1 \sim \mathbb{C} \cup \{P_\infty\} \sim S^2$.

Die mit $\mathbb{C} \cup \{P_\infty\}$ „beladene" Sphäre S^2 wird als **Riemann'sche Zahlenkugel** bezeichnet. Die Abbildung von der Sphäre in die Gauß'sche Zahlenebene nach Abb. 3.24 erfolgt in der Literatur zuweilen so, dass die komplexe Ebene durch den Mittelpunkt der Riemann'schen Zahlenkugel gelegt wird.

Bei unserem Vorhaben, eine ebene projektive Geometrie zu konstruieren, welche die ebene euklidische Geometrie als Sonderfall enthält, sind wir bereits gut vorangekommen. Uns fehlt noch eine Möglichkeit, die Größe von Winkeln und die Länge von Strecken zu bestimmen. Lange Zeit nahmen die Mathematiker an, dass in der projektiven Geometrie metrische Betrachtungen nicht möglich sind. Diese Ansicht revidierte 1853 der 19-jährige Edmond Laguerre. In Abschn. 3.3 folgen wir den genialen Überlegungen dieses Mathematikers.

3.3 Maße in der projektiven Geometrie

3.3.1 Ideensammlung zur Einführung von Maßen in die projektive Geometrie

In diesem Abschnitt vollziehen wir drei Ideen nach, die zur Einführung von Maßen für Längen und Winkel in der projektiven Geometrie führten. Ausgangspunkt unserer Betrachtungen sind die reelle euklidische Ebene und das homogene Modell der reellen projektiven Ebene.

Idee 1: Wir wählen Kreise als Untersuchungsobjekte.

Kreise sind als Menge von Punkten einer Ebene definiert, die von einem festen Punkt denselben Abstand besitzen. Damit stellen Kreise metrische Objekte dar, die einen Zugang zu metrischen Betrachtungen in der projektiven Geometrie ermöglichen könnten. Wir beginnen unsere Überlegungen an einem Kreis mit Radius r

und Mittelpunkt $M(m_1|m_2)$ in der euklidischen Ebene, der analytisch beschrieben wird durch

$$(x_1 - m_1)^2 + (x_2 - m_2)^2 = r^2$$

$$x_1^2 + x_2^2 - 2 \cdot m_1 \cdot x_1 - 2 \cdot m_2 \cdot x_2 + m_1^2 + m_2^2 - r^2 = 0. \tag{3.24}$$

Wir homogenisieren, indem wir (3.8) in (3.24) einsetzen:

$$\left(\frac{\xi_1}{\xi_3}\right)^2 + \left(\frac{\xi_2}{\xi_3}\right)^2 - 2 \cdot m_1 \cdot \frac{\xi_1}{\xi_3} - 2 \cdot m_2 \cdot \frac{\xi_2}{\xi_3} + m_1^2 + m_2^2 - r^2 = 0$$

$$\xi_1^2 + \xi_2^2 - 2 \cdot m_1 \cdot \xi_1 \cdot \xi_3 - 2 \cdot m_2 \cdot \xi_2 \cdot \xi_3 + m_1^2 \cdot \xi_3^2 + m_2^2 \cdot \xi_3^2 - r^2 \cdot \xi_3^2 = 0. \tag{3.25}$$

Damit uns die letzte Gleichung unserem Ziel näher bringt, benötigen wir eine weitere Idee.

Idee 2: Wir schneiden den Kreis mit der P-Ferngeraden.

Um aus (3.25) eine einfachere Beziehung zu gewinnen, schneiden wir den Kreis mit der P-Ferngeraden, welche die Gleichung $\xi_3 = 0$ besitzt:

$$\xi_1^2 + \xi_2^2 = 0. \tag{3.26}$$

Mit unserer Idee 2 haben wir eine deutliche Vereinfachung erreicht. Die einzige reelle Lösung von (3.26) ist $\xi_1 = \xi_2 = 0$. Dieses Ergebnis ist zu verwerfen, da nicht alle drei homogenen Koordinaten null sein dürfen. Deshalb besitzen Kreise keinen reellen uneigentlichen Punkt. Es ist eine weitere Idee erforderlich.

Idee 3: Wir gehen zu komplexen Koordinaten über.

Mit dem Übergang zu komplexen Koordinaten geben wir weitgehend die Anschauung auf, doch wir können ausnutzen, dass jede quadratische Gleichung zwei Lösungen besitzt. Für (3.26) lesen wir die Lösungen $(\xi_1, \xi_2) = (\rho, \rho \cdot i)$ und $(\xi_1, \xi_2) = (\sigma, -\sigma \cdot i)$ ab.

Wir erhalten das bemerkenswerte Ergebnis, dass **alle Kreise durch zwei komplexe P-Fernpunkte** verlaufen, die wir mit I und J bezeichnen. Mit $\xi_3 = 0$ erhalten wir die Richtungsvektoren für diese P-Fernpunkte I und J:

$$\vec{r_I} = v_I \cdot \begin{pmatrix} 1 \\ i \\ 0 \end{pmatrix} \quad (v_I \in \mathbb{C}, v_I \neq 0) \text{ und } \vec{r_J} = v_J \cdot \begin{pmatrix} 1 \\ -i \\ 0 \end{pmatrix} \quad (v_J \in \mathbb{C}, v_J \neq 0). \tag{3.27}$$

▶ **Bemerkung** Die Repräsentanten der P-Fernpunkte I und J, für die $v_I = v_J$ gilt, sind konjugiert komplex zueinander.

In der Literatur werden die komplexen Fernpunkte I und J auch mit folgenden Koordinaten angegeben:

$$\vec{r_I} = \tau_I \cdot \begin{pmatrix} -i \\ 1 \\ 0 \end{pmatrix} \quad (\tau_I \in \mathbb{C}, \tau_I \neq 0) \text{ und } \vec{r_J} = \tau_J \cdot \begin{pmatrix} i \\ 1 \\ 0 \end{pmatrix} \quad (\tau_J \in \mathbb{C}, \tau_J \neq 0).$$

Diese Darstellungen ergeben sich für $v_I = -i \cdot \tau_I$ bzw. $v_J = i \cdot \tau_J$.

Analoge Berechnungen für Parabeln, Hyperbeln und Ellipsen ergeben Folgendes:

- Jede Parabel besitzt einen doppelten reellen Schnittpunkt mit der P-Ferngeraden.
- Jede Hyperbel besitzt zwei reelle Schnittpunkte mit der P-Ferngeraden.
- Jede Ellipse besitzt zwei komplexe Schnittpunkte mit der P-Ferngeraden, deren Koordinaten von den Halbachsen der Ellipse abhängen.

Deshalb eignet sich die durchgeführte Berechnung auch zur Unterscheidung der Kegelschnitte.

Wir sind jetzt so weit vorgedrungen, dass wir uns mit den Maßen für Winkel in der projektiven Geometrie beschäftigen können.

3.3.2   Maße für Winkel in der projektiven Geometrie

Wir gehen aus von den Geraden g und h in einer Ebene, die wir analytisch beschreiben durch

$$g\colon a_g \cdot x_1 + b_g \cdot x_2 + c_g = 0 \text{ und } h\colon a_h \cdot x_1 + b_h \cdot x_2 + c_h = 0.$$

Gesucht ist die Größe des Winkels $\varphi = \sphericalangle(g, h)$, den diese Geraden miteinander einschließen (im Folgenden unterscheiden wir symbolisch nicht zwischen dem geometrischen Objekt Winkel und seiner Größe, da dies in der Literatur ebenfalls nicht üblich ist).

Wenn die in einer Ebene liegenden Geraden g und h

- nach affiner Auffassung parallel zueinander sind, dann gilt $\varphi = 0°$,
- sich in einem eigentlichen Punkt schneiden, dann ist die Größe ihres **Schnittwinkels** zu bestimmen, für die $0° < \varphi \leq 90°$ gilt.

Es gibt mehrere Vektorpaare, die den Winkel φ einschließen und deshalb für Berechnungen infrage kommen:

- Richtungsvektoren $\overrightarrow{r_g} = \mu_g \cdot \begin{pmatrix} -b_g \\ a_g \end{pmatrix}$ und $\overrightarrow{r_h} = \mu_h \cdot \begin{pmatrix} -b_h \\ a_h \end{pmatrix}$,

- Richtungsvektoren zu den Fernpunkten in homogenen Koordinaten

$$\overrightarrow{r_{Gu}} = \rho_g \cdot \begin{pmatrix} -b_g \\ a_g \\ 0 \end{pmatrix} \text{ und } \overrightarrow{r_{Hu}} = \rho_h \cdot \begin{pmatrix} -b_h \\ a_h \\ 0 \end{pmatrix},$$

- Normalenvektoren $\overrightarrow{n_g} = \nu_g \cdot \begin{pmatrix} a_g \\ b_g \end{pmatrix}$ und $\overrightarrow{n_h} = \nu_h \cdot \begin{pmatrix} a_h \\ b_h \end{pmatrix}.$

Wir haben die Beziehungen (3.4) und (3.13) verwendet und beachtet, dass auch die zu den beiden Richtungsvektoren orthogonalen Normalenvektoren der Geraden g und h den Winkel φ einschließen.

Nun wenden wir einen **Trick** an, der uns eine analytische Beschreibung ermöglicht: Wir ordnen den Koordinaten der Normalenvektoren $\vec{n_g}$ und $\vec{n_h}$ jeweils einen Zeiger in der Gauß'schen Zahlenebene zu, da diese Zeiger ebenfalls den Winkel φ einschließen. Auf diesem Weg realisieren wir den Zugang zu den komplexen Zahlen:

$$\vec{n_g} \to z_g = a_g + \mathrm{i} \cdot b_g = |z_g| \cdot \mathrm{e}^{\mathrm{i} \cdot \varphi_g} \text{ und } \vec{n_h} \to z_h = a_h + \mathrm{i} \cdot b_h = |z_h| \cdot \mathrm{e}^{\mathrm{i} \cdot \varphi_h}. \tag{3.28}$$

In Abb. 3.25 veranschaulichen wir die Zeigerdarstellung.

Aus der Exponentialdarstellung für die komplexen Zahlen ergibt sich eine erste Beziehung für den gesuchten Winkel φ:

$$\frac{z_g}{z_h} = \frac{|z_g|}{|z_h|} \cdot \mathrm{e}^{\mathrm{i} \cdot (\varphi_g - \varphi_h)} = \frac{|z_g|}{|z_h|} \cdot \mathrm{e}^{\mathrm{i} \cdot \varphi}.$$

Wegen $|z| = |\overline{z}|$ können wir die Beträge der komplexen Zahlen mithilfe der konjugiert komplexen Zahlen eliminieren:

$$\overline{z_g} = a_g - \mathrm{i} \cdot b_g = |z_g| \cdot \mathrm{e}^{-\mathrm{i} \cdot \varphi_g} \text{ und } \overline{z_h} = a_h - \mathrm{i} \cdot b_h = |z_h| \cdot \mathrm{e}^{-\mathrm{i} \cdot \varphi_h}, \tag{3.29}$$

$$\frac{\overline{z_g}}{\overline{z_h}} = \frac{|z_g|}{|z_h|} \cdot \mathrm{e}^{-\mathrm{i} \cdot (\varphi_g - \varphi_h)} = \frac{|z_g|}{|z_h|} \cdot \mathrm{e}^{-\mathrm{i} \cdot \varphi},$$

$$\frac{z_g}{z_h} \bigg/ \frac{\overline{z_g}}{\overline{z_h}} = \mathrm{e}^{\mathrm{i} \cdot \varphi} \bigg/ \mathrm{e}^{-\mathrm{i} \cdot \varphi} = \mathrm{e}^{\mathrm{i} \cdot 2 \cdot \varphi},$$

$$\varphi = \frac{1}{2 \cdot \mathrm{i}} \cdot \ln\left(\frac{z_g}{z_h} \bigg/ \frac{\overline{z_g}}{\overline{z_h}}\right) = \frac{1}{2 \cdot \mathrm{i}} \cdot \ln\left(\frac{z_g}{z_h} \cdot \frac{\overline{z_h}}{\overline{z_g}}\right). \tag{3.30}$$

Jetzt müssen wir wieder den Bezug zur Geometrie herstellen. Leider können wir nicht einfach die Zeiger durch die Normalenvektoren $\vec{n_g}$ und $\vec{n_h}$ ersetzen, da die Division durch Vektoren nicht definiert ist. Es ist wieder ein **Trick** erforderlich, der darin besteht, dass wir Determinanten ins Spiel bringen.

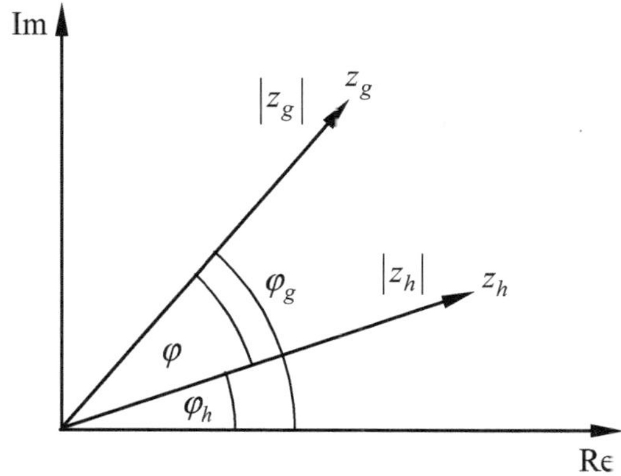

Abb. 3.25 Zeiger in der Gauß'schen Zahlenebene

Wir wissen, dass wir Determinanten rändern dürfen, z. B. gilt

$$\det \begin{pmatrix} a & b \\ c & d \end{pmatrix} = \det \begin{pmatrix} a & b & 0 \\ c & d & 0 \\ e & f & 1 \end{pmatrix}.$$

Die dritte Spalte in der zweiten Determinante kommt uns bekannt vor: Laut (3.16) steht dort ein Normalenvektor $\overrightarrow{n_{\ell\infty}}$ der P-Ferngeraden. Dies ermuntert uns zu weiteren Untersuchungen, da wir ohnehin mit Fernelementen arbeiten wollen. Wir gehen zu homogenen Koordinaten über und experimentieren mit bekannten Vektoren:

$$\det \begin{pmatrix} G_u & I & \ell\infty \\ | & | & | \end{pmatrix} = \det \begin{pmatrix} \overrightarrow{r_{Gu}} & \overrightarrow{r_I} & \overrightarrow{n_{\ell\infty}} \\ | & | & | \end{pmatrix} = \det \begin{pmatrix} -\rho_g \cdot b_g & v_I \cdot 1 & 0 \\ \rho_g \cdot a_g & v_I \cdot i & 0 \\ 0 & 0 & \varepsilon \cdot 1 \end{pmatrix}$$

$$= \rho_g \cdot v_I \cdot \varepsilon \cdot \det \begin{pmatrix} -b_g & 1 & 0 \\ a_g & i & 0 \\ 0 & 0 & 1 \end{pmatrix} = \rho_g \cdot v_I \cdot \varepsilon \cdot \left(-b_g \cdot i - a_g \cdot 1 \right)$$

$$\det \begin{pmatrix} G_u & I & \ell\infty \\ | & | & | \end{pmatrix} = -\rho_g \cdot v_I \cdot \varepsilon \cdot z_g. \tag{3.31}$$

$$\det \begin{pmatrix} G_u & J & \ell\infty \\ | & | & | \end{pmatrix} = \det \begin{pmatrix} \overrightarrow{r_{Gu}} & \overrightarrow{r_J} & \overrightarrow{n_{\ell\infty}} \\ | & | & | \end{pmatrix} = \det \begin{pmatrix} -\rho_g \cdot b_g & v_J \cdot 1 & 0 \\ \rho_g \cdot a_g & -v_J \cdot i & 0 \\ 0 & 0 & \varepsilon \cdot 1 \end{pmatrix}$$

$$= \rho_g \cdot v_J \cdot \varepsilon \cdot \det \begin{pmatrix} -b_g & 1 & 0 \\ a_g & -i & 0 \\ 0 & 0 & 1 \end{pmatrix} = \rho_g \cdot v_J \cdot \varepsilon \cdot \left(b_g \cdot i - a_g \cdot 1 \right)$$

$$\det \begin{pmatrix} G_u & J & \ell\infty \\ | & | & | \end{pmatrix} = -\rho_g \cdot v_J \cdot \varepsilon \cdot \overline{z_g}. \tag{3.32}$$

$$\det \begin{pmatrix} M & I & J \\ | & | & | \end{pmatrix} = \det \begin{pmatrix} \overrightarrow{r_M} & \overrightarrow{r_I} & \overrightarrow{r_J} \\ | & | & | \end{pmatrix} = \det \begin{pmatrix} \rho_M \cdot x_{1M} & v_I \cdot 1 & v_J \cdot 1 \\ \rho_M \cdot x_{2M} & v_I \cdot i & -v_J \cdot i \\ \rho_M & 0 & 0 \end{pmatrix}$$

$$= \rho_M \cdot v_I \cdot v_J \cdot \det \begin{pmatrix} x_{1M} & 1 & 1 \\ x_{2M} & i & -i \\ 1 & 0 & 0 \end{pmatrix}$$

$$\det \begin{pmatrix} M & I & J \\ | & | & | \end{pmatrix} = -2 \cdot \rho_M \cdot v_I \cdot v_J \cdot i. \tag{3.33}$$

$$\det \begin{pmatrix} M & N & I \\ | & | & | \end{pmatrix} = \det \begin{pmatrix} \overrightarrow{r_M} & \overrightarrow{r_N} & \overrightarrow{r_I} \\ | & | & | \end{pmatrix} = \det \begin{pmatrix} \rho_M \cdot x_{1M} & \rho_N \cdot x_{1N} & v_I \cdot 1 \\ \rho_M \cdot x_{2M} & \rho_N \cdot x_{2N} & v_I \cdot i \\ \rho_M & \rho_N & 0 \end{pmatrix}$$

$$= \rho_M \cdot \rho_N \cdot v_I \cdot \det \begin{pmatrix} x_{1M} & x_{1N} & 1 \\ x_{2M} & x_{2N} & i \\ 1 & 1 & 0 \end{pmatrix}$$

$$\det \begin{pmatrix} M & N & I \\ | & | & | \end{pmatrix} = \rho_M \cdot \rho_N \cdot v_I \cdot ((x_{2M} - x_{2N}) + \mathrm{i} \cdot (x_{1N} - x_{1M})). \qquad (3.34)$$

$$\det \begin{pmatrix} M & N & J \\ | & | & | \end{pmatrix} = \det \begin{pmatrix} \vec{r_M} & \vec{r_N} & \vec{r_J} \\ | & | & | \end{pmatrix} = \det \begin{pmatrix} \rho_M \cdot x_{1M} & \rho_N \cdot x_{1N} & v_J \cdot 1 \\ \rho_M \cdot x_{2M} & \rho_N \cdot x_{2N} & -v_J \cdot \mathrm{i} \\ \rho_M & \rho_N & 0 \end{pmatrix}$$

$$= \rho_M \cdot \rho_N \cdot v_J \cdot \det \begin{pmatrix} x_{1M} & x_{1N} & 1 \\ x_{2M} & x_{2N} & -\mathrm{i} \\ 1 & 1 & 0 \end{pmatrix}$$

$$\det \begin{pmatrix} M & N & J \\ | & | & | \end{pmatrix} = \rho_M \cdot \rho_N \cdot v_J \cdot ((x_{2M} - x_{2N}) + \mathrm{i} \cdot (x_{1M} - x_{1N})). \qquad (3.35)$$

Einsetzen von (3.31) und (3.32) in (3.30) ergibt:

$$\varphi = \frac{1}{2 \cdot \mathrm{i}} \cdot \ln \left(\frac{-\frac{1}{\rho_g \cdot v_I \cdot \varepsilon} \cdot \det \begin{pmatrix} G_u & I & \ell\infty \\ | & | & | \end{pmatrix}}{-\frac{1}{\rho_h \cdot v_I \cdot \varepsilon} \cdot \det \begin{pmatrix} H_u & I & \ell\infty \\ | & | & | \end{pmatrix}} \cdot \frac{-\frac{1}{\rho_h \cdot v_J \cdot \varepsilon} \cdot \det \begin{pmatrix} H_u & J & \ell\infty \\ | & | & | \end{pmatrix}}{-\frac{1}{\rho_g \cdot v_J \cdot \varepsilon} \cdot \det \begin{pmatrix} G_u & J & \ell\infty \\ | & | & | \end{pmatrix}} \right)$$

$$\varphi = \frac{1}{2 \cdot \mathrm{i}} \cdot \ln \left(\frac{\det \begin{pmatrix} G_u & I & \ell\infty \\ | & | & | \end{pmatrix}}{\det \begin{pmatrix} H_u & I & \ell\infty \\ | & | & | \end{pmatrix}} \cdot \frac{\det \begin{pmatrix} H_u & J & \ell\infty \\ | & | & | \end{pmatrix}}{\det \begin{pmatrix} G_u & J & \ell\infty \\ | & | & | \end{pmatrix}} \right).$$

Eine kleine Umformung liefert uns ein Ergebnis, das wir geometrisch interpretieren können:

$$\varphi = \frac{1}{2 \cdot \mathrm{i}} \cdot \ln \left(\frac{-\det \begin{pmatrix} I & G_u & \ell\infty \\ | & | & | \end{pmatrix}}{\det \begin{pmatrix} H_u & I & \ell\infty \\ | & | & | \end{pmatrix}} \cdot \frac{\det \begin{pmatrix} H_u & J & \ell\infty \\ | & | & | \end{pmatrix}}{-\det \begin{pmatrix} J & G_u & \ell\infty \\ | & | & | \end{pmatrix}} \right)$$

$$\varphi = \sphericalangle(g,h) = \varphi_g - \varphi_h = \frac{1}{2 \cdot \mathrm{i}} \cdot \ln \left(\frac{\det \begin{pmatrix} I & G_u & \ell\infty \\ | & | & | \end{pmatrix}}{\det \begin{pmatrix} H_u & I & \ell\infty \\ | & | & | \end{pmatrix}} \cdot \frac{\det \begin{pmatrix} H_u & J & \ell\infty \\ | & | & | \end{pmatrix}}{\det \begin{pmatrix} J & G_u & \ell\infty \\ | & | & | \end{pmatrix}} \right). \qquad (3.36)$$

Interpretation des Ergebnisses: Der Winkel zwischen den Geraden g und h kann mit (3.23) durch Rändern mit $\overrightarrow{\ell_\infty}$ als Doppelverhältnis von Fernpunkten ausgedrückt werden:

$$\varphi = \sphericalangle(g,h) = \varphi_g - \varphi_h = \frac{1}{2 \cdot \mathrm{i}} \cdot \ln \left(\mathrm{DV}(G_u, H_u, I, J)_{\ell\infty} \right). \qquad (3.37)$$

Bei (3.37) handelt es sich um die **Formel von Laguerre,** welche er 1853 im Alter von 19 Jahren hergeleitet hat. Diese Leistung beurteilen wir als echt genial.

Beispiel

Gegeben: Gerade g durch $x_1 - 2 \cdot x_2 + 2 = 0$,
Gerade h durch $-x_1 - 3 \cdot x_2 + 9 = 0$,

gesucht: Schnittwinkel $\varphi = \sphericalangle(g, h)$ in der euklidischen und der projektiven Geometrie.

Lösung:
Wir stellen in Abb. 3.26 die Geraden in einem kartesischen Koordinatensystem dar.

Die Berechnung des Schnittwinkels in der „euklidischen Welt" ist sehr einfach:

Geradengleichungen in Normalform: $g : x_2 = \frac{1}{2} \cdot x_1 + 1$ und $h : x_2 = -\frac{1}{3} \cdot x_1 + 3$,

Richtungsvektoren: $\vec{r_g} = \begin{pmatrix} 1 \\ 1/2 \end{pmatrix}$ bzw. $\vec{r_h} = \begin{pmatrix} 1 \\ -1/3 \end{pmatrix}$,

Ansatz Schnittwinkel: $\cos \varphi = \dfrac{|\vec{r_g} \bullet \vec{r_h}|}{|\vec{r_g}| \cdot |\vec{r_h}|} = \dfrac{\left| \begin{pmatrix} 1 \\ 1/2 \end{pmatrix} \bullet \begin{pmatrix} 1 \\ -1/3 \end{pmatrix} \right|}{\sqrt{1 + \frac{1}{4}} \cdot \sqrt{1 + \frac{1}{9}}} = \dfrac{\frac{5}{6}}{\sqrt{\frac{5}{4} \cdot \frac{10}{9}}},$

$$= \sqrt{\frac{25}{36} \cdot \frac{4}{5} \cdot \frac{9}{10}} = \sqrt{\frac{1}{2}} = \frac{1}{2} \cdot \sqrt{2}$$

Schnittwinkel: $\varphi = 45°$.

Im Ansatz für die Berechnung des Schnittwinkels sorgt der Betrag des Skalarprodukts dafür, dass die Bedingung $0° < \varphi \leq 90°$ erfüllt wird.

Komplizierter (aber möglich) ist die Winkelbestimmung in der projektiven Geometrie.

In (3.36) können wir beliebige Repräsentanten für die Fernpunkte wählen. Die Koordinaten der P-Fernpunkte der gegebenen Geraden lesen

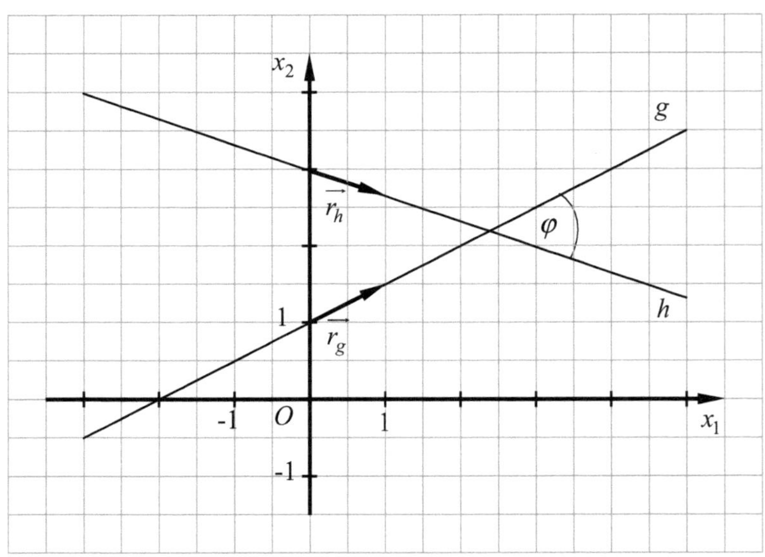

Abb. 3.26 Darstellung der Geraden g und h

wir unter Berücksichtigung von (3.13) aus den allgemeinen Geradengleichungen ab:

$$G_u \begin{pmatrix} 2 \\ 1 \\ 0 \end{pmatrix}; H_u \begin{pmatrix} 3 \\ -1 \\ 0 \end{pmatrix}.$$

Der Winkel ergibt sich aus (3.36):

$$\varphi = \frac{1}{2 \cdot i} \cdot \ln \left(\frac{\det \begin{pmatrix} I & G_u & \ell\infty \\ | & | & | \end{pmatrix}}{\det \begin{pmatrix} H_u & I & \ell\infty \\ | & | & | \end{pmatrix}} \cdot \frac{\det \begin{pmatrix} H_u & J & \ell\infty \\ | & | & | \end{pmatrix}}{\det \begin{pmatrix} J & G_u & \ell\infty \\ | & | & | \end{pmatrix}} \right)$$

$$= \frac{1}{2 \cdot i} \cdot \ln \left(\frac{\det \begin{pmatrix} 1 & 2 & 0 \\ i & 1 & 0 \\ 0 & 0 & 1 \end{pmatrix}}{\det \begin{pmatrix} 3 & 1 & 0 \\ -1 & i & 0 \\ 0 & 0 & 1 \end{pmatrix}} \cdot \frac{\det \begin{pmatrix} 3 & 1 & 0 \\ -1 & -i & 0 \\ 0 & 0 & 1 \end{pmatrix}}{\det \begin{pmatrix} 1 & 2 & 0 \\ -i & 1 & 0 \\ 0 & 0 & 1 \end{pmatrix}} \right)$$

$$\varphi = \frac{1}{2 \cdot i} \cdot \ln \left(\frac{(1 - 2 \cdot i) \cdot (-3 \cdot i + 1)}{(3 \cdot i + 1) \cdot (1 + 2 \cdot i)} \right)$$

$$= \frac{1}{2 \cdot i} \cdot \ln \left(\frac{-5 - 5 \cdot i}{-5 + 5 \cdot i} \right) = \frac{1}{2 \cdot i} \cdot \ln \left(\frac{-5 - 5 \cdot i}{-5 + 5 \cdot i} \cdot \frac{-5 - 5 \cdot i}{-5 - 5 \cdot i} \right)$$

$$\varphi = \frac{1}{2 \cdot i} \cdot \ln(i).$$

Der **Logarithmus aus einer komplexen Zahl** ergibt sich aus der Exponentialdarstellung:

$$z = |z| \cdot e^{i \cdot (\varphi + 2 \cdot \pi \cdot k)} \Rightarrow \ln(z) = \ln(|z|) + i \cdot (\varphi + 2 \cdot \pi \cdot k) \text{ mit } k \in \mathbb{Z}.$$

Im Beispiel ergibt sich: $\ln(i) = \ln(1) + i \cdot \left(\frac{\pi}{2} + 2 \cdot \pi \cdot k \right) = i \cdot \left(\frac{\pi}{2} + 2 \cdot \pi \cdot k \right)$.

$$\varphi = \frac{1}{2 \cdot i} \cdot i \cdot \left(\frac{\pi}{2} + 2 \cdot \pi \cdot k \right) = \frac{\pi}{4} + \pi \cdot k = 45° + 180° \cdot k.$$

Da es sich beim Winkel φ um den Schnittwinkel der sich schneidenden Geraden handeln soll, ist die Bedingung $0° < \varphi \leq 90°$ zu erfüllen. Deshalb ergibt sich auch in der projektiven Geometrie für den Schnittwinkel: $\varphi = 45°$.

3.3.3 Maße für Längen in der projektiven Geometrie

Wir gehen aus von den Punkten M und N der euklidischen Ebene mit den Koordinaten $M(x_{1M}|x_{2M})$ und $N(x_{1N}|x_{2N})$. Gesucht ist der Abstand $\overline{MN}$ dieser Punkte.

In der euklidischen Geometrie erhalten wir den gesuchten Abstand direkt aus dem Satz des Pythagoras oder nach Einführung von Ortsvektoren als Betrag des Verbindungsvektors zwischen diesen Punkten:

$$\overline{MN} = \left| \overrightarrow{MN} \right| = \left| \vec{N} - \vec{M} \right| = \sqrt{(x_{1N} - x_{1M})^2 + (x_{2N} - x_{2M})^2}.$$

Um den Übergang zur projektiven Geometrie zu vollziehen, gehen wir analog vor wie in Abschn. 3.3.2:

- Wir ordnen den Punkten bzw. ihren Ortsvektoren Zeiger komplexer Zahlen zu, um komplexe Koordinaten einzuführen.
- Die Zeigerdarstellung substituieren wir durch geeignete Determinanten, in deren Spalten homogene Koordinaten von P-Fernpunkten stehen, um wieder zu geometrischen Darstellungen zu gelangen.

Einführung von Zeigern komplexer Zahlen

$$M \to z_M = x_{1M} + \mathrm{i} \cdot x_{2M} \text{ und } N \to z_N = x_{1N} + \mathrm{i} \cdot x_{2N}. \tag{3.38}$$

Mithilfe der Zeigerdarstellung ergibt sich der gesuchte Abstand wegen $|z| = \sqrt{z \cdot \bar{z}}$ zu

$$\overline{MN} = |z_N - z_M| = \sqrt{(z_N - z_M) \cdot \overline{(z_N - z_M)}}. \tag{3.39}$$

Die in (3.39) vorkommenden Terme formen wir unter Nutzung von (3.38) so um, dass wir bei unseren „Experimenten mit den Determinanten" in Abschn. 3.3.2 fündig werden:

$$z_N - z_M = (x_{1N} - x_{1M}) + \mathrm{i} \cdot (x_{2N} - x_{2M}), \tag{3.40}$$

$$\overline{z_N - z_M} = (x_{1N} - x_{1M}) - \mathrm{i} \cdot (x_{2N} - x_{2M}) = (x_{1N} - x_{1M}) + \mathrm{i} \cdot (x_{2M} - x_{2N}), \tag{3.41}$$

$$\begin{aligned} \mathrm{i} \cdot (z_N - z_M) &= \mathrm{i} \cdot (x_{1N} - x_{1M}) - 1 \cdot (x_{2N} - x_{2M}) \\ &= (x_{2M} - x_{2N}) + \mathrm{i} \cdot (x_{1N} - x_{1M}), \end{aligned} \tag{3.42}$$

$$\begin{aligned} \mathrm{i} \cdot \overline{(z_N - z_M)} &= \mathrm{i} \cdot (x_{1N} - x_{1M}) - 1 \cdot (x_{2M} - x_{2N}) \\ &= (x_{2N} - x_{2M}) + \mathrm{i} \cdot (x_{1N} - x_{1M}). \end{aligned} \tag{3.43}$$

Tatsächlich können wir (3.42) und (3.43) in (3.34) bzw. (3.35) einsetzen, wer hätte das gedacht? Wir erhalten:

$$\det \begin{pmatrix} M & N & I \\ | & | & | \end{pmatrix} = \rho_M \cdot \rho_N \cdot v_I \cdot \underbrace{((x_{2M} - x_{2N}) + \mathrm{i} \cdot (x_{1N} - x_{1M}))}_{\mathrm{i} \cdot (z_N - z_M)}$$

$$= \rho_M \cdot \rho_N \cdot v_I \cdot \mathrm{i} \cdot (z_N - z_M)$$

$$(z_N - z_M) = \frac{1}{\rho_M \cdot \rho_N \cdot v_I \cdot \mathrm{i}} \cdot \det \begin{pmatrix} M & N & I \\ | & | & | \end{pmatrix} \text{ bzw.} \tag{3.44}$$

$$\det \begin{pmatrix} M & N & J \\ | & | & | \end{pmatrix} = \rho_M \cdot \rho_N \cdot v_J \cdot \underbrace{((x_{2M} - x_{2N}) + \mathrm{i} \cdot (x_{1M} - x_{1N}))}_{-\mathrm{i} \cdot \overline{(z_N - z_M)}}$$

$$= -\rho_M \cdot \rho_N \cdot v_J \cdot \mathrm{i} \cdot \overline{(z_N - z_M)}$$

$$\overline{(z_N - z_M)} = -\frac{1}{\rho_M \cdot \rho_N \cdot v_J \cdot \mathrm{i}} \cdot \det \begin{pmatrix} M & N & J \\ | & | & | \end{pmatrix}. \tag{3.45}$$

Um die vielen skalaren Koeffizienten zu reduzieren, beziehen wir die Länge von $\overline{MN}$ auf eine **Referenzlänge** $\overline{AB}$. Mit (3.39), (3.44) und (3.45) erhalten wir:

$$\frac{\overline{MN}}{\overline{AB}} = \frac{\sqrt{\frac{1}{\rho_M \cdot \rho_N \cdot v_I \cdot \mathrm{i}} \cdot \det\begin{pmatrix} M & N & I \\ | & | & | \end{pmatrix} \cdot \left(-\frac{1}{\rho_M \cdot \rho_N \cdot v_J \cdot \mathrm{i}}\right) \cdot \det\begin{pmatrix} M & N & J \\ | & | & | \end{pmatrix}}}{\sqrt{\frac{1}{\rho_A \cdot \rho_B \cdot v_I \cdot \mathrm{i}} \cdot \det\begin{pmatrix} A & B & I \\ | & | & | \end{pmatrix} \cdot \left(-\frac{1}{\rho_A \cdot \rho_B \cdot v_J \cdot \mathrm{i}}\right) \cdot \det\begin{pmatrix} A & B & J \\ | & | & | \end{pmatrix}}}$$

$$\frac{\overline{MN}}{\overline{AB}} = \frac{\rho_A \cdot \rho_B}{\rho_M \cdot \rho_N} \cdot \sqrt{\frac{\det\begin{pmatrix} M & N & I \\ | & | & | \end{pmatrix} \cdot \det\begin{pmatrix} M & N & J \\ | & | & | \end{pmatrix}}{\det\begin{pmatrix} A & B & I \\ | & | & | \end{pmatrix} \cdot \det\begin{pmatrix} A & B & J \\ | & | & | \end{pmatrix}}}. \tag{3.46}$$

Die Koeffizienten der homogenen Koordinaten eliminieren wir mit (3.33), z. B. erhalten wir $\rho_A = \left(-\frac{1}{2 \cdot v_I \cdot v_J \cdot \mathrm{i}}\right) \cdot \det\begin{pmatrix} A & I & J \\ | & | & | \end{pmatrix}$. Da die Vorfaktoren für alle Koeffizienten gleich sind, können wir sie beim Einsetzen in (3.46) kürzen, und wir erhalten:

$$\frac{\overline{MN}}{\overline{AB}} = \frac{\det\begin{pmatrix} A & I & J \\ | & | & | \end{pmatrix} \cdot \det\begin{pmatrix} B & I & J \\ | & | & | \end{pmatrix}}{\det\begin{pmatrix} M & I & J \\ | & | & | \end{pmatrix} \cdot \det\begin{pmatrix} N & I & J \\ | & | & | \end{pmatrix}} \cdot \sqrt{\frac{\det\begin{pmatrix} M & N & I \\ | & | & | \end{pmatrix} \cdot \det\begin{pmatrix} M & N & J \\ | & | & | \end{pmatrix}}{\det\begin{pmatrix} A & B & I \\ | & | & | \end{pmatrix} \cdot \det\begin{pmatrix} A & B & J \\ | & | & | \end{pmatrix}}}. \tag{3.47}$$

Ergebnis: Der Abstand $\overline{MN}$ der Punkte M und N kann bezüglich einer Referenzlänge $\overline{AB}$ mithilfe von Determinanten ausgedrückt werden, deren Spalten homogene Punktkoordinaten enthalten.

Beispiel

Gegeben: $M(2|1)$, $N(5|5)$,

gesucht: $\overline{MN}$.

Lösung:

In der „euklidischen Welt" ist die Bestimmung des Abstands sehr einfach:

$$\overline{MN} = \sqrt{(5-2)^2 + (5-1)^2} = \sqrt{9+16} = 5.$$

Komplizierter (aber möglich) ist die Abstandsbestimmung in der projektiven Geometrie:

Als Referenzlänge wählen wir $\overline{AB}$ mit $A(0|0)$ und $B(1|0)$. Wir setzen die homogenen Koordinaten der Punkte in (3.47) ein, dabei dürfen wir beliebige Repräsentanten für die Punkte wählen:

$$\frac{\overline{MN}}{\overline{AB}} = \frac{\det\begin{pmatrix} 0 & 1 & 1 \\ 0 & i & -i \\ 1 & 0 & 0 \end{pmatrix} \cdot \det\begin{pmatrix} 1 & 1 & 1 \\ 0 & i & -i \\ 1 & 0 & 0 \end{pmatrix}}{\det\begin{pmatrix} 2 & 1 & 1 \\ 1 & i & -i \\ 1 & 0 & 0 \end{pmatrix} \cdot \det\begin{pmatrix} 5 & 1 & 1 \\ 5 & i & -i \\ 1 & 0 & 0 \end{pmatrix}} \cdot \sqrt{\frac{\det\begin{pmatrix} 2 & 5 & 1 \\ 1 & 5 & i \\ 1 & 1 & 0 \end{pmatrix} \cdot \det\begin{pmatrix} 2 & 5 & 1 \\ 1 & 5 & -i \\ 1 & 1 & 0 \end{pmatrix}}{\det\begin{pmatrix} 0 & 1 & 1 \\ 0 & 0 & i \\ 1 & 1 & 0 \end{pmatrix} \cdot \det\begin{pmatrix} 0 & 1 & 1 \\ 0 & 0 & -i \\ 1 & 1 & 0 \end{pmatrix}}}$$

$$= \frac{(-2 \cdot i) \cdot (-2 \cdot i)}{(-2 \cdot i) \cdot (-2 \cdot i)}$$

$$\cdot \sqrt{\frac{1 \cdot (5 \cdot i - 5) - 1 \cdot (2 \cdot i - 1)}{(-i) \cdot (-1)} \cdot \frac{1 \cdot (-5 \cdot i - 5) - 1 \cdot (-2 \cdot i - 1)}{i \cdot (-1)}}$$

$$\frac{\overline{MN}}{\overline{AB}} = \sqrt{\frac{(3 \cdot i - 4) \cdot (-3 \cdot i - 4)}{1}} = \sqrt{9 + 16} = 5.$$

3.4 Zentrale Sätze der projektiven Geometrie

In diesem Abschnitt thematisieren wir einige zentrale Sätze der projektiven Geometrie, für die es auch affine Fassungen gibt. Für diese Sätze werden wir eine Typisierung vornehmen, weil damit in der synthetischen Geometrie die Klassifikation projektiver Ebenen erfolgt.

3.4.1 Satz von Pappos

Pappos von Alexandria veröffentlichte den nach ihm benannten Satz in seinem Hauptwerk *Mathematische Sammlungen* im 4. Jahrhundert.

Satz von Pappos: Liegen die Ecken eines Sechsecks $ABCDEF$ in einer projektiven Ebene abwechselnd auf zwei unterschiedlichen Geraden g_1 und g_2, dann sind die Schnittpunkte gegenüberliegender Seitenpaare kollinear.

Abb. 3.27 veranschaulicht den Satz von Pappos. Die Vorschrift zur Positionierung der Eckpunkte führt dazu, dass wir ein **überschlagenes Sechseck** erhalten, da sich die Seiten des Sechsecks nicht nur in den Eckpunkten schneiden. Zum besseren Verständnis stellen wir in Abb. 3.28 ein einfaches, d. h. nicht überschlagenes, regelmäßiges Sechseck dar, dessen gegenüberliegenden Seitenpaaren wir dieselben Farben zugeordnet haben wie dem überschlagenen Sechseck in Abb. 3.27.

Beweis des Satzes von Pappos
Als Beweisfigur verwenden wir Abb. 3.29, die aus Abb. 3.27 durch Hinzufügen folgender Schnittpunkte von Trägergeraden der Seiten des Sechsecks $ABCDEF$ entstanden ist:

$$U = CD \cap EF; \; V = AB \cap CD; \; W = AB \cap EF.$$

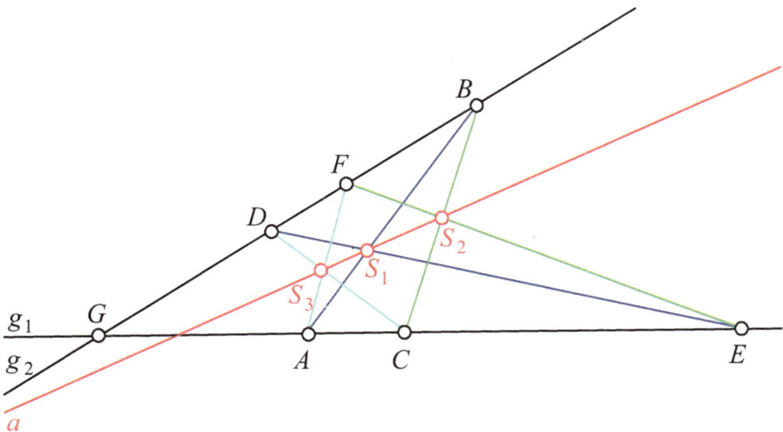

Abb. 3.27 Satz von Pappos

Abb. 3.28 Einfaches
regelmäßiges Sechseck

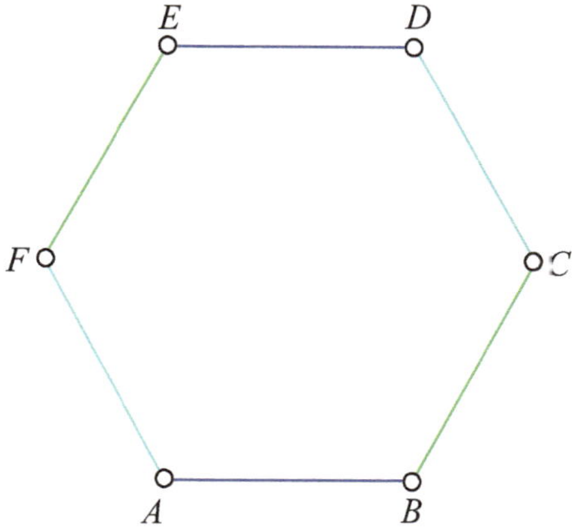

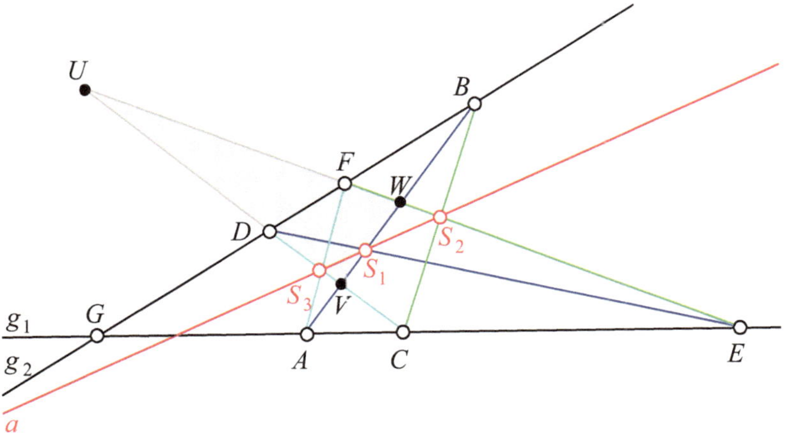

Abb. 3.29 Beweis des Satzes von Pappos

Im Dreieck UVW wenden wir mehrfach den Satz von Menelaos an, indem wir mehrere Geraden mit dem Dreieck UVW zum Schnitt bringen:

$$\text{Gerade } DE\colon \mathrm{TV}(VWS_1)\cdot\mathrm{TV}(WUE)\cdot\mathrm{TV}(UVD)=\frac{(VS_1)}{(S_1W)}\cdot\frac{(WE)}{(EU)}\cdot\frac{(UD)}{(DV)}=-1, \tag{3.48}$$

$$\text{Gerade } CB\colon \mathrm{TV}(VWB)\cdot\mathrm{TV}(WUS_2)\cdot\mathrm{TV}(UVC)=\frac{(VB)}{(BW)}\cdot\frac{(WS_2)}{(S_2U)}\cdot\frac{(UC)}{(CV)}=-1, \tag{3.49}$$

$$\text{Gerade } AF\colon \mathrm{TV}(VWA)\cdot\mathrm{TV}(WUF)\cdot\mathrm{TV}(UVS_3)=\frac{(VA)}{(AW)}\cdot\frac{(WF)}{(FU)}\cdot\frac{(US_3)}{(S_3V)}=-1, \tag{3.50}$$

$$\text{Gerade } DB\colon \mathrm{TV}(VWB)\cdot\mathrm{TV}(WUF)\cdot\mathrm{TV}(UVD)=\frac{(VB)}{(BW)}\cdot\frac{(WF)}{(FU)}\cdot\frac{(UD)}{(DV)}=-1$$

$$\text{Bilden des Reziproken}\colon \frac{(BW)}{(VB)}\cdot\frac{(FU)}{(WF)}\cdot\frac{(DV)}{(UD)}=-1, \tag{3.51}$$

$$\text{Gerade } AE\colon \mathrm{TV}(VWA)\cdot\mathrm{TV}(WUE)\cdot\mathrm{TV}(UVC)=\frac{(VA)}{(AW)}\cdot\frac{(WE)}{(EU)}\cdot\frac{(UC)}{(CV)}=-1$$

$$\text{Bilden des Reziproken}\colon \frac{(AW)}{(VA)}\cdot\frac{(EU)}{(WE)}\cdot\frac{(CV)}{(UC)}=-1. \tag{3.52}$$

Durch Multiplikation der Gleichungen (3.48), (3.49), (3.50), (3.51) und (3.52) ergibt sich:

$$\frac{(VS_1)}{(S_1W)}\cdot\frac{(WE)}{(EU)}\cdot\frac{(UD)}{(DV)}\cdot\frac{(VB)}{(BW)}\cdot\frac{(WS_2)}{(S_2U)}\cdot\frac{(UC)}{(CV)}\cdot\frac{(VA)}{(AW)}\cdot\frac{(WF)}{(FU)}\cdot\frac{(US_3)}{(S_3V)}\cdot$$

$$\cdot\frac{(BW)}{(VB)}\cdot\frac{(FU)}{(WF)}\cdot\frac{(DV)}{(UD)}\cdot\frac{(AW)}{(VA)}\cdot\frac{(EU)}{(WE)}\cdot\frac{(CV)}{(UC)}=(-1)^5$$

$$\frac{(VS_1)}{(S_1W)}\cdot\frac{(WS_2)}{(S_2U)}\cdot\frac{(US_3)}{(S_3V)}=-1$$

$$\mathrm{TV}(VWS_1)\cdot\mathrm{TV}(WUS_2)\cdot\mathrm{TV}(UVS_3)=-1.$$

Nach der Umkehrung des Satzes von Menelaos liegen die Punkte S_1, S_2 und S_3 auf einer gemeinsamen Geraden. q. e. d.

▶ **Bemerkung** Wir haben die allgemeine Form des Satzes von Pappos betrachtet, die als großer projektiver Satz von Pappos bezeichnet wird. Spezielle Formen sind für die synthetische Geometrie bedeutsam, deshalb nehmen wir in Anhang 3.3 eine Typisierung des Satzes von Pappos vor.

In Abhängigkeit vom verwendeten Koordinatenbereich für eine Ebene gilt in dieser der große projektive Satz von Pappos (das ist z. B. bei Verwendung reeller oder komplexer Koordinaten der Fall), oder es gilt lediglich eine spezielle Form, oder er gilt nicht. Eine Ebene, in welcher der Satz von Pappos gilt, wird als **pappossche Ebene** bezeichnet.

Der Satz von Pappos ist übertragbar auf das Sehnensechseck. Er gilt sogar für sechs Punkte auf einem regulären Kegelschnitt. In diesem Fall wird er als **Satz von Pascal** bezeichnet (der Satz von Pascal ist umkehrbar). In der Literatur wird zuweilen die Bezeichnung Satz von Pappos-Pascal benutzt.

Da der Satz von Pappos unabhängig von den Axiomen (P1, P2, P3) projektiver Ebenen ist, wird er auch als ein weiteres **Axiom** der projektiven Geometrie verwendet.

3.4.2   Satz von Desargues

Der Satz von Desargues wurde 1648 von einem seiner Schüler veröffentlicht.

Satz von Desargues: Wenn die Verbindungsgeraden entsprechender Ecken zweier Dreiecke in einer projektiven Ebene kopunktal sind, dann sind die Schnittpunkte entsprechender Seiten kollinear.

Abb. 3.30 veranschaulicht den Satz von Desargues.

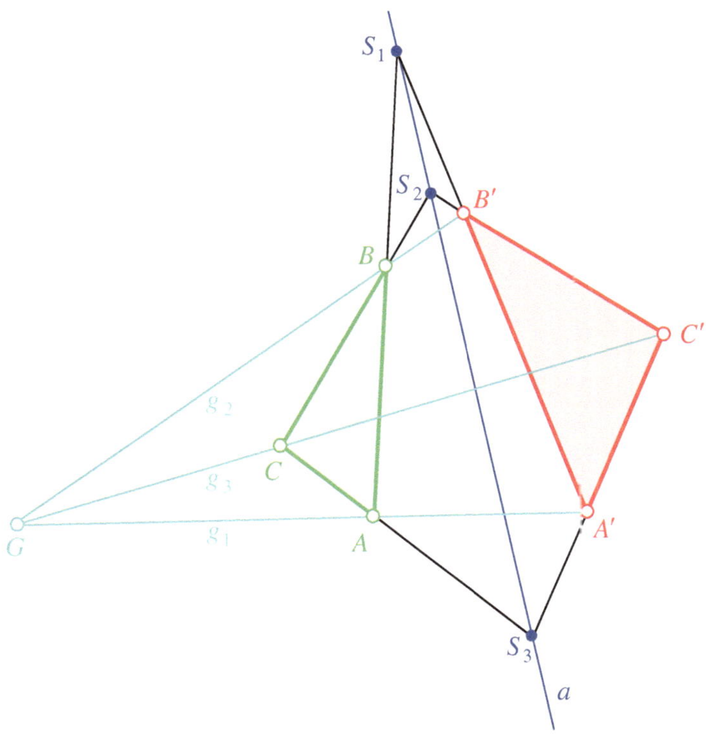

Abb. 3.30 Satz von Desargues

▶ **Bemerkung** Das Schneiden von mindestens drei Geraden in einem gemeinsamen Punkt wird als **kopunktal, konkurrent, zentral** oder **perspektivisch** bezeichnet. Beim Satz von Desargues sind die Verbindungsgeraden entsprechender Ecken $g_1 = AA'$, $g_2 = BB'$ und $g_3 = CC'$ kopunktal, da sie sich in einem gemeinsamen Punkt G schneiden.

Wir betrachten den Satz von Desargues für zwei Dreiecke, die in einer Ebene liegen. Er gilt aber auch für zwei Dreiecke in unterschiedlichen Ebenen.

Beweis des Satzes von Desargues

Wie beim Beweis des Satzes von Pappos wenden wir auch hier mehrfach den Satz von Menelaos an, diesmal allerdings in unterschiedlichen Dreiecken:

Dreieck GAB und Gerade S_1A':

$$\mathrm{TV}\big(GAA'\big) \cdot \mathrm{TV}(ABS_1) \cdot \mathrm{TV}\big(BGB'\big) = \frac{\big(GA'\big)}{(A'A)} \cdot \frac{(AS_1)}{(S_1B)} \cdot \frac{\big(BB'\big)}{(B'G)} = -1, \quad (3.53)$$

Dreieck GCB und Gerade $B'C'$:

$$\mathrm{TV}\big(GCC'\big) \cdot \mathrm{TV}(CBS_2) \cdot \mathrm{TV}\big(BGB'\big) = \frac{\big(GC'\big)}{(C'C)} \cdot \frac{(CS_2)}{(S_2B)} \cdot \frac{\big(BB'\big)}{(B'G)} = -1$$

$$\text{Bilden des Reziproken:}\ \frac{\big(C'C\big)}{(GC')} \cdot \frac{(S_2B)}{(CS_2)} \cdot \frac{\big(B'G\big)}{(BB')} = -1, \quad (3.54)$$

Dreieck GAC und Gerade S_3C':

$$\mathrm{TV}\big(GAA'\big) \cdot \mathrm{TV}(ACS_3) \cdot \mathrm{TV}\big(CGC'\big) = \frac{\big(GA'\big)}{(A'A)} \cdot \frac{(AS_3)}{(S_3C)} \cdot \frac{\big(CC'\big)}{(C'G)} = -1$$

$$\text{Bilden des Reziproken:}\ \frac{\big(A'A\big)}{(GA')} \cdot \frac{(S_3C)}{(AS_3)} \cdot \frac{\big(C'G\big)}{(CC')} = -1. \quad (3.55)$$

Durch Multiplikation der Gleichungen (3.53), (3.54) und (3.55) ergibt sich

$$\frac{\big(GA'\big)}{(A'A)} \cdot \frac{(AS_1)}{(S_1B)} \cdot \frac{\big(BB'\big)}{(B'G)} \cdot \frac{\big(C'C\big)}{(GC')} \cdot \frac{(S_2B)}{(CS_2)} \cdot \frac{\big(B'G\big)}{(BB')}$$

$$\cdot \frac{\big(A'A\big)}{(GA')} \cdot \frac{(S_3C)}{(AS_3)} \cdot \frac{\big(C'G\big)}{(CC')} = (-1)^3$$

$$\frac{(AS_1)}{(S_1B)} \cdot \frac{\big(C'C\big)}{(GC')} \cdot \frac{(S_2B)}{(CS_2)} \cdot \frac{(S_3C)}{(AS_3)} \cdot \frac{\big(C'G\big)}{(CC')} = -1$$

$$\frac{(AS_1)}{(S_1B)} \cdot \frac{-\big(CC'\big)}{-(C'G)} \cdot \frac{(S_2B)}{(CS_2)} \cdot \frac{(S_3C)}{(AS_3)} \cdot \frac{\big(C'G\big)}{(CC')} = \frac{(AS_1)}{(S_1B)} \cdot \frac{(S_2B)}{(CS_2)} \cdot \frac{(S_3C)}{(AS_3)} = -1$$

$$\frac{(AS_1)}{(S_1B)} \cdot \frac{-(BS_2)}{-(S_2C)} \cdot \frac{-(CS_3)}{-(S_3A)} = \frac{(AS_1)}{(S_1B)} \cdot \frac{(BS_2)}{(S_2C)} \cdot \frac{(CS_3)}{(S_3A)} = -1$$

$$\mathrm{TV}(ABS_1) \cdot \mathrm{TV}(BCS_2) \cdot \mathrm{TV}(CAS_3) = -1.$$

Nach der Umkehrung des Satzes von Menelaos liegen die Punkte S_1, S_2 und S_3 auf einer gemeinsamen Geraden. q. e. d.

Umkehrung des Satzes von Desargues: Wenn die Schnittpunkte entsprechender Seiten zweier Dreiecke kollinear sind, dann sind die Verbindungsgeraden entsprechender Ecken dieser Dreiecke kopunktal.

Wir führen auch den Beweis für die Umkehrung des Satzes von Desargues, da er ein schönes Beispiel für einen indirekten Beweis darstellt.

Beweis der Umkehrung des Satzes von Desargues
Voraussetzung: Die Punkte S_1, S_2 und S_3 sind kollinear mit $S_1 = AB \cap A'B'$, $S_2 = CB \cap C'B'$ und $S_3 = CA \cap C'A'$.

Behauptung: Die Geraden $g_1 = AA'$, $g_2 = BB'$ und $g_3 = CC'$ sind kopunktal.
Wir nehmen das Gegenteil der Behauptung an und zeigen, dass es falsch ist. Damit beweisen wir indirekt die Richtigkeit der Behauptung.

Annahme: Die Geraden $g_1 = AA'$, $g_2 = BB'$ und $g_3 = CC'$ sind nicht kopunktal.

Schlussfolgerungen aus der Voraussetzung und der Annahme:
Die Gerade a, auf der sich laut Voraussetzung die Punkte S_1, S_2 und S_3 befinden, liegt durch $S_2 = CB \cap C'B'$ und $S_3 = CA \cap C'A'$ fest. Den Schnittpunkt der Geraden $g_2 = BB'$ und $g_3 = CC'$ bezeichnen wir mit G. Aus unserer Annahme folgt, dass die Gerade GA die Gerade $C'S_3$ nicht in A', sondern in $A^* \neq A'$ schneidet, s. Abb. 3.31.

Die Dreiecke ABC und $A^*B'C'$ erfüllen die Voraussetzungen für den Satz von Desargues, den wir bereits bewiesen haben. Deshalb müssen die Punkte S^*, S_2 und S_3 mit $S^* = AB \cap A^*B'$, $S_2 = CB \cap C'B'$ und $S_3 = CA \cap C'A'$ kollinear sein, d. h. $S^* \in S_3S_2$.

Zwei unterschiedliche Geraden haben nicht mehr als einen Punkt gemeinsam (in der projektiven Geometrie haben sie genau einen Punkt gemeinsam, in der euklidischen Geometrie entweder keinen oder genau einen), deshalb gilt Folgendes:

- Da die Geraden $A'B'$ und A^*B' den Punkt B' gemeinsam haben, sind die Punkte $S_1 \in A'B'$ und $S^* \in A^*B'$ unterschiedlich, d. h., es gilt $S^* \neq S_1$.
- Da die Geraden AB und S_3S_2 nach Voraussetzung den Punkt S_1 gemeinsam haben, kann $S^* \in AB$ wegen $S^* \neq S_1$ nicht ebenfalls auf der Geraden S_3S_2 liegen, d. h., es gilt $S^* \notin S_3S_2$.

Die letzte Aussage steht im Widerspruch zur hergeleiteten Beziehung $S^* \in S_3S_2$. Deshalb muss unsere Annahme falsch sein. Damit ist die Behauptung wahr. q.e.d.

> **Bemerkung** Wir haben die allgemeine Form des Satzes von Desargues betrachtet, die als großer projektiver Satz von Desargues bezeichnet wird. Spezielle Formen sind für die synthetische Geometrie bedeutsam, deshalb nehmen wir in Anhang 3.3 eine Typisierung des Satzes von Desargues vor. In der synthetischen Geometrie wird der Satz von

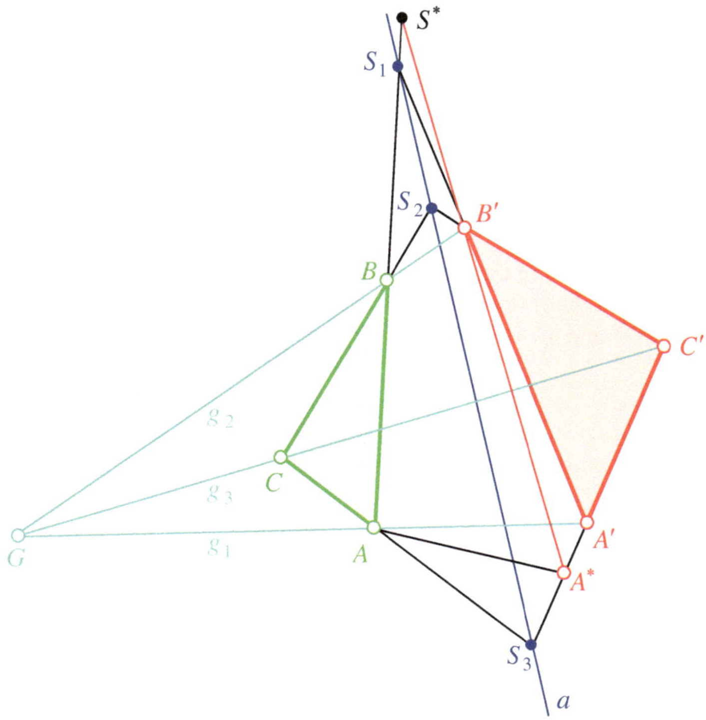

Abb. 3.31 Beweis der Umkehrung des Satzes von Desargues

Desargues auch als **Axiom** betrachtet, obwohl er aus dem Satz von Pappos hergeleitet werden kann.

Analog zum Satz von Pappos gilt auch für den Satz von Desargues Folgendes: In Abhängigkeit vom verwendeten Koordinatenbereich für eine Ebene gilt in dieser der große projektive Satz von Desargues (das ist z. B. bei Verwendung reeller oder komplexer Koordinaten der Fall), oder es gilt lediglich eine spezielle Form, oder er gilt nicht. Eine Ebene, in welcher der Satz von Desargues gilt, wird als **desarguessche Ebene** bezeichnet. Wir überlassen es der Fachausbildung an der Hochschule, speziell konstruierte Ebenen zu untersuchen, in denen der Satz von Desargues nicht gilt. Um eine eventuell beabsichtigte Recherche zu vereinfachen, geben wir lediglich das Stichwort **Moulton-Ebene** an.

Zusammenfassung
Axiomensystem der projektiven Geometrie (P-Geometrie)

Axiom P1 Zu zwei beliebigen voneinander verschiedenen P-Punkten A_P und B_P existiert genau eine P-Gerade g_P, mit der die beiden Punkte inzidieren.

Axiom P2   Zu zwei verschiedenen P-Geraden g_P und h_P gibt es genau einen P-Punkt S_P, der mit beiden P-Geraden inzidiert.

Axiom P3   Es gibt mindestens vier verschiedene P-Punkte, von denen keine drei mit einer gemeinsamen P-Geraden inzidieren.

Der **Satz von Pappos** und der **Satz von Desargues** werden ebenfalls als Axiome verwendet.

Dualitätsprinzip der projektiven Geometrie: Aus jedem gültigen Satz der projektiven Inzidenzgeometrie entsteht durch Dualisieren ein weiterer gültiger Satz. Beim **Dualisieren**

- werden die Begriffspaare P-Gerade und P-Punkt sowie Verbindungsgerade und Schnittpunkt wechselseitig ersetzt,
- bleiben Aussagen zur Inzidenz erhalten.

Wichtige Invariante in der projektiven Geometrie: Doppelverhältnis.

Beziehung zwischen homogenen und inhomogenen Koordinaten:

$$(\xi_1|\xi_2|\xi_3) \sim \left(\left. \frac{\xi_1}{\xi_3} \right| \frac{\xi_2}{\xi_3} \, \right| 1 \right) \rightarrow (x_1|x_2) \text{ mit } x_1 = \frac{\xi_1}{\xi_3}; \; x_2 = \frac{\xi_2}{\xi_3} \text{ für } \xi_3 \neq 0$$

Richtungsvektoren des P-Punktes Q_P:

$$\vec{r_Q} = \lambda \cdot \begin{pmatrix} \xi_{1Q} \\ \xi_{2Q} \\ \xi_{3Q} \end{pmatrix} \quad (\lambda \in \mathbb{R}, \lambda \neq 0)$$

Normalenvektoren der P-Geraden g_P:
$$a_g \cdot \xi_1 + b_g \cdot \xi_2 + c_g \cdot \xi_3 = 0 \text{ mit } (a_g, b_g) \neq (0,0):$$

$$\vec{n_g} = \chi \cdot \begin{pmatrix} a_g \\ b_g \\ c_g \end{pmatrix} \quad (\chi \in \mathbb{R}, \chi \neq 0)$$

Normalenvektoren der P-Ferngeraden:

$$\vec{n_{\ell\infty}} = \varepsilon \cdot \begin{pmatrix} 0 \\ 0 \\ 1 \end{pmatrix} \quad (\varepsilon \in \mathbb{R}, \varepsilon \neq 0)$$

Richtungsvektoren des P-Fernpunktes G_{uP} **der P-Geraden** g_P:

$$\vec{r_{Gu}} = v \cdot \begin{pmatrix} -b_g \\ a_g \\ 0 \end{pmatrix} = \mu \cdot (\vec{n_g} \times \vec{n_{\ell\infty}}) \quad (v \neq 0, \mu \neq 0)$$

Inzidenz zwischen P-Punkt und P-Gerade: $Q_P \, \mathrm{I} \, g_P \Leftrightarrow \vec{r_Q} \bullet \vec{n_g} = \langle \vec{r_Q}, \vec{n_g} \rangle = 0 \Leftrightarrow \vec{r_Q} \perp \vec{n_g}$

Verbindungsgerade zweier P-Punkte: $U_{\mathrm{P}}\,\mathrm{I}\,g_{\mathrm{P}}$ und $V_{\mathrm{P}}\,\mathrm{I}\,g_{\mathrm{P}} \Leftrightarrow \vec{n_g} = \mu \cdot (\vec{r_U} \times \vec{r_V})$

Schnittpunkt zweier P-Geraden: $S_{\mathrm{P}}\,\mathrm{I}\,g_{\mathrm{P}}$ und $S_{\mathrm{P}}\,\mathrm{I}\,h_{\mathrm{P}} \Leftrightarrow \vec{r_S} = \mu \cdot (\vec{n_g} \times \vec{n_h})$.

In der projektiven Geometrie können **Winkel** mit der Formel von Laguerre und **Längen** bezüglich einer Referenzlänge berechnet werden. Dabei werden komplexe Koordinaten für Fernelemente verwendet.

Anhang 3.1 Perspektivisches Zeichnen

Wir vertiefen die Betrachtungen in Abschn. 3.1.2, indem wir weitere Eigenschaften der Zentralprojektion erarbeiten, die beim perspektivischen Zeichnen genutzt werden können.

Zunächst positionieren wir den Beobachter gemäß Abb. 3.32 im Anschauungsraum:

Der Beobachter steht im **Standpunkt** S auf der **Grundebene** ε. Die **Bildebene** π steht auf der Grundebene ε senkrecht und schneidet diese in der Spurgeraden e. Ein Auge des Beobachters bildet das **Projektionszentrum** Z, das nicht in der Bildebene π liegt. Der Abstand der Bildebene π vom Projektionszentrum Z wird als **Distanz** d bezeichnet. Die zur Bildebene π senkrechte Gerade durch das Projektionszentrum Z schneidet die Bildebene π im **Hauptpunkt** H, die Parallele zur Spurgeraden e durch den Hauptpunkt H ist der **Horizont** h. In der Regel befinden sich die abzubildenden Punkte zwischen der Bildebene π und der durchsichtig dargestellten Verschwindungsebene π_V, d. h., die Projektionsgeraden der Zentralprojektion gehen in Sehstrahlen ab dem Projektionszentrum Z über.

Zur **Vermeidung von Verzerrungen** bei der Zentralprojektion wird die Einhaltung folgender „Faustregeln" empfohlen:

- Der Öffnungswinkel φ des **Sehkegels** mit der Spitze Z und der Achse $\overline{ZH}$ sollte auf etwa $60°$ begrenzt werden (wir haben in Abb. 3.32 lediglich zwei Mantellinien $\overline{ZM_1}$ und $\overline{ZM_2}$ des Sehkegels dargestellt). Für den Radius $r = \overline{M_1H} = \overline{HM_2}$ des **Sehkreises** (Grundkreis des Sehkegels in der Bildebene) ergibt sich damit

$$r = d \cdot \tan\frac{\varphi}{2} = d \cdot \tan\frac{60°}{2} \approx 0,58 \cdot d.$$

- Die Distanz d sollte etwa das Doppelte der Breite des darzustellenden Objekts betragen.

▶ **Bemerkung** Der Sehkreis ist nicht zu verwechseln mit dem zuweilen in der Literatur verwendeten **Distanzkreis,** welcher der Grundkreis eines Kegels mit Spitze Z und Achse $\overline{ZH}$ in der Bildebene ist, für dessen Öffnungswinkel $\varphi = 90°$ gilt. Mit dieser Festlegung ist der Radius des Distanzkreises gleich der Distanz d.

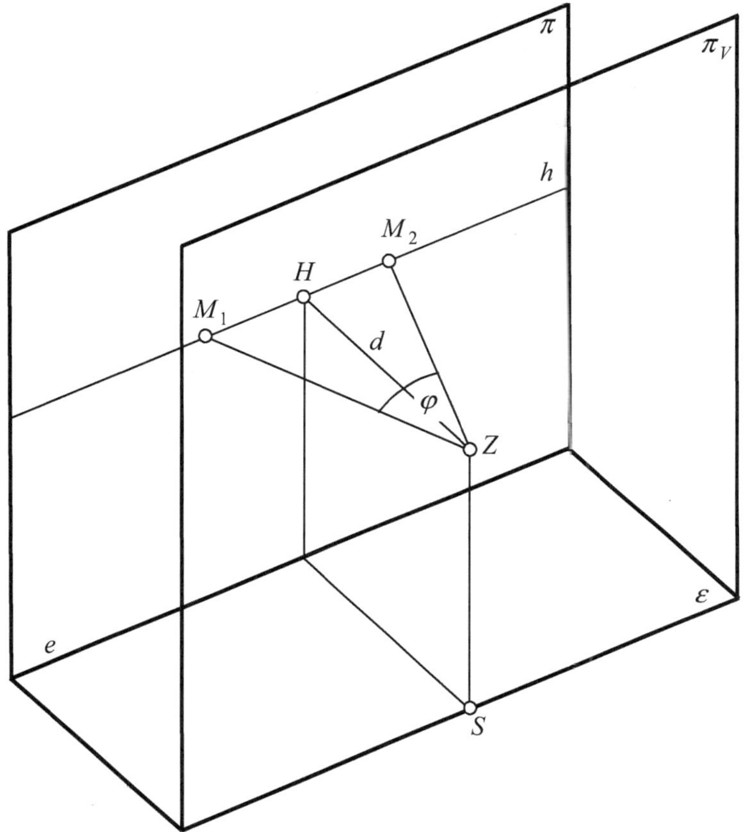

Abb. 3.32 Anordnung von Ebenen und Position des Beobachters bei der Zentralprojektion

Für das Anfertigen möglichst wirklichkeitsnaher Darstellungen von Zentralprojektionen in der Malerei und Architektur hat es sich als zweckmäßig erwiesen, Konstruktionsvorschriften für ebene geometrische Objekte in spezieller Lage zu erarbeiten. In Abb. 3.33 werden als geometrische Objekte „Parallelenscharen" gewählt, die in einer Ebene α liegen, welche orthogonal zur Bildebene π und zur Grundebene ε verläuft. Besonders bedeutsam ist die Abbildung der „Parallelen", die als **Tiefenlinien** t_i bezeichnet werden. Dabei handelt es sich um Geraden, die orthogonal zur Bildebene verlaufen. Abb. 3.33 veranschaulicht, dass alle Tiefenlinien denselben Fluchtpunkt T_u^c besitzen, der mit dem Hauptpunkt H übereinstimmt.

Mithilfe von Abb. 3.34 erarbeiten wir weitere Konstruktionsvorschriften, indem wir von folgender Konstellation ausgehen:

Die Punkte 1, 2, 3 und 4 liegen in einer Ebene α, deren Spur in der Bildebene π wir mit f_α bezeichnet haben. Dabei liegen die Strecken $\overline{12}$ und $\overline{43}$ „parallel" zur Grundebene ε (waagerecht, aber nicht orthogonal zur Bildebene, d. h., es handelt sich um keine Tiefenstrecken), die Strecken $\overline{14}$ und $\overline{23}$ verlaufen „paral-

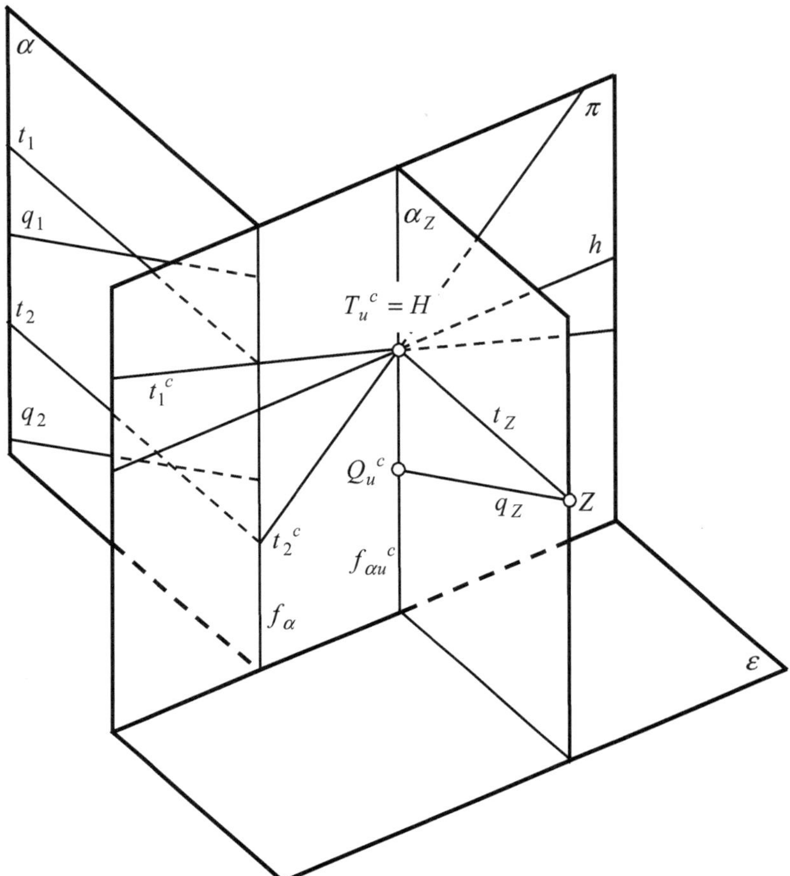

Abb. 3.33 Zentralprojektion von Tiefenlinien

lel" zur Bildebene π (damit handelt es sich um **Hauptlinien**) und senkrecht zur
Grundebene ε (Senkrechte). Analog befinden sich die Punkte 1, 5, 6 und 4 in einer
Ebene β, deren Spur in der Bildebene f_β ist. Die Strecken $\overline{15}$ und $\overline{46}$ liegen „parallel" zur Grundebene ε (waagerecht, aber nicht orthogonal zur Bildebene, d. h., es
handelt sich um keine Tiefenstrecken), die Strecken $\overline{14}$ und $\overline{56}$ verlaufen „parallel"
zur Bildebene π (Hauptlinien) und senkrecht zur Grundebene ε (Senkrechte). Wir
haben die Verschwindungsgerade $f_{\alpha V}$ der Ebene α eingezeichnet (dies ist die Spur
der Ebene α in der Verschwindungsebene: $f_{\alpha V} = \alpha \cap \pi_V$). Aus Gründen der Übersichtlichkeit haben wir auf die Darstellung aller Projektionsgeraden verzichtet.

Abb. 3.34 verdeutlicht, dass die waagerecht liegenden „Parallelenscharen"
Bilder besitzen, die jeweils nicht parallel sind. Die Bilder dieser waagerecht liegenden „Parallelenscharen" schneiden sich jeweils in einem Fluchtpunkt auf dem
Horizont h. Für die „Parallelenscharen" 12 ∥ 43 und 15 ∥ 46 haben wir die Flucht-

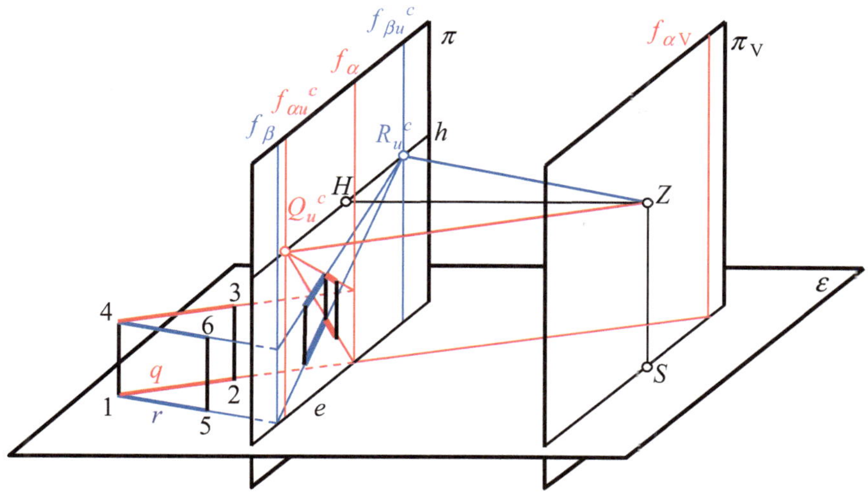

Abb. 3.34 Zentralprojektion von „Parallelen" zur Grundebene und von „Parallelen" zur Bildebene

punkte (Bilder der Fernpunkte der „Parallelenscharen") Q_u^c und R_u^c so konstruiert, wie in Abschn. 3.1.2 beschrieben. Da die „Parallelenscharen" 12 ∥ 43 und 15 ∥ 46 verschiedene Richtungen haben, liegen die zugehörigen Fluchtpunkte Q_u^c und R_u^c an unterschiedlichen Stellen des Horizonts (mithilfe von Abb. 3.33 haben wir bereits erarbeitet, dass alle waagerechten Parallelen in Richtung von Tiefenlinien als Fluchtpunkt den Hauptpunkt H des Horizonts besitzen).

Außerdem erkennen wir, dass die Bilder senkrechter Strecken wiederum Senkrechte sind. Analog lässt sich verdeutlichen, dass nach affiner Auffassung parallele Hauptlinien (Parallelen zur Bildebene π) parallele Zentralrisse besitzen.

Wir stellen die für das Anfertigen einer Zentralprojektion nutzbaren **Gesetzmäßigkeiten und „Faustregeln"** zusammen.

Die Zentralprojektion

- ist geradentreu: die Bilder von Geraden sind ebenfalls Geraden,
- ist inzidenzerhaltend: wenn ein Punkt mit einem geometrischen Objekt (z. B. einer Geraden, einer Kurve oder einer Ebene) inzidiert, dann inzidiert der Bildpunkt mit dem Bild dieses Objektes,
- ist i. Allg. nicht parallelentreu:
  - Aus affiner Sicht parallele Geraden, die keine Hauptlinien sind, haben Zentralrisse, die sich in einem gemeinsamen Punkt – dem Fluchtpunkt, d. h. dem Bild des Fernpunktes der Parallelenschar – schneiden (der Fluchtpunkt liegt auf der Fluchtspur der Ebene, in der die Parallelenschar liegt).
  - Aus affiner Sicht parallele Geraden zur Grundebene ε haben Zentralrisse, die sich in einem Punkt auf dem Horizont h schneiden; die

Zentralrisse aller Tiefenlinien schneiden sich speziell im Hauptpunkt H des Horizonts.

 – Aus affiner Sicht parallele Hauptlinien (Geraden, die parallel zur Bildebene π verlaufen) besitzen „parallele" Bilder.
 – Nichtparallele Geraden werden auf aus affiner Sicht parallele Zentralrisse abgebildet, wenn die Geraden den gleichen Verschwindungspunkt haben.

- ergibt den Zentralriss Q_u^c des Fernpunktes Q_u einer Schar „paralleler" Geraden, welche die Gerade q enthält, als Schnitt der zu q „parallelen" Geraden q_Z durch das Projektionszentrum Z mit der Bildebene π: $Q_u^c = q_Z \cap \pi$,
- bildet den Verschwindungspunkt Q_V der projektiven Geraden q (dies ist der Urbildpunkt dieser Geraden, welcher der Spurpunkt der Geraden mit der Verschwindungsebene ist: $Q_V = q \cap \pi_V$) auf den Fernpunkt der projektiven Bildgeraden q^c ab und umgekehrt,
- ergibt den Zentralriss $f_{\alpha u}^c$ der Ferngeraden $f_{\alpha u}$ einer Schar „paralleler" Ebenen, welche die Ebene α enthält, als Schnitt der zu α „parallelen" Ebene α_Z durch das Projektionszentrum Z mit der Bildebene π: $f_{\alpha u}^c = \alpha_Z \cap \pi$,
- bildet die in einer Ebene α liegenden Fernpunkte von Geraden (Fernpunkte von „Parallelenscharen" in dieser Ebene) so ab, dass ihre Bilder (die Fluchtpunkte) auf der Ferngeraden $f_{\alpha u}^c$ der Ebene α liegen,
- bildet die Verschwindungsgerade $f_{\alpha V}$ der projektiven Ebene α (dies ist die Spur dieser Ebene mit der Verschwindungsebene: $f_{\alpha V} = \alpha \cap \pi_V$) auf die Ferngerade der projektiven Bildebene $\alpha^c = \pi$ ab und umgekehrt.

Für den Radius r des Sehkreises und die Distanz d sollte die Beziehung $r \approx 0,58 \cdot d$ gelten.

Die Distanz d sollte etwa das Doppelte der Breite des darzustellenden Objekts betragen.

Wir verdeutlichen die Anwendung der erarbeiteten Konstruktionsvorschriften an Beispielen. Dabei zeichnen wir nur solche Hilfslinien ein, die für das Verständnis des Konstruktionsprinzips hilfreich sind.

Beispiele

Beispiel 1: Ergänzung eines Fliesenmusters aus dem Bild einer rechteckigen Bodenfliese $B_{1A}^c B_{1B}^c B_{1C}^c B_{1D}^c$

Ansatz: Die Bodenfliesen liegen alle in der Grundebene, deshalb befinden sich auch alle „Parallelenscharen", die sich bezüglich dieser Fliesen bilden lassen (z. B. gegenüberliegende Seiten, Diagonalen), in der Grundebene und die Bilder dieser „Parallelenscharen" schneiden sich jeweils in einem Punkt des Horizonts.

Konstruktionsbeschreibung (s. Abb. 3.35):

$P_1 = B_{1A}^c B_{1D}^c \cap B_{1B}^c B_{1C}^c$ und $P_2 = B_{1A}^c B_{1B}^c \cap B_{1D}^c B_{1C}^c$ (Fluchtpunkte von „Parallelenscharen")

$P_1 P_2$ ist der Horizont h

$B_{1A}^c B_{1C}^c \cap h$ ergibt P_3

$P_3 B_{1B}^c \cap P_2 B_{1D}^c$ ergibt B_{2C}^c der benachbarten Fliese, Verbindung mit P_1 ergibt B_{2B}^c usw.

$P_3 B_{1D}^c \cap P_1 B_{1B}^c$ ergibt B_{3C}^c der benachbarten Fliese, Verbindung mit P_2 ergibt B_{3D}^c usw.

Mithilfe der „Parallelenschar" zu $B_{1A}^c B_{2C}^c$ und dem Punkt $P_4 = B_{1A}^c B_{2C}^c \cap h$ ist eine **Zeichenkontrolle** möglich.

Beispiel 2: Zentralperspektiven eines Würfels in Abhängigkeit von seiner Lage bezüglich der Bildebene.

Fall 1: Die „Frontalperspektive" bzw. **Ein-Punkt-Perspektive** mit einem Fluchtpunkt ergibt sich, wenn eine Begrenzungsfläche des Würfels „parallel" zur Bildebene liegt (s. Abb. 3.36).

Fall 2: Die **Zwei-Punkt-Perspektive** mit zwei Fluchtpunkten ergibt sich, wenn nur vier Kanten des Würfels „parallel" zur Bildebene liegen (s. Abb. 3.37).

Fall 3: Die **Drei-Punkt-Perspektive** mit drei Fluchtpunkten ergibt sich, wenn keine Kante des Würfels „parallel" zur Bildebene liegt (s. Abb. 3.38).

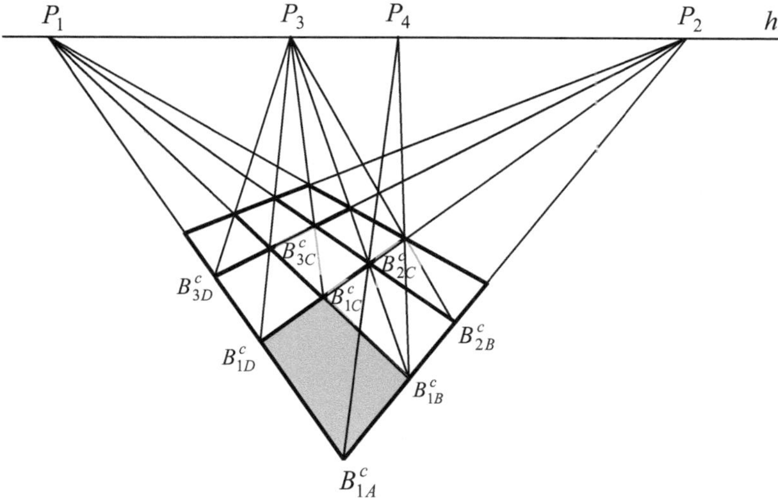

Abb. 3.35 Konstruktion eines Fliesenmusters aus dem Bild einer rechteckigen Bodenfliese

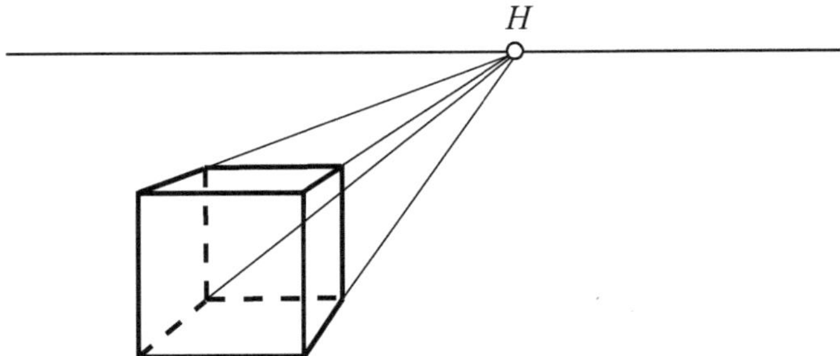

Abb. 3.36 Ein-Punkt-Perspektive

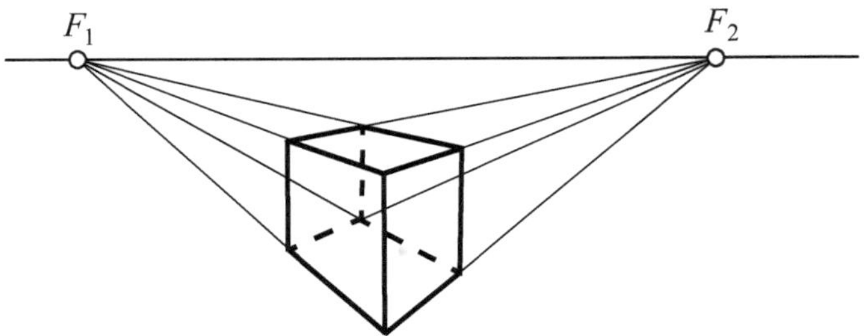

Abb. 3.37 Zwei-Punkt-Perspektive

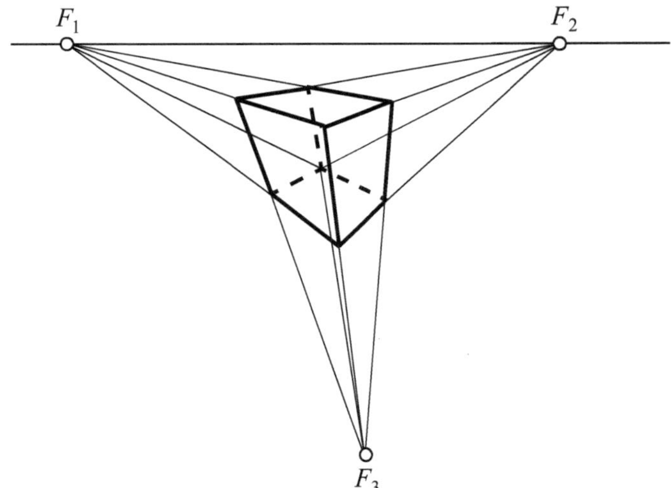

Abb. 3.38 Drei-Punkt-Perspektive

Anhang 3.2 Verwendung des Begriffs „homogen" in der Mathematik

Wir führen solche Beispiele für die Verwendung des Begriffs „homogen" an, die eine herausragende Bedeutung besitzen:

- Eine **Abbildung** φ ist homogen, wenn $\varphi(\alpha \cdot \vec{x}) = \alpha \cdot \varphi(\vec{x})$ gilt (wenn diese Abbildung wegen $\varphi(\vec{x} + \vec{y}) = \varphi(\vec{x}) + \varphi(\vec{y})$ auch noch additiv ist, dann handelt es sich um eine lineare Abbildung).
- Eine k-stellige **Funktion** f heißt homogen vom Grad n, wenn $f(\alpha \cdot x_1, \ldots, \alpha \cdot x_k) = \alpha^n \cdot f(x_1, \ldots, x_k)$ gilt, z. B.

  - $f(x,y) = \sqrt{2 \cdot x^3 - 5 \cdot x \cdot y^2 + 3 \cdot y^3}$ ist homogen vom Grad $\frac{3}{2}$, da

  $$f(\alpha \cdot x, \alpha \cdot y) = \sqrt{2 \cdot (\alpha \cdot x)^3 - 5 \cdot (\alpha \cdot x) \cdot (\alpha \cdot y)^2 + 3 \cdot (\alpha \cdot y)^3} = \alpha^{\frac{3}{2}} \cdot f(x,y),$$

  - $g(x,y) = -7 \cdot x^2 + 15 \cdot x \cdot y - 11 \cdot \frac{y^3}{x}$ ist homogen vom Grad 2, da $g(\lambda \cdot x, \lambda \cdot y) = \lambda^2 \cdot g(x,y)$,
  - $h(x,y) = \frac{-7 \cdot x^2 + 15 \cdot x \cdot y}{2 \cdot y^2}$ ist homogen vom Grad 0, da

  $$h(\lambda \cdot x, \lambda \cdot y) = \lambda^0 \cdot h(x,y),$$

  - $k(x,y) = \frac{3}{x^2} - \frac{7 \cdot x}{4 \cdot y^3}$ ist homogen vom Grad -2, da

  $$k(\lambda \cdot x, \lambda \cdot y) = \frac{3}{\lambda^2 \cdot x^2} - \frac{7 \cdot \lambda \cdot x}{4 \cdot \lambda^3 \cdot y^3} = \lambda^{-2} \cdot k(x,y),$$

  - $m(x,y) = -7 \cdot x^2 + 15 \cdot x \cdot y - 11 \cdot y^3$ ist nicht homogen.

- Eine **Gleichung** $T(\vec{x}) = 0$ heißt homogen, wenn $T(\lambda \cdot \vec{x}) = \lambda \cdot T(\vec{x})$ gilt, z. B.

  - $T_1(\vec{x}) = a_1 \cdot x_1 + \cdots + a_n \cdot x_n = 0$ ist homogen, da $T_1(\lambda \cdot \vec{x}) = \lambda \cdot T_1(\vec{x})$,
  - $T_2(\vec{x}) = a_0 + a_1 \cdot x_1 + \cdots + a_n \cdot x_n = 0$ ist inhomogen.

- Eine **Differenzialgleichung** heißt homogen, wenn ihr Störglied (Term, der die unbekannte Funktion oder deren Ableitungen nicht enthält) null ist.

In Abschn. 1.5.4 haben wir die Homogenisierung einer Abbildungsgleichung verwendet, um einen **Rechenvorteil** bei der analytischen Beschreibung von Kompositionen (Nacheinanderausführungen) affiner Abbildungen zu erlangen. Neben diesem Rechenvorteil bietet die Einführung homogener Koordinaten auch **Möglichkeiten zur Erkenntniserweiterung,** da eine einfache Verallgemeinerung der Koordinatengleichung (1.45) zu weiterführenden Betrachtungen einlädt:

- Verallgemeinerung:

$$\begin{pmatrix} x'_{1h} \\ x'_{2h} \\ x'_{3h} \end{pmatrix} = \begin{pmatrix} a_{11} & a_{12} & a_{13} \\ a_{21} & a_{22} & a_{23} \\ a_{31} & a_{32} & a_{33} \end{pmatrix} \bullet \begin{pmatrix} x_{1h} \\ x_{2h} \\ x_{3h} \end{pmatrix} = \begin{pmatrix} a_{11} \cdot x_{1h} + a_{12} \cdot x_{2h} + a_{13} \cdot x_{3h} \\ a_{21} \cdot x_{1h} + a_{22} \cdot x_{2h} + a_{23} \cdot x_{3h} \\ a_{31} \cdot x_{1h} + a_{32} \cdot x_{2h} + a_{33} \cdot x_{3h} \end{pmatrix},$$

- Normierung:

$$\begin{pmatrix} \frac{x'_{1h}}{x'_{3h}} \\ \frac{x'_{2h}}{x'_{3h}} \\ 1 \end{pmatrix} = \begin{pmatrix} \frac{a_{11} \cdot x_{1h} + a_{12} \cdot x_{2h} + a_{13} \cdot x_{3h}}{a_{31} \cdot x_{1h} + a_{32} \cdot x_{2h} + a_{33} \cdot x_{3h}} \\ \frac{a_{21} \cdot x_{1h} + a_{22} \cdot x_{2h} + a_{23} \cdot x_{3h}}{a_{31} \cdot x_{1h} + a_{32} \cdot x_{2h} + a_{33} \cdot x_{3h}} \\ 1 \end{pmatrix} = \begin{pmatrix} \frac{a_{11} \cdot \frac{x_{1h}}{x_{3h}} + a_{12} \cdot \frac{x_{2h}}{x_{3h}} + a_{13}}{a_{31} \cdot \frac{x_{1h}}{x_{3h}} + a_{32} \cdot \frac{x_{2h}}{x_{3h}} + a_{33}} \\ \frac{a_{21} \cdot \frac{x_{1h}}{x_{3h}} + a_{22} \cdot \frac{x_{2h}}{x_{3h}} + a_{23}}{a_{31} \cdot \frac{x_{1h}}{x_{3h}} + a_{32} \cdot \frac{x_{2h}}{x_{3h}} + a_{33}} \\ 1 \end{pmatrix},$$

- Dehomogenisierung: $\begin{pmatrix} x'_1 \\ x'_2 \end{pmatrix} = \begin{pmatrix} \dfrac{a_{11} \cdot x_1 + a_{12} \cdot x_2 + a_{13}}{a_{31} \cdot x_1 + a_{32} \cdot x_2 + a_{33}} \\ \dfrac{a_{21} \cdot x_1 + a_{22} \cdot x_2 + a_{23}}{a_{31} \cdot x_1 + a_{32} \cdot x_2 + a_{33}} \end{pmatrix}.$

Wir haben eine qualitativ andere Abbildung erhalten, die unter der Nebenbedingung $a_{31} \cdot x_1 + a_{32} \cdot x_2 + a_{33} = 0$ keinen Bildpunkt liefert. Eine nähere Analyse des Ergebnisses zeigt, dass

- die ursprünglich ebene affine Abbildung in eine **ebene projektive Abbildung** übergegangen ist,
- die Nebenbedingung $a_{31} \cdot x_1 + a_{32} \cdot x_2 + a_{33} = 0$ die Verschwindungsgerade beschreibt.

Dieses „Schmäckerchen" wollten wir nicht unerwähnt lassen.

Bei der Vorstellung des **homogenen Modells der reellen projektiven Ebene** in Abschn. 3.2.2 verdeutlichen wir die Zweckmäßigkeit der Verwendung homogener Koordinaten. In diesem Modell besitzt die zusätzliche Koordinate eine **inhaltliche Bedeutung,** da sie zur Unterscheidung zwischen eigentlichen und uneigentlichen Punkten verwendet wird.

Anhang 3.3 Typisierung der Sätze von Pappos und Desargues

In den Abschn. 3.4.1 und 3.4.2 haben wir darauf hingewiesen, dass die Sätze von Pappos und Desargues in der synthetischen Geometrie eine herausragende Bedeutung besitzen, indem sie in Abhängigkeit vom verwendeten Koordinatenbereich zur Typisierung von Ebenen führen. Wir überlassen diese Inhalte der Ausbildung an der Hochschule, doch wir wollen in diesem Anhang den Einstieg in derartige Betrachtungen durch eine übersichtliche Darstellung in Text und Abbildung erleichtern.

Sowohl für den Satz von Pappos als auch für den Satz von Desargues existiert jeweils eine Form, die mit den Attributen klein bzw. groß und affin bzw. projektiv bezeichnet wird. Aus Sicht der projektiven Geometrie handelt es sich bei allen Formen um die in Abschn. 3.4 betrachteten projektiven Fassungen dieser Sätze oder um Sonderfälle davon. Insbesondere entstehen die affinen Formen durch Verwendung des Begriffes „parallel", der in der projektiven Geometrie nicht existiert und dort durch den Spezialfall ersetzt wird, dass Fernelemente betrachtet werden.

Die Thematisierung von Sonderfällen des Satzes von Desargues wird für uns auch ohne tieferes Eindringen in die synthetische Geometrie fruchtbar sein, da wir sie als Abbildungen interpretieren können, bei denen es sich um „gute alte Bekannte" handelt. Dieser Kontextwechsel dürfte unsere bereits gewonnenen Einsichten vertiefen.

Um die Gemeinsamkeiten und Unterschiede der speziellen Formen der Sätze in den Beschreibungen und Abbildungen deutlich herausarbeiten zu können, verwenden wir folgende einheitliche Bezeichnungen:

- Paare entsprechender Seiten (Gegenseiten des überschlagenen Sechsecks beim Satz von Pappos, Urbild einer Seite des Dreiecks und zugehöriges Bild beim Satz von Desargues): s_i und s_i',
- Schnittpunkt eines Paars entsprechender Seiten: $s_i \cap s_i' = S_i$,
- Verbindungsgerade aller Schnittpunkte entsprechender Seiten (Achse): $a = S_i S_j$,
- Verbindungsgerade von Eckpunkten: g_i,
- Schnittpunkt aller Verbindungsgeraden der Eckpunkte (Zentrum): $G = g_i \cap g_j$.

Bei allen Schnittpunkten und Verbindungsgeraden kann es sich um eigentliche oder uneigentliche Objekte handeln (uneigentliche Objekte kennzeichnen wir durch S_∞, a_∞, G_∞).

Die Attribute haben folgende Bedeutung:

- groß bzw. klein: $G \notin a$ bzw. $G \in a$,
- projektiv bzw. affin: a beliebig bzw. $a = a_\infty$.

Großer projektiver Satz von Pappos
Liegen die Ecken eines Sechsecks $ABCDEF$ in einer projektiven Ebene abwechselnd auf zwei unterschiedlichen Geraden g_1 und g_2, dann sind die Schnittpunkte gegenüberliegender Seitenpaare kollinear (s. Abb. 3.39).

Kleiner projektiver Satz von Pappos
Abb. 3.40 veranschaulicht den kleinen projektiven Satz von Pappos.

Großer affiner Satz von Pappos
Liegen die Ecken eines Sechsecks $ABCDEF$ in einer affinen Ebene abwechselnd auf zwei unterschiedlichen Geraden g_1 und g_2 und sind zwei Paare gegenüberliegender Seiten parallel, dann ist auch das dritte Paar gegenüberliegender Seiten parallel (s. Abb. 3.41).

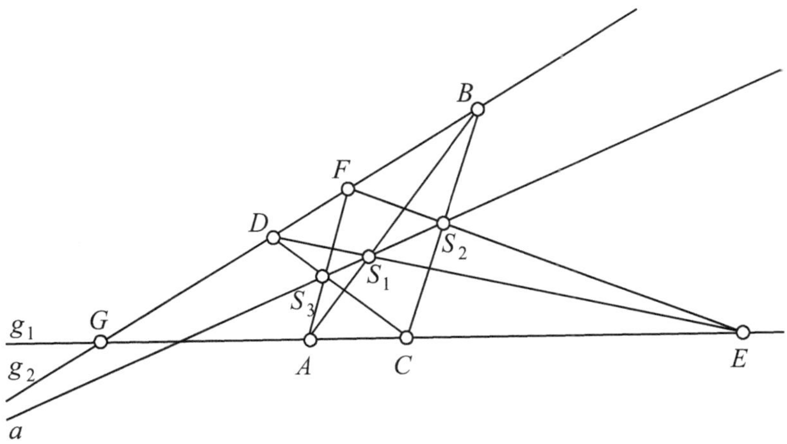

Abb. 3.39 Großer projektiver Satz von Pappos

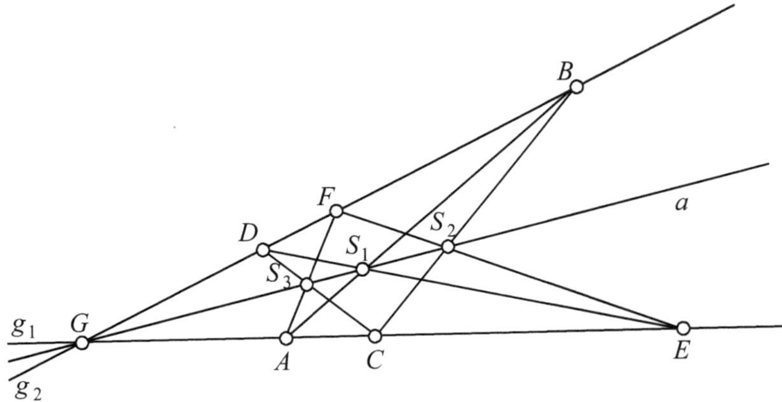

Abb. 3.40 Kleiner projektiver Satz von Pappos

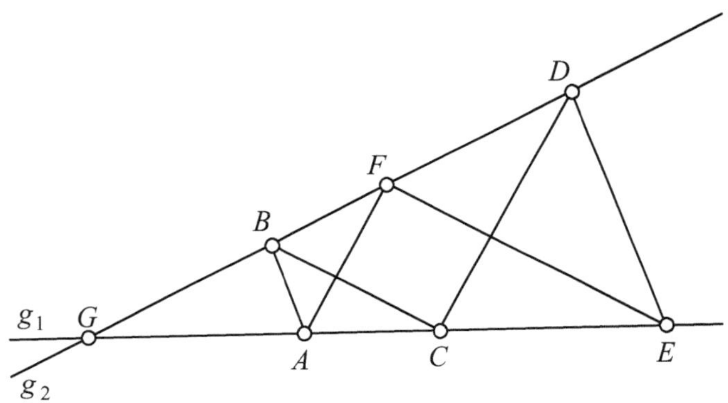

Abb. 3.41 Großer affiner Satz von Pappos

▶ **Bemerkung** Nach dem projektiven Abschluss der affinen Ebene hat jedes
Paar entsprechender Seiten einen gemeinsamen Fernpunkt, der jeweils
auf der Ferngeraden der (jetzt projektiven) Ebene liegt. Deshalb sind auch
in diesem Fall die Schnittpunkte entsprechender Seitenpaare kollinear.

Kleiner affiner Satz von Pappos

Abb. 3.42 veranschaulicht den kleinen affinen Satz von Pappos.

▶ **Bemerkung** Wegen des Attributs „affin" schneiden sich nach projektiver
Auffassung die Paare entsprechender Seiten jeweils in einem Fernpunkt,
der auf der Ferngeraden $a = a_\infty$ liegt. Das Attribut „klein" bedingt, dass
wegen $G \in a$ der Punkt G ebenfalls ein Fernpunkt ist, d. h., es gilt $G = G_\infty$.

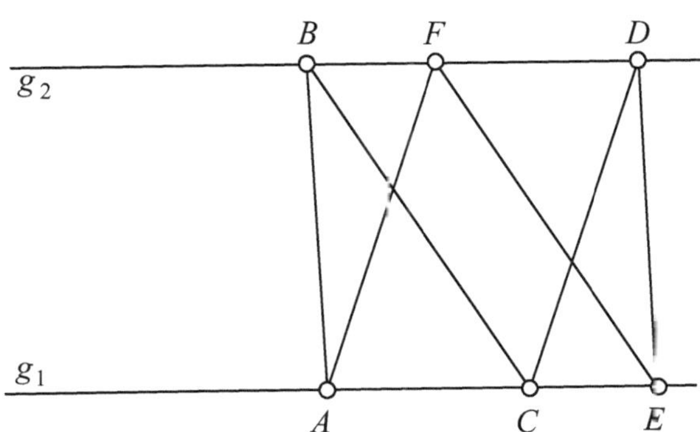

Abb. 3.42 Kleiner affiner Satz von Pappos

Großer projektiver Satz von Desargues

Wenn die Verbindungsgeraden entsprechender Ecken zweier Dreiecke in einer projektiven Ebene kopunktal sind, dann sind die Schnittpunkte entsprechender Seiten kollinear (s. Abb. 3.43).

Kleiner projektiver Satz von Desargues

Abb. 3.44 veranschaulicht den kleinen projektiven Satz von Desargues.

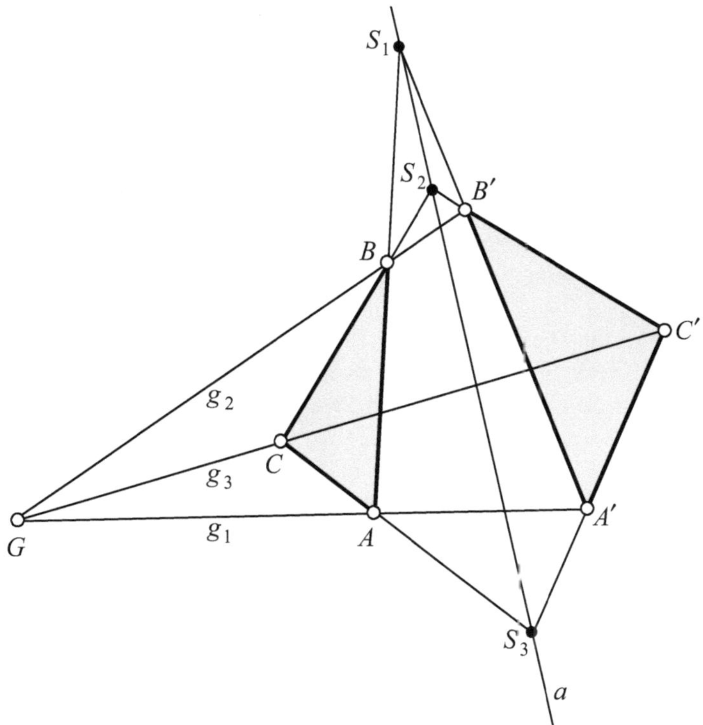

Abb. 3.43 Großer projektiver Satz von Desargues

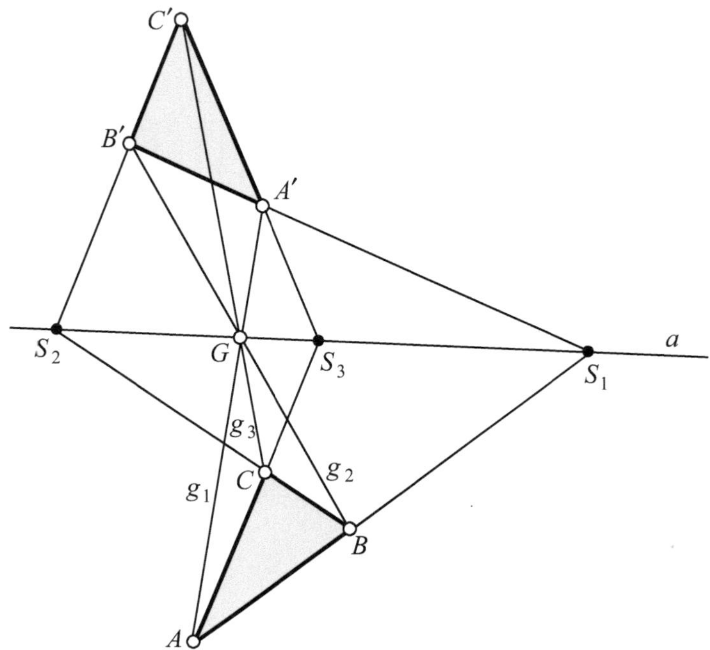

Abb. 3.44 Kleiner projektiver Satz von Desargues

Großer affiner Satz von Desargues mit a als Ferngerade
Wenn die Verbindungsgeraden entsprechender Ecken zweier Dreiecke in einer
affinen Ebene kopunktal sind und wenn zwei Paare entsprechender Seiten parallel
sind, dann ist auch das dritte Paar entsprechender Seiten parallel.

Abb. 3.45 veranschaulicht den großen affinen Satz von Desargues mit a als
Ferngerade.

Interpretation: Dieser Sonderfall ist eine ebene zentrale Affinität mit Zentrum G, s. Abb. 1.38. Er wird zuweilen als „Streckungs-Desargues" bezeichnet.

Die beim großen affinen Satz von Pappos formulierte **Bemerkung** gilt hier
ebenfalls.

Zuweilen wird in der Literatur die in Abb. 3.46 dargestellte Konstellation als
großer affiner Satz von Desargues mit G als Fernpunkt bezeichnet.

Interpretation: Dieser Sonderfall ist eine ebene axiale Affinität mit a als
Achse, s. Abb. 1.36.

Kleiner affiner Satz von Desargues
Abb. 3.47 veranschaulicht den kleinen affinen Satz von Desargues.

Interpretation: Dieser Sonderfall ist eine Translation in der Ebene. Er wird
zuweilen als „Translations-Desargues" bezeichnet.

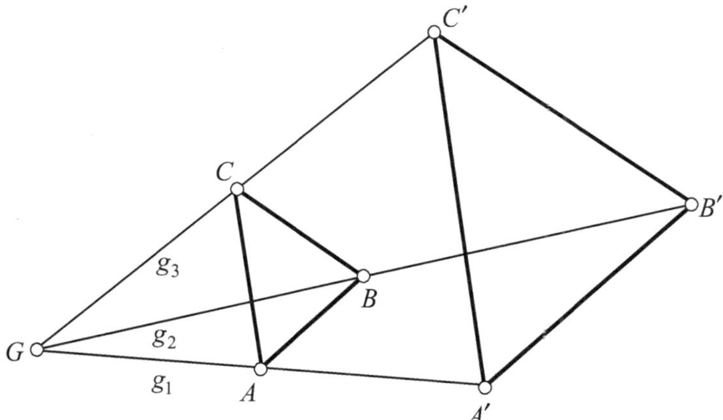

Abb. 3.45 Großer affiner Satz von Desargues mit a als Ferngerade

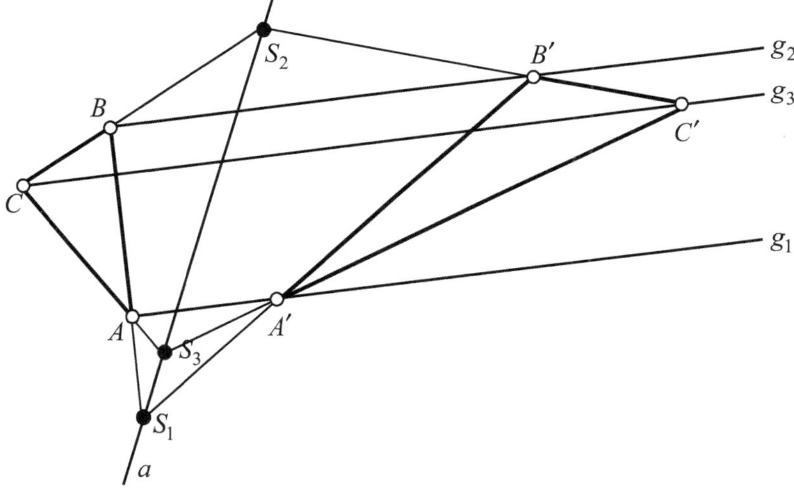

Abb. 3.46 Großer affiner Satz von Desargues mit G als Fernpunkt

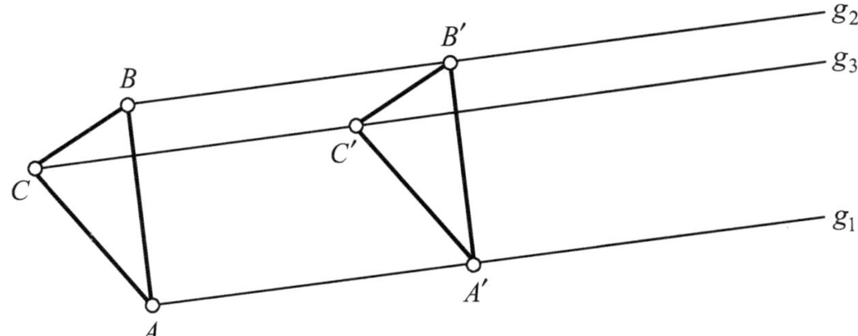

Abb. 3.47 Kleiner affiner Satz von Desargues

Die beim kleinen affinen Satz von Pappos formulierte **Bemerkung** gilt hier
ebenfalls.

Zusammenfassung

	Satz von Pappos (überschlage-nes Sechseck)	Satz von Desargues (Dreieck und Bilddreieck)
Groß projektiv	$G \notin a$ a beliebig	$G \notin a$ a beliebig
Klein projektiv	$G \in a$ a beliebig	$G \in a$ a beliebig
Groß affin	$G \notin a$ $a = a_\infty$	$G \notin a$ $a = a_\infty$ zuweilen auch: a beliebig und $G = G_\infty$
Klein affin	$G \in a$ $a = a_\infty$	$G \in a$ $a = a_\infty$

Sphärische Geometrie

In Abschn. 3.2.3 haben wir bereits festgestellt, dass in der **sphärischen Geometrie** (Geometrie auf der Sphäre, d. h. auf der Kugeloberfläche) keine zueinander echt parallelen Geraden existieren, wenn folgende Definitionen eingeführt werden:

- Eine **S-Gerade** ist der Schnitt der Sphäre mit einer E-Ebene, die durch den Mittelpunkt der Sphäre verläuft.
- Ein **S-Punkt** ist der Schnitt der Sphäre mit einer E-Geraden, die den Mittelpunkt der Sphäre enthält.

Die **geometrische Interpretation** dieser Definitionen lautet:

- Die S-Gerade entspricht einem E-Großkreis auf der Sphäre.
- Der S-Punkt entspricht einem E-Punktpaar auf der Sphäre, bei dem die beiden E-Punkte diametral zueinander liegen (es handelt sich um „gegenüberliegende" Punkte).

In der synthetischen Geometrie wird die Sphäre durch die Oberfläche eines Rotationsellipsoids ersetzt. Diese Verallgemeinerung führt zur **elliptischen Geometrie,** welche die sphärische Geometrie als Sonderfall enthält.

Der Aufbau der elliptischen Geometrie kann durch Festlegung von Axiomen erfolgen, zu denen die Axiome P1 bis P3 der projektiven Geometrie (s. Abschn. 3.1.1) gehören. Dabei bedingt die Gültigkeit von P2, dass das Parallelenaxiom der euklidischen Geometrie sowohl in der elliptischen als auch in der sphärischen Geometrie keine Gültigkeit besitzt. Den vollständigen axiomatischen Aufbau der elliptischen Geometrie überlassen wir der Fachausbildung an der Hochschule.

Wir folgen in diesem Kapitel der historischen Entwicklung, indem wir einige ausgewählte Inhalte der sphärischen Geometrie thematisieren, die zu großen Teilen bereits von Claudius Ptolemäus (um 150 n. Chr.) in seinem 13-bändigen Werk

© Springer-Verlag GmbH Deutschland 2017   179
J. Wagner, *Einblicke in die euklidische und nichteuklidische Geometrie,*
DOI 10.1007/978-3-662-54072-5_4

Almagest, dem Standardwerk der Astronomie für ca. 1400 Jahre, beschrieben wurden. Die Entdeckung und Anwendung von Gesetzmäßigkeiten der sphärischen Geometrie nötigt uns große Hochachtung ab, wenn wir bedenken, dass bis ins 17. Jahrhundert noch keine Formelschreibweise existierte und alle Beziehungen und Beweise ausschließlich in Worten und Skizzen dargestellt wurden. Auch folgende herausragende Gelehrte mussten noch ohne Formeln auskommen:

- Regiomontanus (Johannes Müller 1436–1476), der Begründer der modernen Trigonometrie, der sehr genaue Ephemeriden (Sterntafeln) berechnete, die für Seefahrer wie Christoph Kolumbus (ca. 1451–1506) und Vasco da Gama (ca. 1469–1524) von großer Bedeutung waren,
- John Napier (1550–1617), der Logarithmen einführte, um die aufwendigen trigonometrischen Berechnungen vereinfachen zu können.

Nach Einführung grundlegender Begriffe in Abschn. 4.1 beweisen wir in Abschn. 4.2 ausgewählte Beziehungen der sphärischen Trigonometrie, die wir in Abschn. 4.3 auf Themen aus den Gebieten Erdvermessung, Navigation und Astronomie anwenden.

4.1 Grundlegende Begriffe der sphärischen Geometrie

4.1.1 Sphärische Strecken und Abstände

In der sphärischen Geometrie führt das Konzept der S-Geraden als E-Großkreis dazu, sphärische Strecken als Abschnitte auf einem E-Großkreis zu betrachten. Das Konzept des S-Punktes als Paar diametraler E-Punkte setzen wir symbolisch um, z. B. durch P und $\overline{P}$. Wenn wir in diesem Kapitel von einem „Punkt P" oder einem „Punkt $\overline{P}$" sprechen, dann ist damit jeweils ein E-Punkt gemeint (wir verzichten in diesem Kapitel auf den Index E, da dies allgemein üblich ist).

In Abb. 4.1 teilen die Punkte A und B auf der sphärischen Geraden g zwei Strecken ab. Als **sphärische Strecke** $\overset{\frown}{AB}$ betrachten wir den kürzeren der beiden Bögen des Großkreises.

Die Länge der sphärischen Strecke wird entweder als **Bogenlänge** aufgefasst oder durch den **Zentriwinkel** des zugehörigen Kreissektors angegeben. Es ist üblich, sowohl die sphärische Strecke als auch deren Länge in Form einer Bogenlänge oder eines Zentriwinkels durch das gleiche Symbol zu kennzeichnen (wir haben in Abb. 4.1 das Symbol c verwendet). Aus dem Kontext ergibt sich die jeweilige Bedeutung, z. B. ist eine Strecke als Zentriwinkel aufzufassen, wenn sie in einer Formel der sphärischen Trigonometrie im Argument einer Winkelfunktion auftaucht. Bei der Umrechnung zwischen einer Bogenlänge $\overset{\frown}{AB}$ und dem zugehörigen Zentriwinkel c kommt folgende aus dem Mathematikunterricht der Schule bekannte Beziehung zum Einsatz:

$$c = \frac{\overset{\frown}{AB}}{R} \tag{4.1}$$

Abb. 4.1 Strecken auf
einem Großkreis

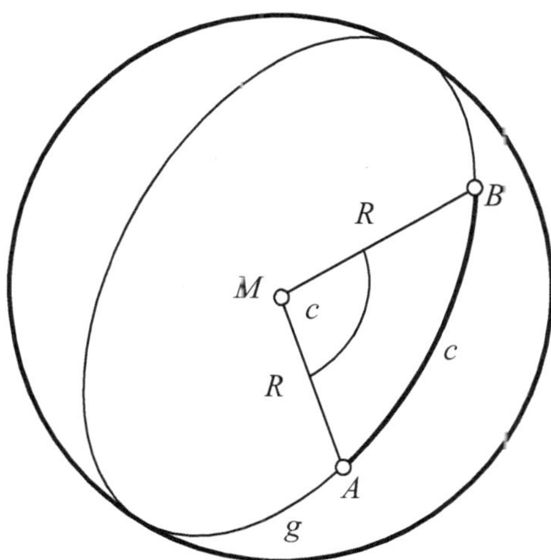

Für die Umrechnung der Größe eines Winkels zwischen **Grad- und Bogenmaß**
wird genutzt, dass dem Vollwinkel im Gradmaß 360° und im Bogenmaß $2 \cdot \pi$
zugeordnet werden. Wir transformieren diese Maße durch Erweiterung mit $\frac{\pi}{180°}$
bzw. $\frac{180°}{\pi}$.

Verändern wir den Radius R der Sphäre, dann ändert sich die Bogenlänge $\overarc{AB}$, doch
der Zentriwinkel c bleibt konstant. Häufig wird dem Radius der Kugel die Länge eins
zugeordnet, und die sphärischen Strecken werden als Zentriwinkel betrachtet.

Die Verwendung von Großkreisen im Zusammenhang mit sphärischen Strecken hängt nicht nur mit der Axiomatisierung der elliptischen Geometrie zusammen, sondern die besondere **Bedeutung der Großkreise** ergibt sich auch daraus,
dass der Bogen auf einem Großkreis die kürzeste Verbindung (**geodätische Linie,
Orthodrome**) zweier Punkte auf der Sphäre darstellt. In der Literatur wird dieser
Zusammenhang meist ohne Begründung mitgeteilt, und es wird so getan, als ob
es sich dabei um eine Selbstverständlichkeit handelte. Wir werden diese Aussage
ebenfalls nicht beweisen, weil dafür umfangreiche Kenntnisse der Differenzialgeometrie erforderlich sind, doch wir verdeutlichen den Sachverhalt an einem Beispiel. Dazu betrachten wir Orte auf der Erdoberfläche mit gleicher geografischer
Breite und bestimmen deren Entfernung auf einem Großkreis sowie auf dem Breitenkreis dieser Orte, denn auch der zweite Ansatz erscheint naheliegend.

In Abb. 4.2 befinden sich die betrachteten Orte in den Punkten A und B auf
der Erdkugel mit Mittelpunkt M und Radius R. Den Nordpol haben wir mit NP
bezeichnet, den Südpol mit SP und den Großkreis des Äquators mit g. Die Orte A
und B liegen auf demselben Breitenkreis der geografischen Breite φ, der als Kleinkreis k mit Mittelpunkt F und Radius ρ eingezeichnet ist. Die Differenz der geografischen Längen der Orte A und B ist $\Delta\lambda$. Um mit Punktkoordinaten rechnen zu
können, haben wir ein kartesisches Koordinatensystem so eingezeichnet, dass

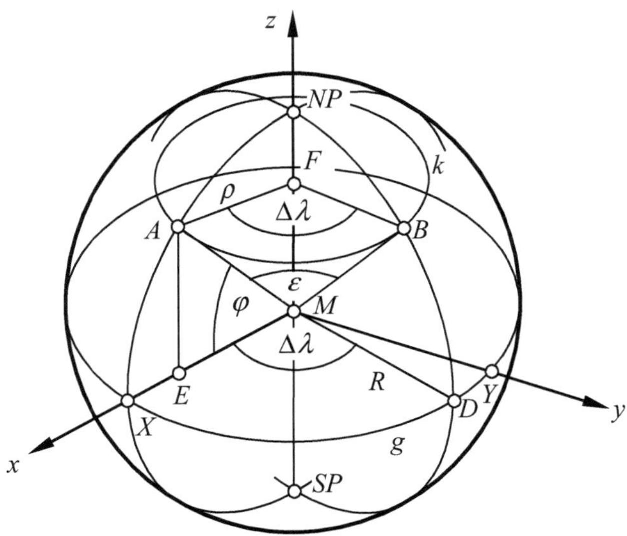

Abb. 4.2 Abstand der Punkte A und B

- dessen Ursprung im Mittelpunkt M der Erdkugel liegt,
- die z-Achse den Nordpol NP enthält,
- die x-Achse durch den Meridian des Punktes A verläuft.

Beispiel

Gegeben:

$\varphi_A = 51{,}48°$; $\lambda_A = 0{,}00°$ (Greenwich),

$\varphi_B = 51{,}48°$; $\lambda_B = 12{,}00°$ (Halle),

$R = 6371{,}0$ km,

gesucht:

1. Entfernung $\overset{\frown}{AB}$ der Punkte A und B auf dem Großkreis durch A und B,
2. Entfernung $\overset{\frown}{AB}_k$ der Punkte A und B auf dem Kleinkreis k durch A und B.

Lösung:

Wir ermitteln zunächst einige Stücke, die wir bei den folgenden Berechnungen
verwenden:

$$\Delta\lambda = 12° = 12° \cdot \frac{\pi}{180°} = 0{,}20944,$$

$$\rho = \overline{FA} = \overline{ME} = R \cdot \cos\varphi.$$

Zu 1. Entfernung $\overset{\frown}{AB}$ der Punkte A und B auf dem Großkreis durch A und B

Der Zentriwinkel ε des Großkreises, dessen Ebene durch die Punkte A, B
und M festgelegt ist (wir haben diesen Großkreis in Abb. 4.2 nicht eingezeichnet,

um die Darstellung nicht zu überladen), kann mit dem Skalarprodukt der Vektoren

$$\vec{MA} = \begin{pmatrix} R \cdot \cos \varphi \\ 0 \\ R \cdot \sin \varphi \end{pmatrix} \text{ und } \vec{MB} = \begin{pmatrix} R \cdot \cos \varphi \cdot \cos \Delta\lambda \\ R \cdot \cos \varphi \cdot \sin \Delta\lambda \\ R \cdot \sin \varphi \end{pmatrix} \text{ berechnet werden:}$$

$$\cos \varepsilon = \frac{\vec{MA} \bullet \vec{MB}}{|\vec{MA}| \cdot |\vec{MB}|} = \frac{R^2 \cdot \cos^2 \varphi \cdot \cos \Delta\lambda + 0 + R^2 \cdot \sin^2 \varphi}{R^2} = \cos^2 \varphi \cdot \left(\cos \Delta\lambda + \tan^2 \varphi \right)$$

$$\cos \varepsilon = \cos^2 51{,}48° \cdot \left(\cos 12° + \tan^2 51{,}48° \right) = 0{,}99152$$

$$\varepsilon = 7{,}465° = 7{,}465° \cdot \frac{\pi}{180°} = 0{,}13029.$$

Mit (4.1) erhalten wir

$$\overparen{AB} = \varepsilon \cdot R = 0{,}13029 \cdot 6\,371{,}0 \text{ km} = 830{,}1 \text{ km}$$

Zu 2. Entfernung $\overparen{AB}_k$ der Punkte A und B auf dem Kleinkreis k durch A und B
Wir erhalten die gesuchte Entfernung direkt aus (4.1):

$$\overparen{AB}_k = \Delta\lambda \cdot \rho = \Delta\lambda \cdot R \cdot \cos \varphi$$

$$\overparen{AB}_k = 0{,}20944 \cdot 6\,371{,}0 \text{ km} \cdot \cos 51{,}48° = 0{,}13044 \cdot 6\,371{,}0 \text{ km} = 831{,}0 \text{ km}\,.$$

Die Entfernung auf dem Großkreis ist tatsächlich kleiner als diejenige auf dem Kleinkreis. Auf dem betrachteten Breitenkreis ergeben sich deutliche Unterschiede erst bei größeren Längenunterschieden, z. B. beträgt die analog berechnete Differenz der Entfernungen zwischen Greenwich und St. Anthony ($\varphi = 51{,}48°$; $\lambda = -55{,}51°$) an der kanadischen Ostküste etwa 95 km.

Das Beispiel ist kein Beweis für die Behauptung, dass Entfernungen zwischen zwei Punkten der Sphäre minimal sind, wenn sie auf dem Großkreis gemessen werden, auf dem diese Punkte liegen. Doch es veranschaulicht exemplarisch, dass eine Messung auf einem Kleinkreis zu einer größeren Entfernung führt. Außerdem zeigt das Beispiel, dass am Äquator mit der Breite 0° beide Ansätze ineinander übergehen.

In Anhang 4.1 thematisieren wir mit der **Loxodrome** die Kurve, die zwei Orte auf der Sphäre so miteinander verbindet, dass der Kurs konstant ist. Dabei vergleichen wir auch die Weglänge bei einer Fahrt auf der Loxodrome mit derjenigen auf der Orthodrome.

4.1.2 Sphärische Zweiecke

Zwei unterschiedliche Großkreise zerlegen die Sphäre in vier sphärische Zweiecke. In Abb. 4.3 haben wir eines dieser sphärischen Zweiecke besonders hervorgehoben. Die Tangenten an die beiden Großkreise im Schnittpunkt A schließen den Winkel α ein. Dem hervorgehobenen sphärischen Zweieck sowie seinem gegenüberliegenden Partner wird dieser Winkel α zugeordnet, den beiden benachbarten sphärischen Zweiecken weisen wir jeweils den Winkel β zu, welcher der Supplementwinkel $\beta = 180° - \alpha$ des Winkels α ist.

Abb. 4.4 verdeutlicht, dass der Winkel α eines sphärischen Zweiecks gleich dem Schnittwinkel der Ebenen $AE\overline{A}$ und $AF\overline{A}$ der beiden Großkreise ist, die das sphärische Zweieck bilden, d. h., es gilt:

$$\alpha = \sphericalangle(t_1, t_2) = \sphericalangle CBD = \sphericalangle EMF.$$

Die Ebenen CBD und EMF sind jeweils orthogonal zur Geraden $AM = A\overline{A}$, deshalb sind sie parallel zueinander. Bereits in Abschn. 4.1.1 haben wir die Differenz $\Delta\lambda$ der geografischen Längen zweier Orte A und B in der Äquatorebene gemessen. Nun wissen wir, dass es sich bei diesem Winkel um den Winkel eines sphärischen Zweiecks handelt.

Der Flächeninhalt f_α des sphärischen Zweiecks mit Winkel α ergibt sich als Teil des Flächeninhalts $f_S = 4 \cdot \pi \cdot R^2$ der Sphäre:

$$\frac{f_\alpha}{f_S} = \frac{\alpha}{2 \cdot \pi} \qquad | f_S = 4 \cdot \pi \cdot R^2$$

$$f_\alpha = 2 \cdot R^2 \cdot \alpha. \tag{4.2}$$

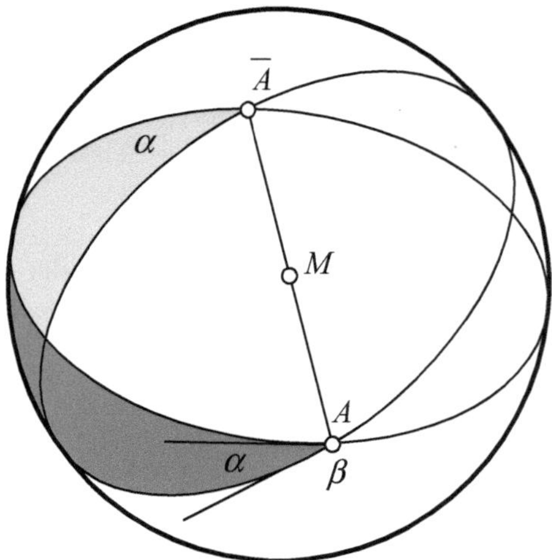

Abb. 4.3 Sphärische Zweiecke

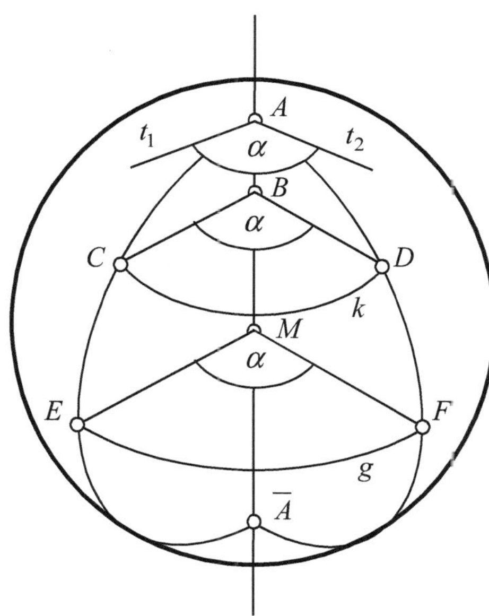

Abb. 4.4 Winkel am sphärischen Zweieck

4.1.3 Polare und Pol

In Abb. 4.5 betrachten wir einen beliebigen Punkt A der Sphäre mit Mittelpunkt M. Die Großkreise g_1 und g_2 schneiden sich im Punkt A sowie in dessen Gegenpunkt $\overline{A}$, welcher der Schnittpunkt der Geraden AM mit der Sphäre ist. Die Ebene durch den Mittelpunkt M der Sphäre, die orthogonal zur Geraden $AM = A\overline{A}$ verläuft, schneidet die Sphäre im Großkreis p_A und die Großkreise g_1 und g_2 in den Punkten B und $\overline{B}$ bzw. C und $\overline{C}$ so, dass

- für die sphärischen Strecken $\widehat{AB} = \widehat{B\overline{A}} = \widehat{AC} = \widehat{C\overline{A}} = 90°$ gilt,
- die Winkel ABC und ACB zwischen den Großkreisen g_1 und p_A bzw. g_2 und p_A jeweils 90° betragen.

Die Konstellation zwischen dem Großkreis p_A sowie dem Punkt A bzw. $\overline{A}$ wird mit den Begriffen Polare und Pol beschrieben.

Definition 4.1 Polare, Pol
Die **Polare** p_A zu einem Punkt A einer Sphäre bzw. zu dessen Gegenpunkt $\overline{A}$ ist der Großkreis,

- dessen Ebene orthogonal zur Geraden $A\overline{A}$ ist,
- der orthogonal zu allen Großkreisen durch A und $\overline{A}$ verläuft,
- dessen Punkte von A und $\overline{A}$ jeweils den gleichen Abstand 90° besitzen.

Die Normale zur Ebene der Polaren p_A durch den Mittelpunkt der Sphäre schneidet die Sphäre im **Pol** A und im Pol $\overline{A}$.

Abb. 4.5 Polare und Pol

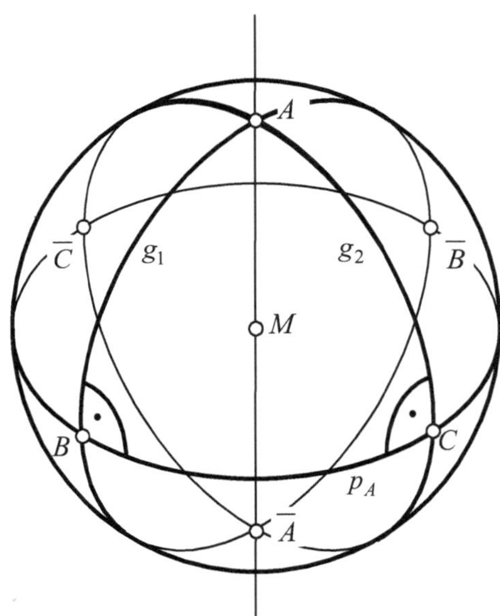

▶ **Bemerkung** Bei der **Erdkugel** ist die Polare des Nord- bzw. des Süd-
pols der Äquator,

- dessen Ebene orthogonal zur Erdachse ist,
- der orthogonal zu allen Meridianen verläuft,
- dessen Punkte vom Nord- bzw. Südpol jeweils den gleichen Abstand
  90° besitzen.

In der Definition 4.1 erfolgt eine Verallgemeinerung von der Erdkugel
auf eine beliebige Sphäre sowie vom Nord- bzw. Südpol zu beliebigen
Punkten der Sphäre.

Achtung: Das Begriffspaar Pol und Polare wird in der ebenen Geometrie der Kegelschnitte in einem anderen Sinn verwendet.

Wir werden in Abschn. 4.1.5 bei der Thematisierung von Polardreiecken auf die
Definition der Polaren zurückkommen.

4.1.4 Sphärische Dreiecke

Drei unterschiedliche Großkreise zerlegen die Sphäre in acht sphärische Dreiecke,
von denen sich je zwei zu einem sphärischen Zweieck mit dem Winkel α, β bzw. γ
zusammensetzen lassen. In Abb. 4.6 haben wir eines dieser sphärischen Dreiecke
besonders hervorgehoben und die Winkel α, β bzw. γ eingetragen. Die Dreieckseiten werden ebenso wie in der euklidischen Geometrie bezeichnet.

Abb. 4.6 Sphärische
Dreiecke

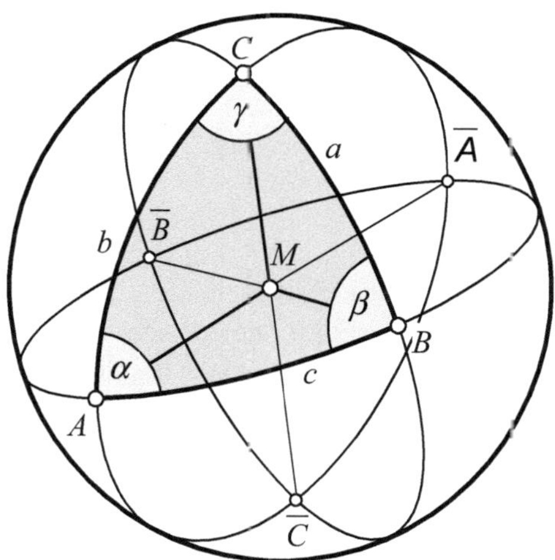

Für die Berechnung sphärischer Dreiecke im Rahmen der sphärischen Trigonometrie werden nur spezielle sphärische Dreiecke benutzt, die als eulersche Dreiecke
bezeichnet werden.

> **Definition 4.2** Eulersches Dreieck
> Ein sphärisches Dreieck, bei dem alle Seiten und Winkel kleiner als $180°$
> sind, ist ein **eulersches Dreieck.**

Der Flächeninhalt f_{ABC} des sphärischen Dreiecks ABC wird aus der Summe der
Inhalte der Teilflächen ermittelt, welche die Sphäre bilden. Wir verwenden sphärische Zweiecke und achten darauf, das sphärische Dreieck ABC nicht mehrfach zu
berücksichtigen:

$$f_S = 2 \cdot f_{ABC} + 2 \cdot (f_\alpha - f_{ABC}) + 2 \cdot (f_\beta - f_{ABC}) + 2 \cdot (f_\gamma - f_{ABC})$$

$$f_S = 2 \cdot (f_\alpha + f_\beta + f_\gamma) - 4 \cdot f_{ABC}.$$

Mit $f_S = 4 \cdot \pi \cdot R^2$ und (4.2) erhalten wir aus der letzten Gleichung

$$4 \cdot \pi \cdot R^2 = 4 \cdot R^2 \cdot (\alpha + \beta + \gamma) - 4 \cdot f_{ABC}$$

$$f_{ABC} = R^2 \cdot (\alpha + \beta + \gamma - \pi). \tag{4.3}$$

Wegen $f_{ABC} > 0$ ergibt sich aus (4.3) die Gültigkeit von $\alpha + \beta + \gamma - \pi > 0$. Diese Aussage hat eine bedeutsame **Interpretation:**

Im sphärischen Dreieck ist die Summe der Innenwinkel größer als π bzw. 180°.

Wir haben nachgewiesen, dass im Rahmen der sphärischen Trigonometrie der Innenwinkelsatz für Dreiecke der euklidischen Geometrie nicht gilt.

In eulerschen Dreiecken ist die Summe der Innenwinkel kleiner als 540°, da jeder Innenwinkel kleiner als 180° ist.

Der Term $\alpha + \beta + \gamma - \pi$ wird als **sphärischer Exzess** bezeichnet.

4.1.5 Sphärisches Dreieck und Polardreieck

In diesem Abschnitt leiten wir auf der Grundlage der Definition 4.1 eine Beziehung her, die uns bei den Beweisen von Formeln der sphärischen Trigonometrie gute Dienste erweisen wird.

In Abb. 4.7 gehen wir vom sphärischen Dreieck ABC aus. Wir betrachten Punkt A als Pol und ermitteln die zugehörige Polare a', indem wir die durch A verlaufenden sphärischen Strecken $b = \overset{\frown}{AC}$ und $c = \overset{\frown}{AB}$ über die Punkte C bzw. B bis zu den Punkten E bzw. I so verlängern, dass $\overset{\frown}{AE} = \overset{\frown}{AI} = 90°$ gilt. Der Großkreis durch die Punkte E und I ist nach Definition 4.1 die gesuchte Polare a' zum Pol A. Da alle Großkreise durch den Pol A die zugehörige Polare a' orthogonal schneiden, befinden sich bei den Hilfspunkten E und I die eingezeichneten rechten Winkel.

Analog zeichnen wir die Polare b' zum Pol B und die Polare c' zum Pol C. Wir erhalten die Hilfspunkte G und H bzw. D und F, bei denen sich ebenfalls rechte Winkel befinden.

Abb. 4.7 Sphärisches
Dreieck und Polardreieck

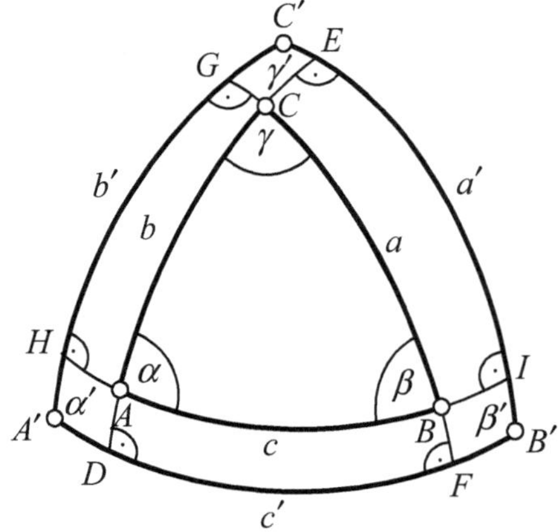

Die Polaren a', b' und c' schneiden sich in den Punkten A', B' und C'. Diese Schnittpunkte bilden das zum sphärischen Dreieck ABC gehörende **Polardreieck** $A'B'C'$.

Betrachten wir den Punkt A' als einen Pol, dann ist a die zugehörige Polare, da die durch A' verlaufenden Großkreise b' und c' den Großkreis durch a rechtwinklig schneiden. Analog ist der Großkreis durch b die Polare zum Pol B' und der Großkreis durch c die Polare zum Pol C'. Deshalb ist das Dreieck ABC das Polardreieck zum sphärischen Dreieck $A'B'C'$.

Wir leiten Beziehungen zwischen dem sphärischen Dreieck ABC und seinem Polardreieck $A'B'C'$ her.

Beziehung für α'

α' ergibt sich durch Messung auf der Polaren zum Pol A' zu

$$\alpha' = \widehat{FG} = \widehat{FB} + \widehat{BC} + \widehat{CG}$$

$$\widehat{FB} = 90° - a$$

$$\widehat{BC} = a$$

$$\widehat{CG} = 90° - a$$

$$\alpha' = \left(90° - a\right) + a + \left(90° - a\right) = 180° - a.$$

Bei der Ermittlung der sphärischen Teilstrecken haben wir die Punkte C und B als Pole betrachtet.

Durch zyklische Vertauschung ergeben sich analoge Beziehungen für β' und γ'.

Ergebnis

Die Winkel im Polardreieck $A'B'C'$ sind die Supplemente entsprechender Seiten im zugehörigen sphärischen Dreieck ABC:

$$\alpha' = 180° - a, \ \beta' = 180° - b \ \text{ und } \ \gamma' = 180° - c. \tag{4.4}$$

Beziehung für a'

$$a' = \widehat{B'C'} = \widehat{B'I} + \widehat{IE} + \widehat{EC'}$$

$$\widehat{B'I} = 90° - \alpha$$

$$\widehat{IE} = \alpha$$

$$\widehat{EC'} = 90° - \alpha$$

$$a' = \left(90° - \alpha\right) + \alpha + \left(90° - \alpha\right) = 180° - \alpha$$

$$a' = 180° - \alpha.$$

Bei der Ermittlung der sphärischen Teilstrecken haben wir die Punkte B' und C' als Pole betrachtet.

Durch zyklische Vertauschung ergeben sich analoge Beziehungen für b' und c'.

Ergebnis

Die Seiten im Polardreieck $A'B'C'$ sind die Supplemente entsprechender Winkel im zugehörigen sphärischen Dreieck ABC:

$$a' = 180° - \alpha, \quad b' = 180° - \beta \quad \text{und} \quad c' = 180° - \gamma. \tag{4.5}$$

Handelt es sich beim sphärischen Dreieck ABC um ein eulersches Dreieck, dann ist wegen (4.4) und (4.5) das zugehörige Polardreieck $A'B'C'$ ebenfalls ein eulersches Dreieck. Deshalb gilt eine Formel, die für ein eulersches Dreieck hergeleitet wurde, auch im zugehörigen Polardreieck. Diesen Sachverhalt werden wir bei der Herleitung von Formeln für eulersche Dreiecke nutzen.

4.2 Ausgewählte Beziehungen der sphärischen Trigonometrie

Für Berechnungen an sphärischen Dreiecken existiert eine Vielzahl von Formeln, die auf unterschiedlichen Wegen hergeleitet werden können. In der Literatur finden wir insbesondere folgende Varianten:

1. Herleitungen mithilfe zweckmäßiger Koordinatisierungen,
2. elementargeometrische Betrachtungen,
3. Berechnungen mit Vektoren,
4. analytische Vorgehensweisen ohne Verwendung von Vektoren,
5. synthetisch-axiomatische Vorgehensweisen.

Zu 1. Diese Vorgehensweise ist ähnlich wie diejenige im Beispiel von Abschn. 4.1.1. Durch zweckmäßige Positionierung der Eckpunkte des sphärischen Dreiecks in einem ebenfalls zweckmäßig angeordneten Koordinatensystem lassen sich häufig Formeln der sphärischen Trigonometrie in wenigen Schritten herleiten. Ein analoges Herangehen ist in den Naturwissenschaften weit verbreitet. In der Mathematik bleibt in Ermangelung einer Möglichkeit zur experimentellen Überprüfung ein gewisses Unbehagen, ob das gefundene Ergebnis vielleicht doch nur für den speziellen Fall gültig ist. Deshalb ist diese Vorgehensweise in der Mathematik für das Finden von Behauptungen willkommen, doch diese werden in der Regel durch andere Beweise abgesichert. Wir werden diesen Weg nicht realisieren.

Zu 2. Wir verwenden elementargeometrische Betrachtungen bei der Herleitung des **Sinussatzes** der sphärischen Trigonometrie. Damit befinden wir uns in der Nähe des methodischen Weges, der bis ca. 1960 in der Schule realisiert wurde. Damals ging allerdings die Behandlung in der Regel von der Erarbeitung der Napier'schen Regeln in rechtwinkligen sphärischen Dreiecken aus, und die

Berechnung allgemeiner eulerscher Dreiecke wurde unter Verwendung einer Höhe in diejenige von rechtwinkligen sphärischen Dreiecken zurückgeführt. Dieses Vorgehen entsprach demjenigen in der euklidischen Geometrie. Wir werden eine Abstraktionsstufe höher gehen und den Sinussatz sofort für allgemeine eulersche Dreiecke herleiten.

Zu 3. Bei der Herleitung des **Seitenkosinussatzes** rechnen wir mit Vektoren, um diesen Zugang zu den Formeln der sphärischen Trigonometrie zu zeigen. Dabei werden wir auf eine Beziehung der Vektoralgebra zurückgreifen, welche Leser ohne Kenntnisse in diesem mathematischen Teilgebiet als gegeben betrachten sollten.

Zu 4. Wir leiten aus dem Seitenkosinussatz den **Winkelkosinussatz** ab, indem wir die Beziehungen zwischen einem sphärischen Dreieck und seinem Polardreieck anwenden. Außerdem begründen wir einen **Kotangenssatz** durch eine analytische Berechnung ohne Einsatz von Vektoren. Dabei werden wir bereits bewiesene Sätze sowie trigonometrische Beziehungen verwenden. Einen anderen Vertreter der Kotangenssätze gewinnen wir wiederum durch eine Betrachtung im Polardreieck.

Zu 5. Den abstrakten synthetisch-axiomatischen Zugang überlassen wir der Fachausbildung an der Hochschule. Wir sind allerdings davon überzeugt, dass Studierende sowohl die Zweckmäßigkeit von Definitionen als auch die Gedankenführung der synthetischen Geometrie besser erfassen, wenn sie auch mindestens eine andere Zugangsweise zur sphärischen Trigonometrie kennen.

Warum verwenden wir unterschiedliche Varianten für die Herleitung von Formeln der sphärischen Trigonometrie?

Der Grund für unser Vorgehen liegt nicht nur darin, dass wir unterschiedliche Herangehensweisen an die sphärische Trigonometrie vorstellen möchten. Vielmehr ist es so, dass sich jede Variante für die Herleitung einiger Formeln der sphärischen Trigonometrie gut eignet, aber bei anderen zu einem großen technischen Aufwand führt. Dieser Sachverhalt wird in der Literatur oft verschwiegen, indem ein Zugang ausgewählt und nur für die Herleitung von gut geeigneten Beziehungen genutzt wird. Den danach häufig gegebenen Hinweis, dass sich weitere Beziehungen analog herleiten lassen, halten wir für nicht redlich, deshalb gehen wir nicht so vor.

In den Abschn. 4.2.1 bis 4.2.3 leiten wir nur die Formeln der sphärischen Trigonometrie her, die wir für unsere Anwendungsbeispiele benötigen. Eine Recherche zu den „sonst noch existierenden" Beziehungen empfehlen wir ausdrücklich, dabei kann allerdings meist auf die Herleitungen verzichtet werden, die oftmals sehr „kunstvoll" sind.

Wir leiten Formeln für eulersche Dreiecke her, da wir alle Anwendungsbeispiele durch Verwendung derartiger Dreiecke lösen können. Deshalb verzichten wir auf den Nachweis der Gültigkeit der Formeln für allgemeine sphärische Dreiecke mithilfe von Fallunterscheidungen.

4.2.1 Sinussatz der sphärischen Trigonometrie

In Abb. 4.8 begrenzt das sphärische Dreieck ABC eine dreiseitige körperliche Ecke, die aus einer Sphäre mit Mittelpunkt M und Radius R herausgelöst wurde. Wir fällen vom Punkt C aus Lote auf den Kreisausschnitt (Sektor) MAB und die Radien MA sowie MB. Dabei erhalten wir die Punkte D, E und F, mit denen wir die rechtwinkligen Dreiecke CED und CDF bilden. Der Winkel α des sphärischen Dreiecks ABC ist gleichzeitig der Winkel des sphärischen Zweiecks, das durch die Großkreise gebildet wird, auf denen die Dreieckseiten b bzw. c liegen. In Abschn. 4.1.2 haben wir erarbeitet, dass der Winkel eines sphärischen Zweiecks gleich dem Schnittwinkel der Ebenen der beiden Großkreise ist, die das sphärische Zweieck bilden, d. h., der Winkel α ist der Schnittwinkel der Ebenen, in denen die Kreisausschnitte MAC bzw. MAB liegen. Dieser Winkel wird auch von der Falllinie CE (die Bahn, welche eine Kugel beschreibt, wenn sie vom Punkt C aus in der Ebene MAC herabrollt) und ihrer senkrechten Projektion DE in die Ebene MAB gebildet. Eine analoge Betrachtung ergibt, dass $\beta = \sphericalangle CFD$ gilt.

Nun wenden wir die Sinusbeziehung in den rechtwinkligen Dreiecken CED, MEC, CDF und MFC an:

$$\left.\begin{array}{l} \sin\alpha = \dfrac{\overline{DC}}{\overline{EC}} \\[2mm] \sin b = \dfrac{\overline{EC}}{\overline{MC}} = \dfrac{\overline{EC}}{R} \end{array}\right\} \sin\alpha \cdot \sin b = \dfrac{\overline{DC}}{R}$$

$$\left.\begin{array}{l} \sin\beta = \dfrac{\overline{DC}}{\overline{FC}} \\[2mm] \sin a = \dfrac{\overline{FC}}{\overline{MC}} = \dfrac{\overline{FC}}{R} \end{array}\right\} \sin\beta \cdot \sin a = \dfrac{\overline{DC}}{R}.$$

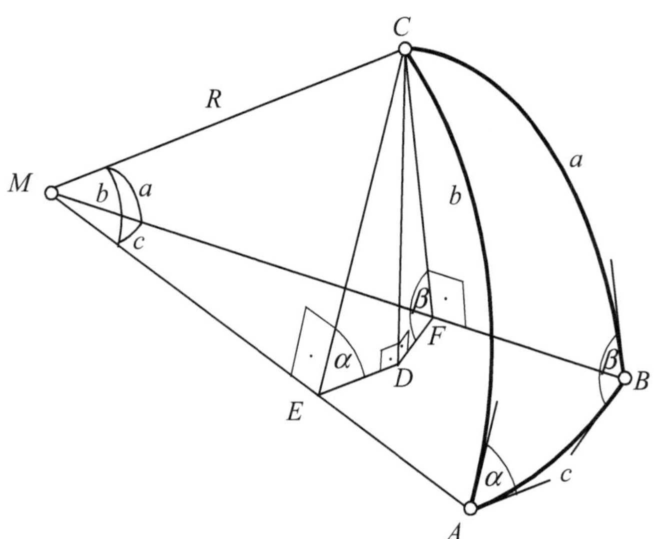

Abb. 4.8 Dreiseitige körperliche Ecke

Aus der Gleichheit der hergeleiteten Beziehungen ergibt sich

$$\sin\alpha\cdot\sin b = \sin\beta\cdot\sin a \quad \text{bzw.} \quad \frac{\sin\alpha}{\sin a} = \frac{\sin\beta}{\sin b}.$$

Werden analog vom Punkt A aus die Lote auf den Kreisausschnitt MBC und die Radien MB sowie MC gefällt, dann erhalten wir: $\frac{\sin\beta}{\sin b} = \frac{\sin\gamma}{\sin c}$.

Die Zusammenfassung unserer Ergebnisse stellt den **Sinussatz der sphärischen Trigonometrie** dar:

$$\frac{\sin\alpha}{\sin a} = \frac{\sin\beta}{\sin b} = \frac{\sin\gamma}{\sin c} \quad \text{bzw.} \quad \sin a : \sin b : \sin c = \sin\alpha : \sin\beta : \sin\gamma. \quad (4.6)$$

Das Anwenden des Sinussatzes im Polardreieck ergibt mit (4.4) und (4.5):

$$\frac{\sin\alpha'}{\sin a'} = \frac{\sin\beta'}{\sin b'} \Rightarrow \frac{\sin(180° - a)}{\sin(180° - \alpha)} = \frac{\sin(180° - b)}{\sin(180° - \beta)}.$$

Mit der Reduktionsformel $\sin(180° - x) = \sin x$ ergibt sich daraus $\frac{\sin a}{\sin\alpha} = \frac{\sin b}{\sin\beta}$, d. h. keine neue Erkenntnis.

4.2.2 Kosinussätze der sphärischen Trigonometrie

Der **Seitenkosinussatz** für ein sphärisches Dreieck ABC lautet:

$$\cos a = \cos b \cdot \cos c + \sin b \cdot \sin c \cdot \cos\alpha. \quad (4.7)$$

In der Literatur werden zuweilen die aus (4.7) durch zyklische Vertauschung gewonnenen Formeln separat angegeben:

$$\cos b = \cos c \cdot \cos a + \sin c \cdot \sin a \cdot \cos\beta,$$
$$\cos c = \cos a \cdot \cos b + \sin a \cdot \sin b \cdot \cos\gamma.$$

Wir begründen (4.7), indem wir in die dreiseitige körperliche Ecke, die wir in Abb. 4.8 dargestellt haben, Vektoren einführen. Die Verwendung der Vektoren $\overrightarrow{MA}$, $\overrightarrow{MB}$ und $\overrightarrow{MC}$ ist naheliegend. Da der Winkel α des sphärischen Dreiecks ABC gleich dem Winkel zwischen den Kreisausschnitten MAB und MAC ist, verwenden wir auch die Normalenvektoren $\overrightarrow{n_c}$ und $\overrightarrow{n_b}$ dieser Kreisausschnitte, da wir aus dem Mathematikunterricht der Schule wissen, dass der Winkel zwischen zwei Ebenen mit dem Winkel zwischen ihren Normalenvektoren übereinstimmt. Abb. 4.9 zeigt die Stücke, die wir zur Begründung des Seitenkosinussatzes benötigen, Abb. 4.10 und Abb. 4.11 veranschaulichen die Lage der Normalenvektoren $\overrightarrow{n_c}$ und $\overrightarrow{n_b}$ im Dreieck CED (bei Abb. 4.11 haben wir berücksichtigt, dass Vektoren in der Geometrie parallel verschoben werden dürfen).

Im Seitenkosinussatz kommen Terme mit dem Sinus und Kosinus von Stücken des sphärischen Dreiecks ABC vor. Die Seiten des Dreiecks sind als Zentriwinkel

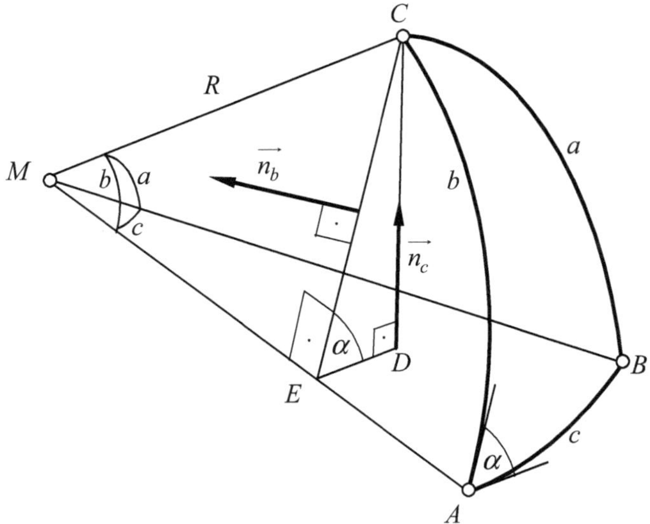

Abb. 4.9 Seitenkosinussatz – Figur 1

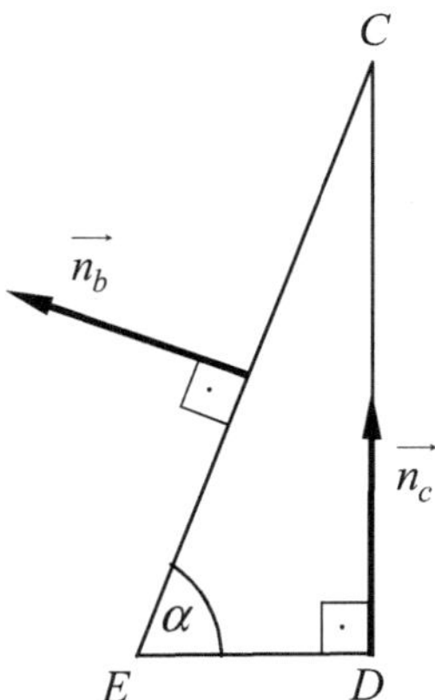

Abb. 4.10 Seitenkosinussatz – Figur 2

zu betrachten, da sie in den Argumenten von trigonometrischen Funktionen vorkommen. Für die Begründung nutzen wir aus, dass wir ähnliche Terme auch im Skalar- und im Vektorprodukt zweier Vektoren finden:

Skalarprodukt: $\left\langle \vec{a}, \vec{b} \right\rangle = \left| \vec{a} \right| \cdot \left| \vec{b} \right| \cdot \cos \sphericalangle\left(\vec{a}, \vec{b} \right),$

Vektorprodukt:

$\vec{a} \times \vec{b} \perp \vec{a}, \ \vec{a} \times \vec{b} \perp \vec{b}, \ \left| \vec{a} \times \vec{b} \right| = \left| \vec{a} \right| \cdot \left| \vec{b} \right| \cdot \sin \sphericalangle\left(\vec{a}, \vec{b} \right).$

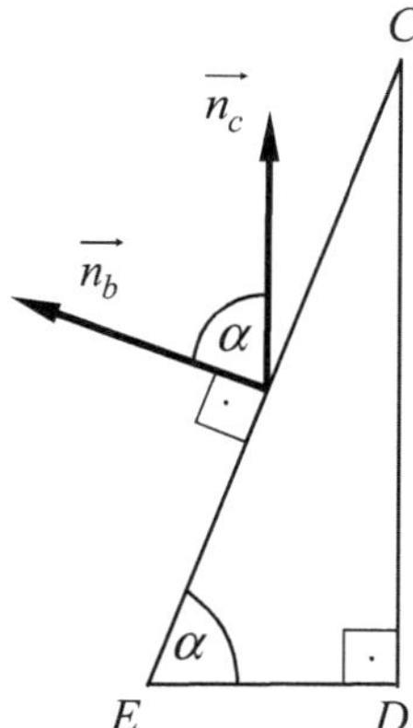

Abb. 4.11   Seitenkosinussatz – Figur 3

Da $\vec{a}$, $\vec{b}$ und $\vec{a} \times \vec{b}$ in dieser Reihenfolge ein Rechtssystem bilden, gelten $\vec{n_c} = \overrightarrow{MA} \times \overrightarrow{MB}$ und $\vec{n_b} = \overrightarrow{MA} \times \overrightarrow{MC}$. Damit erhalten wir eine Beziehung für den Winkel α des sphärischen Dreiecks ABC:

$$\langle \vec{n_c}, \vec{n_b} \rangle = \left\langle \overrightarrow{MA} \times \overrightarrow{MB}, \overrightarrow{MA} \times \overrightarrow{MC} \right\rangle = \left| \overrightarrow{MA} \times \overrightarrow{MB} \right| \cdot \left| \overrightarrow{MA} \times \overrightarrow{MC} \right| \cdot \cos \sphericalangle (\vec{n_c}, \vec{n_b})$$

$$\left\langle \overrightarrow{MA} \times \overrightarrow{MB}, \overrightarrow{MA} \times \overrightarrow{MC} \right\rangle = \left| \overrightarrow{MA} \times \overrightarrow{MB} \right| \cdot \left| \overrightarrow{MA} \times \overrightarrow{MC} \right| \cdot \cos \alpha.$$

Außerdem benötigen wir Terme mit dem Sinus einer Dreieckseite, z. B.
$$\left| \overrightarrow{MA} \times \overrightarrow{MB} \right| = \left| \overrightarrow{MA} \right| \cdot \left| \overrightarrow{MB} \right| \cdot \sin \sphericalangle \left(\overrightarrow{MA}, \overrightarrow{MB} \right) = R^2 \cdot \sin c.$$

Nun können wir einen Summanden in der Formel des Seitenkosinussatzes umformen:

$$\sin b \cdot \sin c \cdot \cos \alpha = \frac{\left| \overrightarrow{MA} \times \overrightarrow{MC} \right|}{R^2} \cdot \frac{\left| \overrightarrow{MA} \times \overrightarrow{MB} \right|}{R^2} \cdot \frac{\left\langle \overrightarrow{MA} \times \overrightarrow{MB}, \overrightarrow{MA} \times \overrightarrow{MC} \right\rangle}{\left| \overrightarrow{MA} \times \overrightarrow{MB} \right| \cdot \left| \overrightarrow{MA} \times \overrightarrow{MC} \right|}$$

$$\sin b \cdot \sin c \cdot \cos \alpha = \frac{1}{R^4} \cdot \left\langle \overrightarrow{MA} \times \overrightarrow{MB}, \overrightarrow{MA} \times \overrightarrow{MC} \right\rangle.$$

An dieser Stelle verwenden wir mit der **Lagrange-Identität** eine Formel der Vektoralgebra:

$$\left\langle \vec{a} \times \vec{b}, \vec{c} \times \vec{d} \right\rangle = \langle \vec{a}, \vec{c} \rangle \cdot \langle \vec{b}, \vec{d} \rangle - \langle \vec{a}, \vec{d} \rangle \cdot \langle \vec{b}, \vec{c} \rangle.$$

$$\sin b \cdot \sin c \cdot \cos \alpha = \frac{1}{R^4} \cdot \left\langle \overrightarrow{MA} \times \overrightarrow{MB}, \overrightarrow{MA} \times \overrightarrow{MC} \right\rangle$$

$$\sin b \cdot \sin c \cdot \cos \alpha = \frac{1}{R^4} \cdot \left(\left\langle \overrightarrow{MA}, \overrightarrow{MA} \right\rangle \cdot \left\langle \overrightarrow{MB}, \overrightarrow{MC} \right\rangle - \left\langle \overrightarrow{MA}, \overrightarrow{MC} \right\rangle \cdot \left\langle \overrightarrow{MB}, \overrightarrow{MA} \right\rangle \right)$$

$$\left\langle \overrightarrow{MA}, \overrightarrow{MA} \right\rangle = \left| \overrightarrow{MA} \right| \cdot \left| \overrightarrow{MA} \right| \cdot \cos 0° = R^2$$

$$\left\langle \overrightarrow{MB}, \overrightarrow{MC} \right\rangle = R^2 \cdot \cos a$$

$$\left\langle \overrightarrow{MA}, \overrightarrow{MC} \right\rangle = R^2 \cdot \cos b$$

$$\left\langle \overrightarrow{MB}, \overrightarrow{MA} \right\rangle = R^2 \cdot \cos c$$

$$\sin b \cdot \sin c \cdot \cos \alpha = \cos a - \cos b \cdot \cos c.$$

Wir erhalten tatsächlich die behauptete Beziehung des Seitenkosinussatzes.

Durch Umkehrung der Gedankenführung lässt sich aus der Begründung des Seitenkosinussatzes eine Herleitung gewinnen. Wir haben auf diese Vorgehensweise verzichtet, um nicht des Vortäuschens von Pseudo-Genialität bezichtigt werden zu können. Aus Gründen der Redlichkeit nehmen wir dafür in Kauf, dass zunächst die Behauptung des Seitenkosinussatzes „vom Himmel fällt", damit wir das Rechnen mit Vektoren verdeutlichen können. Historisch betrachtet dürfte dieser Satz vor langer Zeit erstmalig durch elementargeometrische Betrachtungen gefunden worden sein.

Wir wenden den Seitenkosinussatz im Polardreieck an, um zu untersuchen, ob sich dabei eine neue Gesetzmäßigkeit ergibt. Unter Berücksichtigung von (4.4) und (4.5) erhalten wir:

$$\cos a' = \cos b' \cdot \cos c' + \sin b' \cdot \sin c' \cdot \cos \alpha'$$
$$\cos \left(180° - \alpha\right) = \cos \left(180° - \beta\right) \cdot \cos \left(180° - \gamma\right) + \sin \left(180° - \beta\right)$$
$$\cdot \sin \left(180° - \gamma\right) \cdot \cos \left(180° - a\right).$$

Mit den Reduktionsformeln $\sin \left(180° - x\right) = \sin x$ und $\cos \left(180° - x\right) = -\cos x$ ergibt sich mit dem **Winkelkosinussatz** für ein sphärisches Dreieck ABC ein neuer Satz:

$$-\cos \alpha = \left(-\cos \beta\right) \cdot \left(-\cos \gamma\right) + \sin \beta \cdot \sin \gamma \cdot \left(-\cos a\right)$$
$$\cos \alpha = \cos a \cdot \sin \beta \cdot \sin \gamma - \cos \beta \cdot \cos \gamma. \tag{4.8}$$

In der Literatur werden zuweilen die aus (4.8) durch zyklische Vertauschung gewonnenen Formeln separat angegeben:

$$\cos \beta = \cos b \cdot \sin \gamma \cdot \sin \alpha - \cos \gamma \cdot \cos \alpha,$$
$$\cos \gamma = \cos c \cdot \sin \alpha \cdot \sin \beta - \cos \alpha \cdot \cos \beta.$$

4.2.3 Kotangenssätze der sphärischen Trigonometrie

Der **Kotangenssatz** für ein sphärisches Dreieck ABC lautet:

$$\sin\alpha \cdot \cot\beta = \sin c \cdot \cot b - \cos c \cdot \cos\alpha. \tag{4.9}$$

Wir begründen diese Beziehung, indem wir sie so umformen, dass wir eine bereits bekannte Formel erhalten. Dazu verwenden wir zunächst die Definition des Kotangens und erweitern:

$$\sin\alpha \cdot \frac{\cos\beta}{\sin\beta} = \sin c \cdot \frac{\cos b}{\sin b} - \cos c \cdot \cos\alpha \qquad | \cdot \sin b \cdot \sin\alpha \cdot \sin\beta$$

$$\sin b \cdot \sin^2\alpha \cdot \cos\beta = \sin c \cdot \cos b \cdot \sin\alpha \cdot \sin\beta - \sin b \cdot \cos c \cdot \sin\alpha \cdot \sin\beta \cdot \cos\alpha.$$

Im letzten Summanden substituieren wir $\cos c \cdot \sin\alpha \cdot \sin\beta$ unter Verwendung von (4.8):

$$\sin b \cdot \sin^2\alpha \cdot \cos\beta = \sin c \cdot \cos b \cdot \sin\alpha \cdot \sin\beta - \sin b \cdot (\cos\gamma + \cos\alpha \cdot \cos\beta) \cdot \cos\alpha$$

$$\sin b \cdot \sin^2\alpha \cdot \cos\beta = \sin c \cdot \cos b \cdot \sin\alpha \cdot \sin\beta - \sin b \cdot \cos\alpha \cdot \cos\gamma - \sin b \cdot \cos^2\alpha \cdot \cos\beta$$

$$\sin b \cdot \cos\beta \cdot \left(\sin^2\alpha + \cos^2\alpha\right) = \sin c \cdot \cos b \cdot \sin\alpha \cdot \sin\beta - \sin b \cdot \cos\alpha \cdot \cos\gamma.$$

Nun berücksichtigen wir den „trigonometrischen Pythagoras" $\sin^2\alpha + \cos^2\alpha = 1$, und wir substituieren $\sin c \cdot \sin\beta$ mithilfe von (4.6):

$$\sin b \cdot \cos\beta = \sin b \cdot \cos b \cdot \sin\alpha \cdot \sin\gamma - \sin b \cdot \cos\alpha \cdot \cos\gamma.$$

Kürzen mit $\sin b$ ergibt:

$$\cos\beta = \cos b \cdot \sin\alpha \cdot \sin\gamma - \cos\alpha \cdot \cos\gamma.$$

Wir haben mit dem Winkelkosinussatz (4.8) eine bekannte Beziehung erhalten, deshalb war unsere Ausgangsgleichung richtig.

Auch für (4.9) geben wir die Formeln an, die durch zyklische Vertauschung entstehen:

$$\sin\beta \cdot \cot\gamma = \sin a \cdot \cot c - \cos a \cdot \cos\beta,$$
$$\sin\gamma \cdot \cot\alpha = \sin b \cdot \cot a - \cos b \cdot \cos\gamma.$$

Den Kotangenssatz wenden wir ebenfalls im Polardreieck an, um zu untersuchen, ob sich dabei eine neue Gesetzmäßigkeit ergibt. Unter Berücksichtigung von (4.4) und (4.5) erhalten wir:

$$\sin\alpha' \cdot \cot\beta' = \sin c' \cdot \cot b' - \cos c' \cdot \cos\alpha'$$

$$\sin\left(180° - a\right) \cdot \cot\left(180° - b\right) = \sin\left(180° - \gamma\right) \cdot \cot\left(180° - \beta\right) - \cos\left(180° - \gamma\right) \cdot \cos\left(180° - a\right).$$

Wir wenden die Reduktionsformeln $\sin(180° - x) = \sin x$, $\cos(180° - x) = -\cos x$ und $\cot(180° - x) = -\cot x$ an und erhalten:

$$\sin a \cdot (-\cot b) = \sin \gamma \cdot (-\cot \beta) - (-\cos \gamma) \cdot (-\cos a)$$

$$\sin a \cdot \cot b = \sin \gamma \cdot \cot \beta + \cos a \cdot \cos \gamma. \tag{4.10}$$

Die Beziehung (4.10) stellt eine **weitere Form für einen Kotangenssatz** im sphärischen Dreieck ABC dar, für die wir ebenfalls die durch zyklische Vertauschung gewonnenen Formeln separat angeben:

$$\sin b \cdot \cot c = \sin \alpha \cdot \cot \gamma + \cos b \cdot \cos \alpha,$$
$$\sin c \cdot \cot a = \sin \beta \cdot \cot \alpha + \cos c \cdot \cos \beta.$$

4.2.4 Beziehungen zwischen sphärischer und euklidischer Trigonometrie

Bei einem sphärischen Dreieck sind den Bogenlängen der Seiten Zentriwinkel zugeordnet. Wenn diese Zentriwinkel klein sind, dann unterscheidet sich das sphärische Dreieck nur wenig von einem ebenen Dreieck und es ist zu erwarten, dass sich in diesem Fall aus den Formeln der sphärischen Trigonometrie näherungsweise diejenigen der euklidischen Trigonometrie ergeben.

Nach (4.1) können wir gedanklich den Übergang von einem beliebigen sphärischen Dreieck zu einem sphärischen Dreieck mit kleinen Zentriwinkeln vollziehen, indem wir bei unveränderten Bogenlängen den Radius der Sphäre vergrößern oder bei unverändertem Radius der Sphäre das sphärische Dreieck maßstäblich verkleinern. In beiden Fällen sind nach diesem Übergang die Winkel des sphärischen Dreiecks unverändert, aber die Zentriwinkel sind klein und auch die Bogenlängen sind klein im Vergleich zum Radius der Sphäre.

Die kleinen Zentriwinkel des sphärischen Dreiecks liefern den Ansatz für die analytische Beschreibung des Sachverhaltes, denn für kleine Zentriwinkel dürfen wir die Reihendarstellungen für die Sinus und Kosinus dieser Winkel näherungsweise abbrechen:

$$\sin x = x - \frac{x^3}{3!} + \frac{x^5}{5!} - \frac{x^7}{7!} + - \cdots \approx x, \tag{4.11}$$

$$\cos x = 1 - \frac{x^2}{2!} + \frac{x^4}{4!} - \frac{x^6}{6!} + - \cdots \approx 1 - \frac{x^2}{2}. \tag{4.12}$$

▶ **Bemerkung** In den Reihendarstellungen haben wir die Fakultät-Schreibweise verwendet, die folgendermaßen zu verstehen ist:

$$n! = n \cdot (n - 1) \cdot \ldots \cdot 1 \quad \text{mit } 0! = 1! = 1.$$

Die Anwendung der Beziehung (4.11) auf den Sinussatz (4.6) der sphärischen Trigonometrie ergibt den Sinussatz der ebenen Trigonometrie, z. B. erhalten wir:

$$\frac{\sin\alpha}{\sin\beta} = \frac{\sin a}{\sin b} \qquad | \ \sin a \approx a\,; \ \ \sin b \approx b$$

$$\frac{\sin\alpha}{\sin\beta} = \frac{a}{b}.$$

Wenden wir die Beziehungen (4.11) und (4.12) auf den Seitenkosinussatz (4.7) an, dann erhalten wir den Kosinussatz der ebenen Trigonometrie:

$$\cos c = \cos a \cdot \cos b + \sin a \cdot \sin b \cdot \cos \gamma$$

$$1 - \frac{c^2}{2} = \left(1 - \frac{a^2}{2}\right) \cdot \left(1 - \frac{b^2}{2}\right) + a \cdot b \cdot \cos \gamma$$

$$1 - \frac{c^2}{2} = 1 - \frac{a^2}{2} - \frac{b^2}{2} + \frac{a^2 \cdot b^2}{4} + a \cdot b \cdot \cos \gamma.$$

Wenn a und b klein sind, dann kann der Term $\frac{a^2 \cdot b^2}{4}$ gegenüber den anderen Summanden vernachlässigt werden. Dies ergibt

$$1 - \frac{c^2}{2} = 1 - \frac{a^2}{2} - \frac{b^2}{2} + a \cdot b \cdot \cos \gamma$$

$$c^2 = a^2 + b^2 - 2 \cdot a \cdot b \cdot \cos \gamma.$$

Ist das sphärische Dreieck rechtwinklig mit $\gamma = 90°$, dann ergibt sich analog aus dem Seitenkosinussatz $\cos c = \cos a \cdot \cos b + \sin a \cdot \sin b \cdot \cos 90° = \cos a \cdot \cos b$ für dieses spezielle Dreieck der Satz des Pythagoras $c^2 = a^2 + b^2$ für ein ebenes rechtwinkliges Dreieck mit $\gamma = 90°$. Deshalb wird in der Literatur zuweilen die Beziehung $\cos c = \cos a \cdot \cos b$ als **sphärischer Pythagoras** bezeichnet.

Wir haben in diesem Abschnitt kennengelernt, dass die Berechnung eines kleinen sphärischen Dreiecks näherungsweise durch die eines ebenen Dreiecks möglich ist. Analog werden in der allgemeinen Relativitätstheorie und Kosmologie „kleine" gekrümmte Raum-Zeit-Bereiche durch lokale euklidische Raum-Zeit-Bereiche approximiert. Im Kosmos können die Dimensionen der „kleinen" Bereiche allerdings mehrere Tausend Lichtjahre betragen …

4.3   Sphärische Geometrie an der scheinbaren Himmelskugel

4.3.1   Darstellung von Bewegungen der Erde an der scheinbaren Himmelskugel

Rotation der Erde um ihre Nord-Süd-Achse

Der Anblick des gestirnten Himmels hat die Menschen zu allen Zeiten und über alle Kulturen hinweg fasziniert und zum Nachdenken angeregt. Abhängig von ihrem kulturellen Hintergrund bildeten sie fantasievolle Muster aus hellen Sternen, denen sie Objekte ihrer Erfahrung oder Vorstellung zuordneten. Inzwischen wissen wir, dass die zu einem **Sternbild** gruppierten Sterne häufig nur eine scheinbare Nachbarschaft aufweisen, da sie meist eine unterschiedliche Entfernung zur Erde besitzen. Trotzdem teilen wir noch heute den Himmel in 88 Sternbilder ein, von denen 47 bereits im *Almagest* des Claudius Ptolemäus (um 150 n. Chr.) verzeichnet sind.

Die leicht wahrnehmbare tägliche Bewegung der Himmelskörper besitzt einen faszinierenden ästhetischen Reiz und war in allen Kulturen eine Quelle philosophischer, religiöser, künstlerischer und wissenschaftlicher Überlegungen sowie Grundlage der Zeiteinteilung und Navigation. Es scheint so, als ob die Sterne an einer großen Kugel befestigt wären, die sich gleichförmig um die Erde dreht, während die Sonne, der Mond, die Planeten, die Kometen und die Sternschnuppen eigenständige Bewegungen vollführten. Für die Navigation und die Berechnung astronomischer Ereignisse gehen wir noch heute von der Modellannahme aus, dass sich die Sterne auf einer **scheinbaren Himmelskugel** befinden, obwohl wir wissen, dass sie sehr unterschiedliche Abstände von der Erde besitzen und eine deutliche Eigenbewegung ausführen, die wir wegen der sehr großen Entfernungen nicht mit bloßem Auge wahrnehmen. Rein logisch lässt sich die scheinbare Drehung der scheinbaren Himmelskugel auch erklären durch eine Drehung der Erde um die gleiche Drehachse in entgegengesetzter Richtung, s. Abb. 4.12.

Der **Nachweis der tatsächlich stattfindenden Erdrotation** um die Nord-Süd-Achse von Westen nach Osten kann z. B. mithilfe der Ostablenkung beim freien Fall geführt werden: Ein in einen tiefen Schacht fallender Körper kommt östlich vom Lot auf, dabei stimmt die Ostablenkung mit dem berechneten Wert für eine rotierende Erde überein.

In Abb. 4.12 befindet sich die Erde im Zentrum der scheinbaren Himmelskugel in vergrößerter Darstellung. Diese Abbildung soll folgende Sachverhalte verdeutlichen:

- Die Verlängerung der Drehachse der Erde durch den Erdnordpol NP und den Erdsüdpol SP schneidet die scheinbare Himmelskugel im Himmelsnordpol P_N und im Himmelssüdpol P_S.
- Die Projektion des Erdäquators vom Erdmittelpunkt M auf die scheinbare Himmelskugel ist der Himmelsäquator.

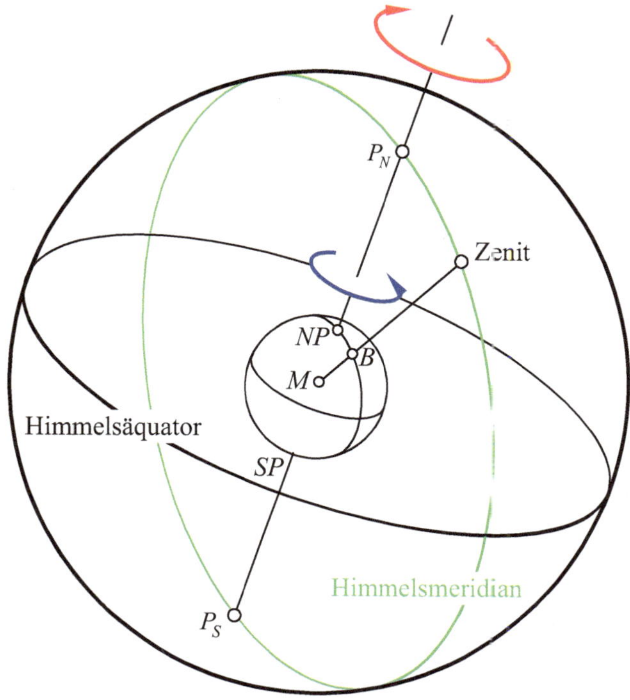

Abb. 4.12 Scheinbare Himmelskugel und Erdrotation

- Das Lot durch den Standort des Beobachters B verläuft durch den Erdmittelpunkt M und den Zenit Z an der scheinbaren Himmelskugel.
- Die Projektion des Längenkreises des Beobachters B vom Erdmittelpunkt M auf die scheinbare Himmelskugel ist der **Himmelsmeridian,** auf dem sich auch die Himmelspole P_N und P_S sowie der Zenit Z befinden. Wegen der Erdrotation um die Nord-Süd-Achse von Westen nach Osten scheinen die Sonne und die anderen Sterne in einer östlichen Himmelsrichtung aufzugehen, bei ihrem oberen Durchgang durch den Meridian an der scheinbaren Himmelskugel am höchsten zu stehen und schließlich in einer westlichen Himmelsrichtung wieder unterzugehen. Der Durchgang eines Sterns durch den Meridian wird als **Kulmination** bezeichnet.

▶ **Bemerkung** Der Himmelsmeridian an der scheinbaren Himmelskugel entspricht dem Längenkreis auf der Erdkugel, da es sich sowohl beim Himmelsmeridian als auch beim Längenkreis um Großkreise handelt. In der **Geografie** wird unter dem Meridian eines Ortes allerdings nur der halbe Längenkreis verstanden, der vom Erdnordpol NP durch den Ort bis zum Erdsüdpol SP verläuft. Im Folgenden werden wir uns der üblichen Gepflogenheit anschließen und für den Großkreis „Himmelsmeridian" an der scheinbaren Himmelskugel auch den kürzeren Begriff „Meridian" verwenden, wenn keine Verwechslungsgefahr mit dem Meridian der Erde besteht.

Die etymologische Bedeutung des Wortes Meridian ist **Mittagskreis.** Sie weist darauf hin, dass die Sonne mittags kulminiert, d. h. ihren Durchgang durch den Meridian hat.

Umlauf der Erde um die Sonne

Der erst durch genauere Beobachtung wahrnehmbare jährliche Zyklus der Sternbilder ist rein logisch erklärbar durch einen Umlauf der Sonne um die Erde oder einen Umlauf der Erde um die Sonne, s. Abb. 4.13.

Für die **Begründung der Tatsache, dass sich im Laufe eines Jahres die Erde um die Sonne bewegt** und nicht umgekehrt, sind zumindest die Newton'sche Theorie der Bewegungen einschließlich des Gravitationsgesetzes und des Drehimpulserhaltungssatzes erforderlich. Dieser Umstand erklärt, weshalb sich das heliozentrische Weltbild (die Sonne ist der Zentralkörper des Planetensystems) erst spät gegen das geozentrische Weltbild (die Erde ist der Zentralkörper des Planetensystems) durchsetzen konnte.

In Abb. 4.13 befindet sich die Erdbahn um die Sonne im Zentrum der scheinbaren Himmelskugel in vergrößerter Darstellung. Diese Abbildung soll folgende Sachverhalte verdeutlichen:

- Wegen der vernachlässigbaren Ausdehnung der Erdbahn im Vergleich zum Durchmesser der scheinbaren Himmelskugel können wir davon ausgehen, dass in jeder Position der Erde

  - die Verlängerung ihrer Drehachse die scheinbare Himmelskugel im Himmelsnordpol P_N und Himmelssüdpol P_S schneidet (wir haben auf die Darstellung des Erdsüdpols SP und des Himmelssüdpols P_S verzichtet, um die Abbildung nicht zu überladen),
  - die Projektion des Erdäquators vom Erdmittelpunkt auf die scheinbare Himmelskugel den Himmelsäquator ergibt.

- Wird die Sonne von der Erde aus beobachtet, dann sieht es so aus, als ob sie die scheinbare Himmelskugel im Laufe eines Jahres auf einem Großkreis umrundet, der als **Ekliptik** bezeichnet wird. Die Ekliptik wird seit babylonischer Zeit in zwölf **Sternzeichen** von jeweils 30° Länge eingeteilt, die nicht mit den Sternbildern zu verwechseln sind. Da die Sternzeichen überwiegend Tiernamen tragen, wird die Ekliptik auch als **Tierkreis** bezeichnet. Bewegt sich z. B. die Erde auf ihrer Bahn vom 22.12. bis zum 21.03. des folgenden Jahres, dann bewegt sich die Sonne in diesem Zeitraum scheinbar vom Beginn des Sternzeichens Steinbock ♑ zum Beginn des Sternzeichens Widder ♈.
  Die etymologische Bedeutung des Wortes Ekliptik ist **Finsternislinie.** Sie weist darauf hin, dass es nur dann zu einer Mond- bzw. Sonnenfinsternis kommen kann, wenn sich der Mond in der Ebene der Ekliptik befindet und wenn eine geradlinige Konstellation Sonne-Erde-Mond bzw. Sonne-Mond-Erde besteht,

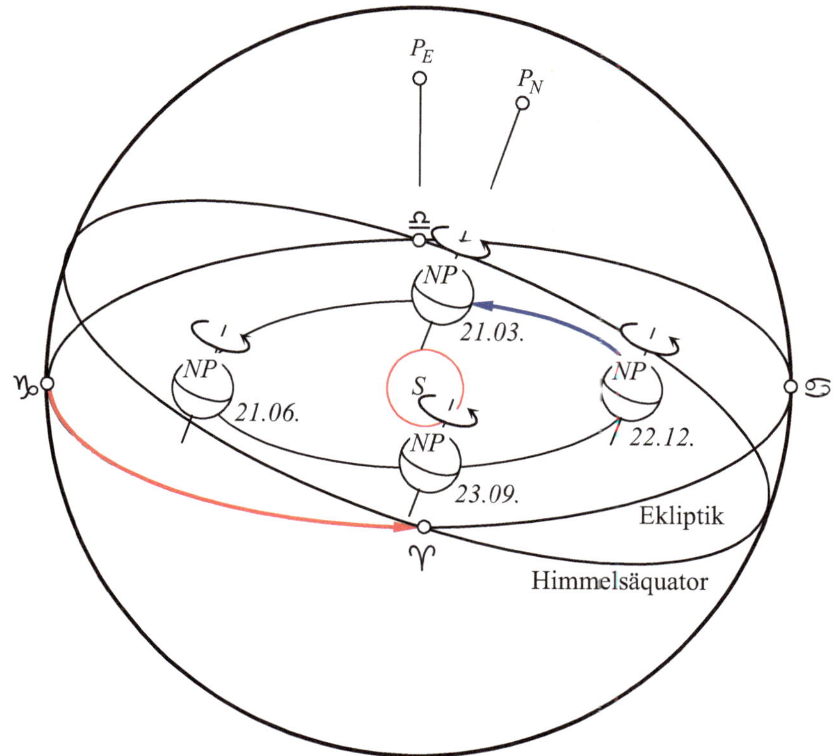

Abb. 4.13   Scheinbare Himmelskugel und Bewegung der Erde um die Sonne

weil nur dann der Erdschatten auf den Mond bzw. der Mondschatten auf die
Erde fallen kann.

- Die Drehachse der Erde ist um $\varepsilon \approx 23,44°$ gegen die Normale der Ekliptik-
ebene (welche die scheinbare Himmelskugel im Pol P_E schneidet) geneigt.
Diese Schrägstellung der Erdachse, die auch als **Obliquität** bezeichnet wird,
führt zu den Beleuchtungsklimazonen der Erde und mit Ausnahme der Tropen
zum Wechsel der Jahreszeiten:

Etwa am 21.03. und 23.09. steht die Sonne senkrecht auf dem Äquator, deshalb
ist an diesen Tagen um 06.00 Uhr Sonnenaufgang und um 18.00 Sonnenuntergang. Diese Zeitpunkte und auch die zugehörigen scheinbaren Positionen der
Sonne auf der Ekliptik am Beginn des Sternzeichens Widder ♈ bzw. Waage ♎
werden **Äquinoktien** (Tagundnachtgleichen) genannt.

Etwa am 21.06. steht die Sonne senkrecht auf dem nördlichen Wendekreis, deshalb ist auf der nördlichen Erdhalbkugel der Tag mit dem zeitigsten Sonnenaufgang und dem spätesten Sonnenuntergang erreicht. Analog ist dort etwa der
22.12. der Tag mit dem spätesten Sonnenaufgang und dem zeitigsten Sonnenuntergang, weil dann die Sonne senkrecht auf dem südlichen Wendekreis steht.

Diese Zeitpunkte und auch die zugehörigen scheinbaren Positionen der Sonne auf der Ekliptik am Beginn des Sternzeichens Krebs ♋ bzw. Steinbock ♑ werden **Solstitien** (Sonnenwenden) genannt.

Das **Symbol** ♈ besitzt neben der Kennzeichnung des Sternzeichens Widder die Bedeutung des **Frühlingspunkts,** d. h. des Schnittpunkts zwischen Ekliptik und Himmelsäquator, in dem die Sonne scheinbar am Frühlingsanfang steht. Da zwei astronomische Koordinaten vom Frühlingspunkt ♈ aus gemessen werden, verwenden Astronomen diesen Punkt an der scheinbaren Himmelskugel bevorzugt als Referenzobjekt.

Bewegung der Erdachse durch Präzession und Nutation
Wir haben uns als Kinder beim Spielen mit dem Brummkreisel nicht nur an dem markanten Ton und dem schönen Farbenspiel des Kreisels erfreut, sondern waren auch erstaunt darüber, dass bei schneller Drehung die Achse des Brummkreisels

- eine merkwürdige langsam ablaufende Ausweichbewegung vollführt, wenn der rotierende Brummkreisel nicht senkrecht zum Boden aufgestellt wird,
- eine schnelle taumelnde Bewegung zeigt, wenn der rotierende Brummkreisel einen kurzen seitlichen Stoß erhalten hat (gewiss haben wir den Brummkreisel immer kräftiger angestoßen, damit er endlich doch umkippt und damit das von uns erwartete Verhalten zeigt).

Die kindliche Faszination der Kreiselbewegung kann bei Physikstudenten schnell in Frustration übergehen, wenn im Rahmen der Kreiseltheorie die beobachteten Effekte berechnet werden. Derartige Berechnungen sind allerdings bedeutsam, da die um die Nord-Süd-Achse rotierende Erde ebenfalls einen Kreisel darstellt.

Durch die Gravitationskräfte der Sonne, des Erdmondes und der Planeten auf die nicht exakt kugelförmige Erde werden Drehmomente auf die Erde ausgeübt, die dazu führen, dass die Drehachse der Erde nicht stabil ist. Die durch ein äußeres Drehmoment verursachte Richtungsänderung der Rotationsachse eines Kreisels wird als **Präzession** bezeichnet (die Präzession verursacht die erstgenannte Beobachtung am Brummkreisel). Wegen der Präzession kommt es zu einem Umlauf der Drehachse der Erde um den Pol der Ekliptik in etwa 25.780 Jahren (**platonisches Jahr).** In diesem Zeitraum umläuft der Frühlingspunkt einmal die Ekliptik. Die Präzession ist die Ursache für das Auseinanderdriften der Sternbilder und der Sternzeichen: Seit Übernahme tierkreisähnlicher Systeme durch die Gelehrten des antiken Griechenlands vor etwa 2000 Jahren hat sich der Frühlingspunkt vom Sternbild Widder zum Sternbild Fische verschoben, dagegen befindet sich die Sonne im Zeitraum vom 21.03. bis zum 20.04. nach wie vor im Sternzeichen Widder.

Wegen des geringen Abstandes zwischen Erdmond und Erde liefert die Gravitationskraft des Erdmondes den größten Beitrag zur Präzession der Erdachse. Die Bahnebene des Erdmondes ist gegen die Ebene der Ekliptik um etwa $5{,}2°$ geneigt, und die Knotenlinie der Mondbahn (Verbindungsgerade der Schnittpunkte der Mondbahn mit der Ebene der Ekliptik) dreht sich periodisch in etwa $18{,}6$ Jahren um die Ekliptik. Dadurch weist die Gravitationskraft des Erdmondes auf die Erde eine geringe Schwankung mit dieser Periode auf, welche die „mittlere" Präzession der Erdachse überlagert. Dieser Effekt wird in der Astronomie als **Nutation** bezeichnet. **Achtung:** In der physikalischen Kreiseltheorie wird abweichend davon unter Nutation die taumelnde Bewegung der Achse eines kräftefreien Kreisels verstanden, die dann auftritt, wenn die Rotationsachse des Kreisels nicht exakt mit seiner Hauptträgheitsachse übereinstimmt. Die Nutation verursacht die zweitgenannte Beobachtung am Brummkreisel.

Für Präzisionsmessungen werden die geringfügigen Veränderungen des Frühlingspunktes Υ berücksichtigt, die durch Präzession und Nutation bedingt sind. Allerdings können nicht alle Störungen der Rotationsachse der Erde im Voraus berechnet werden, da die Drehachse der Erde u. a. auf Änderungen der Massenverteilung reagiert, die z. B. durch Magmaströmungen hervorgerufen werden.

4.3.2 Bürgerliche Zeit und Sternzeit

Sterntag und wahrer Sonnentag

Eine genaue Messung der Tages- und Jahresdauer hält einige Überraschungen bereit. Die Bestimmung der Tageslänge erfolgt häufig durch die Messung der Dauer zweier aufeinanderfolgender Meridiandurchgänge desselben astronomischen Objekts, da diese präzise bestimmt werden können. Abb. 4.14 verdeutlicht, dass dabei das Ergebnis von der Wahl des astronomischen Objekts abhängt.

Wenn die Erde zwischen den Zeitpunkten 1 und 2 genau eine vollständige Drehung von 360° um ihre Achse absolviert hat und deshalb ein weit entfernter Stern erstmalig nach Zeitpunkt 1 wieder einen Meridiandurchgang erreicht, dann ist ein **Sterntag** vergangen. Wir erkennen, dass die Wiederkehr des Meridiandurchgangs der Sonne zum Zeitpunkt 2 noch nicht erreicht ist, da sich die Erde während des vergangenen Sterntages von Position 1 zu Position 2 bewegt hat. Erst wenn die Erde auf ihrer Umlaufbahn um die Sonne die Position 3 erreicht hat, ist ein **wahrer Sonnentag** vergangen, weil sich erst dann die Kulmination der Sonne erstmalig seit Zeitpunkt 1 wiederholt. Seit dem Altertum wird die wahre Sonnenzeit mithilfe von **Sonnenuhren** bestimmt, von denen der **Gnomon** die einfachste Bauform darstellt.

In Abb. 4.14 haben wir die Unterschiede zwischen den Positionen 1, 2 und 3 verzerrt dargestellt, um die Vorgänge veranschaulichen zu können. Wenn wir bedenken, dass ein Umlauf der Erde um die Sonne etwa 365 Tage dauert, dann legt die Erde während eines Tages etwa 1/365 des Umfangs ihrer Bahnellipse zurück; dieser geringe Unterschied kann nicht maßstäblich übersichtlich dargestellt werden. Wir haben auch die Exzentrizität der Bahnellipse übertrieben gezeichnet, um das **1. Keplersche Gesetz** zu veranschaulichen:

„Die Bahnen der Planeten sind Ellipsen mit einem gemeinsamen Brennpunkt, in dem die Sonne steht."

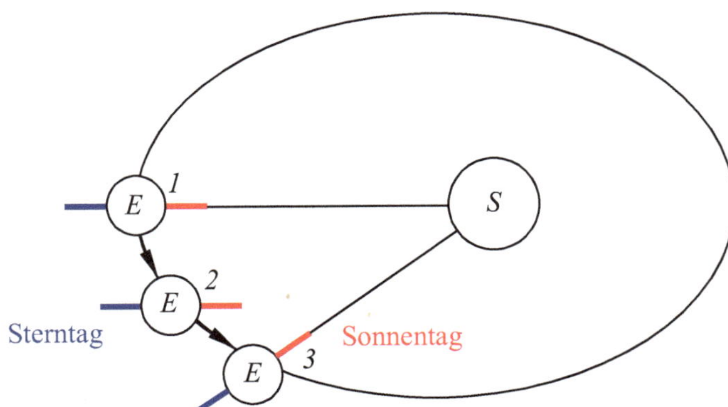

Abb. 4.14 Sterntag und Sonnentag

Beim Vergleich der Zeitdauern unterschiedlicher wahrer Sonnentage ergeben sich Differenzen, die vor allem durch die ungleichförmige Bewegung der Erde um die Sonne verursacht werden, denn nach dem **2. Keplerschen Gesetz** gilt:

„Ein von der Sonne zu einem Planeten gezogener Fahrstrahl überstreicht in gleichen Zeiten gleich große Flächen."

Wegen dieses Gesetzes bewegt sich die Erde in Sonnennähe schneller als in Sonnenferne (am 03.01. befindet sich die Erde im **Perihel,** dem Punkt der Erdbahn mit der kleinsten Entfernung zur Sonne, und am 05.07. im **Aphel,** dem Punkt mit der größten Entfernung zur Sonne).

Bürgerliche Zeit

Die **bürgerliche Zeit** soll sich am Sonnenstand orientieren, insbesondere wird erwartet, dass sich außerhalb der Pole überall auf der Erde die Sonne etwa um 12 Uhr im Meridian befindet und damit ihren höchsten Stand erreicht. Außerdem soll die bürgerliche Zeit von gleichförmig laufenden Uhren korrekt angezeigt werden. Deshalb werden folgende Maßnahmen realisiert:

- Aus der mit Atomuhren gemessenen Dauer der **wahren Sonnentage** eines Jahres wird rechnerisch die Dauer eines **mittleren Sonnentages** bestimmt, die sich auf eine fiktive Sonne bezieht, deren scheinbare Bewegung an der scheinbaren Himmelskugel gleichförmig auf dem Himmelsäquator (nicht auf der Ekliptik!) erfolgt. Der mittlere Sonnentag wird unterteilt in Stunden, Minuten und Sekunden:

$$1\,\mathrm{d} = 24\,\mathrm{h} = 24 \cdot 60\,\mathrm{min} = 1440\,\mathrm{min} = 24 \cdot 60 \cdot 60\,\mathrm{s} = 86400\,\mathrm{s}. \qquad (4.13)$$

- In Orten mit unterschiedlicher geografischer Länge kulminiert sowohl die wahre als auch die mittlere Sonne zu unterschiedlichen Zeiten. Um den Umgang mit der bürgerlichen Zeit praktikabel zu gestalten, werden 24 **Zeitzonen** gebildet, in denen jeweils eine einheitliche Zeit gilt. Theoretisch wird die Erdkugel zwischen dem Erdnordpol und dem Erdsüdpol vom **Nullmeridian**

(Meridian durch Greenwich) aus in 24 kongruente sphärische Zweiecke zerlegt, deren Winkel jeweils 15° geografische Länge betragen. In der Praxis werden dabei Ländergrenzen berücksichtigt, um ein leicht zu handhabendes System von Zeitzonen zu schaffen.

Die mittlere Sonnenzeit in der Zeitzone der Westeuropäischen Zeit WEZ, welche den Nullmeridian enthält, wird seit 1972 als koordinierte Weltzeit UTC, engl. Universal Time Coordinated (früher – in Großbritannien und Westafrika auch heute noch – Greenwich Mean Time genannt), bezeichnet und per Funk als Zeitsignal gesendet. In vielen Ländern gilt aktuell vom letzten Sonntag im März bis zum letzten Sonntag im Oktober die **Sommerzeit** (engl. DST von Daylight Saving Time), ansonsten die **Normalzeit** (engl. Standard Time).

Wir benötigen die Beziehungen zwischen UTC und Mitteleuropäischer Zeit MEZ sowie Mitteleuropäischer Sommerzeit MESZ:

$$\text{WEZ} = \text{UTC}; \qquad \text{WESZ} = \text{UTC} + 1\,\text{h}$$
$$\text{MEZ} = \text{UTC} + 1\,\text{h}; \qquad \text{MESZ} = \text{UTC} + 2\,\text{h} \tag{4.14}$$

Zum Zeitpunkt der oberen Kulmination der mittleren Sonne auf dem eine Zeitzone bestimmenden Meridian (z. B. 0° Länge für WEZ, 15° Länge für MEZ) ist es 12 Uhr der zugehörigen Zonenzeit.

Zur Bestimmung der geografischen Länge bei der Navigation und für den verständigen Umgang mit Sonnenuhren wird die Differenz zwischen wahrer Sonnenzeit t_w (Zeitpunkt der Kulmination der Sonne am Mittag, der mit Sonnenuhren gemessen werden kann) und der mittleren Sonnenzeit t_m benötigt. Sie wird als sogenannte **Zeitgleichung** Zgl grafisch oder tabellarisch angegeben:

$$Zgl = t_w - t_m. \tag{4.15}$$

Die Zeitgleichung erreicht am 11.02. und am 03.11. mit $-14\,\text{min}\,15\,\text{s}$ bzw. $+16\,\text{min}\,25\,\text{s}$ ihre extremen Werte.

> **Bemerkung** Im nautischen Jahrbuch wird die Zgl als Differenz zwischen mittlerer und wahrer Sonnenzeit angegeben, deshalb hat sie im Vergleich mit den Angaben im astronomischen Jahrbuch und diversen Quellen im Internet ein entgegengesetztes Vorzeichen.

In Anhang 4.2 gehen wir etwas detaillierter auf den Abgleich zwischen UTC und Atomzeit ein. Wir empfehlen dem interessierten Leser die Beschäftigung mit der historischen Entwicklung der Zeitbestimmung einschließlich der Kalendersysteme, da sie eindrucksvoll die Entwicklung der Wissenschaft widerspiegelt.

Sternzeit

Für die astronomische Beobachtung ist ein vom Sterntag abgeleitetes Zeitmaß zweckmäßig, da es die durch die Erdrotation bedingte scheinbare tägliche

Bewegung der scheinbaren Himmelskugel gut abbildet. Praktisch wird mithilfe von Atomuhren die Rotationsdauer der Erde durch aufeinanderfolgende obere Kulminationen weit entfernter astronomischer Objekte gemessen. Daraus wird rechnerisch die Dauer eines mittleren Sterntages bestimmt, der sich auf den mittleren Frühlingspunkt bezieht. Im Ergebnis ergibt sich die Dauer eines **mittleren Sterntags,** der in 24 Sternstunden zu je 60 Sternminuten bzw. 3600 Sternsekunden eingeteilt wird:

$$1\,\text{d}^* = 24\,\text{h}^* = 1440\,\text{min}^* = 86400\,\text{s}^* = 86164{,}091\,\text{s}. \tag{4.16}$$

Der mittlere Sterntag beginnt um 0 Uhr mittlerer Sternzeit mit der oberen Kulmination des mittleren Frühlingspunktes.

Die **mittlere Sternzeit von Greenwich** GMST_0 (engl. Greenwich Mean Sideral Time) zum Zeitpunkt 0:00 UTC wird in Tabellen und im Internet veröffentlicht.

Aus der (bürgerlichen) Beobachtungszeit wird unter Berücksichtigung der Zeitzone und gegebenenfalls der Sommerzeit der **Zeitpunkt t UTC** bestimmt (dabei handelt es sich wie bei der Zonenzeit um eine Zeitangabe, die sich auf die mittlere Sonne bezieht) und in Sternzeit umgerechnet. Es ist zu berücksichtigen, dass eine Sternzeituhr schneller läuft als eine Uhr, welche die bürgerliche Zeit anzeigt. Die Maßzahl der bürgerlichen Zeit t muss mit einem Faktor $k > 1$ multipliziert werden, um die Maßzahl der Sternzeit zu erhalten. Der Faktor k ergibt sich aus Gl. (4.16) zu:

$$k = \frac{86400}{86164{,}091} = 1{,}0027379. \tag{4.17}$$

▶ **Bemerkung** Der Faktor k ergibt sich allgemein, wenn für eine beliebige Zeitdauer die Maßzahlen $\{t^*\}$ und $\{t\}$ bezüglich der Einheiten $[t^*]$ und $[t]$ bekannt sind:

$$\{t^*\} \cdot [t^*] = \{t\} \cdot [t] \quad | \; \{t^*\} = k \cdot \{t\} \text{ mit } k > 1$$

$$k = \frac{[t]}{[t^*]} = \frac{\{t^*\}}{\{t\}}.$$

Für $k = \frac{[t]}{[t^*]} = \frac{1\,\text{s}}{1\,\text{s}^*}$ ergibt sich k mithilfe der Beziehung (4.16) so, wie in (4.17) angegeben.

In der Literatur wird der Faktor k zuweilen aus der **Jahreslänge** hergeleitet. Für eine vollständige Umrundung der Sonne benötigt die Erde 365,2422 Sonnentage. Aus Abb. 4.14 ist ersichtlich, dass in diesem Zeitraum genau ein Sterntag mehr vergangen ist. Mit $365{,}2422\,\text{d} = 366{,}2422\,\text{d}^*$ ergibt sich für k ebenfalls der bereits berechnete Wert:

$$k = \frac{[t]}{[t^*]} = \frac{1\,\text{d}}{1\,\text{d}^*} = \frac{366{,}2422}{365{,}2422} = 1{,}0027379.$$

Wir erhalten die **mittlere Sternzeit von Greenwich** $\mathrm{GMST}_{t\,\mathrm{UTC}}$ zum Zeitpunkt $t\,\mathrm{UTC}$ durch

$$\mathrm{GMST}_{t\,\mathrm{UTC}} = \mathrm{GMST}_0 + k \cdot t = \mathrm{GMST}_0 + 1{,}0027379 \cdot t. \tag{4.18}$$

Um die **mittlere Ortssternzeit (mittlere lokale Sternzeit)** LMST (engl. Local Mean Sideral Time) zum Beobachtungszeitpunkt für den Beobachtungsort mit der geografischen Länge λ zu bestimmen, muss beachtet werden, dass der mittlere Frühlingspunkt im Beobachtungsort eher kulminiert als in Greenwich, wenn $\lambda > 0°$ ist, d. h. bei östlicher geografischer Länge. In diesem Fall gilt $\mathrm{LMST} > \mathrm{GMST}_{t\,\mathrm{UTC}}$, und die Differenz der Kulminationszeiten ist zu $\mathrm{GMST}_{t\,\mathrm{UTC}}$ zu addieren, um LMST zu erhalten (dies gilt auch dann, wenn der Beobachtungsort westlich von Greenwich liegt, weil in diesem Fall die geografische Länge negativ ist).

Die Angabe der Größe eines Winkels im Gradmaß erfolgt dezimal oder sexagesimal mithilfe von Winkelminuten und Winkelsekunden. Häufig wird das Winkelmaß in ein Zeitmaß umgerechnet, indem berücksichtigt wird, dass die Rotation der Erde um $360°$ in 24 Sternstunden erfolgt. Daraus ergeben sich folgende **Umrechnungsbeziehungen** (wir verwenden die übliche Schreibweise und kennzeichnen Sternzeiten durch Hochstellung):

$$
\begin{aligned}
1° &= \ 60' = 3600'', & 1' &= \left(\tfrac{1}{60}\right)^{\circ}, & 1'' &= \left(\tfrac{1}{60}\right)' = \left(\tfrac{1}{3600}\right)^{\circ} \\
1° &= \ 4^{\mathrm{m}} = \left(\tfrac{1}{15}\right)^{\mathrm{h}}, & 1' &= 4^{\mathrm{s}} = \left(\tfrac{1}{15\cdot60}\right)^{\mathrm{h}}, & 1'' &= \left(\tfrac{1}{15\cdot3600}\right)^{\mathrm{h}} \\
1^{\mathrm{h}} &= 15°, & 1^{\mathrm{m}} &= 15' = \left(\tfrac{1}{4}\right)^{\circ}, & 1^{\mathrm{s}} &= \ 15'' = \left(\tfrac{1}{4\cdot60}\right)^{\circ}.
\end{aligned}
\tag{4.19}
$$

Mit (4.19) erhalten wir:

$$\mathrm{LMST} = \mathrm{GMST}_{t\,\mathrm{UTC}} + \lambda \cdot \frac{1^{\mathrm{h}}}{15°}. \tag{4.20}$$

Für genaue Messungen ist aus LMST die **wahre Ortssternzeit** θ bzw. LAST (engl. Local Apparent Sideral Time) zu bestimmen, indem von der Kulmination des mittleren auf diejenige des wahren Frühlingspunkts umgerechnet wird. Analog zur Zeitgleichung für die Umrechnung zwischen mittlerer und wahrer Sonnenzeit existiert eine **Gleichung des Äquinoktiums** EE (engl. Equation of Equinox) für die Umrechnung zwischen den Kulminationszeiten des mittleren und wahren Frühlingspunktes, deren Wert für jedes Datum tabelliert wird (es wird der Einfluss der Nutation „herausgerechnet"):

$$\mathrm{LAST} = \mathrm{LMST} + \mathrm{EE}. \tag{4.21}$$

Da die durch EE bedingte Korrektur betragsmäßig kleiner als $1{,}1$ s ist, verwenden wir näherungsweise die mittlere Ortssternzeit für die wahre Ortssternzeit:

$$\theta = \mathrm{LAST} \approx \mathrm{LMST}. \tag{4.22}$$

Nach diesen komplizierten Ausführungen verdeutlichen wir das soeben beschriebene Vorgehen an einem Beispiel, auf das wir in Abschn. 4.3.6 zurückkommen werden.

Beispiel

Gegeben:
Beobachtungsort Dresden mit den geografischen Koordinaten (entnommen an der Sonnenuhr im Dresdner Staudengarten am Elbufer):

$$\varphi = 51°03'29''\text{N}, \ \lambda = 13°45'05''\text{O},$$

Beobachtungszeit: 12.10.2016, 03:00 MESZ,

gesucht:
Ortssternzeit θ (Näherungswert LMST).

Lösung:
Zunächst wandeln wir mit (4.19) die geografischen Koordinaten vom Sexagesimalsystem in das Dezimalsystem um, damit wir mit diesen Winkeln rechnen können:

$$\varphi = 51°03'29''\text{N} = 51° + \left(\frac{3}{60}\right)° + \left(\frac{29}{3600}\right)° = 51{,}058°,$$

$$\lambda = 13°45'05''\text{O} = 13° + \left(\frac{45}{60}\right)° + \left(\frac{5}{3600}\right)° = 13{,}751°.$$

Die mittlere Sternzeit von Greenwich GMST_0 zum Zeitpunkt 12.10.2016, 0:00 UTC entnehmen wir dem Internet (wie üblich schreiben wir die Einheiten der Sternzeit ohne das Zeichen *):

$$\text{GMST}_0 = 1^\text{h}24^\text{m}0^\text{s} = 1\,\text{h} + \frac{24}{60}\,\text{h} = 1{,}400\,\text{h}.$$

Da bei der Nutzung des Internets Vorsicht angebracht ist (manche Quellen fügen wegen der noch geltenden Sommerzeit eine Stunde hinzu, andere nicht), prüfen wir diese Angabe mithilfe der **Berechnungsvorschrift** für GMST_0:

$$\text{GMST}_0 = 6^\text{h}41^\text{m}50{,}54841^\text{s} + 8640184{,}812866^\text{s} \cdot T + 0{,}093104^\text{s} \cdot T^2 - 0{,}0000062^\text{s} \cdot T^3$$

$$\text{GMST}_0 = 24110{,}54841^\text{s} + 8640184{,}812866^\text{s} \cdot T + 0{,}093104^\text{s} \cdot T^2 - 0{,}0000062^\text{s} \cdot T^3.$$

Die Variable T ist vom **Julianischen Datum JD** für den Zeitpunkt 0:00 UTC des Beobachtungstages abhängig (beim Julianischen Datum handelt es sich um eine fortlaufende Tageszählung ab 1. Januar 4713 v. Chr. 12:00, die in der Astronomie häufig genutzt wird, um die Unregelmäßigkeiten von Kalendern zu umgehen):

$$T = \frac{\text{JD} - 2451545{,}0}{36525}.$$

Das Julianische Datum für den 12.10.2016, 0:00 UTC entnehmen wir dem Internet. Dabei ist die Fehlerwahrscheinlichkeit gering (zur Sicherheit haben wir mehrere Quellen verwendet). Die Kommastelle ergibt sich daraus, dass die Tageszählung beim JD um 12.00 Uhr beginnt:

$$\mathrm{JD} = 2457673{,}5.$$

Wir erhalten $T = 0{,}16778919$ und damit

$$\mathrm{GMST}_0 = 1473840{,}162^{\mathrm{s}} = 409^{\mathrm{h}}\,24^{\mathrm{m}}\,0{,}162^{\mathrm{s}} = 17 \cdot 24^{\mathrm{h}} + 1^{\mathrm{h}}\,24^{\mathrm{m}}\,0{,}162^{\mathrm{s}}.$$

Nach Reduzierung auf $0^{\mathrm{h}} \leq \mathrm{GMST}_0 < 24^{\mathrm{h}}$ ergibt sich der oben angegebene Wert.

Aus (4.14) bestimmen wir $t\,\mathrm{UTC}$ des Beobachtungszeitpunktes:

$$t\,\mathrm{UTC} = \mathrm{MESZ} - 2\,\mathrm{h} = 3\,\mathrm{h} - 2\,\mathrm{h} = 1\,\mathrm{h}.$$

Wir erhalten $\mathrm{GMST}_{t\,\mathrm{UTC}}$, indem wir die in mittlerer Sonnenzeit angegebene Zeit $t\,\mathrm{UTC}$ nach (4.18) in Sternzeit umrechnen und zu GMST_0 addieren:

$$\mathrm{GMST}_{t\,\mathrm{UTC}} = \mathrm{GMST}_0 + k \cdot 1\,\mathrm{h} = 1{,}400\,\mathrm{h} + 1{,}0027379 \cdot 1\,\mathrm{h} = 2{,}4027379\,\mathrm{h}.$$

Aus der geografischen Länge des Beobachtungsortes erhalten wir mit (4.20) die Ortssternzeit (wir verzichten auf den geringen Unterschied zwischen wahrer und mittlerer Ortssternzeit):

$$\theta = \mathrm{GMST}_{t\,\mathrm{UTC}} + 13{,}751^{\circ} \cdot \frac{1\,\mathrm{h}}{15^{\circ}} = 3{,}319\,\mathrm{h}$$

$$\theta = 3^{\mathrm{h}} + 0{,}319^{\mathrm{h}} \cdot \frac{60^{\mathrm{m}}}{1^{\mathrm{h}}} = 3^{\mathrm{h}}\,19^{\mathrm{m}} + 0{,}14^{\mathrm{m}} \cdot \frac{60^{\mathrm{s}}}{1^{\mathrm{m}}} = 3^{\mathrm{h}}\,19^{\mathrm{m}}\,8^{\mathrm{s}}$$

$$\theta = 3{,}319\,\mathrm{h} \cdot \frac{15^{\circ}}{1^{\mathrm{h}}} = 49{,}785^{\circ}.$$

▶ **Bemerkung** Bei den Berechnungen ist darauf zu achten, ob sich eine **Zeiteinheit** auf eine Stern- oder eine Sonnenzeit bezieht.

Einige der verwendeten Begriffe können leicht zu Missverständnissen führen, da sie teilweise irreführend sind und auch inkonsistent verwendet werden:

- Die **wahre** Sonnenzeit und der wahre Frühlingspunkt werden mit dem Attribut **scheinbar** (engl. apparent) belegt.
- Mit dem Begriff **siderisch** wurde früher der Bezug zu weit entfernten Sternen beschrieben, heute wird dieser Begriff auch bezüglich des Frühlingspunktes verwendet, obwohl dafür eigentlich das Attribut **tropisch** gehört (im englischen Sprachraum ist die Situation auch nicht besser als im deutschen, da z. B. der mittlere siderische Tag als *stellar day* und der Sterntag als *sideral day* bezeichnet werden).

Früher wurde die Dauer von einer Frühlings-Tagundnachtgleiche bis zur nächsten ein **tropisches Jahr** genannt, heute erfolgt der Bezug auf den mittleren Frühlingspunkt, doch die alte Bezeichnung wurde beibehalten. Deshalb besitzt das tropische Jahr zurzeit nach der alten Definition die Länge 365,2424 d und nach der neuen Definition 365,2422 d.

- Bei der Verwendung des Begriffs **Sternzeit** wird zuweilen kein Bezug angegeben, dann kann die Entscheidung, ob es sich um $GMST_0$, $GMST_{t\,UTC}$, LMST oder LAST handelt, sehr schwierig sein.
- Die Abkürzung **UT** für „Weltzeit" kann sehr unterschiedliche Bedeutungen haben, da es sich häufig um eine der vielen „korrigierten Weltzeiten" handelt. Wir empfehlen die Verwendung der Abkürzung UTC für die koordinierte Weltzeit, weil damit der Bezug zur bürgerlichen Zeit und zur Internationalen Atomzeit beschrieben wird.

4.3.3 Horizontsystem

Um den Punkten der scheinbaren Himmelskugel Koordinaten zuordnen zu können, gehen wir analog vor wie bei der Festlegung der geografischen Koordinaten Länge und Breite auf der Erdkugel:

- Es wird ein Punkt als Pol betrachtet und auf der zugehörigen Polaren wird der erste Winkel gemessen, nachdem ein Anfangspunkt und ein Richtungssinn für die Messung dieser Koordinate festgelegt wurden. Auf der Erde ist der Erdnordpol der ausgewählte Punkt der Erdoberfläche, der Erdäquator ist die zugehörige Polare, auf der die geografische Länge vom Nullmeridian durch Greenwich aus gemessen wird (in Richtung Osten positiv, in Richtung Westen negativ).
- Die zweite Koordinate eines beliebigen Punktes wird auf einem zur festgelegten Polaren senkrechten Großkreis gemessen, dabei werden wieder der Anfangspunkt und der Richtungssinn festgelegt. Auf der Erde wird die geografische Breite eines Ortes auf dem Längenkreis gemessen, der durch den Erdnordpol und den betrachteten Ort verläuft (jeder Längenkreis ist zum Erdäquator orthogonal). Vom Schnittpunkt dieses Längenkreises mit dem Erdäquator aus wird die geografische Breite gemessen (in Richtung des Erdnordpols positiv, in Richtung des Erdsüdpols negativ).

Beim Horizontsystem ist der ausgewählte Punkt der scheinbaren Himmelskugel der Zenit Z des Beobachters, deshalb wird die erste Koordinate, die als **Azimut** a bezeichnet wird, auf dem Horizont gemessen, da dieser die Polare des Zenits ist. Ausgangspunkt der Messung ist der Schnittpunkt S des Meridians (Großkreis durch den Himmelsnordpol P_N und Zenit Z) des Beobachtungsortes mit dem Horizont, der Richtungssinn bei der Messung auf dem Horizont ist $S \rightarrow W \rightarrow N \rightarrow O$.

Die zweite Koordinate ist ein Winkel, der auf dem **Vertikalkreis** (Großkreis durch den Zenit Z und die Position des Gestirns G) gemessen wird, diese Koordinate heißt **Elevation** oder **Höhe** h. Ausgangspunkt für die Messung der Höhe ist der Schnittpunkt des Vertikalkreises durch G mit dem Horizont (in Richtung des Zenits Z positiv, in Richtung des Nadirs *Nad* negativ). Zuweilen wird statt der Höhe die **Zenitdistanz** $z = \widehat{ZG} = 90° - h$ angegeben.

Die Abb. 4.15 und Abb. 4.16 veranschaulichen das Horizontsystem durch eine Außen- bzw. Innenansicht.

Im Schrägbild der Abb. 4.15 haben wir folgende Stücke veranschaulicht:

- Zenit Z, Nadir *Nad* (Gegenpunkt des Zenits), Himmelsnordpol P_N, Himmelssüdpol P_S,
- Horizontebene mit den Himmelsrichtungen S, W, N, O,
- Azimut a und Höhe h des Gestirns G,
- Meridian im Beobachtungsort (Mittelpunkt der scheinbaren Himmelskugel) durch die Punkte P_N, Z, S, P_S, Nad, N,
- Vertikalkreis durch Z, G, *Nad*,
- scheinbare Bahn des Gestirns G an der scheinbaren Himmelskugel mit Aufgangspunkt A, Kulminationspunkt K (auf dem Meridian in südlicher Richtung) und Untergangspunkt U,
- Himmelsäquator mit den Punkten Q und $\overline{Q}$ seiner oberen bzw. unteren Kulmination (Schnittpunkte des Himmelsäquators mit dem Meridian).

▶ **Bemerkung** In der Literatur wird der Begriff **Horizont** mit unterschiedlicher Bedeutung verwendet und deshalb häufig genauer gekennzeichnet, insbesondere als
  - natürlicher Horizont (oder Landschaftshorizont): Grenzlinie zwischen „Himmel und Erde", die durch das Geländeprofil, Gebäude, Bäume, Bauwerke usw. bedingt ist,

Abb. 4.15   Schrägbild des
Horizontsystems

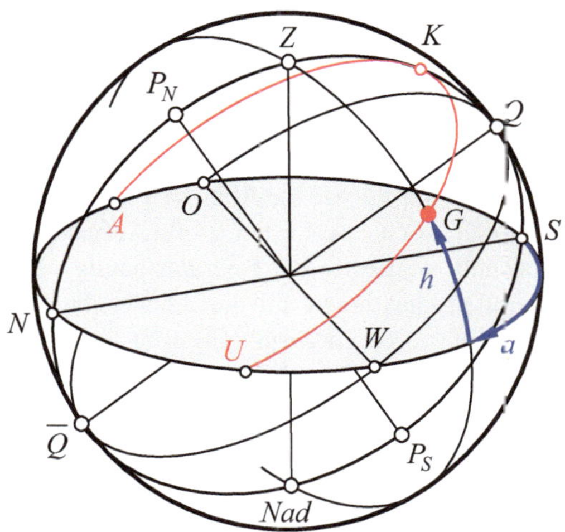

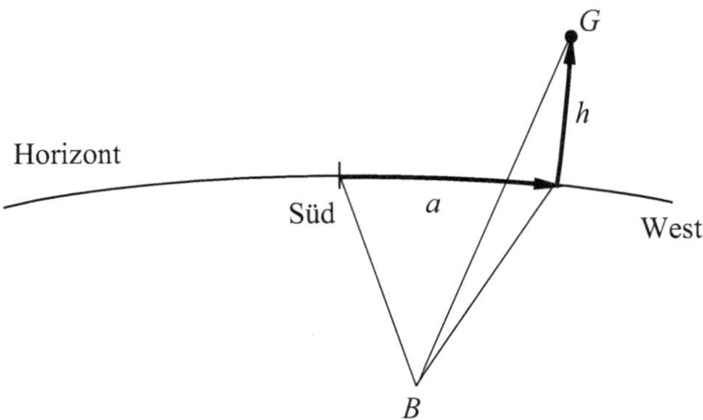

Abb. 4.16 Innenansicht des Horizontsystems

- scheinbarer Horizont (topozentrischer Horizont): Schnitt der Tangentialebene an den Beobachtungsort mit der scheinbaren Himmelskugel,
- wahrer Horizont (geozentrischer, astronomischer oder mathematischer Horizont): Schnitt der zur Tangentialebene an den Beobachtungsort parallelen Ebene durch den Erdmittelpunkt mit der scheinbaren Himmelskugel,
- nautischer Horizont (oder Kimmlinie): Berücksichtigung der Höhe des Beobachters,
- optischer Horizont: Berücksichtigung der Lichtbrechung in der Atmosphäre,
- Radiohorizont: Berücksichtigung der Ausbreitung von Radiowellen in Abhängigkeit der Wellenlänge.

Besonders bei Präzisionsmessungen an erdnahen astronomischen Objekten ist die genaue Kennzeichnung des Horizonts bedeutsam. Wir benutzen die Begriffe scheinbarer und wahrer Horizont synonym und verwenden dafür den Terminus Horizont.

Zuweilen wird anstelle des Azimuts der **Kurswinkel** angegeben, der auf dem Horizont von N aus in Richtung $N \to O \to S \to W$ gemessen wird, z. B. entspricht der Kurswinkel N45°O dem Azimut 225°.

Ein **Schrägbild** wie die Abb. 4.15 stellt die räumliche Situation besonders anschaulich dar, doch es erfordert große Aufmerksamkeit, um den Überblick zu behalten. Deshalb werden in der Literatur häufig **orthografische Projektionen** (senkrechte Parallelprojektionen auf die Zeichenebene) angegeben, da diese bei zweckmäßig gewählter Projektionsrichtung sehr übersichtlich sind (dafür ist die räumliche Vorstellung schwieriger als beim Schrägbild). Die Abb. 4.17 und 4.18 zeigen orthografische Projektionen des Horizontsystems von Westen bzw. Osten aus.

Abb. 4.17 Orthografische Projektion der Meridianebene von Westen aus

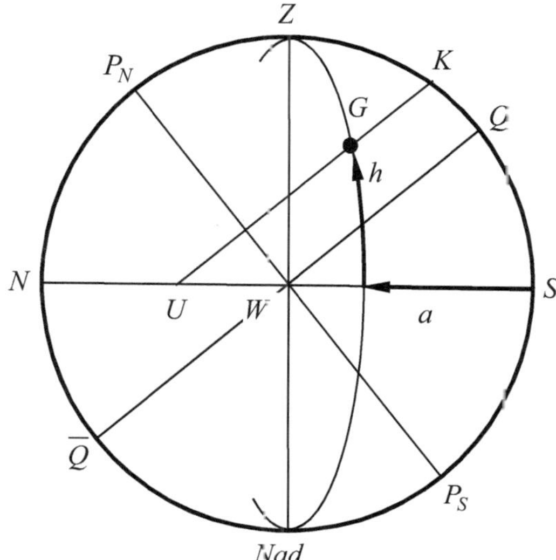

Abb. 4.18 Orthografische Projektion der Meridianebene von Osten aus

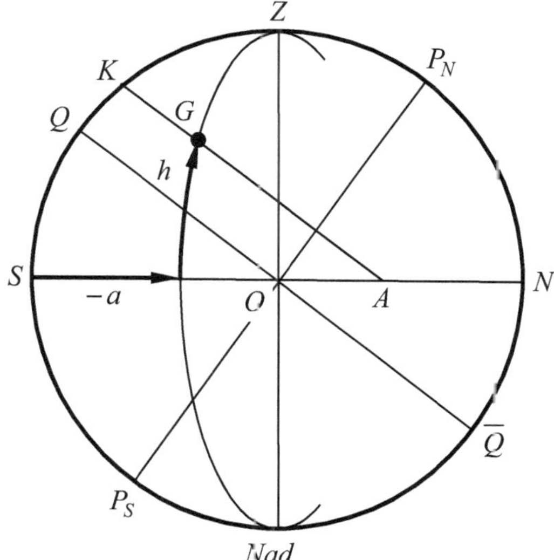

Wir empfehlen, dass sich die Leser dieses Buches die unterschiedliche Neigung der P_N-P_S-Achse bei Wechsel der Blickrichtung verdeutlichen (z. B. mithilfe einer Analogiebetrachtung am Globus).

In Abb. 4.19 haben wir die Erdkugel mit den Polen NP und SP sowie dem Erdäquator $A_1 A_2$ dargestellt. Zwei antipodale Beobachter befinden sich an den Orten B_N und B_S mit gleicher nördlicher bzw. südlicher Breite, deren Betrag wir mit φ bezeichnet haben. In beiden Beobachtungspunkten haben wir die Horizontebene (scheinbarer Horizont) sowie die Richtung zum Zenit Z_N bzw. Z_S eingezeichnet.

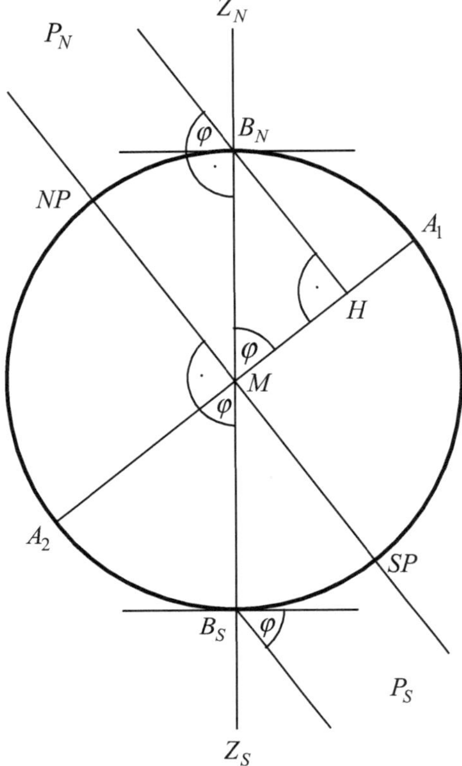

Abb. 4.19 Beziehung zwischen Polhöhe und geografischer Breite

Mithilfe des elementargeometrischen Satzes, dass zwei Winkel kongruent sind, wenn ihre Schenkel paarweise senkrecht aufeinander stehen, erkennen wir, dass beide Beobachter dieselbe Höhe h_P des Himmelspols P_N bzw. P_S messen, die mit dem Betrag der geografischen Breite φ übereinstimmt (für den Nachweis dieses Ergebnisses haben wir in Abb. 4.19 die Hilfspunkte M und H eingetragen und einige rechte Winkel gekennzeichnet):

$$h_P = \varphi \text{ (Polhöhe gleich geografische Breite).} \qquad (4.23)$$

Dieser Zusammenhang besitzt für Ortsbestimmungen und für Berechnungen an der scheinbaren Himmelskugel eine große Bedeutung.

4.3.4 Äquatorsysteme

In der Astronomie werden zwei Äquatorsysteme verwendet, die an der scheinbaren Drehung der scheinbaren Himmelskugel von Osten nach Westen nicht teilnehmen bzw. teilnehmen und deshalb als ruhendes bzw. rotierendes Äquatorsystem bezeichnet werden.

Bei beiden Äquatorsystemen ist der Himmelsnordpol P_N der ausgezeichnete Punkt für die Messung der ersten Koordinate, die jeweils auf dem Himmelsäquator erfolgt (der Himmelsäquator ist die Polare zum Himmelsnordpol).

Im **ruhenden Äquatorsystem** heißt die **erste Koordinate Stundenwinkel** τ und wird von dem Schnittpunkt Q des Himmelsäquators mit dem Meridian im Beobachtungsort aus gemessen, der oberhalb des Horizonts liegt. Dabei erfolgt die Messung auf dem Himmelsäquator in Richtung der scheinbaren Drehung, d. h. nach Westen. Die Größe des Stundenwinkels wird unter Beachtung von (4.19) in Sternzeit angegeben. Im **rotierenden Äquatorsystem** heißt die **erste Koordinate Rektaszension** α oder RA und wird vom Frühlingspunkt Υ aus auf dem Himmelsäquator gemessen. Dabei erfolgt die Messung auf dem Himmelsäquator in entgegengesetzter Richtung zur scheinbaren Drehung, d. h. nach Osten. Die Größe der Rektaszension wird unter Beachtung von (4.19) ebenfalls in Sternzeit angegeben.

Die **zweite Koordinate beider Äquatorsysteme** heißt **Deklination** δ und wird jeweils auf dem **Stundenkreis** (Großkreis durch den Himmelsnordpol P_N und die Position G des Gestirns) gemessen. Ausgangspunkt für die Messung der Deklination ist der Schnittpunkt des Stundenkreises durch G mit dem Himmelsäquator (in Richtung des Himmelsnordpols P_N positiv, in Richtung des Himmelssüdpols negativ).

Die Abb. 4.20 und 4.21 bzw. 4.22 und 4.23 veranschaulichen das ruhende bzw. rotierende Äquatorsystem jeweils durch eine Außen- bzw. Innenansicht.

> **Bemerkung** Die Nautik verwendet statt der Rektaszension den **Sternwinkel,** der auf dem Himmelsäquator vom Frühlingspunkt aus in Richtung der scheinbaren Drehung der scheinbaren Himmelskugel, d. h. nach Westen, gemessen und in Grad angegeben wird.

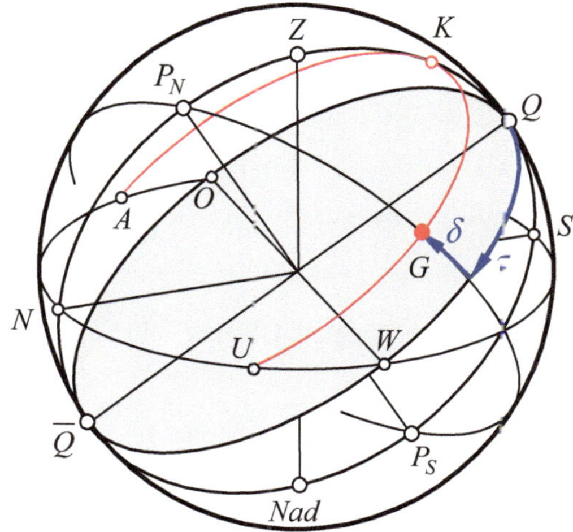

Abb. 4.20 Schrägbild des ruhenden Äquatorsystems

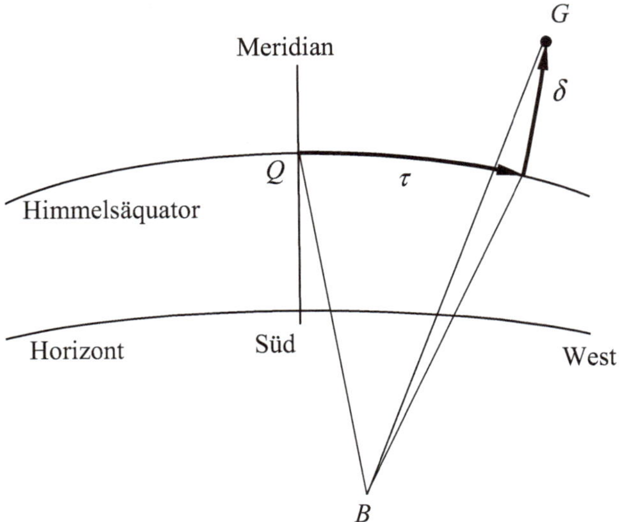

Abb. 4.21 Innenansicht des ruhenden Äquatorsystems

Abb. 4.22 Schrägbild des
rotierenden Äquatorsystems

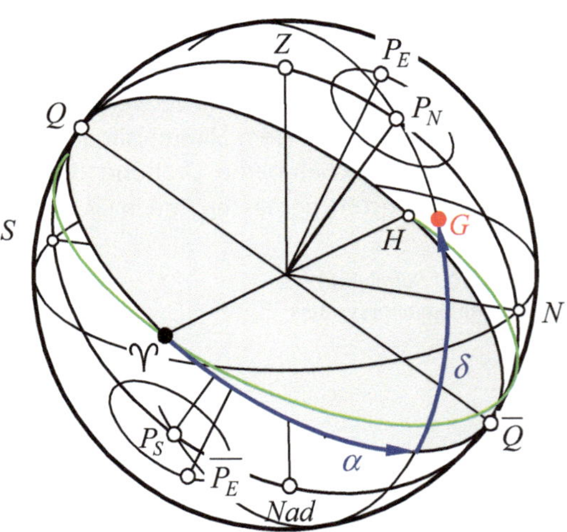

Wenn das beobachtete Objekt G ein Stern ist, dann

- beschreibt er scheinbar die in Abb. 4.20 eingezeichnete Bahn an der scheinbaren Himmelskugel,
- ist der Stundenwinkel von G von der Beobachtungszeit abhängig, insbesondere beträgt er im Moment der oberen Kulmination 0 h,
- ist die Deklination von G konstant, da sich der Stern scheinbar parallel zum Himmelsäquator bewegt,
- ist die Rektaszension von G konstant, da sowohl der Pol der Ekliptik P_E als auch der Frühlingspunkt ♈ an der scheinbaren Drehung der scheinbaren Himmelskugel teilnehmen.

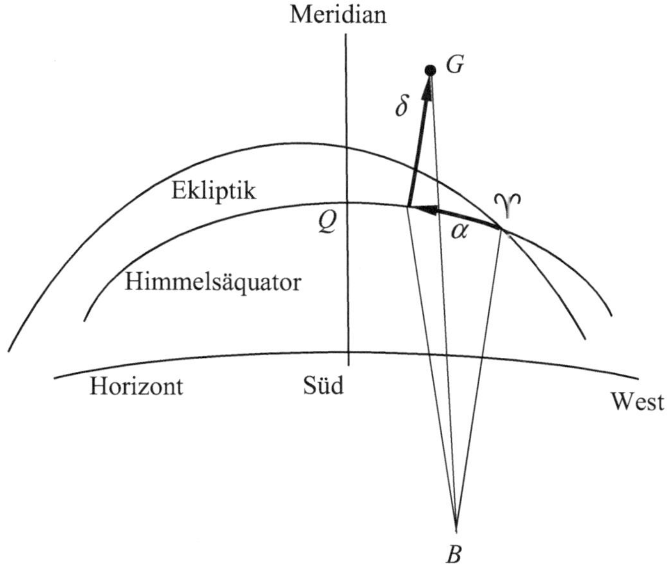

Abb. 4.23 Innenansicht des rotierenden Äquatorsystems

Wegen der über einen gewissen Zeitraum nahezu konstanten Koordinaten „feststehender" Objekte (Sterne, Nebel, Galaxien, Pulsare usw.) im rotierenden Äquatorsystem eignet sich dieses Koordinatensystem zum Erstellen von Katalogen.

Wir können die mittlere lokale Sternzeit am Beobachtungsort nach (4.20) mithilfe des Stundenwinkels des mittleren Frühlingspunktes ausdrücken:

$$\theta \approx \mathrm{LMST} = \tau_F \qquad (4.24)$$

(mittlere lokale Sternzeit gleich Stundenwinkel des mittleren Frühlingspunktes).

In Abb. 4.24 veranschaulichen wir einen für Berechnungen wichtigen Zusammenhang zwischen lokaler Sternzeit sowie Stundenwinkel und Rektaszension eines Gestirns G:

$$\theta = \tau + \alpha. \qquad (4.25)$$

4.3.5 Geozentrisches Ekliptiksystem

Im geozentrischen Ekliptiksystem ist der Pol der Ekliptik P_E der ausgezeichnete Punkt für die Messung der ersten Koordinate, die auf der Ekliptik erfolgt (die Ekliptik ist die Polare zum Pol der Ekliptik).

Die **erste Koordinate** heißt **ekliptikale Länge** λ und wird vom Frühlingspunkt ♈ aus auf der Ekliptik gemessen. Dabei erfolgt die Messung auf der Ekliptik in entgegengesetzter Richtung zur scheinbaren Drehung der scheinbaren

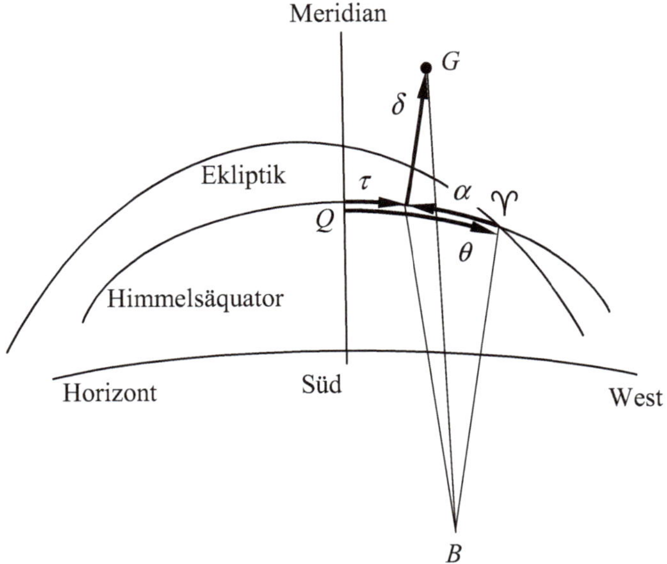

Abb. 4.24 Zusammenhang zwischen lokaler Sternzeit, Stundenwinkel und Rektaszension

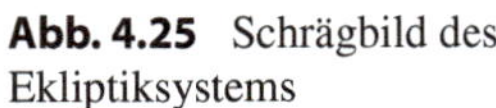

Abb. 4.25 Schrägbild des Ekliptiksystems

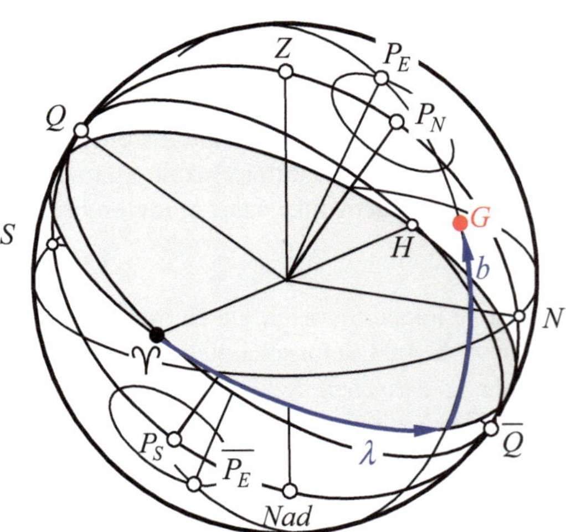

Himmelskugel, d. h. nach Osten (analog zur Rektaszension, die allerdings auf dem Himmelsäquator gemessen wird).

Die **zweite Koordinate** heißt **ekliptikale Breite** b und wird auf dem zur Ekliptik orthogonalen Großkreis durch P_E und die Position G des Gestirns von der Ekliptik aus gemessen (in Richtung des nördlichen Pols der Ekliptik P_E positiv, in Richtung des südlichen Pols der Ekliptik $\overline{P_E}$ negativ).

Die Abb. 4.25 und 4.26 veranschaulichen das geozentrische Ekliptiksystem durch eine Außen- bzw. Innenansicht.

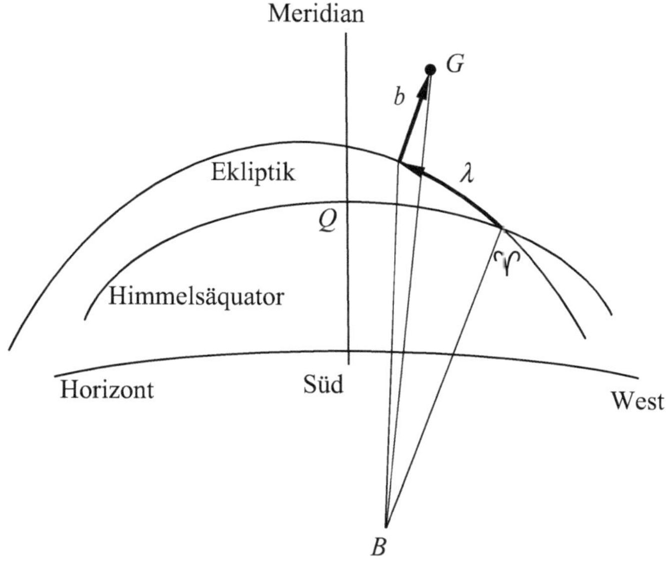

Abb. 4.26 Innenansicht des Ekliptiksystems

4.3.6   Koordinatentransformationen

Transformationen zwischen dem Horizontsystem und den Äquatorsystemen
Die Koordinatentransformationen zwischen dem Horizontsystem und dem ruhenden (ortsfesten) Äquatorsystem leiten wir mithilfe des sphärischen Dreiecks her,
welches aus dem Himmelsnordpol P_N, dem Zenit Z und der Gestirnposition G
gebildet wird. Dieses sphärische Dreieck wird als **nautisches Dreieck** bezeichnet.
Mithilfe von Abb. 4.27, in der wir die Beziehung (4.23) berücksichtigt haben, können wir folgende Stücke des nautischen Dreiecks angeben:

- sphärische Strecke $\overset{\frown}{P_N G} = 90° - \delta$,
- sphärische Strecke $\overset{\frown}{P_N Z} = 90° - \varphi$,
- sphärische Strecke $\overset{\frown}{ZG} = 90° - h$,
- Winkel bei P_N : τ,
- Winkel bei Z: $180° - a$.

Eine Beziehung zur Bestimmung des Azimuts a ergibt sich aus (4.10):

$$\sin\left(90° - \varphi\right) \cdot \cot\left(90° - \delta\right) = \cot\left(180° - a\right) \cdot \sin\tau + \cos\left(90° - \varphi\right) \cdot \cos\tau$$

$$\cos\varphi \cdot \tan\delta = -\cot a \cdot \sin\tau + \sin\varphi \cdot \cos\tau$$

$$\cot a = \frac{\sin\varphi \cdot \cos\tau - \cos\varphi \cdot \tan\delta}{\sin\tau}$$

$$\tan a = \frac{\sin \tau}{\sin \varphi \cdot \cos \tau - \cos \varphi \cdot \tan \delta}. \qquad (4.26)$$

Eine Beziehung zur Bestimmung der Höhe h ergibt sich aus (4.7):

$$\cos\left(90° - h\right) = \cos\left(90° - \varphi\right) \cdot \cos\left(90° - \delta\right) + \sin\left(90° - \varphi\right) \cdot \sin\left(90° - \delta\right) \cdot \cos \tau$$

$$\sin\,h = \sin \varphi \cdot \sin \delta + \cos \varphi \cdot \cos \delta \cdot \cos \tau. \qquad (4.27)$$

Eine Beziehung zur Bestimmung des Stundenwinkels τ ergibt sich aus (4.10):

$$\sin\left(90° - \varphi\right) \cdot \cot\left(90° - h\right) = \cot \tau \cdot \sin\left(180° - a\right) + \cos\left(90° - \varphi\right) \cdot \cos\left(180° - a\right)$$

$$\cos \varphi \cdot \tan\,h = \cot \tau \cdot \sin a + \sin \varphi \cdot \left(-\cos\,a\right)$$

$$\cot \tau = \frac{\cos \varphi \cdot \tan\,h + \sin \varphi \cdot \cos a}{\sin a}$$

$$\tan \tau = \frac{\sin a}{\cos \varphi \cdot \tan\,h + \sin \varphi \cdot \cos a}. \qquad (4.28)$$

Eine Beziehung zur Bestimmung der Deklination δ ergibt sich aus (4.7):

$$\cos\left(90° - \delta\right) = \cos\left(90° - \varphi\right) \cdot \cos\left(90° - h\right) + \sin\left(90° - \varphi\right) \cdot \sin\left(90° - h\right) \cdot \cos\left(180° - a\right)$$

$$\sin\,\delta = \sin \varphi \cdot \sin\,h - \cos \varphi \cdot \cos\,h \cdot \cos\,a. \qquad (4.29)$$

Unter Berücksichtigung von (4.25) in der Form $\tau = \theta - \alpha$ ergeben sich die Koordinatentransformationen zwischen dem Horizontsystem und dem rotierenden Äquatorsystem.

Transformationen zwischen dem rotierenden Äquatorsystem und dem Ekliptiksystem

Die Koordinatentransformationen zwischen dem rotierenden Äquatorsystem und dem Ekliptiksystem leiten wir mithilfe des sphärischen Dreiecks her, welches aus dem Pol der Ekliptik P_E, dem Himmelsnordpol P_N und der Gestirnposition G

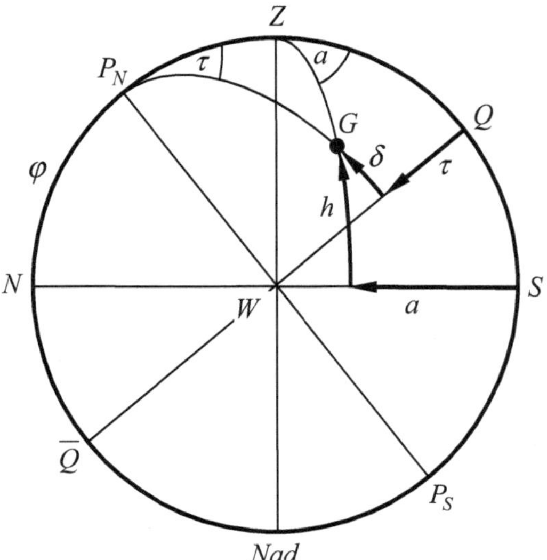

Abb. 4.27 Nautisches Dreieck

gebildet wird. Dieses sphärische Dreieck wird als **astronomisches Dreieck** bezeichnet. Mithilfe von Abb. 4.28 können wir folgende Stücke des astronomischen Dreiecks angeben:

- sphärische Strecke $\overset{\frown}{P_E P_N} = \varepsilon$ (Schiefe der Ekliptik),
- sphärische Strecke $\overset{\frown}{P_E G} = 90° - b$,
- sphärische Strecke $\overset{\frown}{P_N G} = 90° - \delta$,
- Winkel bei P_N : $\gamma = 180° - (90° - \alpha) = 90° + \alpha$,
- Winkel bei P_E : $90° - \lambda$.

Eine Beziehung zur Bestimmung der Rektaszension α ergibt sich aus (4.9):

$$\sin\left(90° - \lambda\right) \cdot \cot\left(90° + \alpha\right) = \cot\left(90° - b\right) \cdot \sin\varepsilon - \cos\left(90° - \lambda\right) \cdot \cos\varepsilon$$

$$\cos\lambda \cdot (-\tan\alpha) = \tan b \cdot \sin\varepsilon - \sin\lambda \cdot \cos\varepsilon$$

$$\tan\alpha = \frac{\sin\lambda \cdot \cos\varepsilon - \tan b \cdot \sin\varepsilon}{\cos\lambda}. \tag{4.30}$$

Eine Beziehung zur Bestimmung der Deklination δ ergibt sich aus (4.7):

$$\cos\left(90° - \delta\right) = \cos\varepsilon \cdot \cos\left(90° - b\right) + \sin\varepsilon \cdot \sin\left(90° - b\right) \cdot \cos\left(90° - \lambda\right)$$

$$\sin\delta = \cos\varepsilon \cdot \sin b + \sin\varepsilon \cdot \cos b \cdot \sin\lambda. \tag{4.31}$$

Eine Beziehung zur Bestimmung der ekliptikalen Breite b ergibt sich aus (4.7):

$$\cos\left(90° - b\right) = \cos\varepsilon \cdot \cos\left(90° - \delta\right) + \sin\varepsilon \cdot \sin\left(90° - \delta\right) \cdot \cos\left(90° + \alpha\right)$$

$$\sin b = \cos\varepsilon \cdot \sin\delta - \sin\varepsilon \cdot \cos\delta \cdot \sin\alpha. \tag{4.32}$$

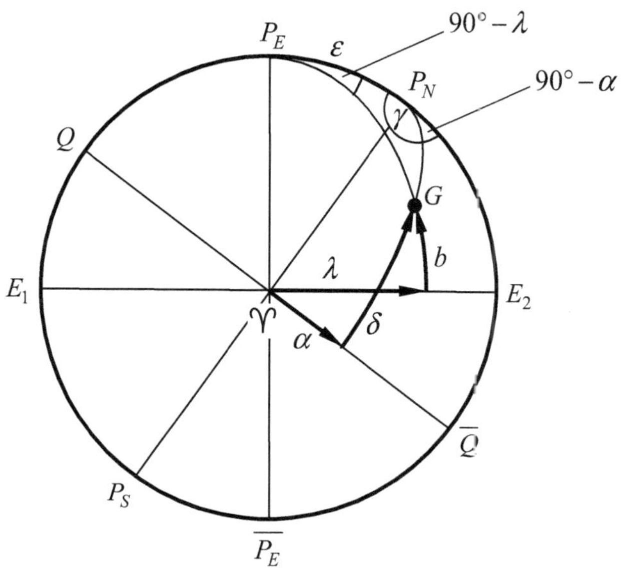

Abb. 4.28 Astronomisches Dreieck

Eine Beziehung zur Bestimmung der ekliptikalen Länge λ ergibt sich aus (4.10):

$$\sin \varepsilon \cdot \cot \left(90^\circ - \delta\right) = \cot \left(90^\circ - \lambda\right) \cdot \sin \left(90^\circ + \alpha\right) + \cos \varepsilon \cdot \cos \left(90^\circ + \alpha\right)$$

$$\sin \varepsilon \cdot \tan \delta = \tan \lambda \cdot \cos \alpha + \cos \varepsilon \cdot \left(- \sin \alpha\right)$$

$$\tan \lambda = \frac{\sin \varepsilon \cdot \tan \delta + \cos \varepsilon \cdot \sin \alpha}{\cos \alpha}. \tag{4.33}$$

Eine ebenfalls nützliche Beziehung zur Bestimmung der ekliptikalen Länge λ, in welche die ekliptikale Breite b eingeht, ergibt sich aus (4.6):

$$\frac{\sin (90^\circ - \lambda)}{\sin (90^\circ - \delta)} = \frac{\sin (90^\circ + \alpha)}{\sin (90^\circ - b)}$$

$$\frac{\cos \lambda}{\cos \delta} = \frac{\cos \alpha}{\cos b}$$

$$\cos \lambda = \frac{\cos \alpha \cdot \cos \delta}{\cos b}. \tag{4.34}$$

Wir setzen das in Abschn. 4.3.2 begonnene Beispiel fort, um zu verdeutlichen, wie für Beobachtungen relevante Größen bestimmt werden können. Dafür wählen wir den Hauptstern Hamal aus dem Sternbild Widder (Aries) aus, dessen Koordinaten im rotierenden Äquatorsystem wir für den Beobachtungszeitpunkt einem Nachschlagewerk bzw. dem Internet entnehmen, um daraus die Koordinaten bezüglich anderer Koordinatensysteme zu berechnen.

Beispiel

Gegeben:

Beobachtungsort Dresden mit den geografischen Koordinaten $\varphi = 51^\circ 03' 29'' \text{N}$, $\lambda = 13^\circ 45' 05'' \text{O}$,

Beobachtungszeit: 12.10.2016, 03:00 MESZ,

Koordinaten von Hamal (α Ari) im rotierenden Äquatorsystem: $\alpha = 2^\text{h} 8^\text{m} 7^\text{s}$, $\delta = 23^\circ 32' 29''$,

Schiefe der Ekliptik: $\varepsilon = 23^\circ 26' 18{,}6''$,

gesucht:

Ortssternzeit θ (Näherungswert LMST),

Stundenwinkel τ,

Azimut a und Höhe h,

ekliptikale Länge λ und ekliptikale Breite b.

Lösung:

Zunächst wandeln wir die gegebenen Stücke unter Nutzung von (4.19) in ein dezimales Gradmaß um, damit wir mit diesen Winkeln rechnen können:

$$\alpha = 2^\text{h} 8^\text{m} 7^\text{s} = 2 \cdot 15^\circ + 8 \cdot \left(\frac{1}{4}\right)^\circ + 7 \cdot \left(\frac{1}{4 \cdot 60}\right)^\circ = 32{,}029^\circ,$$

$$\delta = 23°32'29'' = 23° + \left(\frac{32}{60}\right)^° + \left(\frac{29}{3600}\right)^° = 23{,}541°,$$

$$\varepsilon = 23°26'18{,}6'' = 23° + \left(\frac{26}{60}\right)^° + \left(\frac{18{,}6}{3600}\right)^° = 23{,}439°.$$

Die Ortssternzeit haben wir in Abschn. 4.3.2 bereits bestimmt:
$\theta = 3^h\,19^m\,8^s = 49{,}785°$.

Den Stundenwinkel erhalten wir aus (4.25):

$$\tau = \theta - \alpha = 49{,}785° - 32{,}029° = 17{,}756° = 17{,}756° \cdot \frac{1\,h}{15°} = 1{,}1837\,h$$

$$\tau = 1^h + 0{,}1837^h \cdot \frac{60^m}{1^h} = 1^h\,11^m + 0{,}022^m \cdot \frac{60^s}{1^m} = 1^h\,11^m\,1^s.$$

Die Koordinaten des Horizontsystems berechnen wir mit (4.26) und (4.27):

$$\tan a = \frac{\sin \tau}{\sin \varphi \cdot \cos \tau - \cos \varphi \cdot \tan \delta}$$

$$\tan a = \frac{\sin 17{,}756°}{\sin 51{,}058° \cdot \cos 17{,}756° - \cos 51{,}058° \cdot \tan 23{,}541°}$$

$$a = 33{,}151° \approx 33{,}2°,$$

$$\sin h = \sin \varphi \cdot \sin \delta + \cos \varphi \cdot \cos \delta \cdot \cos \tau$$

$$\sin h = \sin 51{,}058° \cdot \sin 23{,}541° + \cos 51{,}058° \cdot \cos 23{,}541° \cdot \cos 17{,}756°$$

$$h = 59{,}252° \approx 59{,}3°.$$

Die Koordinaten des Ekliptiksystems berechnen wir mit (4.33) und (4.32):

$$\tan \lambda = \frac{\sin \varepsilon \cdot \tan \delta + \cos \varepsilon \cdot \sin \alpha}{\cos \alpha}$$

$$\tan \lambda = \frac{\sin 23{,}439° \cdot \tan 23{,}541° + \cos 23{,}439° \cdot \sin 32{,}029°}{\cos 32{,}029°}$$

$$\lambda = 37{,}896° \approx 37{,}9°,$$

$$\sin b = \cos \varepsilon \cdot \sin \delta - \sin \varepsilon \cdot \cos \delta \cdot \sin \alpha$$

$$\sin b = \cos 23{,}439° \cdot \sin 23{,}541° - \sin 23{,}439° \cdot \cos 23{,}541° \cdot \sin 32{,}029°$$

$$b = 9{,}965° \approx 10{,}0°.$$

Die Probe mit (4.34) geht auf.

▶ **Bemerkung** Wir haben in den Abschn. 4.3.3 bis 4.3.6 die Abbildungen
so angefertigt, dass sie mit der im Beispiel vorkommenden Konstellation im Einklang sind.

Zusammenfassung

Flächeninhalt des sphärischen Zweiecks: $f_\alpha = 2 \cdot R^2 \cdot \alpha$

Flächeninhalt des sphärischen Dreiecks: $f_{ABC} = R^2 \cdot (\alpha + \beta + \gamma - \pi)$

Beziehungen zwischen einem sphärischen Dreieck und dem zugehörigen Polardreieck: $\alpha' = 180° - a$, $a' = 180° - \alpha$ usw.

Ausgewählte Sätze der sphärischen Trigonometrie:

Sinussatz: $\frac{\sin\alpha}{\sin a} = \frac{\sin\beta}{\sin b} = \frac{\sin\gamma}{\sin c}$ bzw. $\sin a : \sin b : \sin c = \sin\alpha : \sin\beta : \sin\gamma$

Seitenkosinussatz: $\cos a = \cos b \cdot \cos c + \sin b \cdot \sin c \cdot \cos\alpha$

Winkelkosinussatz: $\cos\alpha = \cos a \cdot \sin\beta \cdot \sin\gamma - \cos\beta \cdot \cos\gamma$

Kotangenssatz (Form 1): $\sin\alpha \cdot \cot\beta = \sin c \cdot \cot b - \cos c \cdot \cos\alpha$

Kotangenssatz (Form 2): $\sin a \cdot \cot b = \sin\gamma \cdot \cot\beta + \cos a \cdot \cos\gamma$

Dauer eines mittleren Sonnentages: $1\,\mathrm{d} = 24\,\mathrm{h} = 1440\,\mathrm{min} = 86400\,\mathrm{s}$

Beziehung zwischen koordinierter Weltzeit UTC und den Zeitzonen WEZ und MEZ (in Normalzeit und Sommerzeit):

$$\text{WEZ} = \text{UTC}; \qquad \text{WESZ} = \text{UTC} + 1\,\mathrm{h}$$
$$\text{MEZ} = \text{UTC} + 1\,\mathrm{h}; \qquad \text{MESZ} = \text{UTC} + 2\,\mathrm{h}$$

Zeitgleichung: $Zgl = t_w - t_m$

Dauer eines mittleren Sterntages: $86164{,}091\,\mathrm{s}$

Mittlere lokale Sternzeit LMST zum Zeitpunkt t UTC:

$$\text{LMST} = \text{GMST}_0 + 1{,}0027379 \cdot t + \lambda \cdot \frac{1^{\mathrm{h}}}{15°}.$$

Koordinatensystem	Koordinaten
Horizontsystem	Azimut a (auf Horizont ab S nach W) Höhe h (auf Vertikalkreis)
Ruhendes Äquatorsystem	Stundenwinkel τ (auf Himmelsäquator ab Q) Deklination δ (auf Stundenkreis)
Rotierendes Äquatorsystem	Rektaszension α oder RA (auf Himmelsäquator ab ♈) Deklination δ (auf Stundenkreis)
Geozentrisches Ekliptiksystem	ekliptikale Länge λ (auf Ekliptik ab ♈) ekliptikale Breite b (orthogonal zur Ekliptik)

Beziehungen:

$h_P = \varphi$ (Polhöhe gleich geografische Breite)

$\theta \approx \text{LMST} = \tau_F = \tau + \alpha$ (Ortssternzeit gleich Stundenwinkel des Frühlingspunktes)

Anhang 4.1 Loxodrome – die Kurve gleichen Kurses

Die Punkte A und B auf der Erdoberfläche sollen durch eine Loxodrome, d. h. eine Kurve mit gleichem Kurswinkel, verbunden werden. In Abb. 4.29 haben wir die Erdkugel mit folgenden Stücken dargestellt:

- Mittelpunkt M, Radius R, Nordpol NP, Südpol SP, Äquator CD,
- Punkte A und B mit den geografische Koordinaten $A(\varphi_A, \lambda_A)$ und $B(\varphi_B, \lambda_B)$ mit $\varphi_B - \varphi_A = \Delta\varphi$ und $\lambda_B - \lambda_A = \Delta\lambda$,
- Kurswinkel $\gamma = $ const in den Punkten A und B,
- Breitenkreis durch A (der Schnittpunkt F dieses Breitenkreises mit dem Meridian durch B besitzt dieselbe geografische Breite wie A),
- Lot von A auf den Radius $\overline{MC} = R$, deshalb gilt nach Benennung des Lotfußpunkts mit E: $\overline{ME} = \rho_A = R \cdot \cos\varphi_A$,
- Punkt P_1 auf der Loxodrome zwischen A und B.

Wir entnehmen der Abb. 4.29 folgende Zusammenhänge:

- Länge des Bogens zwischen A und F: $\overset{\frown}{AF} = \rho_A \cdot \Delta\lambda = R \cdot \cos\varphi_A \cdot \Delta\lambda$,
- Länge des Bogens zwischen F und B: $\overset{\frown}{FB} = R \cdot \Delta\varphi$,
- Länge der Loxodrome zwischen A und B: s.

Um die Loxodrome analytisch beschreiben zu können, betrachten wir das in Abb. 4.30 dargestellte ebene differenzielle Dreieck P_1HP_2 (wir haben es stark vergrößert wiedergegeben). Wenn wir die Differenziale so wählen, wie in dieser Abbildung angegeben, dann können wir das differenzielle Dreieck P_1HP_2 so positionieren, dass der Punkt P_2 „in unmittelbarer Nähe" der Loxodrome liegt.

Abb. 4.29 Loxodrome auf der Erdkugel

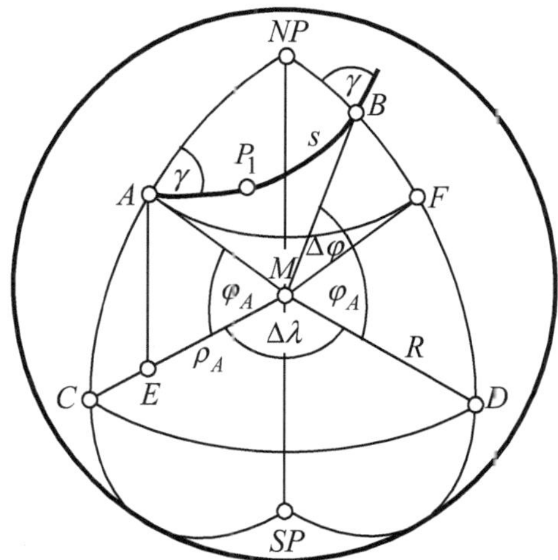

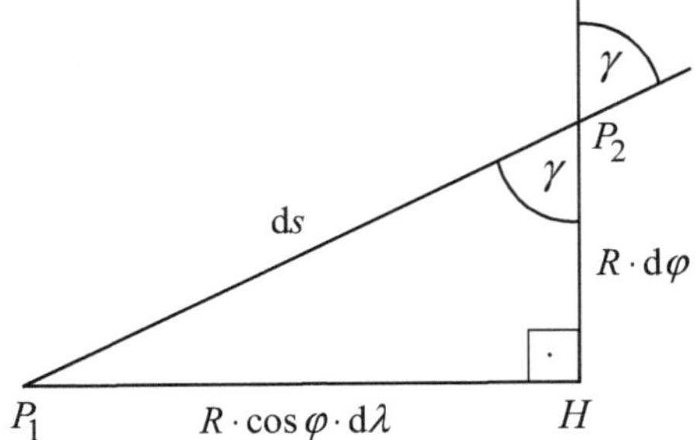

Abb. 4.30 Differenzielles ebenes Dreieck zur Berechnung der Loxodrome

Deshalb dürfen wir die Seite $\overline{P_1 P_2}$ als Differenzial der Bogenlänge $\mathrm{d}s$ der Loxodrome auffassen.

Den Übergang von differenziellen zu makroskopischen Längen vollziehen wir wie üblich durch Summation der Differenziale, d. h. durch Integration.

Nach diesen Vorüberlegungen können wir die Berechnungen für die Loxodrome vornehmen.

Berechnung der Größe des konstanten Kurswinkels

$$\tan\gamma = \frac{R \cdot \cos\varphi \cdot \mathrm{d}\lambda}{R \cdot \mathrm{d}\varphi}$$

$$\mathrm{d}\lambda = \tan\gamma \cdot \frac{\mathrm{d}\varphi}{\cos\varphi} \qquad \bigg| \int$$

$$\int_{\lambda_A}^{\lambda_B} \mathrm{d}\lambda = \tan\gamma \cdot \int_{\varphi_A}^{\varphi_B} \frac{\mathrm{d}\varphi}{\cos\varphi}.$$

Wir haben $\gamma = \text{const}$ berücksichtigt. Das zu bestimmende Integral entnehmen wir einer Formelsammlung, oder wird verwenden ein Computer-Algebra-System:

$$\lambda_B - \lambda_A = \tan\gamma \cdot \left[\ln\tan\left(45° + \frac{\varphi}{2}\right)\right]_{\varphi_A}^{\varphi_B}$$

$$\tan\gamma = \frac{\lambda_B - \lambda_A}{\ln\tan\left(45° + \frac{\varphi_B}{2}\right) - \ln\tan\left(45° + \frac{\varphi_A}{2}\right)}. \tag{4.35}$$

Berechnung der Länge der Loxodrome

$$\cos\gamma = \frac{R \cdot \mathrm{d}\varphi}{\mathrm{d}s}$$

$$\mathrm{d}s = \frac{R}{\cos\gamma} \cdot \mathrm{d}\varphi \qquad \bigg| \int$$

$$\int_{s_A}^{s_B} \mathrm{d}s = \frac{R}{\cos\gamma} \cdot \int_{\varphi_A}^{\varphi_B} \mathrm{d}\varphi$$

$$s = s_B - s_A = \frac{R}{\cos \gamma} \cdot (\varphi_B - \varphi_A). \tag{4.36}$$

Wir wenden die gefundenen Beziehungen für die Größe des Kurswinkels und die Länge der Loxodrome auf ein Beispiel an.

Beispiel

Gegeben:

Geografische Koordinaten von Recife in Brasilien: Lat $= 8°3'S$, Lon $= 34°52'W$ (engl. *latitude* für Breite, *longitude* für Länge),

geografische Koordinaten von Belém (Stadtteil in Lissabon): Lat $= 38°42'N$, Lon $= 9°13'W$,

$R = 6371{,}0$ km,

gesucht:

1. Kurswinkel für die Fahrt von Recife nach Belém,
2. Entfernung von Recife nach Belém auf der Loxodrome durch diese Orte,
3. Entfernung von Recife nach Belém auf der Orthodrome durch diese Orte.

Lösung:

Wir ermitteln zunächst die geografischen Koordinaten im dezimalen Winkelmaß, die wir bei den folgenden Berechnungen benötigen:

Recife: $\varphi_A = -\left(8° + 3' \cdot \frac{1°}{60'}\right) = -8{,}05°$; $\lambda_A = -\left(34° + 52' \cdot \frac{1°}{60'}\right) = -34{,}87°$,

Belém: $\varphi_B = 38° + 42' \cdot \frac{1°}{60'} = 38{,}70°$; $\lambda_B = -\left(9° + 13' \cdot \frac{1°}{60'}\right) = -9{,}22°$.

Zu 1. Kurswinkel für die Fahrt von Recife nach Belém

Aus (4.35) ergibt sich zunächst:

$$\begin{aligned}
\tan \gamma &= \frac{\lambda_B - \lambda_A}{\ln \tan \left(45° + \frac{\varphi_B}{2}\right) - \ln \tan \left(45° + \frac{\varphi_A}{2}\right)} \\[2mm]
&= \frac{-9{,}22° - (-34{,}87°)}{\ln \tan \left(45° + \frac{38{,}70°}{2}\right) - \ln \tan \left(45° + \frac{-8{,}05°}{2}\right)} \\[2mm]
&= \frac{25{,}65°}{\ln \tan 64{,}35° - \ln \tan 40{,}975°} \\[2mm]
&= \frac{25{,}65°}{0{,}73357 - (-0{,}14096)} \\[2mm]
\tan \gamma &= \frac{25{,}65°}{0{,}87453}.
\end{aligned}$$

Wir müssen den Winkel im Zähler des Bruches ins Bogenmaß umrechnen, um den Kurswinkel bestimmen zu können:

$$\tan \gamma = \frac{25{,}65°}{0{,}87453} \cdot \frac{\pi}{180°} = 0{,}51191$$
$$\gamma = 27{,}11°.$$

Zu 2. Entfernung von Recife nach Belém auf der Loxodrome durch diese Orte

Aus (4.36) erhalten wir

$$
\begin{aligned}
s_{\text{Loxodrome}} &= \frac{R}{\cos\gamma} \cdot (\varphi_B - \varphi_A) \\
&= \frac{6371{,}0\ \text{km}}{\cos 27{,}11°} \cdot \left(38{,}70° - (-8{,}05°)\right) \\
&= \frac{6371{,}0\ \text{km}}{\cos 27{,}11°} \cdot 46{,}75° \cdot \frac{\pi}{180°} \\
s_{\text{Loxodrome}} &= 5840\ \text{km}.
\end{aligned}
$$

Zu 3. Entfernung von Recife nach Belém auf der Orthodrome durch diese Orte

Wenn die Punkte A und B auf der Erdoberfläche auf einer Orthodromen liegen sollen, dann müssen diese Punkte durch einen Großkreis miteinander verbunden werden. In Abb. 4.31 haben wir die Erdkugel mit folgenden Stücken dargestellt:

- Mittelpunkt M, Radius R, Nordpol NP, Südpol SP, Äquator CD,
- Punkte A und B mit den geografische Koordinaten $A(\varphi_A,\ \lambda_A)$ und $B(\varphi_B,\ \lambda_B)$ mit $\varphi_B - \varphi_A = \Delta\varphi$ und $\lambda_B - \lambda_A = \Delta\lambda$,
- Orthodrome zwischen A und B,
- kartesisches Koordinatensystem mit Ursprung in M, x-Achse durch Punkt C und z-Achse durch NP (damit liegt die y-Achse durch einen Punkt Y des Äquators fest),
- Lote von A bzw. B auf den Radius $\overline{MC} = R$ bzw. $\overline{MD} = R$, deshalb gilt nach Benennung der Lotfußpunkte mit E bzw. F: $\overline{ME} = \rho_A = R \cdot \cos\varphi_A$ bzw. $\overline{MF} = \rho_B = R \cdot \cos\varphi_B$.

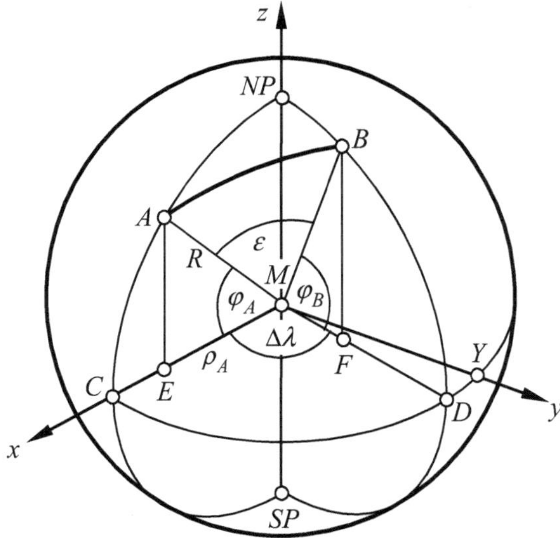

Abb. 4.31 Orthodrome auf der Erdkugel

Der Zentriwinkel ε des Großkreises, dessen Ebene durch die Punkte A, B und M festgelegt ist, kann mit dem Skalarprodukt der Vektoren

$$\overrightarrow{MA} = \begin{pmatrix} R \cdot \cos\varphi_A \\ 0 \\ R \cdot \sin\varphi_A \end{pmatrix} \text{ und } \overrightarrow{MB} = \begin{pmatrix} R \cdot \cos\varphi_B \cdot \cos\Delta\lambda \\ R \cdot \cos\varphi_B \cdot \sin\Delta\lambda \\ R \cdot \sin\varphi_B \end{pmatrix} \text{ berechnet werden:}$$

$$\cos\varepsilon = \frac{\overrightarrow{MA} \bullet \overrightarrow{MB}}{\left|\overrightarrow{MA}\right| \cdot \left|\overrightarrow{MB}\right|} = \frac{R^2 \cdot \cos\varphi_A \cdot \cos\varphi_B \cdot \cos\Delta\lambda + 0 + R^2 \cdot \sin\varphi_A \cdot \sin\varphi_B}{R^2}$$

$$\cos\varepsilon = \cos\varphi_A \cdot \cos\varphi_B \cdot \cos\Delta\lambda + \sin\varphi_A \cdot \sin\varphi_B$$

$$\cos\varepsilon = \cos\left(-8{,}05°\right) \cdot \cos 38{,}70° \cdot \cos 25{,}65° + \sin\left(-8{,}05°\right) \cdot \sin 38{,}70°$$

$$\varepsilon = 52{,}48° = 52{,}48° \cdot \frac{\pi}{180°} = 0{,}91595 .$$

Mit (4.1) erhalten wir

$$s_{\text{Orthodrome}} = \overarc{AB} = \varepsilon \cdot R = 0{,}91595 \cdot 6371{,}0 \text{ km} = 5836 \text{ km} .$$

Der Vergleich mit dem Ergebnis der zweiten Teilaufgabe zeigt, dass die Länge der Orthodrome selbst bei einer Überquerung des Atlantiks nur geringfügig kleiner als diejenige der Loxodrome sein kann.

▶ **Bemerkung** Werden die Achsen einer Karte der Erde so eingeteilt, wie in (4.35) angegeben, dann ist das Bild einer Loxodrome eine Gerade. Derartige Darstellungen werden als **Mercator-Karten** (nach Gerhard Kremer, latinisiert Mercator, 1512–1594) bezeichnet. Sie spielen eine große Rolle bei der Festlegung von Kursen in der **See- und Luftfahrt.** Wir kennen analoge **Linearisierungen von Kurven** aus unterschiedlichen Verwendungen von Funktionspapier, insbesondere aus dem Einsatz von

- halb-logarithmischem Papier zur Linearisierung der Graphen von Exponential- und Logarithmusfunktionen,
- doppelt-logarithmischem Papier zur Linearisierung der Graphen von Potenzfunktionen,
- Wahrscheinlichkeitspapier (oder Quantil-Quantil-Plots) zur Linearisierung der Graphen der parametrisierten Verteilungsfunktionen der Normalverteilung.

Die Linearisierung wird genutzt für einen Test, ob Messwerte einen vermuteten funktionalen Zusammenhang erfüllen, sowie für die grafische Bestimmung von Parametern. Diese Anwendungen sind für die Lösung naturwissenschaftlich-technischer und stochastischer Aufgabenstellungen von großer Bedeutung.

Um unsere Rechenergebnisse miteinander vergleichen zu können, haben wir uns bei der Längenbestimmung auf der Loxodrome bzw. Orthodrome jeweils auf den mittleren Erdradius bezogen, den wir in der Einheit Kilometer angegeben haben. In der **Nautik** ist es üblich, für Entfernungen die Einheit **Seemeile** (nautische Meile) zu verwenden. Seit 1992 gilt per Definition: 1 sm = 1852 km. Mit dieser Festlegung wurde an die ursprüngliche Definition angeknüpft, welche die Seemeile als Bogenlänge eines Zentriwinkels von einer Winkelminute auf dem Äquator betrachtete. Bis heute wird die Seemeile näherungsweise als Bogenlänge auf einem beliebigen Großkreis aufgefasst, die zu einem Zentriwinkel von einer Winkelminute gehört (diese Interpretation basiert auf dem Kugelmodell der Erde). Komplizierter werden die Zusammenhänge bei der **Landvermessung,** die auf Referenzellipsoiden als Modelle für den Erdkörper beruht. Wir überlassen nähere Ausführungen der Fachausbildung an der Hochschule.

Anhang 4.2 Zeitbestimmung auf astronomischer und physikalischer Grundlage

Die Messung von Zeiten erfolgt sowohl auf physikalischer als auch auf astronomischer Grundlage:

Ausgangspunkt der **Zeitbestimmung auf physikalischer Grundlage** ist die Definition der SI-Einheit Sekunde, die zurzeit mithilfe der Strahlung eines Cäsiumisotops erfolgt und mit Atomuhren gemessen wird. Atomuhren, die sich an unterschiedlichen Orten der Erde befinden, weisen kleine Zeitunterschiede auf, die wegen des unterschiedlichen Abstands zum Schwerezentrum und wegen unterschiedlicher Bahngeschwindigkeiten aufgrund der Erdrotation (die Bahngeschwindigkeit ist von der geografischen Breite des Standortes der Atomuhr abhängig) durch relativistische Effekte verursacht werden. Deshalb wird zunächst ein Mittelwert aus den Anzeigen unterschiedlicher Atomuhren gebildet, welcher als **Internationale Atomzeit** TAI (frz. temps atomique international) bezeichnet wird, und es erfolgt eine Umrechnung auf ein einheitliches Schwerezentrum (dafür wird die allgemeine Relativitätstheorie genutzt). Im Ergebnis ergibt sich eine gleichförmig ablaufende **dynamische Zeit.** Bei Verwendung des Erdmittelpunkts als Schwerkraftzentrum und der Erdoberfläche auf Meereshöhe als Abstand von diesem Schwerkraftzentrum wird die dynamische Zeit als TDT bezeichnet (engl. Terrestrial Dynamical Time, frz. temps dynamique terrestrique), seit 1991 allerdings als TT.

Die **Zeitbestimmung auf astronomischer Grundlage** basiert auf der Messung der Zeitdauer zweier aufeinanderfolgender oberer Meridiandurchgänge desselben astronomischen Objekts. Daraus wird rechnerisch eine **mittlere Sonnenzeit** bezüglich des Nullmeridians bestimmt, welche nach Korrektur von

Polschwankungen mit einer Periode von mehr als sieben Tagen als UT1 (Universal Time 1) bezeichnet wird. Trotz dieser Korrektur verläuft UT1 nicht vollkommen gleichförmig.

Sowohl für die Zeitbestimmung auf physikalischer als auch auf astronomischer Grundlage ist ein kompliziertes Zusammenspiel von Messungen und Berechnungen charakteristisch. Die auf unterschiedlicher Grundlage ermittelten Zeiten werden aufeinander bezogen und an früher übliche Zeitskalen angepasst (dabei handelt es sich insbesondere um die Ephemeridenzeit, welche die Ephemeridensekunde als Teil eines Jahres definierte). Diese Anpassung führte auf folgende Beziehung zwischen TAI und TT:

$$\text{TAI} = \text{TT} - 32{,}184 \text{ s.} \tag{4.37}$$

Durch eine Verknüpfung von UT1 und TAI erfolgt die Verbindung zwischen der „astronomischen und der physikalischen Welt". Dabei wird die Differenz zwischen diesen Zeiten durch eine ganzzahlige Anzahl von Schaltsekunden dAT und einen verbleibenden Rest d UT1 $\leq$ 0,9 s beschrieben:

$$\text{UT1} = \text{TAI} - \text{dAT} + \text{dUT1.} \tag{4 38}$$

Das Einfügen von Schaltsekunden erfolgt nach Bedarf am 30.06. oder 31.12. (falls erforderlich auch am 31.03. oder 30.09.). Am 1. Juli 2015 galt: d AT $=$ 36 s.

Die mithilfe von Schaltsekunden an die „astronomische Zeit" UT1 angepasste Atomzeit TAI ist die **koordinierte Weltzeit** UTC (engl. Universal Time Coordinated), die per Funk als Zeitzeichen übertragen wird:

$$\text{UTC} = \text{TAI} - \text{dAT.} \tag{4.39}$$

UTC ersetzt die früher gebräuchliche Greenwich Mean Time (GMT) und wird zuweilen wie diese auch als UT (Universal Time) bezeichnet. Diese Gepflogenheit kann zu Verwechslungen mit der ursprünglichen Verwendung der Abkürzung UT führen, bei der die Dauer einer Sekunde an die astronomisch beobachteten Bewegungen angepasst wurde, während aktuell diese Anpassung über Schaltsekunden konstanter Länge erfolgt.

Die ganzzahlige Anzahl von Schaltsekunden dAT, der aktuelle Rest dUT1 und die Differenz $\Delta T = \text{TT} - \text{UT1}$ werden regelmäßig veröffentlicht. In der Literatur sind für die Differenz ΔT unterschiedliche Schreibweisen üblich, die alle aus den von uns angegebenen Gleichungen hergeleitet werden können, z. B.:

$$\Delta T = \text{TT} - \text{UT1} = (\text{TAI} + 32{,}184 \text{ s}) - \text{UT1} = 32{,}184 \text{ s} + (\text{TAI} - \text{UT1})$$

$$= 32{,}184 \text{ s} + (\text{dAT} - \text{dUT1}) = 32{,}184 \text{ s} + (\text{TAI} - \text{UTC}) - (\text{UT1} - \text{TAI} + \text{dAT})$$

$$\Delta T = 32{,}184 \text{ s} + (\text{TAI} - \text{UTC}) - (\text{UT1} - \text{UTC}).$$

Seit der Verfügbarkeit sehr genauer Atomuhren kann nachgewiesen werden, dass die Dauer eines Sterntages, auf der gegenwärtig die „astronomische Zeitmessung" basiert, nicht konstant ist. Die Unterschiede zwischen verschiedenen Sterntagen sind viel kleiner als diejenigen zwischen unterschiedlichen Sonnentagen, doch sie lassen sich nicht „wegdiskutieren". Insbesondere

- gibt es eine langfristige Tendenz zur Verlangsamung der Erdrotation, die auf die Gezeitenreibung im Wasser der Ozeane zurückgeführt werden kann,
- machen sich Magmabewegungen, die Gletscherschmelze und der Vegetationswechsel großer Waldgebiete bemerkbar, da sie mit einer Verlagerung des Schwerpunkts rotierender Teilmassen verbunden sind („Pirouetteneffekt").

Deshalb bleibt auch in Zukunft die präzise Bestimmung der Zeit eine große Herausforderung. Gegenwärtig werden Forschungen betrieben, um die Sekunde neu zu definieren, und auch hinsichtlich der Präzision astronomischer Beobachtungen ist weiterhin eine stürmische Entwicklung zu erwarten, z. B. könnten künftig eventuell Millisekundenpulsare für eine sehr gute Reproduzierbarkeit der Messungen sorgen. Es bleibt also spannend mit der Messung der Zeit, unabhängig von der Frage, was Zeit eigentlich ist und wie sie mit dem Raum zusammenhängt …

5.1 Wege zur hyperbolischen Geometrie

Wir sind in Abschn. 1.1 bereits auf die wissenschaftsgeschichtlich überaus bemerkenswerte Entstehung der hyperbolischen Geometrie eingegangen, die auf gescheiterte Beweisversuche des V. Postulats von Euklid zurückgeht. Aus heutiger Sicht können wir die hyperbolische Geometrie logisch „einfach nachvollziehbar" aus einer **Modifizierung des Parallelenpostulats** entwickeln. Den Schöpfern der hyperbolischen Geometrie stand dieser didaktische Kunstgriff nicht zur Verfügung, da sie keine Veranlassung für die Annahme der Existenz nichteuklidischer Geometrien hatten und „lediglich" die Stringenz der Geometrie verbessern wollten.

Zur Verdeutlichung des Gedankenganges führen wir die auf Playfair zurückgehende Fassung des Parallelenaxioms der euklidischen Geometrie aus Abschn. 1.1 nochmals an: „Zu jeder Geraden g und jedem Punkt P, der nicht auf g liegt, gibt es in der durch g und P bestimmten Ebene α genau eine Gerade durch P, die mit g keinen gemeinsamen Punkt hat."

In Abschn. 3.1.1 und in Kap. 4 haben wir erarbeitet, dass die Ersetzung des Parallelenaxioms durch das Axiom P2 zur projektiven bzw. sphärischen Geometrie führt. Zu Vergleichszwecken bringen wir das Axiom P2 in folgende Fassung: „In einer Ebene existiert zu jeder Geraden g und jedem Punkt P außerhalb von g keine Gerade durch P, die mit g keinen gemeinsamen Punkt hat."

Für den synthetischen Aufbau der hyperbolischen Geometrie eignet sich die Ersetzung des Parallelenaxioms durch folgendes **H-Parallelenaxiom:** „In einer Ebene existieren zu jeder Geraden g und jedem Punkt P außerhalb von g unendlich viele Geraden durch P, die mit g keinen gemeinsamen Punkt haben."

© Springer-Verlag GmbH Deutschland 2017
J. Wagner, *Einblicke in die euklidische und nichteuklidische Geometrie*,
DOI 10.1007/978-3-662-54072-5_5

> **Bemerkung** In der Literatur zur synthetischen Geometrie wird das Parallelenaxiom der ebenen euklidischen Geometrie (E-Geometrie) häufig in folgender Form verwendet: „Zu jeder Geraden g und jedem nicht auf g liegenden Punkt P gibt es höchstens eine Gerade, die durch P verläuft und zu g parallel ist." Das Parallelenaxiom der hyperbolischen Geometrie (H-Geometrie) kann dann als Negation des euklidischen Parallelenaxioms formuliert werden. Dabei wird aus der Allaussage eine Existenzaussage: „Es existiert eine Gerade g und ein nicht auf g liegender Punkt P, durch den mindestens zwei Geraden verlaufen, die g nicht schneiden." Aus diesen beiden Axiomen für die euklidische bzw. hyperbolische Geometrie kann unter Verwendung anderer Axiome die Fassung von Playfair für die E-Geometrie bzw. das oben genannte H-Parallelenaxiom hergeleitet werden. Unser Vorgehen stellt eine didaktisch motivierte Verkürzung des in der synthetischen Geometrie bevorzugten Gedankenganges dar.
>
> Auch in diesem Kapitel verzichten wir auf den Index E zur Kennzeichnung von E-Punkten.

Für den Nachweis der Widerspruchsfreiheit des Axiomensystems der hyperbolischen Geometrie ist ein Modell anzugeben, in dem diese Geometrie gilt. Dafür sind folgende Angaben erforderlich:

- Menge von Objekten, die als **H-Punkte** betrachtet werden,
- Teilmengen der Menge der H-Punkte, die als **H-Geraden** aufgefasst werden,
- **Axiome** für H-Punkte und H-Geraden.

Wir ergänzen die charakterisierenden Angaben der H-Geometrie durch die Definition einer **Metrik** als spezielle Abstandsfunktion, um den **Abstand** zweier H-Punkte und den **Winkel** zwischen zwei H-Geraden bestimmen zu können. Bezüglich der Metrik fordern wir nur die Einhaltung der bestimmenden Merkmale für diesen Begriff. Demnach handelt es sich dabei um eine Abbildung d, die zwei H-Punkten eine reelle Zahl zuordnet und für beliebige H-Punkte A, B und C folgende Eigenschaften besitzt:

- Die Abbildung d ist positiv definit: $d(A, B) \geq 0$ und $d(A, B) = 0 \Leftrightarrow A = B$.
- Die Abbildung d ist symmetrisch: $d(A, B) = d(B, A)$.
- Die Abbildung d erfüllt die Dreiecksungleichung: $d(A, B) \leq d(A, C) + d(C, B)$.

Wir legen fest, dass sich unter den Axiomen der H-Geometrie das H-Parallelenaxiom befinden soll.

Nach den bisher getroffenen Vereinbarungen konzentriert sich unsere Suche auf die Festlegung von H-Punkten und H-Geraden. Dabei kann uns ein Blick auf die euklidische und die sphärische Geometrie weiterhelfen:

- Mit einer Anleihe aus der Differenzialgeometrie können wir eine Ebene als Fläche mit konstanter Gauß'scher Krümmung null und eine Sphäre als Fläche mit konstanter Gauß'scher Krümmung $\frac{1}{R^2}$ (R ist der Radius der Sphäre) charakterisieren.

Deshalb könnte eine Fläche mit konstanter Gauß'scher Krümmung $-\frac{1}{R^2}$ ein aussichtsreicher „Kandidat" für die H-Geometrie sein. Mit der in Abb. 5.1 dargestellten **Pseudosphäre,** die durch Rotation einer als **Traktrix** bezeichneten Kurve entsteht, existiert eine Fläche mit dieser Eigenschaft (R ist ein Parameter).

- In der (ebenen) euklidischen Geometrie befindet sich jeder E-Punkt in einer Ebene. Eine E-Gerade verbindet zwei E-Punkte so, dass auf ihr die kürzeste Verbindung zwischen diesen E-Punkten liegt. Deshalb stellt diese E-Gerade die geodätische Linie (Geodäte) dar, welche die beiden E-Punkte miteinander verbindet.
- In der sphärischen Geometrie stellt jeder S-Punkt ein Paar von E-Punkten dar, die auf einer Sphäre (Kugeloberfläche) diametral zueinander liegen. Eine S-Gerade verbindet zwei S-Punkte so, dass sich die beiden zugeordneten Paare von E-Punkten auf einem E-Großkreis der Sphäre befinden. Auf diesem E-Großkreis liegen die kürzesten Verbindungen von jedem der beiden E-Punkte des einen S-Punkts zu den E-Punkten des anderen S-Punkts. Deshalb stellt dieser E-Großkreis ebenfalls eine geodätische Linie dar, welche die beiden S-Punkte miteinander verbindet.

Die Pseudosphäre ergibt ein geeignetes Modell für die H-Geometrie, wenn folgende Festlegungen getroffen werden:

- Ein H-Punkt kann als E-Punkt auf der Pseudosphäre modelliert werden.
- Eine H-Gerade ist die geodätische Linie zwischen zwei H-Punkten.
- Der Abstand zweier H-Punkte wird als (euklidische) Bogenlänge der Geodäte zwischen diesen H-Punkten definiert, und als Größe des Winkels zwischen zwei H-Geraden wird die euklidisch bestimmte Größe des Winkels zwischen den Tangentenvektoren der H-Geraden im H-Schnittpunkt festgelegt.

Der logisch „einfach nachvollziehbaren" Konstruktion des Pseudosphärenmodells der H-Geometrie steht deren technisch außerordentlich aufwendige Handhabung gegenüber. Bereits die Herleitung der Gleichung für die Pseudosphäre aus derjenigen der Traktrix ist so kompliziert, dass wir sie in den Anhang 5.1 verlagert haben. Die Berechnung des Abstands zweier H-Punkte als Bogenlänge der Geodätischen

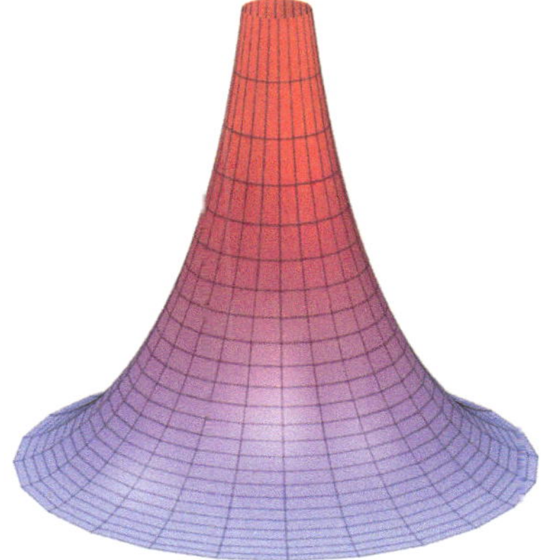

Abb. 5.1 Pseudosphäre

zwischen diesen H-Punkten sowie die Bestimmung der Größe des Winkels zwischen zwei H-Geraden setzt vertiefte Kenntnisse der Differenzialgeometrie voraus, die den Umfang dieses Buches sprengen. Deshalb geben wir lediglich einige Ergebnisse der komplizierten Berechnungen an:

- Der Abstand der auf der Pseudosphäre mit dem Parameter $R = 1$ liegenden H-Punkte mit den Polarkoordinaten $(\rho_A|\lambda_A)$ und $(\rho_B|\lambda_B)$ beträgt $\frac{1}{2} \cdot \left| \ln\left(\frac{\frac{1}{\rho_A}+(\lambda_B-\lambda_A)}{\frac{1}{\rho_A}-(\lambda_B-\lambda_A)} \right) \right|$, und der Abstand der auf einem Meridian dieser Pseudosphäre gelegenen H-Punkte mit den Polarkoordinaten $(\rho_A|\lambda_A)$ und $(\rho_B|\lambda_A)$ beträgt $\frac{1}{2} \cdot \left| \ln\left(\frac{\rho_B}{\rho_A} \right) \right|$.
- Die Summe der Innenwinkel eines hyperbolischen Dreiecks ist kleiner als $180°$.

Weitere Modelle der H-Geometrie ergeben sich durch Abbildung der Pseudosphäre auf andere Flächen. Der Nachweis der Eigenschaften der so erzeugten Bilder sowie die Herleitung von Beziehungen für den Abstand zweier H-Punkte bzw. die Größe des Winkels zwischen zwei H-Geraden sind ebenfalls nur mit hohem Aufwand zu bewerkstelligen.

Wegen der großen technischen Schwierigkeiten werden in der Literatur zur H-Geometrie häufig nur einige Beziehungen hergeleitet oder einige Eigenschaften „fallen per Definition vom Himmel". Insbesondere werden spezielle Logarithmusfunktionen für den Abstand zweier Punkte definiert, und es wird nachgewiesen, dass diese Beziehungen die Eigenschaften einer Metrik besitzen und dass die Länge einer Geraden unbegrenzt ist. Vom mathematischen Standpunkt aus ist diese Vorgehensweise nicht zu beanstanden. Methodisch ist sie allerdings nur dann akzeptabel, wenn der Hinweis gegeben wird, dass sich bei der Pseudosphäre eine derartige Beziehung als Ergebnis einer komplizierten Berechnung ergibt.

Wir möchten grundlegende mathematische Zusammenhänge **transparent** darstellen und den Studierenden als Lohn für die erforderliche Anstrengung zu positiv besetzten Erfolgserlebnissen verhelfen. Deshalb verzichten wir aus Gründen der Redlichkeit auf den Versuch, den hohen technischen Aufwand einer geschlossenen Darstellung durch unbefriedigende „Scheinherleitungen" zu überspielen. Wir begnügen uns in Abschn. 5.2 mit einem Überblick über einige Modelle der H-Geometrie und stellen dabei ausgewählte Konstruktionen vor.

5.2 Einige Modelle der hyperbolischen Geometrie im Überblick

5.2.1 Pseudosphäre

Eugenio Beltrami (1835–1900) veröffentlichte 1868 das Pseudosphärenmodell der H-Geometrie in seinem *Aufsatz zur Interpretation der nichteuklidischen Geometrie*. Felix Klein vervollständigte 1871 das Pseudosphärenmodell Beltramis.

Charakterisierung des Modells:

H-Punkt	E-Punkt auf der Pseudosphäre
H-Gerade	Geodäte auf der Pseudosphäre
Längenmessung	Nichteuklidisch mithilfe einer Logarithmusfunktion
Winkelmessung	Euklidisch als Winkel zwischen Tangenten an zwei H-Geraden

In Abb. 5.2 veranschaulichen wir das Pseudosphärenmodell der H-Geometrie. Wir haben eine Geodäte eingezeichnet, welche die H-Punkte A und B verbindet. Die x-Achse wurde so positioniert, dass der H-Punkt A auf einem der eingezeichneten Meridiane liegt. Um den Verlauf der Geodäte deutlich darstellen zu können, haben wir nur wenige Koordinatenlinien eingezeichnet und damit eine etwas „eckig" wirkende Abbildung in Kauf genommen.

5.2.2 Zweischaliges Hyperboloid

Eine Halbschale des zweischaligen Hyperboloids eignet sich wie die Pseudosphäre für ein dreidimensionales Modell der H-Geometrie. Es weist bemerkenswerte Analogien zur sphärischen Geometrie auf. Auch die Formeln der sphärischen Trigonometrie gehen in „ähnlich aussehende" Formeln der hyperbolischen Trigonometrie über, wenn trigonometrische Funktionen durch hyperbolische Funktionen ersetzt werden. Um den Lesern, die tiefer in die H-Geometrie eindringen möchten, den Einstieg in die hyperbolische Trigonometrie zu erleichtern, thematisieren wir in Anhang 5.2 Hyperbeln und Hyperbelfunktionen in Analogie zu Kreisen und trigonometrischen Funktionen sowie Hyperboloide.

Abb. 5.3 zeigt das zweischalige Hyperboloid mit der Gleichung

$$x^2 - y^2 - z^2 - 1 = 0.$$

Abb. 5.2 Pseudosphäre mit einer Geodäte zwischen den H-Punkten A und B

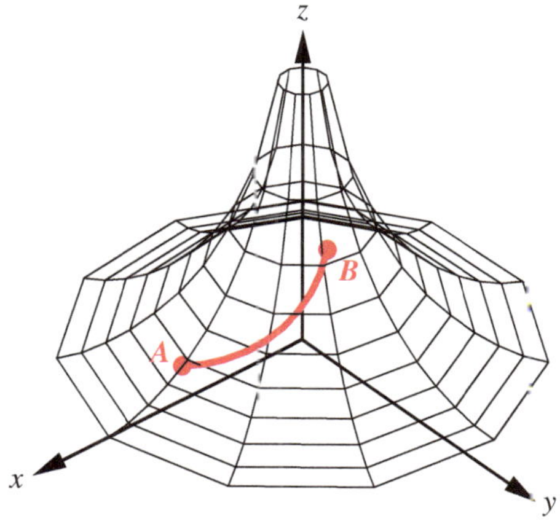

Abb. 5.3 Zweischaliges
Hyperboloid

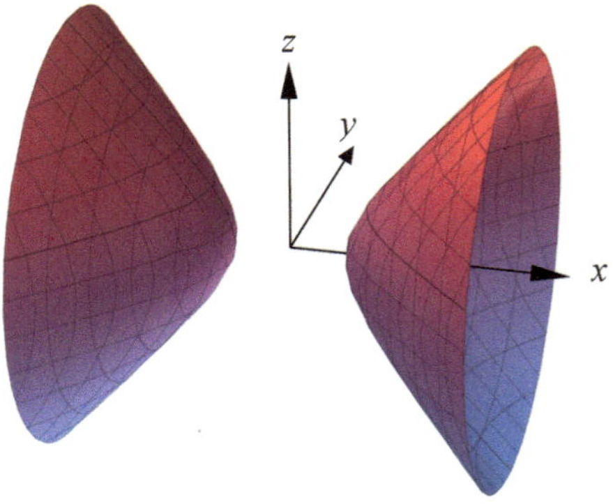

Abb. 5.4 Halbschale H des
zweischaligen Hyperboloids
mit einer Ebene E durch
den Ursprung, in der die
H-Punkte A und B liegen

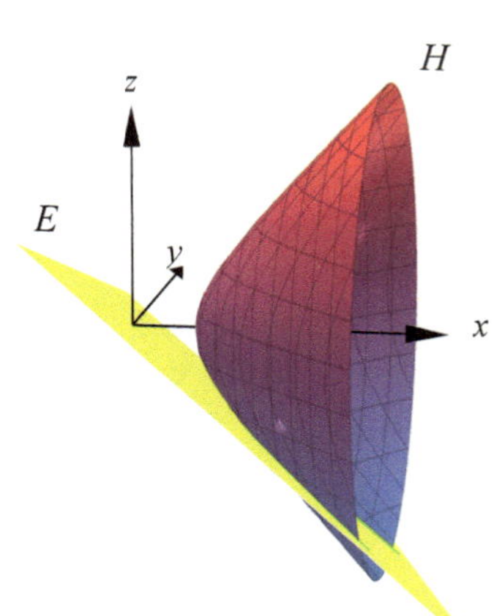

Wir wählen als Modell der H-Geometrie die Halbschale aus, deren Punkte positive
x-Koordinaten besitzen.

Charakterisierung des Modells:

H-Punkt	E-Punkt auf einer Halbschale H des zweischaligen Hyperboloids
H-Gerade	Geodäte auf H, die sich als Schnitt von H mit einer Ebene E durch den Ursprung ergibt (die Geodäte stellt eine Hyperbel dar)
Längenmessung	Nichteuklidisch mithilfe einer Logarithmusfunktion
Winkelmessung	Euklidisch als Winkel zwischen Tangenten an zwei H-Geraden

In den Abb. 5.4 und 5.5 veranschaulichen wir eine Geodäte dieses Modells
in zwei unterschiedlichen Ansichten. Eine Punktprobe zeigt, dass die Punkte
$A(2|0|-\sqrt{3})$ und $B(3|-2|-2)$ auf H liegen und dass die Ebene E, welche den
Ursprung sowie die Punkte A und B enthält, durch folgende Gleichung beschrie-
ben werden kann: $6 \cdot x + \left(9 - 4 \cdot \sqrt{3}\right) \cdot y + 4 \cdot \sqrt{3} \cdot z = 0.$

Abb. 5.4 zeigt eine Ansicht, bei der die Ebene E fast projizierend abgebildet
wird, während Abb. 5.5 die Punkte A und B sowie die Geodäte zeigt, welche diese
Punkte verbindet.

Abb. 5.5 Halbschale H des
zweischaligen Hyperboloids
mit einer Geodäte zwischen
den H-Punkten A und B

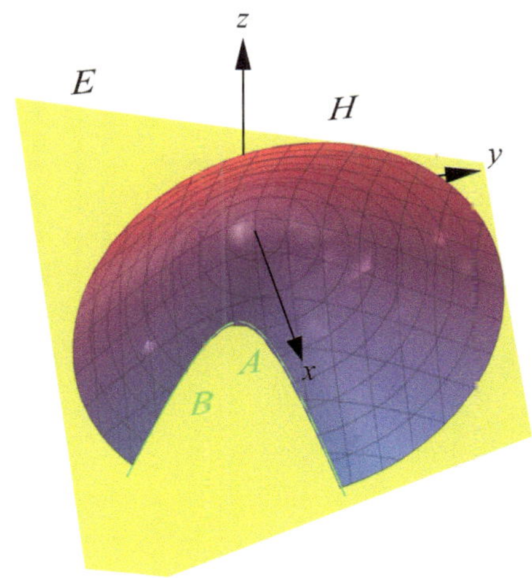

5.2.3 Kreisscheibe

Henri Poincaré (1854–1912) und Felix Klein (1849–1925) entwickelten zweidimensionale Kreisscheibenmodelle der H-Geometrie, von denen wir das auf Poincaré zurückgehende vorstellen, da es im Unterschied zum Modell von Klein eine euklidische Winkelmessung ermöglicht und weil mit Cinderella eine dynamische Geometriesoftware für dieses Modell der H-Geometrie existiert.

Charakterisierung des Modells:

H-Punkt	E-Punkt im Inneren eines Kreises K mit Radius R (auf dem Rand des Kreises K existieren keine H-Punkte)
H-Gerade	E-Durchmesser des Kreises K sowie E-Kreisbögen, die orthogonal zu K verlaufen
Längenmessung	Nichteuklidisch mithilfe einer Logarithmusfunktion
Winkelmessung	Euklidisch als Winkel zwischen E-Tangenten an zwei H-Geraden

Es ist bemerkenswert, dass allgemeine **Möbiustransformationen,** zu denen auch die Inversion am Kreis und die Geradenspiegelung gehören, **Isometrien** darstellen, d. h. Abbildungen, bei denen Streckenlängen invariant sind.

Wir betrachten folgende Fälle für H-Geraden g, die E-Kreisbögen im Kreis K darstellen:

- Fall 1: Die H-Gerade g stellt einen E-Kreisbogen mit bekanntem E-Mittelpunkt M dar.
- Fall 2: Die H-Gerade g verläuft durch die bekannten H-Punkte A und B.
- Fall 3: Die H-Gerade g verläuft durch den bekannten H-Punkt A.

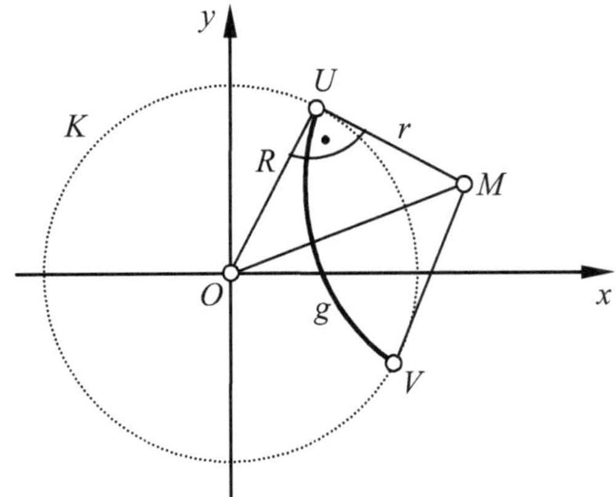

Abb. 5.6 Planfigur für die Konstruktion der hyperbolischen Geraden g mit euklidischem Mittelpunkt M im Kreisscheibenmodell

Zu Fall 1 Die H-Gerade g stellt einen E-Kreisbogen mit bekanntem E-Mittelpunkt M dar

Für die Lösung des ersten Falles haben wir mit Abb. 5.6 eine Planfigur angefertigt (diese Abbildung ist ein heuristisches Hilfsmittel, sie stellt keine Konstruktion dar). Um den E-Radius r des E-Kreisbogens g einfach bestimmen zu können, haben wir den E-Mittelpunkt des Kreises K in den Ursprung O eines kartesischen Koordinatensystems gelegt. Die H-Gerade g schneidet den Kreis K in den E-Punkten U und V, die keine H-Punkte darstellen. Nach Voraussetzung

- sind die E-Strecken $\overline{OU}$ und $\overline{OV}$ E-Radien von K, die auf E-Tangenten an g liegen,
- ist die E-Senkrechte auf $\overline{OU}$ in U eine E-Tangente an K, auf der ein E-Radius r des E-Kreisbogens g liegt.

Im rechtwinkligen E-Dreieck OMU ergibt sich der unbekannte E-Radius r des E-Kreisbogens g aus R und den Koordinaten des bekannten E-Mittelpunkts $M(xM|yM)$ nach dem Satz des Pythagoras zu $r = \sqrt{\overline{OM}^2 - \overline{OU}^2} = \sqrt{xM^2 + yM^2 - R^2}$. Deshalb liegt der E-Kreisbogen g auf dem E-Kreis mit der Gleichung $(x - xM)^2 + (y - yM)^2 = xM^2 + yM^2 - R^2$.

Zu Fall 2 Die H-Gerade g verläuft durch die bekannten H-Punkte A und B

Analog zu Fall 1 fertigen wir zunächst mit Abb. 5.7 eine Planfigur an. Im Fall 2 sind die Koordinaten der H-Punkte A und B bekannt, und es sind die Koordinaten des E-Mittelpunkts $M(xM|yM)$ und der E-Radius r des E-Kreises k zu bestimmen, auf dem die H-Gerade g liegt. Wir benötigen drei Bedingungen, um die unbekannten Stücke xM, yM und r berechnen zu können.

Die **erste Bedingung** erhalten wir mit unserem Wissen aus dem Mathematikunterricht der Schule, dass der E-Mittelpunkt M auf der E-Mittelsenkrechten m der H-Punkte A und B liegt, da die E-Strecke $\overline{AB}$ eine E-Sehne des E-Kreises k ist. Zur Verdeutlichung haben wir folgende Stücke in die Planfigur eingetragen:

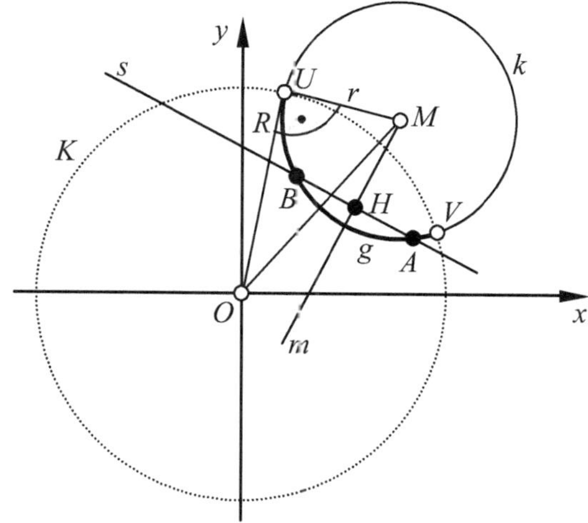

Abb. 5.7 Planfigur für die Konstruktion der hyperbolischen Geraden g durch die H-Punkte A und B im Kreisscheibenmodell

- E-Gerade s, auf der die E-Sehne $\overline{AB}$ liegt,
- E-Mittelsenkrechte m der H-Punkte A und B, die durch den E-Mittelpunkt H der E-Sehne $\overline{AB}$ verläuft und orthogonal zu dieser E-Sehne ist (wir haben den rechten Winkel in der Planfigur nicht gekennzeichnet, um diese nicht zu überladen).

Die **zweite Bedingung** ergibt sich nach Voraussetzung. Wie im Fall 1 muss das E-Dreieck OMU im E-Punkt U rechtwinklig sein, deshalb gilt in diesem E-Dreieck nach dem Satz des Pythagoras die Beziehung $\overline{OM}^2 = xM^2 - yM^2 = R^2 + r^2$.

Wir erhalten eine **dritte Bedingung** aus der Tatsache, dass die gegebenen H-Punkte A und B vom E-Punkt M jeweils den E-Abstand r besitzen. Deshalb gilt

z. B. $r^2 = \overline{AM}^2 = \overrightarrow{AM}^2 = \left(\overrightarrow{M} - \overrightarrow{A} \right)^2.$

Nach diesen Vorüberlegungen übertragen wir die technische Durchführung einem Computer-Algebra-System. Wir deklarieren die benötigten mathematischen Objekte, modellieren die drei Bedingungen und berechnen die gesuchten Stücke xM, yM und r. Dafür eignen sich beispielsweise folgende Anweisungen:

```
//Deklaration allgemein
K := x^2+y^2 = R^2: //Kreis K
vA := matrix([xA, yA]): vB := matrix([xB, yB]): //Ortsvektoren
//mathematische Objekte
vAB := vB-vA: //Vektor AB
vH := 1/2*(vA + vB): //Ortsvektor zum Mittelpunkt H der Sehne AB
vm := matrix([vAB[2],-vAB[1]]): //Richtungsvektor der Mittel-
senkrechten m
m := x -> vm[2]/vm[1]*(x-vH[1])+vH[2]: //Punkt-Richtungs-Glei-
chung der Geraden m
```

```
//Berechnung der gesuchten Stücke xM, yM und r
Lsg := solve([x^2+y^2 = R^2+((x-xA)^2+(y-yA)^2),y=m(x)],[x,y]):
xM := Lsg[3][1][1][2]: yM := Lsg[3][1][2][2]: //Auslesen der
Loesungen
vM := matrix([xM, yM]): //Mittelpunkt M
r := sqrt((xM-xA)^2+(yM-yA)^2): //Radius r
```

Aus den gegebenen und berechneten Stücken erzeugen wir Grafikobjekte, um Abbildungen herstellen zu können. Abb. 5.8 zeigt die Konstruktion der hyperbolischen Geraden g durch die H-Punkte A und B im Kreisscheibenmodell.

Zu Fall 3 Die H-Gerade g verläuft durch den bekannten H-Punkt A

Die Konstruktion einer H-Geraden g (welche einen E-Kreisbogen im Kreis K darstellt) durch einen bekannten H-Punkt A führen wir auf Fall 2 zurück, indem wir noch einen zweiten H-Punkt festlegen, durch den g verlaufen soll. Abb. 5.9 zeigt zwei unterschiedliche H-Geraden durch den gegebenen H-Punkt A (die eine H-Gerade verläuft durch den zusätzlich vorgegebenen H-Punkt B, die andere durch den zusätzlich vorgegebenen H-Punkt C).

Eine andere Möglichkeit zur Lösung dieses Problems besteht darin, dass wir den E-Punkt A' durch Inversion von A an K konstruieren und M als E-Mittelpunkt der E-Strecke $\overline{AA'}$ bestimmen. Den Nachweis der Korrektheit dieser Konstruktionsvorschrift überlassen wir dem interessierten Leser.

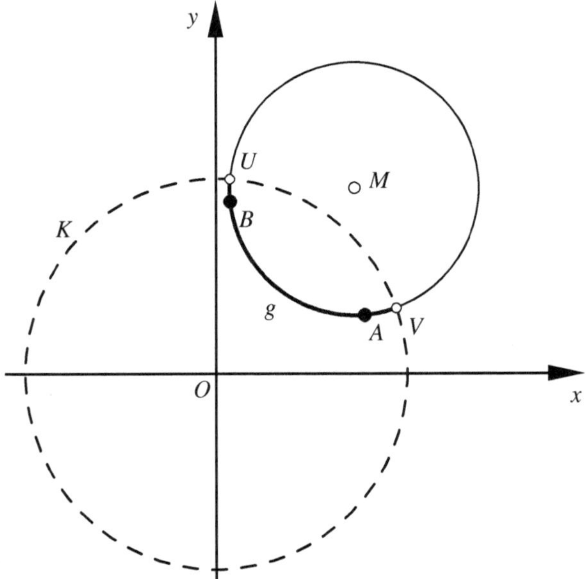

Abb. 5.8 Hyperbolische Gerade g durch die H-Punkte A und B im Kreisscheibenmodell

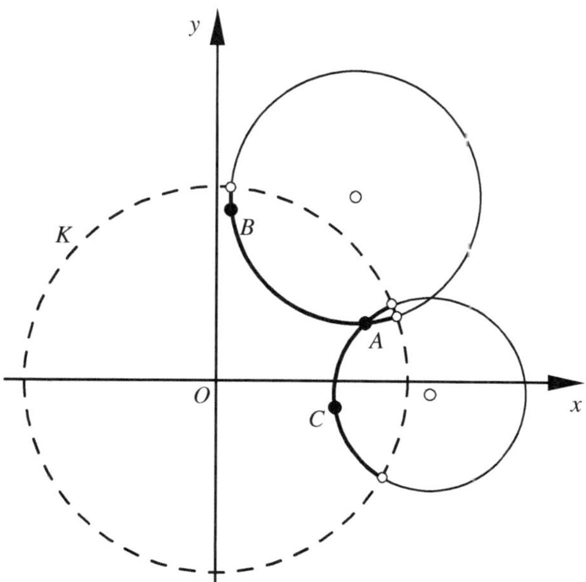

Abb. 5.9 Hyperbolische Geraden g_1 und g_2 durch die H-Punkte A und B bzw. A und C im Kreisscheibenmodell

> **Bemerkung** Fall 1 legt ein interessantes und lehrreiches Gedankenexperiment nahe: Wenn wir den E-Mittelpunkt M gedanklich auf der Geraden OM immer weiter „nach außen" verschieben, dann nähert sich die H-Gerade g (d. h. der E-Kreisbogen um M) immer mehr dem E-Durchmesser von K an, der orthogonal zur E-Geraden OM verläuft. Im Grenzfall stellt die H-Gerade g einen entarteten E-Kreisbogen dar, der als E-Durchmesser zu interpretieren ist, d. h., zwischen den beiden Typen von H-Geraden besteht eine interessante „Verwandtschaft". Es ist bemerkenswert, dass wir denselben E-Durchmesser erhalten, wenn wir den E-Punkt M auf der „anderen Seite" (bezüglich des Ursprungs O) der E-Geraden OM positionieren und immer weiter von O entfernen. Durch die Einführung von Fernelementen und Grenzbetrachtungen ergeben sich interessante **Analogien zur projektiven Geometrie.**

Das Kreisscheibenmodell ist zwar technisch etwas einfacher als die räumlichen Modelle der H-Geometrie, doch die konstruktiven Anforderungen bei Verwendung reeller Koordinaten sind erheblich. Deshalb ist es zweckmäßig, für Konstruktionen im Kreisscheibenmodell die dynamische Geometriesoftware Cinderella zu verwenden (die interne Programmierung dieser Software erfolgt mithilfe komplexer Koordinaten, um Fallunterscheidungen zu vermeiden und den technischen Aufwand zu reduzieren). Eine Alternative dazu bietet das leicht zu handhabende Halbebenenmodell, das wir in Abschn. 5.2.4 thematisieren.

5.2.4 Halbebene

Das Modell der Halbebene geht ebenfalls auf Poincaré zurück.
Charakterisierung des Modells:

H-Punkt	E-Punkt einer offenen E-Halbebene (die E-Gerade u, welche die E-Halbebene begrenzt, enthält keine H-Punkte)
H-Gerade	In der E-Halbebene liegende E-Senkrechte auf der begrenzenden E-Geraden u sowie E-Halbkreisbögen, deren E-Mittelpunkte auf u liegen
Längenmessung	Nichteuklidisch mithilfe einer Logarithmusfunktion
Winkelmessung	Euklidisch als Winkel zwischen E-Tangenten an zwei H-Geraden

In Abb. 5.10 veranschaulichen wir das Halbebenenmodell der H-Geometrie. Wir haben die E-Sehne $\overline{AB}$ sowie die E-Mittelsenkrechte m bezüglich der H-Punkte A und B eingetragen, um den E-Mittelpunkt M des E-Halbkreises g konstruieren zu können.

Wenden wir dieses Konstruktionsprinzip auf die Darstellung eines H-Dreiecks an, dann können sich ungewohnte Konstellationen ergeben. Abb. 5.11 zeigt ein H-Dreieck, bei dem die Eckpunkte A, B und C auf einer E-Geraden liegen, obwohl sich die H-Dreieckseiten auf unterschiedlichen H-Geraden a, b und c befinden.

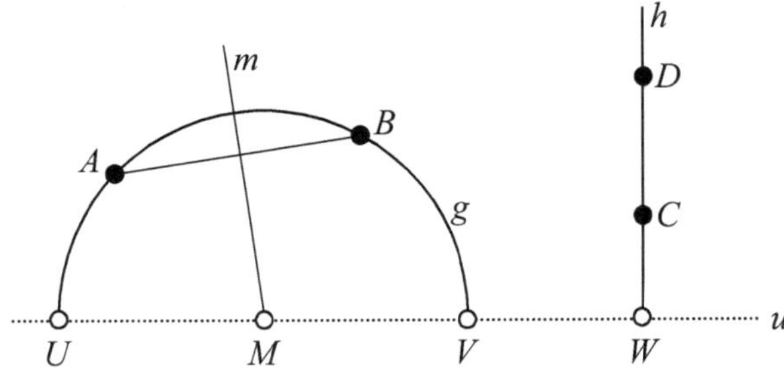

Abb. 5.10 Halbebenenmodell der H-Geometrie

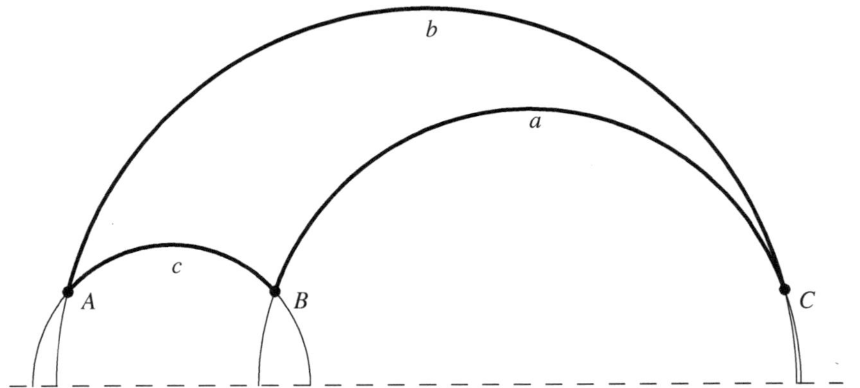

Abb. 5.11 H-Dreieck im Halbebenenmodell

Besonders die einfache Konstruierbarkeit der E-Mittelpunkte der E-Halbkreise bewirkt die bequeme Handhabbarkeit des Halbebenenmodells der H-Geometrie.

Beide Typen von H-Geraden sind unbegrenzt:

- Die H-Punkte der H-Geraden g vom Typ E-Halbkreis liegen zwischen den E-Punkten U und V, die keine H-Punkte sind.
- Die H-Punkte der H-Geraden h vom Typ E-Halbgerade liegen zwischen dem E-Punkt W, der kein H-Punkt ist, und dem H-Fernpunkt H_∞ der H-Geraden h.

Wir können die H-Geraden vom Typ E-Halbgeraden als entartete E-Kreisbögen mit unendlich großem Radius auffassen.

Die Gültigkeit des H-Parallelenaxioms veranschaulichen wir für beide Typen von H-Geraden in Abb. 5.12 und Abb. 5.13. Wir haben jeweils eine H-Gerade g, einen H-Punkt P außerhalb von g sowie die beiden zu g parallelen „H-Grenzgeraden" (gestrichelt) und drei weitere parallele H-Geraden zu g durch P eingezeichnet (punktiert).

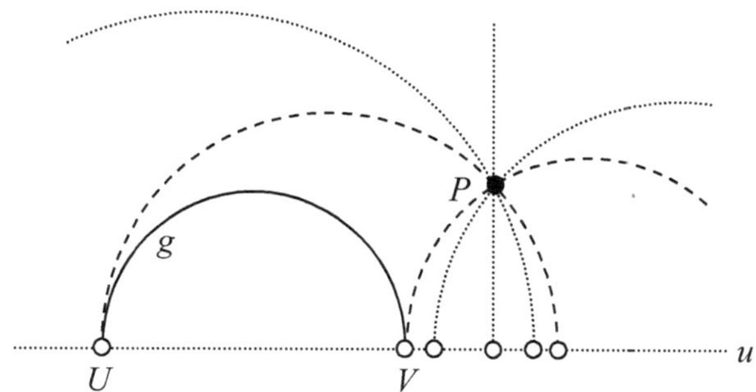

Abb. 5.12 Veranschaulichung des H-Parallelenaxioms für eine H-Gerade vom Typ E-Halbkreis im Halbebenenmodell

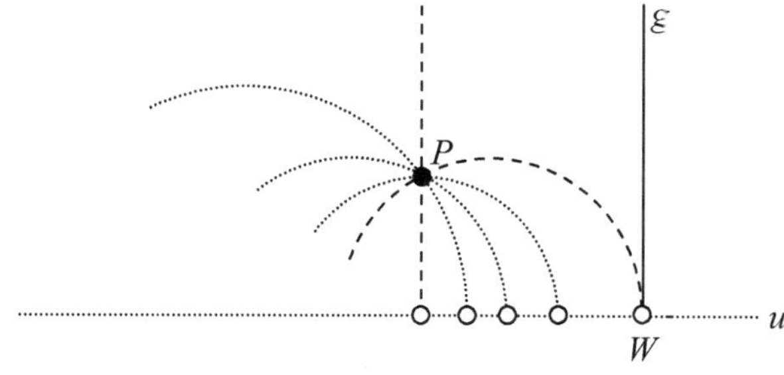

Abb. 5.13 Veranschaulichung des H-Parallelenaxioms für eine H-Gerade vom Typ E-Halbgerade im Halbebenenmodell

Hyperbolischer Abstand zweier H-Punkte im Halbebenenmodell

Im Folgenden erarbeiten wir eine sinnvolle Definition für den Abstand zweier H-Punkte. Wir stellen folgende **Forderungen an die zu definierende Abstandsformel:**

1. Die Länge einer H-Geraden soll unendlich sein.
2. Abstände sollen additiv sein.
3. Bei der Abbildung zwischen den Typen von H-Geraden soll der Abstand invariant sein.

Zu 1. Wir haben in Abschn. 5.1 das Ergebnis der Berechnung des Abstandes zweier H-Punkte im Pseudosphärenmodell der H-Geometrie angegeben. Dabei handelt es sich um den Betrag einer Logarithmusfunktion. Eine analoge Modellierung erfüllt unsere erste Forderung, da der Betrag einer Logarithmusfunktion unbegrenzt wächst, wenn der Numerus gegen null oder unendlich geht. Im Numerus sollten Streckenverhältnisse stehen, damit er die Maßeinheit eins besitzt.

Wir können beide Typen von H-Geraden jeweils durch vier Punkte charakterisieren: zwei H-Punkte, welche die H-Gerade eindeutig festlegen, sowie zwei uneigentliche Randpunkte. Deshalb bietet sich das Doppelverhältnis dieser vier Punkte für die Modellierung an.

Aus Gründen der Zweckmäßigkeit sollten wir beide Typen von H-Geraden in gleicher Weise behandeln. Deshalb verwenden wir für H-Geraden vom Typ E-Halbkreis die euklidischen Normalprojektionen der eigentlichen H-Punkte auf die E-Gerade u, welche die E-Halbebene begrenzt. Um auch mit Koordinaten der Punkte rechnen zu können, führen wir ein zweckmäßig positioniertes kartesisches Koordinatensystem ein. Dazu legen wir die x-Achse auf die E-Gerade u, welche die E-Halbebene begrenzt. In Abb. 5.14 verdeutlichen wir den Sachverhalt.

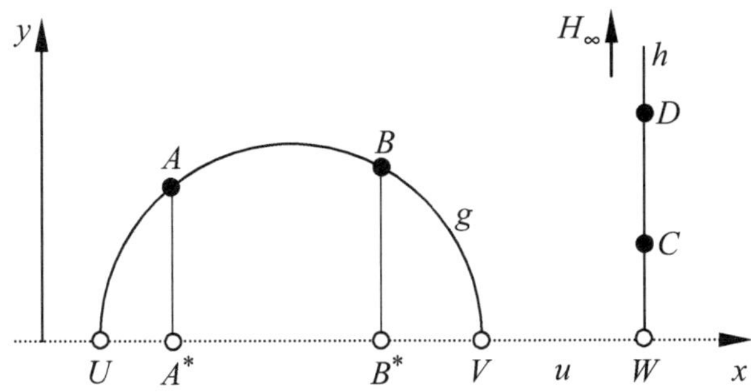

Abb. 5.14 Bestimmung des Abstands zweier H-Punkte im Halbebenenmodell

Koordinaten der Punkte:

$$A(xA|yA);\ A^*(xA|0);\ B(xB|yB);\ B^*(xB|0);\ U(xU|0);\ V(xV|0);$$
$$C(xW|yC);\ D(xW|yD);\ W(xW|0);\ H_\infty(xW|\infty).$$

Ansatz für H-Geraden vom Typ E-Halbkreis mithilfe des Doppelverhältnisses (A^*B^*UV):

$$\widehat{AB} = c_1 \cdot \left| \ln\left(A^*B^*UV\right) \right|. \tag{5.1}$$

Zur Charakterisierung des hyperbolischen Abstandes haben wir das Symbol „Dach" verwendet, bei c_1 handelt es sich um eine noch zweckmäßig zu bestimmende Konstante. Wir formen (5.1) mithilfe der Definition 1.3 des Doppelverhältnisses aus Abschn. 1.2 um und gehen zu ungerichteten E-Strecken über:

$$\widehat{AB} = c_1 \cdot \left| \ln\left(A^*B^*UV\right) \right| = c_1 \cdot \left| \ln\left(\frac{(A^*U)}{(UB^*)} \cdot \frac{(VB^*)}{(A^*V)} \right) \right|, \tag{5.2}$$

$$\widehat{AB} = c_1 \cdot \left| \ln\left(\frac{\overline{UA^*}}{\overline{UB^*}} \cdot \frac{\overline{B^*V}}{\overline{A^*V}} \right) \right|. \tag{5.3}$$

Das Einsetzen der Koordinaten der E-Punkte ergibt:

$$\widehat{AB} = c_1 \cdot \left| \ln\left(\frac{(xA - xU) \cdot (xV - xB)}{(xB - xU) \cdot (xV - xA)} \right) \right|. \tag{5.4}$$

Den Ansatz für H-Geraden vom Typ E-Halbgerade wählen wir analog zu (5.1) mit einer noch zu bestimmenden Konstante c_2 zu:

$$\widehat{CD} = c_2 \cdot |\ln(CDWH_\infty)| \tag{5.5}$$

Mit (1.5) aus Abschn. 1.2 ergibt sich $\widehat{CD} = c_2 \cdot |\ln(-(CDW))|$. Auf das vorkommende Teilverhältnis wenden wir Definition 1.2 an und wir gehen zu ungerichteten E-Strecken über:

$$\widehat{CD} = c_2 \cdot \left| \ln\left(-\frac{(CW)}{(WD)} \right) \right| = c_2 \cdot \left| \ln\left(\frac{(CW)}{(DW)} \right) \right| = c_2 \cdot \left| \ln\left(\frac{\overline{CW}}{\overline{DW}} \right) \right|. \tag{5.6}$$

Wir formen so um, dass der Numerus größer als eins wird:

$$\widehat{CD} = c_2 \cdot \left| -\ln\left(\frac{\overline{DW}}{\overline{CW}} \right) \right| = c_2 \cdot \left| \ln\left(\frac{\overline{DW}}{\overline{CW}} \right) \right|. \tag{5.7}$$

Das Einsetzen der Koordinaten der E-Punkte ergibt:

$$\widehat{CD} = c_2 \cdot \left| \ln\left(\frac{yD}{yC} \right) \right|. \tag{5.8}$$

Zu 2. Für die in Abb. 5.15 dargestellte Konstellation einer H-Geraden vom Typ E-Halbkreis soll folgende Beziehung gelten:

$$\widehat{AC} = \widehat{AB} + \widehat{BC}. \tag{5.9}$$

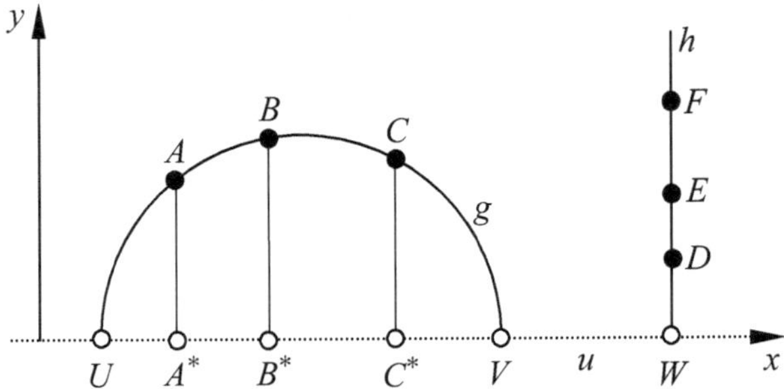

Abb. 5.15 Additivität der Länge von H-Strecken im Halbebenenmodell

Wir weisen (5.9) nach, indem wir in die rechte Seite (5.2) einsetzen und umformen:

$$\widehat{AB} + \widehat{BC} = c_1 \cdot \left| \ln\left(\frac{(A^*U)}{(UB^*)} \cdot \frac{(VB^*)}{(A^*V)} \right) \right| + c_1 \cdot \left| \ln\left(\frac{(B^*U)}{(UC^*)} \cdot \frac{(VC^*)}{(B^*V)} \right) \right|.$$

Beide Numeri liegen zwischen null und eins. Deshalb sind beide Logarithmen reell und negativ, und wir dürfen wegen dieser Vorzeichengleichheit die Summe der Beträge als Betrag der Summe schreiben:

$$\widehat{AB} + \widehat{BC} = c_1 \cdot \left| \ln\left(\frac{(A^*U)}{(UB^*)} \cdot \frac{(VB^*)}{(A^*V)} \right) + \ln\left(\frac{(B^*U)}{(UC^*)} \cdot \frac{(VC^*)}{(B^*V)} \right) \right|$$

$$= c_1 \cdot \left| \ln\left(\frac{(A^*U)}{(UB^*)} \cdot \frac{(VB^*)}{(A^*V)} \cdot \frac{(B^*U)}{(UC^*)} \cdot \frac{(VC^*)}{(B^*V)} \right) \right|$$

$$= c_1 \cdot \left| \ln\left(\frac{(A^*U)}{(UB^*)} \cdot \frac{(VB^*)}{(A^*V)} \cdot \frac{-(UB^*)}{(UC^*)} \cdot \frac{(VC^*)}{-(VB^*)} \right) \right|$$

$$= c_1 \cdot \left| \ln\left(\frac{(A^*U)}{(UC^*)} \cdot \frac{(VC^*)}{(A^*V)} \right) \right|$$

$$\widehat{AB} + \widehat{BC} = c_1 \cdot \left| \ln\left(A^*C^*UV \right) \right| = \widehat{AC}.$$

Analog weisen wir die Additivität der Länge von H-Strecken des Typs E-Halbgerade nach, indem wir (5.6) verwenden:

$$\widehat{DE} + \widehat{EF} = c_2 \cdot \left| \ln\left(\frac{(DW)}{(EW)} \right) \right| + c_2 \cdot \left| \ln\left(\frac{(EW)}{(FW)} \right) \right|.$$

Auch in diesem Fall sind beide Logarithmen reell und negativ, deshalb gilt:

$$\widehat{DE} + \widehat{EF} = c_2 \cdot \left| \ln\left(\frac{(DW)}{(EW)} \right) + \ln\left(\frac{(EW)}{(FW)} \right) \right|$$

$$= c_2 \cdot \left| \ln\left(\frac{(DW)}{(EW)} \cdot \frac{(EW)}{(FW)} \right) \right|$$

$$\widehat{DE} + \widehat{EF} = c_2 \cdot \left| \ln\left(\frac{(DW)}{(FW)} \right) \right| = \widehat{DF}.$$

Zu 3. Mit der Inversion am Kreis, die wir in Abschn. 1.4.2 thematisiert haben, kennen wir bereits eine Abbildung zwischen den Typen von H-Geraden. Wenn wir in Abb. 1.20 den oberhalb der Geraden *MP* liegenden Teil der Geraden *g* als H-Gerade vom Typ E-Halbgerade und die zugehörige Hälfte des Kreises $k_{P'}$ als H-Gerade vom Typ E-Halbkreis auffassen, dann leistet die Inversion am Kreis *k* die gewünschte Abbildung zwischen den beiden Typen von H-Geraden. Der Nachweis, dass die Gerade *g* tatsächlich orthogonal zur Geraden *MP* verläuft (*MP* verwenden wir als E-Gerade *u*, welche die E-Halbebene begrenzt), ist von technischer Art, wir überlassen ihn dem interessierten Leser. Wir entwickeln aus den für unsere Zwecke relevanten Stücken der Abb. 1.20 die Abb. 5.16, dabei passen wir die Bezeichnungen an diejenigen an, die wir in diesem Abschnitt verwenden. Für die betrachtete Abbildung ist es bedeutsam, dass

- der E-Mittelpunkt *M* des Inversionskreises *k* im E-Punkt *U* liegt,
- der E-Punkt *V* das Bild des E-Punktes *W* ist und deshalb für den E-Radius *R* des Inversionskreises *k* die zu (1.16) analoge Beziehung $R^2 = \overline{MV} \cdot \overline{MW}$ gilt (wir verwenden die Bezeichner von Abb. 5.16).

Für die Untersuchung auf Invarianz des Abstands bei der betrachteten Abbildung legen wir die *x*-Achse eines kartesischen Koordinatensystems auf die E-Gerade *u* und die *y*-Achse so, dass sie durch $U = M$ verläuft.

Die in Abb. 5.16 eingezeichneten Punkte besitzen folgende Koordinaten:

$$A'\left(xA'|yA'\right);\ A^*\left(xA'|0\right);\ B'\left(xB'|yB'\right);\ B^*\left(xB'|0\right);\ U(0|0);\ V(xV|0);$$
$$W(xW|0);\ A(xW|yA);\ B(xW|yB). \tag{5.10}$$

Da A', B' und V die Bildpunkte von A, B bzw. W bei der Inversion am E-Inversionskreis *k* mit E-Radius *R* sind, gilt nach (1.21):

$$xA' = \frac{R^2 \cdot xW}{xW^2 + yA^2};\ xB' = \frac{R^2 \cdot xW}{xW^2 + yB^2};\ xV = \frac{R^2 \cdot xW}{xV'^2} = \frac{R^2}{xW}. \tag{5.11}$$

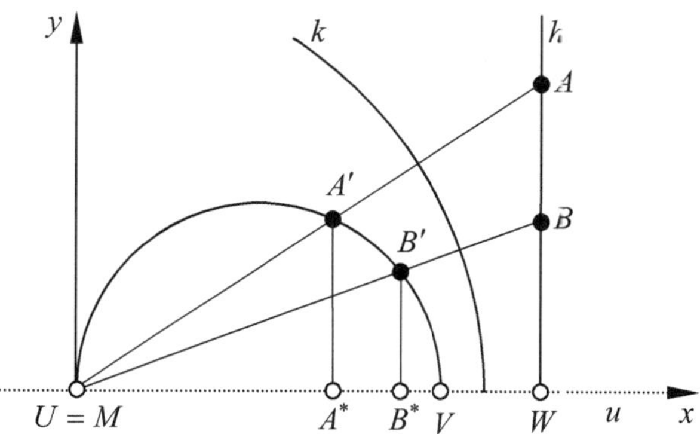

Abb. 5.16 Abbildung zwischen den beiden Typen von H-Geraden im Halbebenenmodell

Zur Berechnung des hyperbolischen Abstandes der H-Punkte A' und B' verwenden wir Gleichung (5.4), in die wir die Beziehungen (5.10) und (5.11) einsetzen. Die zur Vereinfachung des Terms erforderlichen Umformungen übertragen wir an ein Computer-Algebra-System:

$$\widehat{A'B'} = c_1 \cdot \left| \ln\left(\frac{(xA' - xU) \cdot (xV - xB')}{(xB' - xU) \cdot (xV - xA')} \right) \right|$$

$$= c_1 \cdot \left| \ln\left(\frac{\left(\frac{R^2 \cdot xW}{xW^2 + yA^2}\right) \cdot \left(\frac{R^2}{xW} - \frac{R^2 \cdot xW}{xW^2 + yB^2}\right)}{\left(\frac{R^2 \cdot xW}{xW^2 + yB^2}\right) \cdot \left(\frac{R^2}{xW} - \frac{R^2 \cdot xW}{xW^2 + yA^2}\right)} \right) \right|$$

$$= c_1 \cdot \left| \ln\left(\frac{yB^2}{yA^2} \right) \right| = c_1 \cdot \left| \ln\left(\left(\frac{yB}{yA}\right)^2 \right) \right|$$

$$\widehat{A'B'} = 2 \cdot c_1 \cdot \left| \ln\left(\frac{yB}{yA} \right) \right|. \tag{5.12}$$

Der hyperbolische Abstand der H-Punkte A und B ergibt sich direkt aus (5.8) zu

$$\widehat{AB} = c_2 \cdot \left| \ln\left(\frac{yA}{yB} \right) \right| = c_2 \cdot \left| -\ln\left(\frac{yB}{yA} \right) \right| = c_2 \cdot \left| \ln\left(\frac{yB}{yA} \right) \right|. \tag{5.13}$$

Unsere Forderung, dass der hyperbolische Abstand bei der Abbildung zwischen den beiden Typen von H-Geraden invariant sein soll, führt mit (5.12) und (5.13) auf die Bedingung

$$2 \cdot c_1 = c_2. \tag{5.14}$$

Nach unseren umfangreichen Vorarbeiten steht einer zweckmäßigen und verständlichen Definition des hyperbolischen Abstands zweier H-Punkte nichts mehr im Wege.

Definition 5.1 Hyperbolischer Abstand zweier H-Punkte
Für die Konstellation nach Abb. 5.14 beträgt der hyperbolische Abstand zweier H-Punkte

- A und B auf einer H-Geraden vom Typ E-Halbkreis

$$\widehat{AB} = \frac{1}{2} \cdot \left| \ln\left(A^* B^* UV \right) \right| = \frac{1}{2} \cdot \left| \ln\left(\frac{(xA - xU) \cdot (xV - xB)}{(xB - xU) \cdot (xV - xA)} \right) \right|,$$

- C und D auf einer H-Geraden vom Typ E-Halbgerade $\widehat{CD} = \left| \ln\left(\frac{yD}{yC} \right) \right|$.

▶ **Bemerkung** Wir haben in der Definition des hyperbolischen Abstandes zweier H-Punkte auf einer H-Geraden vom Typ E-Halbgerade den

Bezug zum Doppelverhältnis mithilfe des H-Fernpunktes H_∞ der H-Geraden h unterdrückt, damit wir unabhängig davon sind, ob in der H-Geometrie Fernpunkte eingeführt werden oder nicht. Dieses „Wegdefinieren von Problemen" ist legitim und in der Literatur üblich, doch bei fehlender Zusatzinformation ergeben sich Verständnisprobleme, da scheinbar unterschiedliche Gleichungen „vom Himmel fallen" und beziehungslos nebeneinanderstehen.

Wird in Abb. 5.16 der E-Mittelpunkt M des E-Inversionskreises k nach links verschoben, dann bildet die Inversion eine H-Gerade vom Typ E-Halbkreis auf eine andere H-Gerade des gleichen Typs ab. Dabei bleiben ebenfalls die H-Abstände von H-Punkten invariant.

Konstruktionen im Modell der Halbebene

Wir beginnen mit der **Konstruktion eines Lots** g vom H-Punkt P auf die H-Gerade k mit $P \notin k$ und geben für die in Abb. 5.17 dargestellte Konstellation folgende Konstruktionsbeschreibung an (für die H-Gerade k verwenden wir den Typ E-Halbkreis, da dieser Fall besonders interessant ist).

Konstruktionsbeschreibung: H-Lot g vom H-Punkt P auf die H-Gerade k

Gegeben sind:

- die E-Gerade u, welche die H-Halbebene des Modells begrenzt,
- die H-Gerade k durch ihren E-Mittelpunkt Mk auf u und ihren E-Radius R,
- der H-Punkt P, der außerhalb von k liegt.

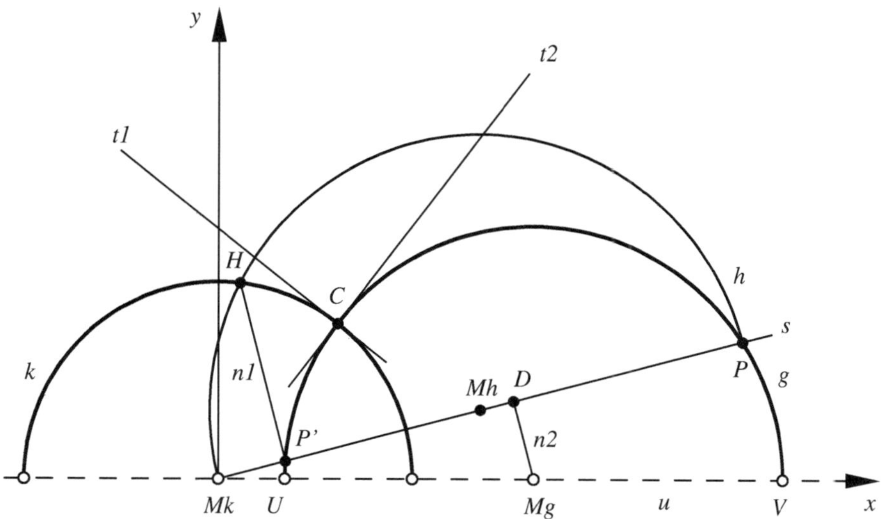

Abb. 5.17 Konstruktion des H-Lots g vom H-Punkt P auf die H-Gerade k im Halbebenenmodell

Konstruiere den H-Punkt P' durch Inversion des H-Punktes P an k:

- Zeichne die E-Sekante s als E-Gerade MkP.
- Zeichne den halben E-Thaleskreis h um den E-Mittelpunkt Mh der E-Strecke $\overline{MkP}$ mit dem E-Radius $\overline{MhP} = \overline{MhMk}$.
- P' ergibt sich als Fußpunkt des E-Lots $n1$ vom Schnittpunkt H der E-Halbkreise h und k auf die E-Sekante s.

Zeichne die H-Gerade g durch die H-Punkte P und P':

- Bestimme den E-Mittelpunkt D der E-Strecke $\overline{P'P}$.
- Konstruiere den E-Punkt Mg als Schnittpunkt der E-Senkrechten $n2$ zu s durch D mit der E-Geraden u.
- Die H-Gerade g ergibt sich als E-Halbkreis um Mg mit E-Radius $\overline{MgP} = \overline{MgP'}$.

Ergebnisse:

- Die H-Gerade g ist das H-Lot von P auf k, d. h., g und k schneiden sich im H-Punkt C orthogonal, da für die E-Anstiege $mt1$ und $mt2$ der E-Tangenten $t1$ und $t2$ die Beziehung $mt2 = -\frac{1}{mt1}$ gilt.
- Der H-Punkt C halbiert die H-Strecke $\overset{\frown}{P'P}$, d. h., es gilt $\overset{\frown}{P'C} = \overset{\frown}{CP}$.

Wir verdeutlichen die Korrektheit unserer Behauptung durch Variation der Eingangsgrößen mithilfe der folgenden Anweisungen für ein Computer-Algebra-System. Dabei handelt es sich allerdings um keinen Beweis, da das Computer-Algebra-System bei der allgemeinen Berechnung der Differenzen aus den Anstiegen der E-Tangenten und den Numeri in der Formel für den H-Abstand zweier H-Punkte nach Definition 5.1 wegen der Kompliziertheit der Terme in den Näherungsmodus wechselt und ca. 10^{-18} statt null ausgibt.

```
//Deklaration der mathematischen Objekte allgemein
//vorgegeben werden: R,xP,yP
k := x^2+y^2 = R^2: //E-Kreis k
vP := matrix([xP, yP]): //Ortsvektor von P
s := x -> yP/xP*x: //E-Sekante s
ms := yP/xP: //Anstieg E-Sekante s
vMh := matrix([xP/2,yP/2]): //Richtungsvektor zum E-Mittelpunkt
des E-Thaleskreises h
rh := norm((vP-vMh), Frobenius): //Radius E-Kreis h
yH := (R^2*yP+R*xP*sqrt(xP^2+yP^2-R^2))/(xP^2+yP^2):
xH := sqrt(R^2-yH^2):
vH := matrix([xH, yH]): //Ortsvektor von H
mn := -1/ms: //Anstieg der E-Senkrechten zu s
n1 := x -> mn*(x-xH)+yH: //E-Gerade n1
Lsg1 := solve(s(x)=n1(x),x): //Ps als Schnitt von s und n1
xPs := Lsg1[1][1]: //Auslesen einer Loesung
```

```
yPs := s(xPs): vPs := matrix([xPs, yPs]):
vD := (vP+vPs)/2: //Ortsvektor von D
n2 := x -> mn*(x-vD[1])+vD[2]: //E-Gerade n2
Lsg2 := solve(n2(x)=0,x): //Bestimmung Mg
xMg := Lsg2[1][1]: //Auslesen einer Loesung
vMg := matrix([xMg,0]): //Richtungsvektor zum E-Mittelpunkt des
E-Kreises g
rg := norm((vP-vMg),Frobenius): //E-Radius E-Kreis g
g := (x-xMg)^2+y^2 = rg^2: //E-Kreis g
Lsg3 := solve(R^2-2*x*xMg+xMg^2-rg^2=0,x): //C als Schnitt der
E-Kreise k und g
xC := Lsg3[3][1]: //Auslesen einer Loesung
yC := sqrt(R^2-xC^2): vC := matrix([xC, yC]): //Punkt C
xU := xMg-rg: xV := xMg+rg: vU := matrix([xU, 0]): vV := matrix
([xV, 0]):
t1 := x -> -xC/yC*x+R^2/yC: //E-Tangente an k in C
t2 := x -> (xMg-xC)/yC*x+(rg^2+xMg*(xC-xMg))/yC: //E-Tangente
an g in C
mt1 := -xC/yC: mt2 := (xMg-xC)/yC: //Anstiege der E-Tangenten
mt1+1/mt2: //Test auf Orthogonalitaet der E-Tangenten
N1 := ((xPs-xU)*(xV-xC))/((xC-xU)*(xV-xPs)): //Numerus fuer PsC
N2 := ((xC-xU)*(xV-xP))/((xP-xU)*(xV-xC)): //Numerus fuer CP
N1-N2: //Test auf Gleichheit der Numeri
```

Die Ergebnisse der Konstruktion des Lots vom H-Punkt P auf die H-Gerade k eröffnen die Möglichkeit, zu zwei gegebenen H-Punkten die H-Mittelsenkrechte zu konstruieren. Wir geben die Konstruktionsbeschreibung für die in Abb. 5.17 dargestellte Konstellation in Kurzform an.

Konstruktionsbeschreibung: H-Mittelsenkrechte k zu den H-Punkten P und P'

Gegeben sind:

- die E-Gerade u, welche die H-Halbebene des Modells begrenzt,
- die H-Punkte P und P'.

Konstruiere die H-Gerade g, welche die H-Punkte P und P' enthält.
Bestimme den E-Mittelpunkt Mk auf u als E-Schnittpunkt der Sekante s mit u.
Konstruiere den E-Thaleskreis h und den H-Punkt H.
Zeichne k um Mk mit dem E-Radius $R = \overline{MkH}$.

Ergebnisse:

- Die H-Gerade k ist die H-Mittelsenkrechte zu den H-Punkten P und P'.
- Die H-Geraden g und k schneiden sich im H-Punkt C, der die H-Strecke $\overset{\frown}{P'P}$ halbiert.

Mit den angegebenen Konstruktionsvorschriften können H-Höhen, H-Seitenhalbierende und H-Mittelsenkrechte im H-Dreieck konstruiert werden, und es eröffnet sich ein weites Betätigungsfeld für die H-Geometrie. Deshalb haben wir einen Arbeitsstand erreicht, an dem wir unsere Einführungen beenden können.

Anhang 5.1 Traktrix und Pseudosphäre

Die **Traktrix ist eine spezielle Schleppkurve,** bei der die Tangentenabschnitte zu einer Leitlinie jeweils die gleiche Länge besitzen. In Abb. 5.18 ist die Leitlinie die z-Achse, auf der ein Punkt G gleitet. In der Anfangskonfiguration befindet sich G im Ursprung, und der zugehörige Punkt der Traktrix ist der Punkt A mit den Koordinaten $A(R|0)$. Für jede andere Position des Punktes G muss der

Abb. 5.18 Traktrix

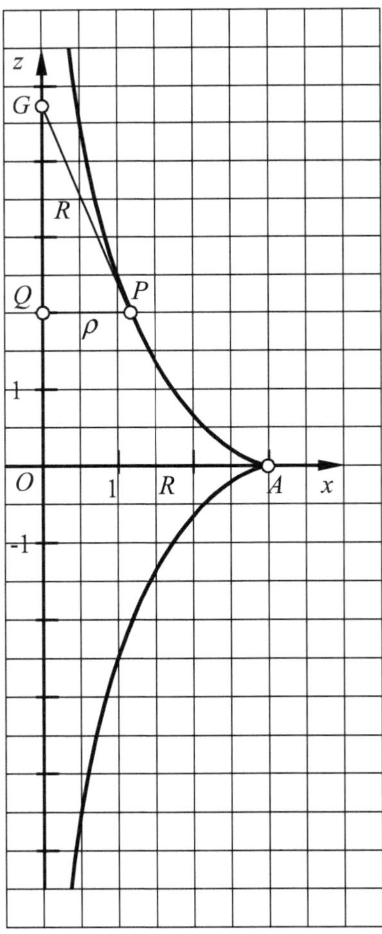

Tangentenabschnitt von der Kurve bis zur Leitlinie ebenfalls die Länge R besitzen, d. h., es gelten folgende Bedingungen:

- Der Punkt G befindet sich auf der z-Achse, und der Punkt P liegt auf der Traktrix.
- Die Strecke $\overline{PG}$ liegt auf der Tangente der Traktrix, die P als Berührpunkt besitzt.
- Für die Streckenlängen gilt $\overline{PG} = \overline{AO} = R$.

Wir ermitteln eine Gleichung für den oberen Ast der Traktrix. Aus der Tangentenbedingung ergibt sich im Dreieck QPG für den Punkt P mit den Koordinaten $P(x|z)$ der Traktrix:

$$\frac{\mathrm{d}z}{\mathrm{d}x} = \frac{-\sqrt{R^2 - x^2}}{x},$$

$$\mathrm{d}z = \frac{-\sqrt{R^2 - x^2}}{x} \cdot \mathrm{d}x.$$

Das Integral bestimmen wir mithilfe einer Formelsammlung oder mit einem Computer-Algebra-System zu

$$z = -\sqrt{R^2 - x^2} + R \cdot \ln\left(\frac{R + \sqrt{R^2 - x^2}}{x}\right) + C.$$

Die Integrationskonstante C ergibt sich aus der Anfangskonfiguration: Für $z = 0$ ist $x = R$.

$$0 = -\sqrt{R^2 - R^2} + R \cdot \ln\left(\frac{R + \sqrt{R^2 - R^2}}{R}\right) + C \Rightarrow C = 0.$$

Damit ergibt sich als Gleichung für den oberen Ast der Traktrix:

$$z = -\sqrt{R^2 - x^2} + R \cdot \ln\left(\frac{R + \sqrt{R^2 - x^2}}{x}\right).$$

Das Ergebnis kann mithilfe von (5.28) auch mit einer Areafunktion geschrieben werden:

$$z = -\sqrt{R^2 - x^2} + R \cdot \ln\left(\frac{R}{x} + \sqrt{\left(\frac{R}{x}\right)^2 - 1}\right) \tag{5.15}$$

$$= -\sqrt{R^2 - x^2} + R \cdot \operatorname{arcosh}\left(\frac{R}{x}\right).$$

Die Pseudosphäre ergibt sich durch Rotation der Traktrix um die z-Achse. Abb. 5.19 zeigt eine Draufsicht auf die Pseudosphäre (wir blicken von oben auf die z-Achse). In Abb. 5.19 haben wir auch den Breitenkreis eingezeichnet, den der in Abb. 5.18 eingetragene Punkt P bei der Rotation der Traktrix um die z-Achse beschreibt.

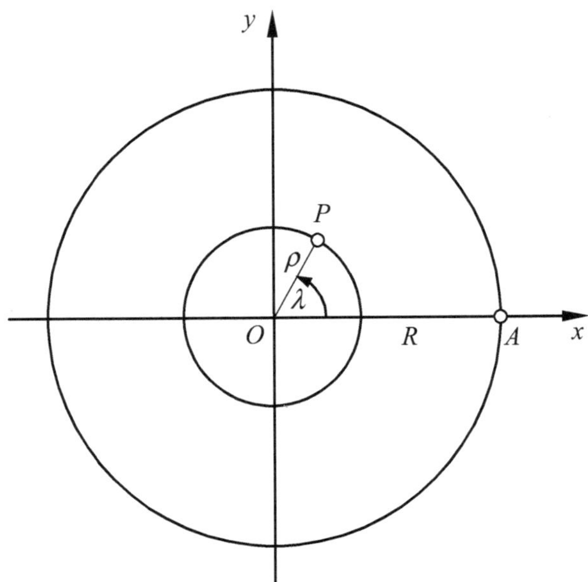

Abb. 5.19 Pseudosphäre – Draufsicht

Mit den Polarkoordinaten ρ und λ erhalten wir folgende Parameterdarstellung für den Ortsvektor eines beliebigen Punkts der Pseudosphäre oberhalb der x-y-Ebene:

$$\vec{x}\,(\rho, \lambda) = \begin{pmatrix} \rho \cdot \cos \lambda \\ \rho \cdot \sin \lambda \\ R \cdot \ln\left(\dfrac{R + \sqrt{R^2 - \rho^2}}{\rho} \right) - \sqrt{R^2 - \rho^2} \end{pmatrix} \\[2mm] = \begin{pmatrix} \rho \cdot \cos \lambda \\ \rho \cdot \sin \lambda \\ R \cdot \operatorname{arcosh}\left(\dfrac{R}{\rho} \right) - \sqrt{R^2 - \rho^2} \end{pmatrix} \tag{5.16}$$

▶ **Bemerkung** In der Literatur wird für die Traktrix zuweilen der Trivialname „Hundekurve" verwendet. Diese Bezeichnung kann zu Missverständnissen führen, da derselbe Trivialname auch für andere Kurven genutzt wird. Insbesondere für die Konchoide von Nikomedes, die ein anderes Bildungsgesetz als die Traktrix besitzt, sind die Bezeichnungen Muschelkurve oder Hundekurve üblich.

Durch Verallgemeinerung der Leitlinie zu einer beliebigen Leitkurve ergeben sich aus der Traktrix **allgemeine Schleppkurven,** die für die Ermittlung des Platzbedarfs bei der Durchfahrung einer Kurve eine praktische Bedeutung besitzen.

Anhang 5.2 Hyperbeln und Hyperbelfunktionen sowie Hyperboloide

Die Definition der Hyperbelfunktionen realisieren wir analog zur Einführung der trigonometrischen Funktionen, die in der Regel mithilfe der Definition trigonometrischer Beziehungen in einem rechtwinkligen Dreieck am Einheitskreis erfolgt.

Wir skizzieren zunächst den Gedankengang, der zur Definition trigonometrischer Funktionen führt, um anschließend durch eine Analogiebetrachtung die Hyperbelfunktionen einzuführen. Dabei verzichten wir auf alle Inhalte, die für diesen Zweck nicht erforderlich sind.

Gedankengang zur Einführung der trigonometrischen Funktionen
Wir beginnen mit der Definition des Kreises, um trigonometrische Beziehungen am Einheitskreis definieren zu können.

> **Definition 5.2** Kreis
> Ein **Kreis** ist die Menge der Punkte einer Ebene, die von einem gegebenen Punkt dieser Ebene denselben Abstand besitzen. Der ausgezeichnete Punkt heißt **Mittelpunkt,** der konstante Abstand **Radius.** Ein Kreis mit Radius eins wird als **Einheitskreis** bezeichnet.

Zur analytischen Beschreibung eines Kreises positionieren wir ein kartesisches Koordinatensystem zweckmäßig, indem wir seinen Ursprung in den Mittelpunkt des Kreises legen. In Abb. 5.20 besitzt der Kreis den Mittelpunkt M mit den Koordinaten $M(0|0)$ und den Radius R. Die Koordinaten eines beliebigen Punktes P des Kreises bezeichnen wir mit den Variablen der Koordinatenachsen als $P(x|y)$, diese Vorgehensweise ist zwar unschön, doch allgemein üblich. Den Fußpunkt des Lots vom Punkt P auf die x-Achse haben wir L genannt. Im rechtwinkligen Dreieck MLP lesen wir mithilfe des Satzes von Pythagoras die Kreisgleichung direkt ab:

$$x^2 + y^2 = R^2. \tag{5.17}$$

Abb. 5.21 zeigt einen Einheitskreis und eine unter dem Anstiegswinkel α verlaufende Ursprungsgerade MP durch den Punkt P des Einheitskreises. Das vom Schnittpunkt P auf die x-Achse gefällte Lot hat den Lotfußpunkt L, die Tangente an den Einheitskreis im Punkt $T(1|0)$ schneidet die Ursprungsgerade in N. Die Parallele zur x-Achse durch den Punkt $U(0|1)$ schneidet die Ursprungsgerade MP im Punkt V.

Die trigonometrischen Beziehungen werden zunächst für das rechtwinklige Dreieck MLP im Einheitskreis mit $\overline{MP} = 1$ eingeführt. In der Definition erfolgt eine Erweiterung von spitzen Winkeln des rechtwinkligen Dreiecks MLP auf beliebige Winkel, deren Größe in der Regel im Bogenmaß gemessen wird.

Abb. 5.20 Kreisgleichung

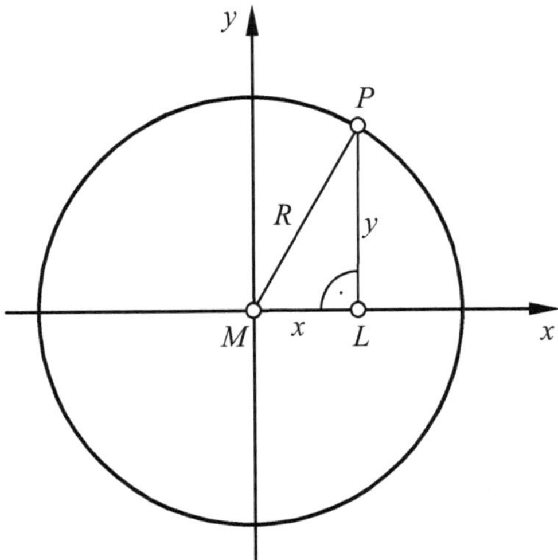

Definition 5.3 Trigonometrische Beziehungen am Einheitskreis
Für den in Abb. 5.21 dargestellten Einheitskreis mit $\overline{MP} = \overline{MT} = 1$ und
$P(x|y)$ werden folgende trigonometrische Beziehungen definiert:

$$\sin \alpha = \frac{\overline{PL}}{\overline{MP}} = \overline{PL} = y \qquad\qquad \text{Sinus des Winkels } \alpha,$$

$$\cos \alpha = \frac{\overline{ML}}{\overline{MP}} = \overline{ML} = x \qquad\qquad \text{Kosinus des Winkels } \alpha,$$

$$\tan \alpha = \frac{\sin \alpha}{\cos \alpha} = \frac{y}{x} = \frac{\overline{PL}}{\overline{ML}} = \frac{\overline{NT}}{\overline{MT}} = \overline{NT} \quad \text{Tangens des Winkels } \alpha,$$

$$\cot \alpha = \frac{1}{\tan \alpha} = \frac{x}{y} = \frac{\overline{ML}}{\overline{PL}} = \frac{\overline{UV}}{\overline{MU}} = \overline{UV} \quad \text{Kotangens des Winkels } \alpha.$$

Für unsere Analogiebetrachtung wird es sich als bedeutungsvoll erweisen, dass
sich die Definitionsgleichungen für die trigonometrischen Beziehungen auch mit
dem Flächeninhalt A des Kreissektors PMQ mit dem Zentriwinkel $2 \cdot \alpha$ ausdrücken lassen, da

$$\frac{2 \cdot \alpha}{2 \cdot \pi} = \frac{A}{\pi \cdot 1^2} \Rightarrow \alpha = A.$$

Wir erhalten für den im Bogenmaß gemessenen Winkel α:

$$\sin \alpha = \sin A = \overline{PL} = y, \ \cos \alpha = \cos A = \overline{ML} = x,$$

$$\tan \alpha = \tan A = \overline{NT} = \frac{y}{x}, \ \cot \alpha = \cot A = \overline{UV} = \frac{x}{y}. \qquad (5.18)$$

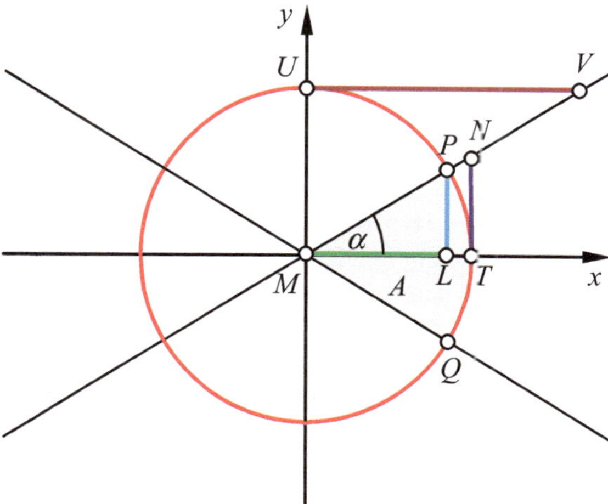

Abb. 5.21 Trigonometrische Beziehungen am Einheitskreis

Im nächsten Schritt erfolgt der Übergang von den trigonometrischen Beziehungen zu den **trigonometrischen Funktionen,** indem für die Abbildungen

$$x \mapsto \sin x, \; x \mapsto \cos x, \; x \mapsto \tan x \text{ und } x \mapsto \cot x$$

die begriffsbestimmenden Merkmale von Funktionen nachgewiesen werden.

Die Umkehrung der bijektiven Abbildungen ergibt die **Arcusfunktionen** mit den Gleichungen

$$y = \arcsin x, \; y = \arccos x, \; y = \arctan x, \; y = \operatorname{arccot} x.$$

Der soeben skizzierte Gedankengang entspricht in wesentlichen Punkten dem im Mathematikunterricht der Schule praktizierten Vorgehen.

Mithilfe einer Analogiebetrachtung für Hyperbeln gelangen wir zu den hyperbolischen Beziehungen und den hyperbolischen Funktionen.

Gedankengang zur Einführung der Hyperbelfunktionen
Im ersten Schritt definieren wir die Hyperbel als geometrisches Objekt.

Definition 5.4 Hyperbel
Eine **Hyperbel** ist die Menge der Punkte einer Ebene, für die der Betrag aus der Differenz der Abstände zu zwei gegebenen Punkten einen festen Wert besitzt. Die ausgezeichneten Punkte heißen **Brennpunkte.**

Zur analytischen Beschreibung einer Hyperbel positionieren wir ein kartesisches Koordinatensystem zweckmäßig, indem wir

- die x-Achse so anordnen, dass sie durch die Brennpunkte $F1$ und $F2$ verläuft,
- den Ursprung O in den Mittelpunkt der Strecke $\overline{F1F2}$ legen.

In Abb. 5.22 haben wir eine Hyperbel dargestellt, deren Mittelpunkt im Ursprung liegt und deren Achsen entlang der Koordinatenachsen verlaufen. Wir betrachten auf dem rechten Ast der Hyperbel einen Punkt P mit den Koordinaten $P(x|y)$, dessen Lotfußpunkt L auf der x-Achse die Koordinaten $L(x|0)$ besitzt.

Die Hyperbelgleichung können wir nicht direkt aus der Abbildung ablesen wie beim Kreis. Wir finden einen Ansatz zur Herleitung der Hyperbelgleichung aus der Definition 5.4. Dabei verwenden wir für den Betrag aus der Differenz der Abstände zu den beiden Brennpunkten und für den Abstand der Brennpunkte die üblichen Abkürzungen $2 \cdot a$ bzw. $2 \cdot e$. Für die in Abb. 5.22 dargestellte Konstellation erhalten wir:

$$2 \cdot a = \left| \overline{PF1} - \overline{PF2} \right| = \overline{PF1} - \overline{PF2}. \tag{5.19}$$

Mit $2 \cdot e = \overline{F1F2}$, d. h. $F1(-e|0)$ und $F2(e|0)$, erhalten wir durch Anwenden des Satzes von Pythagoras in den rechtwinkligen Dreiecken $F1LP$ und $F2LP$ aus (5.19):

$$2 \cdot a = \sqrt{(e+x)^2 + y^2} - \sqrt{(x-e)^2 + y^2}. \tag{5.20}$$

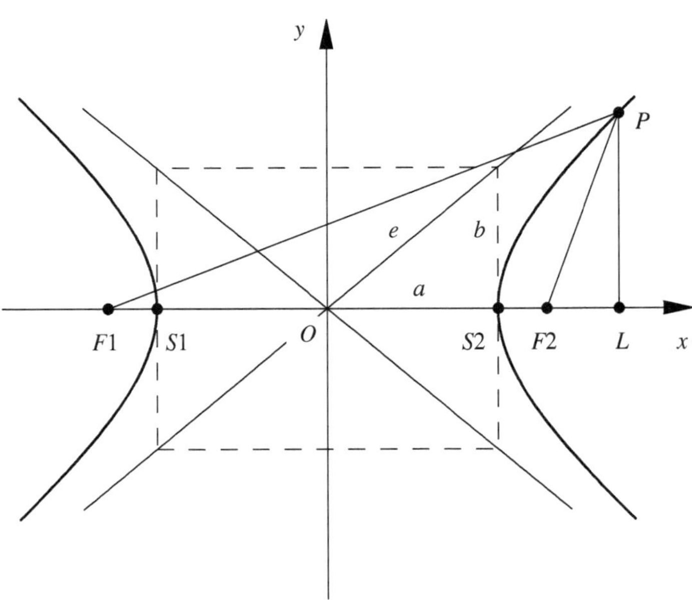

Abb. 5.22 Hyperbelgleichung

Durch Termumformung erhalten wir aus (5.20) unter Verwendung der Abkürzung

$$e^2 - a^2 = b^2 \qquad (5.21)$$

die **Gleichung der Hyperbel in Normalform:**

$$\frac{x^2}{a^2} - \frac{y^2}{b^2} = 1. \qquad (5.22)$$

Für den linken Hyperbelast ergibt sich ebenfalls (5.22).

> **Bemerkung** Bei unzweckmäßiger Lage des kartesischen Koordina-
> tensystems ergibt sich die allgemeine Gleichung für die Hyperbel, die
> eine kompliziertere Struktur besitzt als (5.22). Durch Einführung eines
> zusätzlichen Koordinatensystems in zweckmäßiger Anordnung und
> eine Koordinatentransformation ergibt sich in diesem Koordinatensys-
> tem wieder (5.22). Im allgemeinen Fall ist eine Hauptachsentransfor-
> mation erforderlich, die wir in Anhang 1.2 erläutert haben. Für unsere
> Betrachtungen benötigen wir die allgemeine Lage der Hyperbel nicht,
> deshalb verzichten wir auf eine derartige Herleitung.

Wir charakterisieren die Hyperbel mithilfe von (5.22):

- Für die Schnittpunkte der Hyperbel mit der x-Achse erhalten wir deren Schei-
  telpunkte $\frac{x^2}{a^2} - \frac{0^2}{b^2} = 1 \Rightarrow |x| = a \Rightarrow S1(-a|0), S2(a|0)$.
- Beim Versuch, die Schnittpunkte der Hyperbel mit der y-Achse zu bestimmen,
  ergibt sich $\frac{0^2}{a^2} - \frac{y^2}{b^2} = 1 \Rightarrow |y| = -b < 0$. Es gibt keinen reellen Schnittpunkt
  mit der y-Achse.
- Aus $y^2 = \frac{b^2}{a^2} \cdot (x^2 - a^2)$ folgern wir $(x^2 - a^2) \to x^2$ für betragsgroße x-Werte.
  Deshalb besitzt die Hyperbel die Asymptoten $y = \frac{b}{a} \cdot x$ und $y = -\frac{b}{a} \cdot x$ mit den
  Anstiegen $\frac{b}{a}$ bzw. $\left(-\frac{b}{a}\right)$. Wir haben in Abb. 5.22 beide Asymptoten eingezeichnet.

Die Hyperbel mit $a = b = 1$, d. h. $e = \sqrt{a^2 + b^2} = \sqrt{2}$, wird **Einheitshyperbel**
genannt. Ihre Gleichung ergibt sich aus (5.22) zu

$$x^2 - y^2 = 1. \qquad (5.23)$$

Für die Definition der hyperbolischen Beziehungen verwenden wir die Einheitshyperbel, die wir in Abb. 5.23 dargestellt haben. Die unter dem Anstiegswin-
kel α verlaufende Ursprungsgerade schneidet den rechten Ast der Einheitshyperbel
im Punkt P mit den Koordinaten $P(x|y)$. Das vom Schnittpunkt P auf die x-Achse
gefällte Lot hat den Lotfußpunkt L, die Tangente an die Einheitshyperbel im
Punkt T mit den Koordinaten $T(1|0)$ schneidet die Ursprungsgerade MP in N. Die
Sektorfläche PMQ der Einheitshyperbel mit dem Zentriwinkel $2 \cdot \alpha$ besitzt den
Inhalt A.

Die folgende Definition, die analog zu (5.18) ist, lässt sich auf den linken Ast
der Einheitshyperbel übertragen.

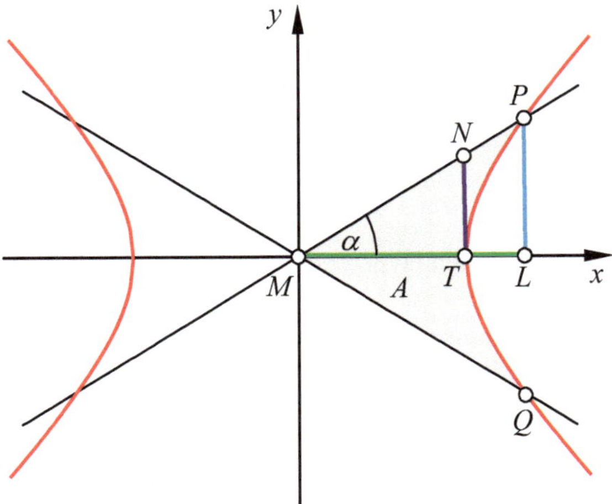

Abb. 5.23 Hyperbolische Beziehungen an der Einheitshyperbel

Definition 5.5 Hyperbolische Beziehungen an der Einheitshyperbel
Für die in Abb. 5.23 dargestellte Einheitshyperbel mit $\overline{MT} = 1$ und $P(x|y)$ werden folgende hyperbolische Beziehungen definiert:

$$\sinh A = \overline{PL} = y \qquad\qquad \text{Sinus hyperbolicus, Hyperbelsinus,}$$
$$\cosh A = \overline{ML} = x \qquad\qquad \text{Kosinus hyperbolicus, Hyperbelkosinus,}$$
$$\tanh A = \frac{\sinh A}{\cosh A} = \frac{y}{x} = \frac{\overline{PL}}{\overline{ML}} = \frac{\overline{NT}}{\overline{MT}} = \overline{NT} \quad \text{Tangens hyperbolicus, Hyperbeltangens,}$$
$$\coth A = \frac{1}{\tanh A} = \frac{x}{y} \qquad\qquad \text{Kotangens hyperbolicus, Hyperbelkotangens.}$$

Den Hyperbelkotangens können wir in Abb. 5.23 nicht durch eine Strecke veranschaulichen.

Im nächsten Schritt erfolgt der Übergang von den hyperbolischen Beziehungen zu den **Hyperbelfunktionen,** indem für die Abbildungen

$$x \mapsto \sinh x, \ x \mapsto \cosh x, \ x \mapsto \tanh x \ \text{und} \ x \mapsto \coth x$$

die begriffsbestimmenden Merkmale von Funktionen nachgewiesen werden. Abb. 5.24 und 5.25 zeigen die Graphen der Hyperbelfunktionen.

Die Umkehrfunktionen der Hyperbelfunktionen werden als **Areafunktionen** bezeichnet und durch folgende Gleichungen beschrieben:

$$y = \operatorname{arsinh} x, \ y = \operatorname{arcosh} x, \ y = \operatorname{artanh} x, \ y = \operatorname{arcoth} x.$$

Es ist zu beachten, dass die Funktion mit der Gleichung $y = \cosh x$ keine bijektive Abbildung darstellt. Deshalb existieren für den Hyperbelkosinus zwei Umkehrfunktionen.

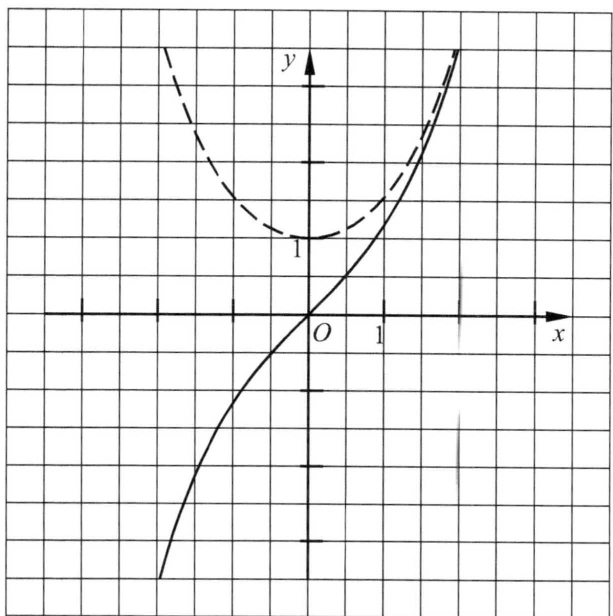

Abb. 5.24 Graphen der Hyperbelfunktionen Hyperbelsinus (durchgezogen) und Hyperbelkosinus (gestrichelt)

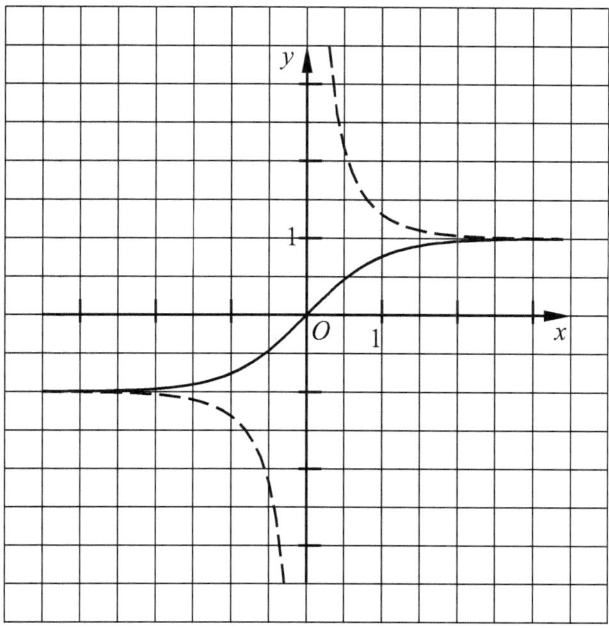

Abb. 5.25 Graphen der Hyperbelfunktionen Hyperbeltangens (durchgezogen) und Hyperbelkotangens (gestrichelt)

Die Berechnung des Inhalts der in Abb. 5.23 dargestellten Sektorfläche PMQ der Einheitshyperbel mit dem Zentriwinkel $2 \cdot \alpha$ ergibt wichtige Beziehungen für die Hyperbel- und Areafunktionen:

$$A = 2 \cdot \left(\frac{\overline{ML} \cdot \overline{PL}}{2} - \int_1^x y(t) \cdot \mathrm{d}t \right).$$

Mit den Koordinaten der Punkte $M(0|0)$, $L(x|0)$ und $P(x|y)$ sowie (5.23) ergibt sich weiter $A = 2 \cdot \left(\frac{x \cdot y}{2} - \int_1^x \sqrt{t^2 - 1} \cdot dt \right)$. Es ist zweckmäßig, den Wert des Integrals einer Formelsammlung zu entnehmen oder mit einem Computer-Algebra-System zu bestimmen:

$$A = 2 \cdot \left(\frac{x \cdot y}{2} - \frac{1}{2} \cdot \left[t \cdot \sqrt{t^2 - 1} - \ln\left(t + \sqrt{t^2 - 1} \right) \right]_1^x \right),$$

$$A = x \cdot y - x \cdot \sqrt{x^2 - 1} + \ln\left(x + \sqrt{x^2 - 1} \right).$$

Aus (5.23) folgt $\sqrt{x^2 - 1} = y$ bzw. $x = \sqrt{y^2 + 1}$ für $x > 0$ und $y > 0$, damit erhalten wir

$$A = \ln(x + y) = \ln\left(x + \sqrt{x^2 - 1} \right) = \ln\left(\sqrt{y^2 + 1} + y \right). \qquad (5.24)$$

Um den Flächeninhalt A auch in Abhängigkeit von den Quotienten der Koordinaten zu erhalten, leiten wir aus (5.23) spezielle Beziehungen ab:

$$1 = x^2 - y^2 = x^2 \cdot \left(1 - \left(\frac{y}{x} \right)^2 \right) = y^2 \cdot \left(\left(\frac{x}{y} \right)^2 - 1 \right),$$

$$x = \frac{1}{\sqrt{1 - \left(\frac{y}{x} \right)^2}}, \; y = \frac{1}{\sqrt{\left(\frac{x}{y} \right)^2 - 1}} \quad \text{für } x > 0 \text{ und } y > 0 \qquad (5.25)$$

Wir setzen (5.25) in (5.24) ein und erhalten:

$$A = \ln(x + y) = \ln\left(x \cdot \left(1 + \frac{y}{x} \right) \right) = \ln\left(\frac{1}{\sqrt{1 - \left(\frac{y}{x} \right)^2}} \cdot \left(1 + \frac{y}{x} \right) \right)$$

$$= \ln\left(\frac{\left(1 + \frac{y}{x} \right)}{\sqrt{\left(1 + \frac{y}{x} \right)} \cdot \sqrt{\left(1 - \frac{y}{x} \right)}} \right)$$

$$A = \ln\left(\sqrt{\frac{1 + \frac{y}{x}}{1 - \frac{y}{x}}} \right) = \frac{1}{2} \cdot \ln\left(\frac{1 + \frac{y}{x}}{1 - \frac{y}{x}} \right), \qquad (5.26)$$

$$A = \ln\,(x+y) = \ln\left(y \cdot \left(\frac{x}{y}+1\right)\right) = \ln\left(\frac{1}{\sqrt{\left(\frac{x}{y}\right)^2 - 1}} \cdot \left(\frac{x}{y}+1\right)\right)$$

$$= \ln\left(\frac{\left(\frac{x}{y}+1\right)}{\sqrt{\left(\frac{x}{y}+1\right)} \cdot \sqrt{\left(\frac{x}{y}-1\right)}}\right)$$

$$A = \ln\left(\sqrt{\frac{\frac{x}{y}+1}{\frac{x}{y}-1}}\right) = \frac{1}{2} \cdot \ln\left(\frac{\frac{x}{y}+1}{\frac{x}{y}-1}\right). \tag{5.27}$$

Durch Umkehrung der in Definition 5.5 angegebenen Beziehungen erhalten wir mit (5.24), (5.26) und (5.27) **Formeln für die Areafunktionen:**

$$A = \operatorname{arsinh} y = \ln\left(\sqrt{y^2+1}+y\right),\; A = \operatorname{arcosh} x = \ln\left(x+\sqrt{x^2-1}\right), \tag{5.28}$$

$$A = \operatorname{artanh}\left(\frac{y}{x}\right) = \frac{1}{2} \cdot \ln\left(\frac{1+\frac{y}{x}}{1-\frac{y}{x}}\right),\; A = \operatorname{arcoth}\left(\frac{x}{y}\right) = \frac{1}{2} \cdot \ln\left(\frac{\frac{x}{y}+1}{\frac{x}{y}-1}\right).$$

Aus der Beziehung (5.24) lassen sich Formeln für die Hyperbelfunktionen herleiten:

$$e^A - e^{-A} = \sqrt{y^2+1}+y - \frac{1}{\sqrt{y^2+1}+y} = \frac{y^2+1+2 \cdot y \cdot \sqrt{y^2+1}+y^2-1}{\sqrt{y^2+1}+y}$$

$$e^A - e^{-A} = \frac{2 \cdot y \cdot \left(y+\sqrt{y^2+1}\right)}{\sqrt{y^2+1}+y}$$

$$y = \frac{e^A - e^{-A}}{2}. \tag{5.29}$$

$$e^A + e^{-A} = x + \sqrt{x^2-1} + \frac{1}{x+\sqrt{x^2-1}} = \frac{x^2+2 \cdot x \cdot \sqrt{x^2-1}+x^2-1+1}{x+\sqrt{x^2-1}}$$

$$e^A + e^{-A} = \frac{2 \cdot x \cdot \left(x+\sqrt{x^2-1}\right)}{x+\sqrt{x^2-1}}$$

$$x = \frac{e^A + e^{-A}}{2}. \tag{5.30}$$

Aus (5.29) und (5.30) erhalten wir mit Definition 5.5 die gesuchten **Formeln für die Hyperbelfunktionen:**

$$y = \frac{e^A - e^{-A}}{2} = \sinh A,\; x = \frac{e^A + e^{-A}}{2} = \cosh A, \tag{5.31}$$

$$\frac{y}{x} = \tanh A = \frac{e^A - e^{-A}}{e^A + e^{-A}}, \ \frac{x}{y} = \coth A = \frac{e^A + e^{-A}}{e^A - e^{-A}}.$$

In der Literatur werden die Beziehungen (5.31) häufig als Definitionsgleichungen für die Hyperbelfunktionen genutzt. Wenn dabei die geometrische Interpretation nicht mit angegeben wird, bleibt bei diesem Vorgehen das inhaltliche Verständnis auf der Strecke.

▶ **Bemerkung** In den Begriffen Arcusfunktion und Areafunktion kommen die **lateinischen Worte** „arcus" bzw. „area" für „Bogen" bzw. „Fläche" vor.

Die **Areafunktionen** kennzeichnen wegen (5.24), (5.26) und (5.27) den Inhalt der Fläche des Sektors der Einheitshyperbel mit Zentriwinkel $2 \cdot \alpha$. Beispielsweise gilt nach Definition 5.5

$\sinh A = \overline{PL} = y$ mit der Umkehrung $A = \operatorname{arsinh} y$, mit (5.24) ergibt sich $A = \operatorname{arsinh} y = \ln\left(\sqrt{y^2 + 1} + y\right)$. Diese Zusammenhänge haben zur Bezeichnung dieser Funktionen geführt.

Aus Definition 5.3 für die trigonometrischen Beziehungen wie $\sin \alpha = y$ und den Umkehrungen dieser Beziehungen wie $\alpha = \arcsin y$ mit $\alpha = A$ ergibt sich, dass **Arcusfunktionen** den Inhalt der Fläche des Sektors des Einheitskreises mit Zentriwinkel $2 \cdot \alpha$ angeben. Allerdings kennzeichnen Arcusfunktionen im Unterschied zu Areafunktionen außerdem die Länge des zum Zentriwinkel α gehörenden Bogens im Einheitskreis, da nach Abb. 5.21 für diesen Bogen $b = \overparen{TP}$ gilt $\frac{b}{2 \cdot \pi \cdot 1} = \frac{\alpha}{2 \cdot \pi}$, d. h. $\alpha = b$. Für die Arcusfunktionen ist die Eigenschaft $\alpha = b$ namengebend. Es ist zu beachten, dass sich die Fläche A auf den Zentriwinkel $2 \cdot \alpha$ bezieht, während der Bogen b zum Zentriwinkel α gehört.

Hyperboloide

Wir wissen, dass die Gleichung $x^2 + y^2 = 1$ für den Einheitskreis durch

- Erhöhen der Dimension in die Gleichung $x^2 + y^2 + z^2 = 1$ für die Einheitssphäre (Kugeloberfläche) übergeht,
- Variieren der Vor- bzw. Operationszeichen die Gleichung $x^2 - y^2 = 1$ der Einheitshyperbel ergibt.

Deshalb ist zu erwarten, dass wir bei Veränderungen von Vor- bzw. Operationszeichen in der Gleichung der Einheitssphäre zu Gleichungen für hyperbolische Flächen gelangen. Wir nutzen die Grafikmöglichkeiten eines Computer-Algebra-Systems und stellen die Punktmengen, welche die Gleichungen $x^2 + y^2 - z^2 = 1$ bzw. $-x^2 - y^2 + z^2 = 1$ erfüllen, in Abb. 5.26 bzw. Abb. 5.27 dar.

Abb. 5.26 Einschaliges Hyperboloid mit der Gleichung $x^2 + y^2 - z^2 = 1$

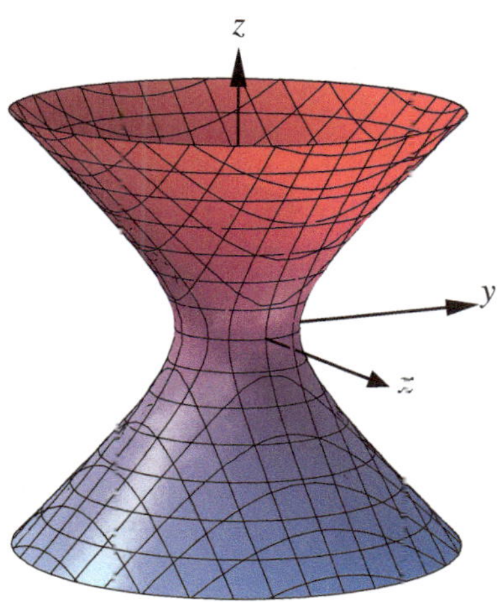

Abb. 5.27 Zweischaliges Hyperboloid mit der Gleichung $-x^2 - y^2 + z^2 = 1$

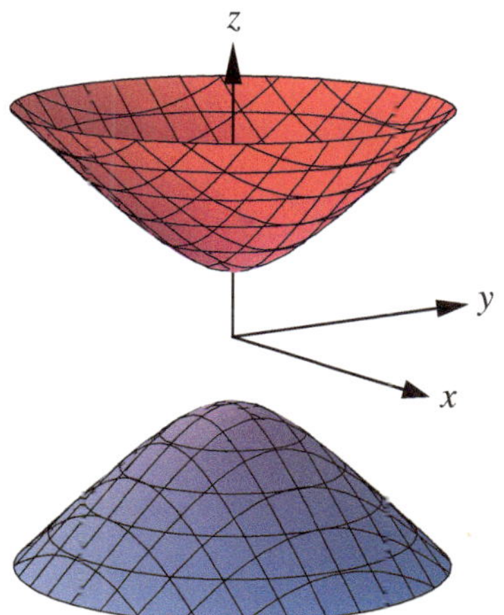

Den Bezug der beiden Flächen zu Einheitshyperbeln erkennen wir z. B. daran, dass beim Schnitt der Hyperboloide

- mit der durch $x = 0$ bestimmten Ebene jeweils eine Einheitshyperbel in der y-z-Ebene entsteht,
- mit der durch $y = 0$ bestimmten Ebene jeweils eine Einheitshyperbel in der x-z-Ebene entsteht.

In Abschn. 5.2.2 wählen wir eine Halbschale des zweischaligen Hyperboloids mit einer anderen Symmetrieachse als Modell der hyperbolischen Geometrie.

Ausblick

Kennen wir uns nach der Lektüre dieses Buches mit Geometrie aus?

Bei der Beantwortung dieser rhetorisch gemeinten Frage sollten wir bescheiden vorgehen, denn wir haben

- uns im Wesentlichen auf die Beschäftigung mit den Eigenschaften der elementarsten geometrischen Objekte Punkt, Gerade und Ebene beschränkt,
- auf einen vollständigen synthetischen Aufbau der Geometrien von einem Axiomensystem aus verzichtet,
- nicht alle bekannten Geometrien thematisiert.

Auf der Haben-Seite können wir allerdings feststellen, dass wir für viele weiterführende Betrachtungen sehr gut vorbereitet sind, da wir unsere Vorkenntnisse aus dem Geometrieunterricht der Schule wesentlich ausgebaut haben. Wir sind auf einem Stand, dass wir

- uns mit den Kegelschnitten sowie allgemeinen Kurven und Flächen weitere geometrische Objekte leicht erarbeiten können (mit den Hyperbeln haben wir den kompliziertesten Vertreter der Kegelschnitte bereits thematisiert, auch die von uns durchgeführte Hauptachsentransformation unterstützt diese Erweiterung),
- unsere Erfahrungen mit Axiomensystemen in das Verständnis der synthetischen Geometrie einbringen können, insbesondere sind wir sensibilisiert, dass scheinbar kleine Änderungen der Axiome zu großen Auswirkungen führen können (die von uns vorgenommene Typisierung der Sätze von Pappos und Desargues sollte sich als hilfreich erweisen, ebenso die von uns bewusst ausführlich vorgestellten geometrischen Beweise von unterschiedlichem „Typ"),
- weitere Geometrien erschließen können, indem wir von deren grundlegenden Ideen ausgehen (diese Erweiterung haben wir durch die Erkundung unterschiedlicher Modelle für verschiedene Geometrien vorbereitet, auch die Einbeziehung von Determinanten und komplexen Koordinaten bei der Einführung von Maßen in der projektiven Geometrie unterstützt die Einarbeitung in weitere Geometrien).

© Springer-Verlag GmbH Deutschland 2017   271
J. Wagner, *Einblicke in die euklidische und nichteuklidische Geometrie*,
DOI 10.1007/978-3-662-54072-5

Als besonders bedeutsam bewerten wir die durch das Kennenlernen nichteuklidischer Geometrien angeregte Weiterentwicklung unserer Raumvorstellung, die unser Denken öffnet für ein besseres Verständnis der uns umgebenden Welt im Großen und im Kleinen. Neben dieser weltanschaulichen Dimension besitzen einige der von uns angesprochenen Themen eine unmittelbare Anwendung, z. B. sind die von uns thematisierten Koordinatentransformationen und Kompositionen von Abbildungen bedeutsam für die Grafikprogrammierung und Robotik.

Wir haben aus Platzgründen auf einen streng synthetischen Aufbau und aus inhaltlichen Gründen auf die algebraische Durchdringung der Geometrie verzichtet und diese Betrachtungsweisen in die Ausbildung an der Hochschule verlagert. Die Anwendung algebraischer Methoden in der Geometrie erweist sich insbesondere bei Beweisführungen als sehr effektiv und fruchtbar. Allerdings besteht die Gefahr, dass der falsche Eindruck erweckt werden könnte, die Geometrie wäre ein Anwendungsfeld der Algebra.

Die Geometrie hat in ihrer mehrere Jahrtausende umfassenden Geschichte viele Sternstunden erlebt, von denen wir stellvertretend folgende nennen:

- Axiomatisierung: Euklid von Alexandria axiomatisierte in seinem Werk *Elemente* ca. 325 v. Chr. die Planimetrie und schuf damit nicht nur die Grundlage der synthetischen Geometrie, sondern eine zentrale Säule der Methodologie der Mathematik.
- Verknüpfung von Geometrie und Algebra: René Descartes verknüpfte in seinem 1637 erschienenen Werk *Discours de la méthode* Geometrie und Algebra miteinander und legte damit den Grundstein für die Entwicklung der analytischen Geometrie, in der geometrische Probleme durch Berechnungen gelöst werden.
- Verknüpfung von Geometrie und Analysis: Die Anwendung von Methoden der Analysis in der Geometrie führte zur Differenzialgeometrie. Als besonders bedeutsam erwies sich die Entdeckung des Theorema egregium durch Carl Friedrich Gauß im Jahr 1827. Dieser Satz besagt, dass die Krümmung einer Fläche allein aus Längen- und Winkelmessungen auf dieser Fläche bestimmt werden kann.
- Theorie der Mannigfaltigkeiten: Ausgehend von der klassischen Differenzialgeometrie mit der Kurven- und Flächentheorie (auf Grundlage der Arbeiten von Gauß) sowie der Topologie stellte Bernhard Riemann in seinem Habilitationsvortrag 1854 eine n-dimensionale Differenzialgeometrie mit den zentralen Begriffen Krümmung und lokale Metrik vor, die aus der differenziellen Weglänge ermittelt werden. Die Riemann'sche Geometrie wird in der allgemeinen Relativitätstheorie und Kosmologie genutzt.
- Beziehung zwischen der euklidischen Geometrie und nichteuklidischen Geometrien: Felix Klein schuf 1871 die Cayley-Klein-Geometrien, indem er die Formel von Laguerre verallgemeinerte. Er wählte einen Kegelschnitt als Fundamentalgebilde, den er unter Verwendung komplexer Koordinaten mit der Verbindungsgeraden zweier Punkte zum Schnitt brachte bzw. an den er die Tangenten vom Schnittpunkt zweier Geraden aus bestimmte. Auf diese Weise

führte er die Messung des Abstands zweier Punkte und des Winkels zwischen zwei Geraden auf ein Doppelverhältnis von Strecken bzw. Winkeln zurück. In Abhängigkeit vom gewählten Kegelschnitt und der Art der entstehenden Schnittpunkte ergibt sich die euklidische, elliptische, hyperbolische Geometrie, die Minkowski-Geometrie (die in der speziellen Relativitätstheorie eine Anwendung findet) oder eine von drei weiteren Geometrien.

- Verknüpfung von Geometrie und linearer Algebra: Bei seinem Eintritt in die Universität Erlangen stellte Felix Klein 1872 mit dem Erlanger Programm eine Schrift vor, in der die Klassifikation der Geometrie in die euklidische, hyperbolische und elliptische Geometrie durch invariante Eigenschaften bei Transformationen erfolgte. Mengen von Transformationen mit der Operation der Komposition (Hintereinanderausführung) bilden Gruppen. Beispielsweise kann die euklidische Geometrie als Gruppe der Bewegungen (Translationen, Rotationen, Spiegelungen) aufgefasst werden. Auf die Transformationsgruppen sind Methoden der linearen Algebra anwendbar.

- Herstellung von Bezügen zwischen geometrischen und natürlichen Formen: Benoît Mandelbrot veröffentlichte 1977 den Essay *Fractals: form, chance and dimension*, in dem er die fraktale Geometrie vorstellte, welche sich zur Beschreibung von Formen der Natur eignet. Die fraktale Geometrie ist insbesondere dadurch gekennzeichnet, dass die Dimension der betrachteten Objekte in der Regel nicht ganzzahlig ist und dass Selbstähnlichkeit auftritt.

Gewiss wird die altehrwürdige Geometrie noch viele weitere Sternstunden erleben.

Eine Rückkopplung zur eingangs gestellten Frage offenbart, dass wir nur einige der genannten Sternstunden der Geometrie näher beleuchten konnten. Dabei zeigten bereits unsere kurzen Ausflüge in unterschiedliche Geometrien, wie lebendig, dynamisch, vielgestaltig und interessant die Geometrie ist.

Der Autor dieses Buches hofft, dass er bei seinen Lesern nicht nur Einblicke in unterschiedliche Geometrien ermöglichen konnte, sondern auch das Interesse zur weiteren Beschäftigung mit Geometrie angeregt hat. Dabei wünscht er viel Erfolg und ästhetischen Genuss.

Glossar

Achse s. Fixpunktgerade

affine Abbildung Eine affine Abbildung ist eine geraden- und teilverhältnistreue Abbildung zwischen zwei affinen Räumen.

Eine bijektive geraden- und teilverhältnistreue Abbildung eines affinen Raumes auf sich selbst wird Affinität oder affine Transformation genannt.

Die Geraden- und Teilverhältnistreue der affinen Abbildungen und damit auch der Affinitäten bedingt die Invarianz der Parallelität bei diesen Abbildungen

Eine affine Abbildung f setzt sich aus einer linearen Abbildung φ und einer Translation (Parallelverschiebung) $\vec{t}$ zusammen. Ihre analytische Beschreibung lautet: $f(\vec{x}) = \varphi(\vec{x}) + \vec{t} = A \bullet \vec{x} + \vec{t}$.

affine Transformation s. affine Abbildung

Affinität s. affine Abbildung

Ähnlichkeit s. Ähnlichkeitsabbildung

Ähnlichkeitsabbildung Eine bijektive geraden- und streckenverhältnistreue Abbildung zwischen euklidischen Räumen gleicher Dimension heißt Ähnlichkeitsabbildung, äquiforme Abbildung oder Ähnlichkeit, eine derartige Selbstabbildung heißt Ähnlichkeitstransformation.

Aus der Geraden- und Streckenverhältnistreue einer Ähnlichkeitsabbildung ergibt sich, dass sie auch winkel-, flächenverhältnis- und parallelentreu ist (damit ist diese Abbildung formtreu). Die Menge der Ähnlichkeitsabbildungen besteht aus der Menge aller Kongruenzabbildungen, zentrischen Streckungen und deren Verkettungen.

Ähnlichkeitstransformation s. Ähnlichkeitsabbildung

äquiforme Abbildung s. Ähnlichkeitsabbildung

Bewegung s. Kongruenzabbildung

© Springer-Verlag GmbH Deutschland 2017
J. Wagner, *Einblicke in die euklidische und nichteuklidische Geometrie*,
DOI 10.1007/978-3-662-54072-5

Ecktransversale im Dreieck s. Transversale im Dreieck

Ekliptik Die scheinbare Bahn der Sonne an der scheinbaren Himmelskugel im Laufe eines Jahres (es handelt sich um einen Großkreis) wird als Ekliptik, Finsternislinie oder Tierkreis bezeichnet. Die Ekliptik wird seit babylonischer Zeit in zwölf Sternzeichen von jeweils 30° Länge eingeteilt, die nicht mit den Sternbildern zu verwechseln sind.

euklidische Transformation s. Kongruenzabbildung

Fernpunkt In der projektiven Geometrie wird jeder Geraden genau ein „unendlich ferner" (uneigentlicher) Urbildpunkt zugeordnet, der als Fernpunkt bezeichnet wird.

Finsternislinie s. Ekliptik

Fixgerade Wird jeder Punkt einer Geraden auf den gleichen oder einen anderen Punkt dieser Geraden abgebildet, dann wird diese Gerade als Fixgerade bezeichnet.

Fixpunktgerade Ist jeder Punkt einer Geraden ein Fixpunkt einer Abbildung, dann wird diese Gerade Fixpunktgerade oder Achse genannt.

Fluchtpunkt In der projektiven Geometrie wird der Bildpunkt des Fernpunktes einer Geraden als Fluchtpunkt bezeichnet.

Konstruktiv ergibt sich der Fluchtpunkt Q_u^c einer Schar nach affiner Auffassung paralleler Geraden, welche die Gerade q enthält, als Schnitt der zu q „parallelen" Geraden q_Z durch das Projektionszentrum Z mit der Bildebene $\pi : Q_u^c = q_Z \cap \pi$.

Geodäte Die kürzeste Verbindung zweier Punkte wird Geodäte, geodätische Linie oder Orthodrome genannt.

geodätische Linie s. Geodäte

kollinear Mehrere Punkte sind kollinear, wenn sie mit derselben Geraden inzidieren, d. h., wenn sie auf genau einer Geraden liegen.

Kollineation Eine Kollineation ist eine geradentreue Transformation.

Komposition Die Hintereinanderausführung geometrischer Abbildungen wird als Komposition bezeichnet.

Kongruenz s. Kongruenzabbildung

Kongruenzabbildung Eine bijektive geraden- und längentreue Abbildung zwischen euklidischen Räumen gleicher Dimension heißt Kongruenzabbildung oder Kongruenz, eine derartige Selbstabbildung heißt Kongruenztransformation, Bewegung oder euklidische Transformation.

Aus der Geraden- und Längentreue einer Kongruenzabbildung ergibt sich, dass sie auch winkel-, flächen- und parallelentreu ist (damit ist diese Abbildung form- und größentreu). Die Menge der Kongruenzabbildungen besteht aus der Menge aller Verschiebungen, Drehungen, Geradenspiegelungen und deren Verkettungen.

Kongruenztransformation s. Kongruenzabbildung

konkurrent s. kopunktal

kopunktal Mehrere Geraden sind kopunktal, konkurrent, zentral oder perspektivisch, wenn sie alle mit demselben Punkt inzidieren, d. h., wenn sie sich in genau einem Punkt schneiden.

Loxodrome Die Loxodrome ist die Kurve, die zwei Orte auf einer Sphäre so miteinander verbindet, dass bei einer „Fahrt" zwischen diesen Orten der Kurs konstant ist.

Orthodrome s. Geodäte

perspektivisch s. kopunktal

projektive Abbildung Eine projektive Abbildung ist eine geraden- und doppelverhältnistreue Abbildung zwischen zwei projektiven Räumen. Eine bijektive geraden- und doppelverhältnistreue Abbildung eines projektiven Raumes auf sich selbst wird Projektivität oder projektive Transformation genannt.

Bei ebenen projektiven Abbildungen erfolgt die Transformation der Koordinaten mithilfe gebrochen linearer Abbildungsgleichungen:
$$\begin{pmatrix} x_1' \\ x_2' \end{pmatrix} = \begin{pmatrix} \dfrac{a_{11} \cdot x_1 + a_{12} \cdot x_2 + a_{13}}{a_{31} \cdot x_1 + a_{32} \cdot x_2 + a_{33}} \\ \dfrac{a_{21} \cdot x_1 + a_{22} \cdot x_2 + a_{23}}{a_{31} \cdot x_1 + a_{32} \cdot x_2 + a_{33}} \end{pmatrix} .$$

Bei Verwendung homogener Koordinaten lässt sich für ebene projektive Abbildungen eine lineare Transformationsgleichung angeben: $f_h\left(\vec{x_h}\right) = A_{erw} \bullet \vec{x_h}$ mit homogenen Koordinaten x_{ih}.

projektive Transformation s. projektive Abbildung

Projektivität s. projektive Abbildung

Tierkreis s. Ekliptik

Transformation Eine Transformation ist eine bijektive Abbildung einer Menge auf sich selbst.

Jede Transformation lässt sich aus Translationen (Verschiebungen), Skalierungen (Verkleinerungen/Vergrößerungen) und Rotationen (Drehungen) zusammensetzen.

Transversale im Dreieck Eine Gerade, die jede Trägergerade der Seiten eines Dreiecks in genau einem Punkt schneidet, wird als Transversale bezeichnet. Verläuft eine Transversale durch einen Eckpunkt des Dreiecks, dann wird sie Ecktransversale genannt.

Verschwindungsebene In der projektiven Geometrie wird die zur Bildebene „parallele" Ebene, die das Projektionszentrum enthält, als Verschwindungsebene bezeichnet.

zentral s. kopunktal

Sachverzeichnis

© Springer-Verlag GmbH Deutschland 2017

J. Wagner, *Einblicke in die euklidische und nichteuklidische Geometrie,*
DOI 10.1007/978-3-662-54072-5